高职高专“十三五”规划教材

计算机应用基础

（Windows 7+Office 2010）（第二版）

陈旭文 主 编

黄英铭 吴永娜 蔡银珊 林晓红 许少漫 副主编

中国铁道出版社有限公司
CHINA RAILWAY PUBLISHING HOUSE CO., LTD.

内 容 简 介

本书按照国家2019年高职人才培养方案改革要求，在第一版的基础上，结合计算机发展前沿和大学计算机基础教育新理念编写而成。本书以Windows 7+Office 2010为主要软件平台，分为理论篇和实训篇两部分。理论篇包括信息技术与信息社会、计算机基础知识、操作系统Windows 7、文字处理软件Word 2010、电子表格处理软件Excel 2010、演示文稿制作软件PowerPoint 2010、计算机网络与Internet、常用软件。每章均附有配套习题，以帮助读者巩固学习内容。实训篇由5个实训模块构成，系统提供实践教学内容。本书免费提供教学PPT、实例视频、实验素材等教学资源。

本书适合作为高职高专各专业计算机基础课程的教材，也可作为高等学校非计算机专业相关课程的教材或自学参考书，以及全国计算机等级考试（一级）的培训教材。

图书在版编目（CIP）数据

计算机应用基础：Windows 7+Office 2010/陈旭文主编. —2版. —北京：中国铁道出版社有限公司，2020.2（2023.7重印）
高职高专"十三五"规划教材
ISBN 978-7-113-26503-8

Ⅰ.①计… Ⅱ.①陈… Ⅲ.①Windows操作系统-高等职业教育-教材 ②办公自动化-应用软件-高等职业教育-教材 Ⅳ.①TP3

中国版本图书馆CIP数据核字(2020)第002337号

书　　名：计算机应用基础（Windows 7+Office 2010）
作　　者：陈旭文

策　　划：唐　旭　　　　**编辑部电话：**（010）51873202
责任编辑：刘丽丽　冯彩茹
封面设计：刘　颖
责任校对：张玉华
责任印制：樊启鹏

出版发行：中国铁道出版社有限公司（100054，北京市西城区右安门西街8号）
网　　址：http://www.tdpress.com/51eds
印　　刷：三河市宏盛印务有限公司
版　　次：2020年2月第2版　2023年7月第7次印刷
开　　本：787 mm×1 092 mm　1/16　**印张：**23.5　**字数：**565千
书　　号：ISBN 978-7-113-26503-8
定　　价：59.00元

前言

PREFACE

在科技日新月异的信息时代，计算机应用已渗透到社会活动的各个领域，计算机基础知识和应用技能已成为人们学习、生活和工作必备的基本技能之一。

“计算机应用基础”课程是高职高专各专业的必修课程，是学习其他计算机相关课程的基础。本书按照高职高专计算机应用基础课程的教学要求，紧密结合全国计算机等级考试（一级）大纲进行编写。编写组由多位长期从事一线教学、经验丰富的教师组成，本书是编写组教学团队多年教学经验的总结。本书内容遵照国家 2019 年高职人才培养方案改革要求，结构清晰，叙述简洁，图例丰富，应用性和操作性强，理论知识以“够用”为度，突出实际操作技能培养，体现高职高专应用型人才的培养目标。

本书内容在第一版的基础上，依据教学实践反馈结果进行合理调整，例如，删除过时的知识，更新引用数据，整合 Word 应用实例，增加 Excel 实用技能、PowerPoint 制作技巧、图片修饰和视频剪辑技能等内容，完善实验实训内容。同时，课程教学实例和实训内容均新增对应的操作视频，使本书更适应当前国家高职计算机的教学改革要求，实现因材施教。

本书以 Windows 7+Office 2010 为主要软件平台，分为理论篇和实训篇。理论篇共 8 章：第 1 章简述信息技术与信息社会的相关知识，并叙述当前信息技术的研究热点；第 2 章介绍计算机的发展、计算机系统、信息存储、计算机安全知识、键盘应用等计算机基础知识；第 3 章介绍操作系统 Windows 7，包括文件和文件夹管理、系统设置、常用硬件管理、软件应用等；第 4 ~ 6 章系统介绍 Microsoft Office 2010 中文办公系列软件最常用的 3 个组件 Word、Excel 和 PowerPoint 的操作方法，包括文件创建、办公文档的编辑排版、工作表数据的计算统计、演示文稿的编辑放映等实用的操作技能；第 7 章介绍计算机网络基础知识、Internet 应用和网络应用技术等；第 8 章介绍目前常用应用软件的使用方法，包括压缩软件、文件下载软件、网络聊天软件、图片修饰软件、视频剪辑软件等。实训篇与理论篇对应，由操作系统 Windows 7、文字处理软件 Word 2010、电子表格 Excel 2010、演示文稿 PowerPoint 2010 和网络应用 5 个实训模块构成，共 27 个实验，是巩固理论知识和深入开展课程实践教学的重要组成部分。

为方便读者学习和教师教学，本书免费提供教学 PPT、实例视频、实验素材等教学配套资源，读者可访问百度网盘下载（https://pan.baidu.com/s/1eRUOr9S，密码为 w7px）。每章均附有配套习题，方便学生复习巩固各章知识。

本书由陈旭文任主编，黄英铭、吴永娜、蔡银珊、林晓红和许少漫任副主编。其中，第 1 章由黄英铭编写，第 2 章由吴永娜编写，第 3、5 章由陈旭文编写，第 4 章由蔡银珊、陈旭文编写，第 6 章由林晓红编写，第 7 章由吴永娜、许少漫和陈旭文编写，第 8 章由许少漫、吴永娜编写，实训篇及附录由陈旭文编写。杨春旭、刘彩琼、陈耿新、刘小铭、黄先桦、林洁新、徐杨柳参加了实训篇的组织和校对工作。全书由陈旭文统稿、定稿。

由于时间仓促，加之编者水平所限，书中难免存在疏漏和不足之处，恳请广大读者不吝指正。

编　者

2019 年 11 月

目 录

CONTENTS

理 论 篇

实 训 篇

理　论　篇

篇 分 页

第 1 章 信息技术与信息社会

当第二次世界大战的枪声仍在人们耳边回荡，人们还处在水深火热中时，一个庞然大物已经在美国宾夕法尼亚大学的实验室里被研制。经过将近三年的努力，莫希利（John Mauchly）和埃克特（Preser Calculator）博士终于研制成世界上第一台真正的计算机——ENIAC。对于当时的人们来说，它无疑是一个怪物，但正是这个怪物，却引起世界的轰动，人们为它的庞大所震撼：重达 28 t，占地面积达 170 m^2，使用了 18 000 多个电子管和 2 000 多个继电器与电容器，功率高达 150 kW。而对于研究者来说，最重要的是它的运算速度相比人类而言已经有了很大的提升，达到每秒 5 000 次，可以用来完成人类所不能完成的计算任务。因此，它的诞生无疑是计算机发展史上的里程碑。

从计算机出现之日起，人类就告别了纯手工计算的时代，进入了利用计算机自动、高速地进行数值运算和信息处理的现代化信息时代。计算机科学与技术成为第二次世界大战以来发展最快、影响最为深远的新兴学科之一，能熟练地掌握这门学科至关重要。同时，不可否认，计算机产业已经在世界范围内发展成为一种极富生命力的产业。当前，计算机已经被广泛地应用于国防、科教、卫生、工农业生产和生活的各个领域，电子商务就是一个典型例子。随着大数据、云计算的出现及智慧城市、“互联网+” 等的相继发展，人类已经全面迈入了信息化时代。

1.1 信息与信息技术

信息社会又称信息化社会，是脱离工业化社会以后，信息起主要作用的社会。在农业社会和工业社会中，物质和能源是主要资源，所从事的是大规模的物质生产。而在信息社会中，信息成为比物质和能源更为重要的资源，以开发和利用信息资源为目的的信息经济活动迅速扩大，逐渐取代工业生产活动而成为国民经济活动的主要内容。信息经济在国民经济中占据主导地位，并构成社会信息化的物质基础。以计算机、微电子和通信技术为主的信息技术革命是社会信息化的动力源泉。信息技术在生产、科研教育、医疗保健、企业和政府管理以及家庭中的广泛应用对经济和社会发展产生了巨大而深刻的影响，从根本上改变了人们的生活方式、行为方式和价值观念。

1. 信息

信息（Information）是指物质运动规律的总和。从哲学角度理解，物质泛指一切人类和动物可以识别的、可能的研究对象，包括人类不断认识的外部宇宙世界的物质客体，也包括主观世界的精神现象。信息与人类认识物质世界和自身成长的历史息息相关。

2. 信息技术

信息技术（Information Technology，IT）是指有关信息的收集、识别、提取、变换、存储、传递、处理、检索、检测、分析和利用等技术，它综合了传感技术、通信技术、计算机技术、微电子技术等，有时又称“现代信息技术”。也就是说，信息技术是利用计算机进行信息处理，利用现代电子通信技术从事信息采集、存储、加工、利用以及相关产品制造、技术开发、信息服务的新学科。信息技术的核心技术是通信技术、控制技术、计算机与智能技术和传感技术等。

传感技术拓展了人的感觉器官收集信息的功能；通信技术拓展了人的神经系统传递信息的功能；计算机技术拓展了人的思维器官处理信息和决策的功能；微电子技术则拓展了人的记忆器官存储信息的功能。目前，传感技术已经发展了一大批敏感元件，除了普通的照相机能够收集可见光波的信息、微音器能够收集声波信息之外，现在已经有了红外、紫外等光波波段的敏感元件，帮助人们提取那些人眼所见不到的重要信息。还有超声和次声传感器，可以帮助人们获得那些人耳听不到的信息。不仅如此，人们还制造了各种嗅敏、味敏、光敏、热敏、磁敏、湿敏以及一些综合敏感元件。这样，还可以把那些人类感觉器官收集不到的各种有用信息提取出来，从而延长和扩展人类收集信息的功能。

通信技术的发展速度之快是惊人的。从传统的电话、电报、收音机、电视到如今的移动电话、传真、卫星通信，这些新的、人人可用的现代通信方式使数据和信息的传递效率得到很大的提高，从而使过去必须由专业的电信部门来完成的工作，可由行政、业务部门的工作人员直接来完成。通信技术已成为办公自动化的支撑技术。

计算机技术与现代通信技术一起构成了信息技术的核心内容。近二十年来，计算机技术同样取得了飞速的发展，芯片体积越来越小，而功能越来越强。从大型机、中型机、小型机到微型机、笔记本式计算机、便携式计算机等，计算机的应用也取得了巨大的发展。例如，电子出版系统的应用改变了传统印刷和出版业；计算机文字处理系统的应用使作家改变了原来的写作方式；光盘的使用使人类的信息存储能力得到了很大程度的延伸，出现了像电子图书这样的新一代电子出版物；多媒体技术的发展使音乐创作、动画制作等成为普通人可以涉足的领域。

国外的缩微技术发展很快。例如，闻名世界的美国 UMI 公司是一个收集、储藏以及提供文献检索的出版公司，其服务范围包括近 150 万册历代书籍、期刊、博士论文、档案以及原件。它的产品不仅包括印刷品、缩微平片，而且提供机读信息。第二次世界大战期间，该公司利用缩微技术，抢救了大英博物馆的许多珍贵文献。迄今为止，该公司存有自 15 世纪至今的 10 万种世界各地的绝版书。

3. 信息获取和处理

信息的获取过程有多种技术，包括传感技术、遥测和遥感技术等。信息处理是指对获取的信息进行识别、转换、加工，使信息安全地存储、传输，并能方便地检索、再生、利用，或便于人们从中提炼有用的知识、发现规律。

4. 信息传输技术

信息可以通过网络、电视、海报、报纸等来传输。信息传输技术即通信技术，是现代信息技术的支持手段，包括光纤通信技术、卫星通信技术等。通信技术的作用是使信息在大范围内迅速、准确、高效地传递，以便让广大用户共享，从而充分发挥信息的作用。近年来，每一次信息技术的重要突破主要都是以信息传输技术作为主要支撑的。

5. 信息控制技术

信息控制技术就是利用信息传递和信息反馈来实现对目标系统进行控制的技术，如导弹控制系统技术等。在信息系统中，对信息实施有效地控制一直是信息活动的一个重要方面，也是利用信息的重要前提。

目前，人们把通信技术、计算机技术和控制技术合称为 3C（Computer，Communication，Consumer）技术。3C 技术是信息技术的主体。

6. 信息应用技术

信息应用技术是针对种种实用目的，如信息管理、信息控制、信息决策而发展起来的具体的技术群类，如生产自动化、办公自动化、家庭自动化、人工智能和互联网通信技术等。信息技术在社会的各个领域得到了广泛的应用，显示出强大的生命力。纵观人类科技的发展历程，还没有一项技术像信息技术一样对人类社会产生如此巨大的影响。

1.2　信息技术革命

1.2.1　信息技术革命的概念

信息技术自人类社会形成以来就存在，并随着科学技术的进步而不断变革。语言、文字是人类传达信息的初步方式，烽火台则是远距离传达信息的最简单手段。纸张和印刷术使信息流通范围大大扩展。自 19 世纪中期人类学会利用电和电磁波以来，信息技术的变革大大加快。电报、电话、收音机、电视机的发明使人类的信息交流与传递快速而有效。第二次世界大战以后，半导体、集成电路、计算机的发明，数字通信、卫星通信的发展形成了新兴的电子信息技术，使人类利用信息的手段发生了质的飞跃。具体来讲，人类不仅能在全球任何两个有相应设施的地点之间准确地交换信息，还可利用机器收集、加工、处理、控制、存储信息。机器开始取代了人的部分脑力劳动，扩大和延伸了人的思维、神经和感官的功能，使人们可以从事更富有创造性的劳动。这是前所未有的变革，是人类在改造自然中的一次新的飞跃。

信息技术革命不仅为人类提供了新的生产手段，带来了生产力的大发展和组织管理方式的变化，还引起了产业结构和经济结构的变化。这些变化将进一步引起人们价值观念、社会意识的变化，社会结构和政治体制也将随之而变。例如，计算机的推广普及促进了工业自动化、办公自动化和家庭自动化，形成了所谓的“3A”革命。计算机和通信技术融合形成的信息通信网推动了经济的国际化。信息的广泛流通促进了权力分散化、决策民主化。随着人们教育水平的提高，将有更多的人参与各种决策。这一形势的发展必然带来社会结构的变革。总之，现代信息技术的出现和进一步发展将使人们的生产方式和生活方式发生巨大变化，引起经济和社会变革，使人类走向新的文明。

信息技术革命促进了工业革命的发展。按一般的划分，第一次工业革命开始于 18 世纪后半叶，其主要标志是以蒸汽机的发明带来的机械化生产；第二次工业革命开始于 19 世纪后半叶，主要标志是以电力的发明带来的电气化和大规模流水线生产；第三次工业革命开始于 20 世纪后半叶，主要标志是通过信息技术和电气化的结合实现的自动化生产。第四次工业革命是从现在开始，其主要特征是综合利用第一次和第二次工业革命创造的“物理系统”和第三次工业革命带来的日益完备的“信息系统”，通过两者的融合，实现智能化生产。

1.2.2 互联网的发展促进信息技术革命

互联网的发展已经为信息技术革命提供了巨大的便利。信息的交流、传输和传播不再受到时空的限制。人们可以用很低的成本实时地获取和传播信息。而且，信息的流动可以针对具体的个人和群体，做到有的放矢。我们现在处于互联网时代，有实时的信息传输和检索。现在，实时的监控和交流都已成为可能，而且也具备了实时做出反应的能力。如今，我们能够很快地弄清事情的来龙去脉并做出评价，也能更快地做出相应的反应，这样就有了总体时间上的加速。信息技术革命也改变了距离感。

这里举一个超级市场的例子，它是信息技术革命带来的结果。在一个超市的收费处，收费员使用扫描仪，它能自动扫入产品的代码和价格并将其打印在收据上。另外，同样的信息马上被直接传递给超市的管理层，更重要的是，这些信息也被传递给了该产品的供应商。该产品的供应商就会马上了解到该产品在这家超市中还有多少货，如果有必要补充这种产品，该供应商就会从他自己的仓库中用他自己的运货车及时地提供这种产品。这样，供应商和超市都得到了好处。对供应商来说，它能为它所有的用户保持有效的“共用的”库存；也能够制订经营计划来更加密切地跟踪实际需要。对超市来说，它同样节约了大量成本，它不再需要用人工的方法来跟踪库存、管理库存以及订货；也极大地减少了书面工作，保持了一种无存货、无仓库、无货车和司机的状态。

1.2.3 工业 4.0

信息技术革命促进了物联网和信息系统的发展，催生了一个巨大的工业变革就是工业 4.0。工业 4.0 是德国政府提出的一个高科技战略计划。德国所谓的工业 4.0 是指利用物联信息系统（Cyber-Physical System，CPS）将生产中的供应、制造、销售信息数据化、智慧化，最后达到快速、有效、个人化的产品供应。该项目由德国联邦教育局及研究部和联邦经济技术部联合资助，投资预计达 2 亿欧元。旨在提升制造业的智能化水平，建立具有适应性、资源效率及人因工程学的智慧工厂，在商业流程及价值流程中整合客户及商业伙伴。其技术基础是网络实体系统及物联网。

“工业 4.0”项目主要分为三大主题：

①“智能工厂”，重点研究智能化生产系统及过程，以及网络化分布式生产设施的实现。

②“智能生产”，主要涉及整个企业的生产物流管理、人机互动以及 3D 技术在工业生产过程中的应用等。该计划将特别注重吸引中小企业参与，力图使中小企业成为新一代智能化生产技术的使用者和受益者，同时也成为先进工业生产技术的创造者和供应者。

③“智能物流”，主要通过互联网、物联网、物流网整合物流资源，充分发挥现有物流资源供应方的效率，而需求方则能够快速获得服务匹配，得到物流支持。

工业 4.0 已经进入中德合作新时代，中德双方签署的《中德合作行动纲要》中，有关工业 4.0 合作的内容共有 4 条，第一条就明确提出工业生产的数字化即“工业 4.0”对于未来中德经济的发展具有重大意义。双方认为，两国政府应为企业参与该进程提供政策支持。

工业 4.0 面临的挑战主要包括以下 3 点：

① 缺乏足够的技能来加快第四次工业革命的进程。

② 企业的 IT 部门有冗余的威胁。

③ 利益相关者普遍不愿意改变。

工业 4.0 有一个关键点，就是“原材料（物质）=信息”。具体来讲，就是工厂内采购来的原材料，被“贴上”一个标签：这是给 A 客户生产的 ×× 产品，×× 项工艺中的原材料。准确来说，是智能工厂中使用了含有信息的“原材料”，实现了“原材料（物质）=信息”，制造业终将成为信息产业的一部分，所以工业 4.0 将成为最后一次工业革命。

1.3 信息化社会

21 世纪是信息时代。随着计算机技术和网络通信技术的飞速发展，信息成为与物质和能源等一样重要的资源，以信息价值的生产为中心，促使了社会和经济的发展。

信息技术将在信息资源、信息处理和信息传递方面实现微电子与光电子结合。智能计算与认知、脑科学等结合，其应用领域将更加广泛和多样，给人类带来了全新的工作方式和生活方式。

继农业社会、工业社会后，信息革命正在引领人类走向信息社会。2003 年，信息社会世界高峰会议提出了共同建设信息社会的目标，2006 年，联合国大会确定将每年的 5 月 17 日设定为“世界信息社会日”。面对全球信息化发展趋势，2006 年，中国制定了《2006—2020 年国家信息化发展战略》，设定了中国在信息基础设施、信息技术产业、国民经济和社会信息化等领域的具体目标，明确提出“为迈向信息社会奠定坚实基础”。为准确把握信息社会发展趋势、认清中国所处的位置和任务，国家信息中心信息化研究部对信息社会发展理论和实践持续进行跟踪研究，提出了用于对信息社会发展水平的测评指标体系，并于 2010 年发布了首份“中国信息社会发展报告”，对全国及 31 个省份的信息社会发展水平进行了测评；2013 年起，测评研究范围扩大到地级以上城市。2018 年 1 月，国家信息中心发布《2017 年全球和中国信息社会发展报告》。报告围绕信息社会发展测评，重点考查各国家、各城市在信息经济、网络社会、数字生活、在线政府 4 个领域的发展水平。报告的测评对象覆盖全球 5 个大洲、126 个国家与中国 31 个省份、336 个地级以上城市。

从 20 世纪 70 年代末开始，越来越多的社会科学领域的研究者进入了信息社会的研究领域，从而使信息社会理论呈现出流派纷争的格局。不同领域的学者一直致力于从经济、社会、网络、技术以及文化等多个维度对信息社会进行研究，并创造了“知识生产社会”“后工业社会”“服务化社会”“超工业社会”“网络社会”“信息社会”“知识社会”等多个概念范畴，以描述工业社会发展到一定阶段后人类正在或将要步入的社会阶段和社会形态。尽管信息社会的研究尚未形成公认、完整、系统的理论体系，但一个不容否认的基本事实是“信息社会”已成为当代学者们研究的重点和热点课题，有关信息社会的很多思想和理念也已开始广泛影响人们的思维模式和行为方式，并逐渐引起各国政府、联合国以及各种国际组织的高度关注。

1.3.1 信息社会的定义及特征

1. 信息社会的定义

较为流行并得到国际社会广泛接受的信息社会定义，是在 2003 年日内瓦信息社会世界峰会所发表的《原则宣言》中所做出的界定：“信息社会是一个以人为本、具有包容性和面向全面发展的社会。在此信息社会中，人人可以创造、获取、使用和分享信息和知识，使个人、社会和各国人民均能充分发挥各自的潜力，促进实现可持续发展并提高生活质量。”

从行为学角度，也可这样界定信息社会：所谓信息社会，是指以信息活动为基础的新型社会形态和新的社会发展阶段。这里的信息活动包括与信息的生产、加工、处理、传输、服务相关的所有活动，这些活动渗透进人类的政治、经济、社会、生活、文化等各种领域，并逐步成为人类活动的主要形式。

2. 信息社会的特征及具体表现形式

伴随现代信息技术在经济、社会、文化生活以及政府等各领域的广泛应用和渗透，信息社会呈现出与工业社会有显著区别的新特征。

1）信息社会的特征

（1）信息全球化

由于现代电子技术、通信技术和多媒体技术等的迅猛发展，使得信息更新周期更快。人机对话技术为人们传递信息创造了便利的条件，社会活动的数字化和网络化，使其突破了传统的活动空间，进入媒体世界，出现了各种网络虚拟的社会实体、社会组织等，从而改变了人们的文化思想，改变了人们的学习、生活和交流等方式。

信息全球化是全球化的一个重要方面，它是与全球化的进程相伴而生并随着传播手段（主要是大众传播手段）的成熟不断发展的。信息全球化已不再是一个停留在纸面上的名词或概念，它已经全面进入人们的生活，在各方面产生着影响，并成为一个显而易见的发展趋势。

互联网既是全球化或信息全球化的必然结果，又是将这一过程不断推向前进的强大动因。它以陆空合一的信息高速通道作为传输渠道，以渐趋普及的多媒体计算机作为收发工具，是一种高效率、大容量、极具开放性的传播媒体。新闻信息一旦进入网络，就将无视国界的存在，任何人都可以自由收看或调阅，行政控制或干预的可能性将越来越小。

（2）信息产业成为现代社会的主导产业

信息产业是指从事与信息生产、传播、处理、存储、流通和服务相关的生产行业，由信息技术设备制造业和信息服务业构成。以信息技术为核心的新技术革命所导致的产业结构的重大变革，不仅表现为一批新的信息生产与加工产业的出现和传统工业部门的衰退，而且还表现在信息产业自身正在从以计算机技术为核心发展为以网络技术为核心。自 20 世纪 90 年代以来，信息产业被认为是推动全球经济成长的最重要的产业，也是推动人类文明与进步的一股巨大力量。

（3）以人为本、包容性和全面发展是信息社会的基本原则

首先，信息社会发展必须坚持以人为本。人既是发展的根本目的，也是发展的根本动力，经济社会发展必须以人的全面发展为中心，离开了人的发展，信息社会的全面发展就无法实现。

其次，信息社会发展强调包容性。信息社会的好处必须惠及每一个社会阶层，尤其是社会弱势群体和底层民众，确保人人可以创造、获取、使用和分享信息和知识。包容性还要求承认多样性以及对个性化的包容。

第三，信息社会强调全面发展。信息社会的全面发展包括三个方面：一是个人的全面发展，即每个人的潜力均能得到充分发挥；二是社会的全面发展，包括社会经济、政治、文化、生活等各个领域的全面发展，人们的生活质量不断提高；三是均衡发展，致力于缩小发达国家与发展中国家之间、各国内部不同地区之间的数字鸿沟，实现信息社会全面协调发展。

（4）信息社会是可持续发展的社会

信息社会立足于可持续发展，是一种“既能满足当代人的需要，又不对后代人满足其生存能力构成危害”的新型社会发展模式。在信息社会中，经济发展方式将从自然资源依赖型、实物资本驱动型方式向创新驱动、资源节约、环境友好、人与自然和谐相处的方式全面转变。整个经济社会的运行，不仅能满足当代人充分共享信息和知识、发挥各自潜力的需要，而且也不会对后代人的全面发展产生负面影响；既要达到发展经济的目的，又要保护好人类赖以生存的大气、淡水、海洋、土地和森林等自然资源和环境，从而实现人的持续发展与自然环境的持续发展相协调、相适应。“低碳化”“环境友好”将是信息社会可持续发展的重要体现。

（5）信息和知识成为信息社会最重要的资源

从历史的观点看，每一次技术革命都使主要的生产力要素发生变化和转移。在农业社会，土地起着决定作用；在工业社会，生产力重心转向能源；在信息社会，信息成为最为重要的战略资源。信息资源不仅极其丰富，而且可以同时为许多人所共享，信息可以多次使用，在使用中不仅不会损耗，而且可以增值，使用的人越多价值越高，并且可以在使用过程中产生新的信息，即信息具有共享性、再生性和倍增性。知识是经过加工的信息，是信息的高级形态。知识是社会发展的重要资源，尤其是在信息社会，知识创新成为国家竞争力的核心要素，知识生产和消费成为经济发展、社会进步乃至人的全面发展的重要方式。

2）信息社会的具体表现形式

信息社会的 4 个具体表现是信息经济、网络社会、在线政府和数字生活。

（1）信息经济

信息经济是信息社会最基本的经济形态，也是决定信息社会发展水平高低的重要因素。信息经济是指以信息与知识的生产、分配、拥有和使用为主要特征的经济形态。信息与知识是以人才和研究开发为基础，信息与知识也是创新的主要动力，因此信息经济也是一种以创新为主要驱动力的新型经济形态。信息经济与信息技术的应用与普及存在密切关联。正是信息技术的应用，极大地提高了信息与知识的生产和创造能力，降低了获取信息与知识的成本，加快了信息与知识的传播和扩散，提升了人们利用信息与知识的能力。

① 人力资源知识化。人是信息与知识的创造者和使用者，信息经济中人力资源的知识化特征将日趋明显，不仅高学历、高技能、掌握信息开发利用的知识型劳动者比重将逐步增大，而且对普通劳动者的知识技能与信息素养的要求也将逐渐提高。

② 发展方式可持续。信息经济是推动经济可持续发展的主要动力。只有从资源高消耗、高污染的工业经济向以创新核心技术应用为主的信息经济转型，才能解决工业化发展所面临的资源短缺和资源可持续利用问题，才能解决工业社会发展中的环境污染问题。

③ 产业结构软化。产业结构软化主要体现在两个方面：一是随着收入水平的提高和需求结构的变化，以及伴随信息技术创新应用所催生的新兴服务业的快速发展，第三产业的比重不断上升，出现了所谓的“服务化”趋势；二是随着信息技术对传统工业的改造，工业品的科技含量和产品附加值得到提升，整个产业对信息、服务、技术和知识等“软要素”的依赖程度加深。

④ 经济水平发达。一方面，信息经济是创新驱动的经济形态，科技是衡量国家竞争力的最重要指标，科研与技术投入需要强劲的经济实力作为坚强的后盾；另一方面，以信息技术为代表的现代科学技术又进一步促进了经济发展。

（2）网络社会

网络化是信息社会最为典型的社会特征。网络社会主要表现在两个方面，即信息服务的可获得性和社会发展的全面性。

① 信息服务的可获得性。高速、泛在、便宜、好用的信息基础设施全面普及是网络社会的基本要求。从信息技术扩散的一般规律来看，较高的资费是制约信息产品与服务进入大众生活的瓶颈。在信息社会，数字融合日益受到人们的关注，能否让所有人最大限度地享受基本的信息服务，关键是最大限度地降低信息获取成本、提升居民支付能力。

② 社会发展的全面性。根据社会发展的总体趋势，人口向城市的转移是工业社会的基本特征，但也带来了环境恶化、贫富差距扩大、社会矛盾突出等各种城市病。进入信息社会后，由于人们的需求层次从基本的衣食住行需要转变为对健康生活的需求、对人与自然和谐发展的追求，在信息社会，城市将提供更多的医疗健康服务、更加强调生态环境保护，绝大多数人将充分享受现代城市文明生活。

（3）在线政府

信息社会的发展对政府治理提出了新的要求，同时也为实现治理体系的现代化创造了条件。在线政府是充分利用现代信息技术实现社会管理和公共服务的新型政府治理模式。在现代技术的支撑下，在线政府具有科学决策、公开透明、高效治理、互动参与等方面的特征。

① 科学决策。由于信息技术的广泛应用，特别是电子政务的大力推进，政府与公民间的信息沟通朝着网络化、交互化方向发展，政府获取信息更为及时、便捷和充分，基于信息技术的各种决策分析工具、模型的使用，有助于决策过程和方法的科学化。同时，网络化方便更多人参与到政府的决策形成过程中，使决策民主化成为可能，不仅可以提高决策的科学性，也将提高政策的实施效果。

② 公开透明。网络、数字广播电视等多种信息公开渠道形成多元化的信息公开网络，公众可以突破时空的限制，随时随地获取所需的各类政府信息。同时，通过网络对政府行为进行监督，有效保证政府运行更为公开透明，从而打造信息社会下的阳光政府。

③ 高效治理。各种信息系统的建立对政府业务进行信息化改造，改变了传统手工办理的方式，有效降低行政成本，提高政府办事效率。电子政务改变了集权和等级制的金字塔政府结构，使得政府组织结构更为扁平化，促使政府治理模式从管制型向着以公众为中心的服务型转变，为公众提供更好的服务。人们可以随时随地在网上找到自己所需的服务种类和服务方式，使公共服务效率和质量都得到大幅提升。

④ 互动参与。互联网成为政府与公众之间直接沟通的重要桥梁，公众可以通过网络直接向政府反映自己的利益诉求，政府也可以通过网络了解民情、汇聚民智，不断完善服务。网络使政民沟通渠道更加通畅和多元化，有助于政民之间相互理解和达成共识，促进决策民主化和社会和谐发展。

（4）数字生活

信息技术广泛应用于人们日常生活的方方面面，人们的生活方式和生活理念发生了深刻变化。

① 生活工具数字化。网络和数字产品成为人们的生活必需品。传统生活用品的技术与信息含量越来越高，成为每个人日常生活必不可少的信息终端。随着技术的不断创新与广泛扩散，其应用成本将显著下降，数字化生活工具将高度普及，数字化生活工具带来的舒适和便捷将被

看作是自然而然的事情。

② 生活方式数字化。信息社会中，借助于数字化生活工具，人们的工作将更加弹性化和自主化，终身学习与随时随地学习成为可能，网络购物成为主流消费方式，人际交往范围与空间无限扩大，娱乐方式数字化，数字家庭成为未来家庭的发展趋势。

③ 生活内容数字化。数字化生活时代，人们的工作内容以创造、处理和分配信息为主，学习内容更加自主化与个性化，信息成为最主要的消费内容，数字化内容成为多数人娱乐活动的首选。

1.3.2 信息社会的发展现状

1. 全球信息社会发展现状

2015 年 5 月，《全球信息社会发展报告 2015》问世，这是全球首次发布的全面反映世界各国信息社会发展水平的研究报告。

信息技术创新持续加快，信息产品与服务加速普及，全球正在迎接信息社会的到来，建设信息社会成为各国的共同愿景。从 20 世纪 90 年代起，国际电联、OECD 和世界经济论坛等国际机构从数字机遇、ICT 发展、网络就绪度等不同视角出发，对全球信息化发展状况进行了测评。报告反映了全球及五大洲 126 个国家的信息社会发展水平。

2018 年，国家信息中心信息社会研究课题组发布了《2017 年全球和中国信息社会发展报告》。报告围绕信息社会发展测评，重点考察各国家、各城市在信息经济、网络社会、数字生活、在线政府 4 个领域的发展水平。报告的测评对象覆盖全球 5 个大洲、126 个国家与中国 31 个省份、336 个地级以上城市。

《2017 年全球和中国信息社会发展报告》显示，2017 年全球信息社会指数达到 0.574 8，总体上即将从工业社会进入信息社会。从国别来看，全球总共有 57 个国家先行进入信息社会，其中发展水平最高的国家是卢森堡，达到 0.908 7。报告认为，2017 年全球信息社会发展速度明显回升，提升到 2.96%，2.96%的背后既有“大智云物移”等信息技术创新应用的贡献，也有各国纷纷出台信息化发展政策的作用。报告指出，2017 年“一带一路”沿线国家信息社会指数为 0.559 9，同比增速 3.41%，明显快于全球平均水平，共有 22 个“一带一路”沿线国家进入信息社会，其中新加坡位列第一。报告还提出，全球信息社会发展不平衡状况趋于好转，其中数字生活的贡献是最大的。

《2017 年全球和中国信息社会发展报告》显示，中国信息社会发展指数为 0.474 9，在全球排名第 81 位，信息社会发展速度达到 4.61%，是信息社会发展速度四连降后的首次回升。报告指出，全国有 38 个城市进入信息社会，这些城市主要分布在东部沿海地区。报告认为，结点城市引领“一带一路”沿线地区信息社会发展，2017 年 26 个“一带一路”结点城市的信息社会指数达到 0.622 4，而同期 18 个“一带一路”沿线省份的信息社会指数仅为 0.482 9，结点城市成为引领“一带一路”信息社会发展的先导力量。报告提出，尽管中西部信息社会发展增长速度快于东部地区，但中西部与东部地区的差距仍然在扩大，尤其是“集中连片特困区”信息社会发展明显滞后，2017 年全国 14 个“集中连片特困区”的信息社会指数仅为 0.360 6，远低于全国平均水平。

2. **中国信息社会发展现状**

1）中国对信息社会的研究

国家信息中心经过数年的积累和探索，2010 年完成了首份中国信息社会测评报告——《走进信息社会：中国信息社会发展报告 2010》，对全国 31 个省份的信息社会发展现状进行了测评。2013 年起，国家信息中心联合全国 24 个省份信息中心，对我国信息社会的进展状况和发展趋势进行持续的跟踪和研究，测评对象进一步拓展到 31 个省份与 300 多个地级及以上城市。

2014 年 2 月 27 日中央网络安全和信息化领导小组第一次会议召开，提出了建设网络强国的战略目标，全面普及网络基础设施，大力发展信息经济，提高自主创新能力。2014 年 11 月首届世界互联网大会在中国举办，推动了中国与世界互联互通、共享共治。国家信息中心于 2015 年 5 月发布了《全球信息社会发展报告 2015》，这是全球首次发布的全面反映世界各国信息社会发展水平的研究报告。2015 年 7 月，又发布了《中国信息社会发展报告 2015》。

2）中国信息社会发展现状

（1）全国信息社会发展增速加快

2017 年全国信息社会指数为 0.4749，总体上仍处于从工业社会向信息社会过渡的转型期，如图 1-1 所示。

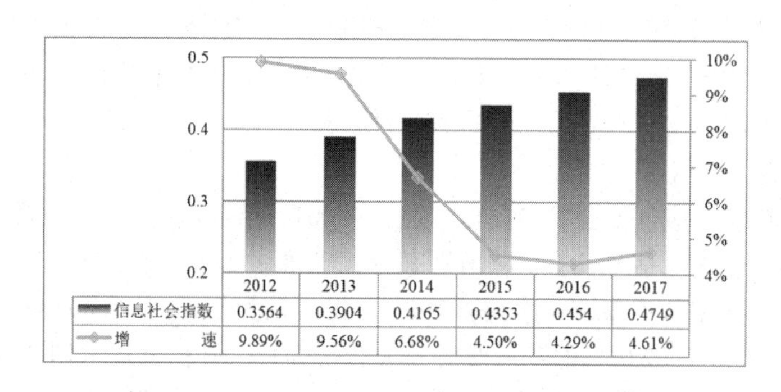

图 1-1　2012—2017 年全国信息社会指数及其增速

2017 年全国 31 个省份信息社会指数均有所增加。其中，北京市信息社会指数为 0.808 3，首次进入信息社会中级阶段；上海、天津、广东、浙江四个省市处于信息社会初级阶段，其余 26 个省份仍处于从工业社会向信息社会过渡的转型期。从发展速度看，2017 年全国有 24 个省份信息社会指数增速较上年有所提升，有 7 个省份的信息社会指数增速比上年下滑，其中江西、山西、甘肃、河北、广西 5 个省份的增速提升了 5 个百分点。从分领域看，2017 年信息经济发展取得了较大进步。

测评表明，全国有 27 个省份信息经济指数增速较上年有所增加，陕西、山西、云南、四川、甘肃进步明显，增速提升超过 5 个百分点。全国信息社会稳健发展主要有以下原因：一是近年来国家出台了《国家信息化发展战略纲要》《关于积极推进“互联网+”行动的指导意见》等众多与信息社会相关的国家战略设计与政策措施，开始落地实施并取得初步效果；各地方也在围绕大数据、云计算、电子商务等制定、出台了一系列发展规划，完善了信息社会发展的大环境。二是生物技术、信息技术、分享经济、智能制造等一批新技术、新业态、新模式发展动力强劲，助力经济增长动能平稳接续，形成新旧动能协调拉动经济增长的良好格局。

（2）全国有 38 个城市进入信息社会

2017 年，全国有深圳、广州、北京、珠海、宁波等 38 个城市（含直辖市）信息社会指数超过 0.6，已经进入信息社会。其中，成都、沈阳、太原、呼和浩特为新进入城市；深圳、广州、北京三个城市信息社会指数超过 0.8，进入信息社会发展中级阶段。

38 个城市的信息社会指数均值为 0.697 3，是全国平均水平的 1.46 倍左右，信息社会四大领域发展水平明显高于全国，其中网络社会和数字生活发展最为突出，是全国平均水平的 1.56 倍和 1.54 倍。38 个城市主要分布在东部沿海地区。其中，广东省有深圳、广州、珠海、佛山、中山、东莞 6 个城市，浙江省有杭州、宁波、舟山、嘉兴、绍兴 5 个城市，江苏省有苏州、无锡、南京、常州、镇江 5 个城市，山东省有东营、青岛、威海、济南 4 个城市。在中西部地区，内蒙古自治区有包头、鄂尔多斯、阿拉善盟、乌海、呼和浩特 5 个城市，西安、成都、太原等均在此列。

近年来，在国家电子商务示范城市、信息惠民试点城市、国家智慧城市试点城市等项目建设的带动下，各个城市依托试点示范项目不断推进交通、教育、医疗、文化等公共服务领域信息化建设，给信息社会发展注入了强大推动力。

3. **信息社会发展趋势及存在问题**

整体上看，全球正在从工业社会向信息社会加速转型，经济发展与创新驱动是推动全球信息社会发展的重要引擎，低廉的电信资费是加速网络普及的重要保障，移动电话成为发展中国家最重要的数字生活工具。与此同时，全球信息社会发展水平严重失衡，数字鸿沟日益扩大，加速转型期国家的生态环境压力空前加大，成为全球信息社会发展面临的严峻挑战。从全球视野出发，中国信息社会发展总体水平滞后于经济发展。

（1）全球正在从工业社会向信息社会加速转型

目前全球信息社会发展的主要特点是：信息基础设施加快普及，主要信息技术产品加速扩散，信息化对经济运行、社会发展、生活提高、政府治理的影响日益显著，信息技术应用效果从量变逐步走向质变。从经济领域看，信息技术开始广泛应用于产业经济活动中，成为经济增长方式转变的重要支撑。从社会领域看，泛在、高速、互联互通的信息网络成为重要的社会基础设施，数字融合受到越来越多的关注。从生活领域看，信息消费成为全社会消费的新增长点，生活工具日益智能化，生活方式更加数字化。从政府领域看，电子政务在提高行政效率、推进信息公开共享、业务协同、高效治理等方面的作用日益突出。

（2）经济水平是信息社会发展的决定性因素

高度发达的经济水平是建设信息社会的必要条件，无论是发展信息经济、构建网络社会，还是打造在线政府、创造数字生活，都需要相对成熟的工业化基础。发达国家已经先行完成工业化进程，在信息技术创新应用、人力资源开发利用、产业结构转型升级、社会包容性发展、生态文明建设等方面都走在世界前列，较早地进入了信息社会。

（3）创新驱动成为推动信息社会发展的重要力量

全球信息社会快速发展，科技创新驱动功不可没。世界各国都把信息技术创新作为驱动经济社会发展的重要战略，纷纷制订战略规划和行动计划。美国、英国、德国等发达国家为了保持领先优势，分别提出再工业化战略和数字英国计划。

（4）移动电话是发展中国家最主要的数字生活工具

在信息技术产品普及和应用过程中，“用不上、用不起、用不好”的问题阻碍了计算机和固定宽带在发展中国家的广泛应用。与之相比，移动通信网络投入相对较少，移动电话使用快捷方便、移动电话及服务价格相对低廉、移动通信服务更加丰富，移动电话成为发展中国家最受欢迎、普及程度最高的数字生活工具。

（5）电信资费水平是影响当前网络普及的重要因素

从信息技术普及扩散的规律来看，在信息技术产品和服务的导入期，技能和收入水平是影响普及率的主要因素；在快速扩散期，产品价格和服务资费是最重要的影响因素，价格和资费的下降能带来普及率的大幅提升；在成熟期，产品和服务价格将趋于稳定，用户普及率也趋于稳定。

（6）人们对数字生活的追求日益强烈

在信息社会发展过程中，伴随着经济发展水平的不断提高，人们对数字生活的向往和追求日益强烈，由此带动信息技术产品的快速普及。随着人均收入水平的不断提高，人们更愿意将收入用于购买信息技术产品如手机、计算机，更多地享受互联网提供的各种服务。

（7）信息社会准备期生态环境压力巨大

生态环境好坏是判断信息社会发展水平的重要标杆之一。在信息社会起步期和转型期，发展中国家的首要任务是加快推进工业化进程。伴随这一进程，石油、煤炭等石化能源消耗巨大，空气污染日益严重，生态环境压力加大。进入信息社会之后，随着信息技术在经济社会领域的广泛应用，产业结构进一步软化，能源利用效率不断提升，环境保护诉求持续增强，空气质量得到有效改善。

（8）全球信息社会发展极不平衡

从全球范围看，信息社会发展极不平衡。多数发达国家已进入信息社会，信息技术对经济社会发展的深刻影响已得到较好体现，大多数发展中国家处于从工业社会向信息社会转型中，而少数发展中国家还没有做好迎接信息社会的准备。

（9）全球数字鸿沟巨大

数字鸿沟是指不同社会群体之间在拥有和使用现代信息技术方面存在的差距，从全球信息社会发展看，各国之间数字鸿沟巨大，信息产品普及存在巨大差距。发达国家主要信息技术产品与服务的扩散已经进入成熟期，大多数发展中国家仍然处于成长期，还有少数国家信息技术产品与服务的应用尚处于市场培育阶段。

1.4 信息高速公路

1. 信息高速公路简介

“信息高速公路”的正式名称是“国家信息基础设施（National Information Infrastructure，NII）”。所谓“信息高速公路”，是指高速计算机通信网络及其相关系统。它是通过光缆或电缆把政府机构、科研单位、企业、图书馆、学校、商店以及家家户户的计算机连接起来，利用计算机终端、传真机、电视等终端设备，像使用电话那样方便、迅速地传递和处理信息，从而最大限度地实现信息共享。数字地球就是以信息高速公路和空间基础设施为依托的，开发和实施信息高速公路计划，不仅促进了信息科学技术的发展，而且将大大改变人们的生活、工作和交往方式。

构成信息高速公路的核心，是以光缆作为信息传输的主干线，采用支线光纤和多媒体终端，用交互方式传输数据、电视、语音、图像等多种形式信息的千兆比特的高速数据网。

建立信息高速公路就是利用数字化大容量的光纤通信网络，在政府机构、各大学、研究机构、企业以至普通家庭之间建成计算机联网。信息高速公路的建成，将改变人们的生活、工作和相互沟通方式，加快科技交流，提高工作质量和效率，享受影视娱乐、遥控医疗，实施远程教育，举行视频会议，实现网上购物等。

2. 信息高速公路起源

1992 年 2 月，美国总统在发表的国情咨文中提出计划用 20 年时间，耗资 2 000～4 000 亿美元，以建设美国国家信息基础结构（NII），作为美国发展政策的重点和产业发展的基础。倡议者认为，它将永远改变人们的生活、工作和相互沟通的方式，产生比工业革命更为深刻的影响。建设国家信息基础结构（NII），既有赖于全球信息技术的微电子、光电子、声像、计算机、通信等相关领域的突破进展，也有赖于各国政府根据各国国情所作的决策。美国是在已具规模的有线电视网（家庭电视机通过率达 98%）、电信网（电话普及率 93%）、计算机网（联网率 50%）的基础上提出的，构想以光纤干线为主、辅以微波和同轴电缆分配系统组建高速、宽带综合信息而使网络最终过渡到光纤直接到户。由于网络具有双向传输能力，因而全网络运行的广播、电视、电话、传真、数据等信息都具备开发交互式业务的功能。

3. 信息高速公路的主要目标

① 在企业、研究机构和大学之间进行计算机信息交换。

② 通过药品的通信销售和 X 光照片图像的传送，提高以医疗诊断为代表的医疗服务水平。

③ 使在第一线的研究人员的讲演和学校里的授课发展成为计算机辅助教学。

④ 广泛提供地震、火灾等的灾害信息。

⑤ 实现电子出版、电子图书馆、家庭影院、在家购物等。

⑥ 带动信息产业的发展，产生巨大的经济效应，增强国际实力，提高综合国力。

4. 信息高速公路的基本要素

信息高速公路的基本要素包括以下 5 点：

① 用于传输、存储、处理和显现声音、数据和图像的物理设备，如摄像机、扫描仪、键盘、电话机、传真机、转换器、视频和音频带、电缆、电线、卫星、光纤传输线、微波网、打印机等。

② 信息。包括资源、环境、社会、经济、文化教育等各个领域的图形、图像、文本、多媒体等的海量信息，其中 80%与空间位置相关。

③ 应用系统和软件。它们允许用户使用、处理、组织和整理由信息高速公路提供给用户的大量信息。

④ 传输编码与网络标准。这些编码与标准促进网络之间的互相联系和兼容，同时保证网络的安全性和可靠性。

⑤ 人员。包括信息及设施的生产者、使用者和决策者等。广域网技术是信息高速公路的重要组成部分，如光纤通信、卫星通信和微波通信技术，用户与主干线之间采用光缆、同轴电

缆、有线及无线信道相连。信息服务将由超级计算机，大、中、小、微型计算机以及大量的并行机参与。

5. **信息高速公路的主要关键技术**

① 通信网技术。

② 光纤通信网（SDH）及异步转移模式交换技术。

③ 信息通用接入网技术。

④ 数据库和信息处理技术。

⑤ 移动通信及卫星通信，数字微波技术。

⑥ 高性能并行计算机系统和接口技术。

⑦ 图像库和高清晰度电视技术。

⑧ 多媒体技术。

6. **中国信息高速公路的发展**

我国在“863”计划中已开始研究我国信息高速公路，通过“八五”和“九五”两个五年计划，已建成“八纵八横”的光缆干线传输网。通过信息高速公路，带动了“两网一站四库十二金”建设。

按我国信息化建设2005—2050年战略部署，共分3个阶段完成：第一阶段为2005—2020年，主要任务是信息化夯实基础；第二阶段为2020—2035年，主要任务是全面推进信息化建设；第三阶段是2035—2050年，战略目标是信息化高度发展。当前，我国的信息化建设已取得可喜成就。

据2018年第42次中国互联网络发展状况统计报告，中国信息高速公路的发展成就斐然。

（1）基础资源保有量稳中有升，资源应用保持增长态势

截至2018年6月，我国IPv6地址数量为23 555块/32，半年增长0.53%。自2017年11月《推进互联网协议第六版（IPv6）规模部署行动计划》发布以来，我国运营商已基本具备在网络层面支持IPv6的能力，正在推进从网络能力到业务能力的转变。中国国际出口带宽为8 826 302 Mbit/s，半年增长率为20.6%，网民上网速度更快，跨境漫游通话质量更佳，网络质量更优。同时，网站数、移动互联网接入流量和APP数量均在2018年上半年实现显著增长。

（2）中国网民规模超8亿，互联网普惠化成果显著

截至2018年6月，我国网民规模达8.02亿，普及率为57.7%；2018年上半年新增网民2 968万人，较2017年末增长3.8%；我国手机网民规模达7.88亿，网民通过手机接入互联网的比例高达98.3%。我国互联网基础设施建设不断优化升级，网络扶贫成为精准扶贫、精准脱贫的工作途径，提速降费政策稳步实施推动移动互联网接入流量显著增长，网络信息服务朝着扩大网络覆盖范围、提升速度、降低费用的方向发展。出行、环保、金融、医疗、家电等行业与互联网融合程度加深，互联网服务呈现智慧化和精细化特点。

（3）互联网理财使用率提升明显，市场规范化有序化发展

我国互联网理财使用率由2017年末的16.7%提升至2018年6月的21.0%，互联网理财用户增加3 974万，半年增长率达30.9%。我国互联网理财用户规模持续扩大，网民理财习惯逐渐得到培养，资管业务打破刚性兑付，有效降低金融机构业务风险，减少监管套利，同时进一步提升机构主动管理能力，推动互联网保本理财产品向净值型理财产品加速转化，货币基金发

行放缓，P2P 网贷理财备案登记工作加速推进，促使互联网理财市场朝着合理规范化方向发展。

（4）电子商务与社交应用融合加深，移动支付使用率保持增长

截至2018年6月，我国网络购物用户和使用网上支付的用户占总体网民的比例均为71.0%，网络购物与互联网支付已成为网民使用比例较高的应用。一方面，电子商务、社交应用、数字内容相互融合，社交电商模式拓展了电子商务业务，电商企业推出具有数字内容的多元化购物场景。在此基础上，电子商务总体保持稳定发展，在协调供给侧结构性改革、拉动就业、助力乡村振兴等方面发挥重要作用。另一方面，绝大多数支付机构接入网联，提高了资金透明度和网络支付的安全性，手机网民中使用移动支付的比例达 71.9%。

（5）互联网娱乐健康发展，短视频应用迅速崛起

2018 年上半年，网络娱乐市场需求强烈，相应政策出台以鼓励引导互联网娱乐业态健康发展。网络音乐原创作品得到扶持，网络文学用户阅读方式多样，网络游戏类型的多样化和游戏内容的精品化趋势明显。短视频应用迅速崛起，74.1%的网民使用短视频应用，以满足网民碎片化的娱乐需求。与此同时，网络文化娱乐内容进一步规范，网络音乐、文学版权环境逐渐完善，网络游戏中违法违规内容得到整治，视频行业构建起以内容为核心的生态体系，直播平台进入精细化运营阶段。

（6）共享出行用户高速增长，市场资源得到进一步整合

2018 年上半年，分别有 30.6%、43.2%和 37.3%的网民使用过共享单车、预约出租车、预约专车/快车，用户规模较 2017 年末分别增长了 11.0%、20.8%和 26.5%。共享单车市场由 2017 年末的二强争霸重回多强竞争格局，单车企业尝试通过多种方式拓展营收来源，并开始提供免押金服务以规避风险。网约车行业出现跨界融合现象，平台企业围绕出行服务领域进行全面化布局，由单一业务开始向平台化生态拓展。

（7）近六成网民使用在线政务服务，政府网站集约化进程加快

截至 2018 年 6 月，我国在线政务服务用户规模达到 4.70 亿，占总体网民的 58.6%，有 42.1%的网民通过支付宝或微信城市服务平台获得政务服务。首先，政府积极出台政策推动政务线上化发展，打通信息壁垒，构建全流程一体化在线服务平台，建设人民满意的服务型政府；其次，各级政府网站集约化程度明显提升，全国政府网站总数为 19 868 个，较 2015 年第一次普查时缩减 70.1%；最后，各级党政机关和群团组织等积极运用微博、微信、客户端等“两微一端”新媒体，发布政务信息、回应社会关切、推动协同治理，不断提升地方政府信息公开化、服务线上化水平。

（8）新兴技术领域取得重要进展，产业应用稳步推进

2018 年上半年，我国在量子信息技术、天地通信、类脑计算、AR/VR/MR、人工智能、区块链、超级计算机、工业互联网等信息领域核心技术发展势头向好。我国研究团队首次实现 25 个量子接口之间的量子纠缠与 18 个光量子比特的纠缠；运行于地月间的通信卫星发射升空，全天候、全时段以及在复杂地形条件下可实现实时双向通信能力的“鸿雁星座”工程已经启动；我国研发出具备自主知识产权的类脑计算芯片并推出相应产品，类脑认知引擎平台已具备模拟哺乳动物大脑的能力；虚拟现实技术研发已解决 VR 头盔被线缆束缚、VR 眼球追踪模组等多项难题；人工智能在线下零售店、家庭儿童教育、养老陪护、家务工作、医疗健康、投资风控等多种场景迅速落地；区块链业务已初具规模，专利数量、融资环境、政策扶持、应用落地等方面均处于世界前列；超级计算机在自主可控、峰值速度、持续性能、绿色指标等方面实现突

破，“神威•太湖之光”的运算系统全面采用国产芯片，“天河三号”原型机 CPU 和操作系统均为自主研发，打破技术封锁；企业上云进程加快，信息系统向云平台迁移，工业互联网平台取得快速发展。

1.5 信息技术研究热点

当前信息技术的发展可谓是日新月异。基于计算机技术、微电子技术、通信技术和网络技术的研究热点层出不穷，并且取得了诸多可喜成就，应用广泛。这些研究热点包括：大数据、云计算、智能终端、电子商务、O2O 技术、物联网技术、虚拟现实、人工智能、互联网+、智慧城市、智慧教育、大规模社会化协同，等等。下面就大数据、人工智能、智慧城市等作简单举例。

1.5.1 大数据

1. 大数据的概念

大数据（Big Data）是互联网发展到现今阶段的一种产物。麦肯锡全球研究所给出的大数据定义是：它是一种规模大到在获取、存储、管理、分析方面大大超出传统数据库软件工具能力范围的数据集合，具有海量的数据规模、快速的数据流转、多样的数据类型和价值密度低四大特征。

大数据技术的战略意义不在于掌握庞大的数据信息，而在于对这些含有意义的数据进行专业化处理。换言之，如果把大数据比作一种产业，那么这种产业实现盈利的关键，在于提高对数据的“加工能力”，通过“加工”实现数据的“增值”。

随着云时代（关于云计算的概念将在本书后面描述）的来临，大数据也吸引了越来越多的关注。“著云台”的分析师团队认为，大数据通常用来形容一个公司创造的大量非结构化数据和半结构化数据，这些数据在下载到关系型数据库用于分析时会花费过多时间和金钱。大数据分析常和云计算联系到一起，因为实时的大型数据集分析需要像 MapReduce 一样的框架来向数十、数百或甚至数千的计算机分配工作。

2. 大数据的应用

有人把数据比喻为蕴藏能量的煤矿。煤炭按照性质有焦煤、无烟煤、肥煤、贫煤等分类，而露天煤矿、深山煤矿的挖掘成本又不一样。与此类似，大数据并不在“大”，而在于“有用”。价值含量、挖掘成本比数量更为重要。对于很多行业而言，如何利用这些大规模数据是成为赢得竞争的关键。

大数据的价值体现在以下几个方面：

① 对大量消费者提供产品或服务的企业可以利用大数据进行精准营销。

② 做小而美模式的中长尾企业可以利用大数据做服务转型。

③ 面临互联网压力之下必须转型的传统企业需要与时俱进，充分利用大数据的价值。

3. 国家大力发展大数据

2015 年 9 月，国务院印发《促进大数据发展行动纲要》（以下简称《纲要》），系统部署大数据发展工作。

《纲要》明确提出，推动大数据发展和应用，在未来 5～10 年打造精准治理、多方协作的社会治理新模式，建立运行平稳、安全高效的经济运行新机制，构建以人为本、惠及全民的民生服务新体系，开启大众创业、万众创新的创新驱动新格局，培育高端智能、新兴繁荣的产业发展新生态。

2015 年 9 月 18 日，贵州省启动我国首个大数据综合试验区的建设工作，力争通过 3～5 年的努力，将贵州大数据综合试验区建设成为全国数据汇聚应用新高地、综合治理示范区、产业发展聚集区、创业创新首选地、政策创新先行区。

围绕这一目标，贵州省将重点构建“三大体系”，重点打造“七大平台”，实施“十大工程”。

“三大体系”是指构建先行先试的政策法规体系、跨界融合的产业生态体系、防控一体的安全保障体系；“七大平台”则是指打造大数据示范平台、大数据集聚平台、大数据应用平台、大数据交易平台、大数据金融服务平台、大数据交流合作平台和大数据创业创新平台；“十大工程”即实施数据资源汇聚工程、政府数据共享开放工程、综合治理示范提升工程、大数据便民惠民工程、大数据三大业态培育工程、传统产业改造升级工程、信息基础设施提升工程、人才培养引进工程、大数据安全保障工程和大数据区域试点统筹发展工程。

国家发展改革委有关专家表示，大数据综合试验区建设不是简单地建产业园、建数据中心、建云平台等，而是要充分依托已有的设施资源，把现有的利用好，把新建的规划好，避免造成空间资源的浪费和损失。探索大数据应用新的模式，围绕有数据、用数据、管数据，开展先行先试，更好地服务国家大数据发展战略。

1.5.2　人工智能

人工智能是计算机学科的一个分支，是当前信息技术的研究热点之一。

1. 人工智能的概念

著名的美国斯坦福大学人工智能研究中心尼尔逊教授对人工智能下了这样一个定义：“人工智能是关于知识的学科——怎样表示知识以及怎样获得知识并使用知识的科学。”而另一位美国麻省理工学院的温斯顿教授认为：“人工智能就是研究如何使计算机去做过去只有人才能做的智能工作。”这些说法反映了人工智能学科的基本思想和基本内容，即人工智能是研究人类智能活动的规律，构造具有一定智能的人工系统，研究如何让计算机去完成以往需要人的智力才能胜任的工作，也就是研究如何应用计算机的软硬件来模拟人类某些智能行为的基本理论、方法和技术。

从实用观点来看，人工智能是一门知识工程学：以知识为对象，研究知识的获取、知识的表示方法和知识的使用。

2. 计算机与智能

通常使用计算机时，不仅要告诉计算机要做什么，还必须详细地、正确地告诉计算机怎么做。也就是说，人们要根据任务的要求，以适当的计算机语言，编制针对该任务的应用程序，才能使计算机完成此项任务。这样做实际上是由人完全控制计算机完成的，体现不了计算机的“智能”特点。

1997 年 5 月 11 日，世界国际象棋棋王卡斯帕罗夫与美国 IBM 公司的 RS/6000（深蓝）计算机系统进行了六局“人机大战”，结果“深蓝”以 3.5 比 2.5 的总比分获胜。比赛结果给人们留下了深刻的思考：棋手除了要有很强的思维能力、记忆能力、丰富的下棋经验外，还得及时做出反应，迅速进行有效的处理，否则一着出错满盘皆输，这显然是个“智能”问题。尽管开发“深蓝”计算机的 IBM 专家也认为它离智能计算机还相差甚远，但它以高速的并行计算能力（2^{108}步／秒的计算速度）实现了人类智力的计算机模拟。

3. 智能与知识

20 世纪 70 年代以后，许多国家都相继开展了人工智能的研究。由于当时对实现机器智能的理解过于片面，认为只要有一些推理的定律加上强大的计算机就能有专家的水平和超人的能力。虽然这样也获得一定成果，但问题也跟着出现了，例如对于机器翻译，当时人们往往认为只要用一部双向词典及词法知识，就能实现两种语言文字的互译，其实完全不是这么一回事。例如，把英语句子“Time flies like an arrow”（光阴似箭）翻译成日语，然后再译回英语，竟然成为“苍蝇喜欢箭”；当把英语“The spirit is willing but the flesh is weak”（心有余而力不足）译成俄语后，再译回来竟变成“The wine is good but the meat is spoiled”（酒是好的但肉已变质）。在其他方面也都遇到这样或者那样的困难。人工智能研究的先驱者们经过认真的反思、总结经验和教训，认识到人的智能表现在人能学习知识，有了知识，就能了解、运用已有的知识。要让计算机“聪明”起来，首先要解决计算机如何学会一些必要的知识，以及如何运用学到的知识解决一些问题。只对一般事物的思维规律进行探索是不可能解决较高层次问题的。人工智能研究的开展应当改变为以知识为中心来进行。

4. 人工智能研究的目标

1950 年英国数学家图灵（A.M.Turing，1912—1954）在“计算机与智能”的论文中提出著名的“图灵测试”，形象地提出人工智能应该达到的智能标准。图灵在这篇论文中认为，不要问一个机器是否能思维，而是要看它能否通过以下的测试：让人和机器分别位于两个房间，他们只可通话，不能互相看见。通过对话，如果人的一方不能区分对方是人还是机器，那么就可以认为那台机器达到了人类智能的水平。

5. 人工智能的研究领域

目前，人工智能的研究领域主要集中在以下几方面：

（1）专家系统

专家系统是依靠人类专家已有的知识建立起来的知识系统，目前专家系统是人工智能研究中开展较早、最活跃、成效最多的领域，广泛应用于医疗诊断、地质勘探、石油化工、军事、文化教育等各方面。它是在特定的领域内具有相应的知识和经验的程序系统，它应用人工智能技术、模拟人类专家解决问题时的思维过程，来求解领域内的各种问题，达到或接近专家的水平。

（2）机器学习

要使计算机具有知识，一般有两种方法：一种是由知识工程师将有关的知识归纳、整理，并且表示为计算机可以接受、处理的方式输入计算机；另一种是使计算机本身有获得知识的能力，它可以学习人类已有的知识，并且在实践过程中不断总结、完善。后者称为机器学习。机器学习的研究主要包括：研究人类学习的机理、人脑思维的过程和机器学习的方法以及建立针对具体任务的学习系统。

（3）模式识别

模式识别是研究如何使机器具有感知能力，主要研究方向是视觉模式和听觉模式的识别，如识别物体、地形、图像、字体（如签字）等，在日常生活各方面以及军事上都有广大的用途。近年来迅速发展起来的应用模糊数学模式、人工神经网络模式的方法逐渐取代传统的使用统计模式和结构模式相结合的识别方法。特别是神经网络方法在模式识别中取得较大进展。

（4）理解自然语言

如果计算机能“听懂”人的语言（如汉语、英语等），便可以直接用口语操作计算机，这将给人们带极大的便利。计算机理解自然语言的研究有以下 3 个目标：一是计算机能正确理解人类的自然语言输入的信息，并能正确答复（或响应）输入的信息；二是计算机对输入的信息能产生相应的摘要，而且复述输入的内容；三是计算机能把输入的自然语言翻译成要求的另一种语言，如将汉语译成英语或将英语译成汉语等。目前，对计算机进行文字或语言的自动翻译的研究，人们做了大量的工作，还没有找到最佳的方法，有待于更进一步深入探索。

（5）机器人学

机器人是一种能模拟人的行为的机械，对它的研究经历了 3 代的发展过程：

第一代（程序控制）机器人。这种机器人一般是按以下两种方式“学会”工作的：一种是由设计师预先按工作流程编写好程序存储在机器人的内部存储器，在程序控制下工作；另一种是被称为“示教–再现”方式，这种方式是在机器人第一次执行任务之前，由技术人员引导机器人操作，机器人将整个操作过程一步一步地记录下来，每一步操作都表示为指令。示教结束后，机器人按指令顺序完成工作（即再现）。

第二代（自适应）机器人。这种机器人配备有相应的感觉传感器（如视觉、听觉、触觉传感器等），能取得作业环境、操作对象等简单的信息，并由机器人体内的计算机进行分析、处理，控制机器人的动作。

第三代（智能）机器人。这种机器人具有类似于人的智能，它装备了高灵敏度的传感器，因而具有超过一般人的视觉、听觉、嗅觉、触觉的能力，能对感知的信息进行分析，控制自己的行为，处理环境发生的变化，完成交给的各种复杂、困难的任务，而且有自我学习、归纳、总结、提高已掌握知识的能力。目前研制的智能机器人大都只具有部分的智能，和真正意义上的智能机器人还有一段距离。

（6）智能决策支持系统

决策支持系统是属于管理科学的范畴，它与“知识–智能”有着极其密切的关系。自 20 世纪 80 年代以来专家系统在许多方面取得成功，将人工智能中特别是智能和知识处理技术应用于决策支持系统，扩大了决策支持系统的应用范围，提高了系统解决问题的能力，这就成为智能决策支持系统。

（7）人工神经网络

人工神经网络是在研究人脑的奥秘中得到启发的，它试图用大量的处理单元（人工神经元、处理元件、电子元件等）模仿人脑神经系统工程结构和工作机理。

在人工神经网络中，信息的处理是由神经元之间的相互作用来实现的，知识与信息的存储表现为网络元件之间分布式的物理联系，网络的学习和识别取决于和神经元连接权值的动态演化过程。

多年来，人工神经网络的研究取得了较大的进展，成为具有一种独特风格的信息处理学科。当然目前的研究还只是一些简单的人工神经网络模型。要建立起一套完整的理论和技术系统，需要做出更多努力和探讨。然而人工神经网络已经成为人工智能中极其重要的一个研究领域。

（8）神经计算机

模仿人类大脑功能的神经计算机已经开发成功，它标志着电子计算机的发展进入新一代。新一代电子计算机是具有模仿人的大脑进行判断和适应的能力，并具有可并行处理多种数据功能的神经网络计算机。与以逻辑处理为主的计算机不同，它本身可以判断对象的性质与状态，并能采取相应的行动，而且它可同时并行处理实时变化的大量数据，并导出结论。

神经电子计算机能识别文字、符号、图形、语言以及声呐和雷达收到的信号，判读支票，对市场进行估计，分析新产品，进行医学诊断，控制智能机器人，实现汽车和飞行器的自动驾驶，发展、识别军事目标，进行智能决策和智能指挥等，将广泛应用于各领域。

1.5.3 互联网+

1. 什么是“互联网+”

通俗来说，“互联网+”就是“互联网+各个传统行业”，但这并不是简单的两者相加，而是利用信息通信技术以及互联网平台，让互联网与传统行业进行深度融合，创造新的发展生态。

这相当于给传统行业加一双“互联网”的翅膀，然后助飞传统行业。比如互联网金融，由于与互联网相结合，诞生出了很多普通用户触手可及的理财投资产品，如余额宝、理财通等；又如互联网医疗，传统的医疗机构由于互联网平台的接入，使得人们实现在线求医问药成为可能，这些都是最典型的“互联网+”的案例。

阿里研究院撰写的《互联网+研究报告》中对“互联网+”给予了定义，所谓“互联网+”就是指：以互联网为主的一整套信息技术（包括移动互联网、云计算、大数据技术等）在经济、社会生活各部门的扩散、应用过程。互联网作为一种通用目的技术，和一百年前的电力技术、两百年前的蒸汽机技术一样，将对人类经济社会产生巨大、深远而广泛的影响。

“互联网+”的本质是传统产业的在线化、数据化。网络零售、在线批发、跨境电商、快的打车、淘点点所做的工作都是努力实现交易的在线化。只有商品、人和交易行为迁移到互联网上，才能实现“在线化”；只有“在线”才能形成“活的”数据，随时被调用和挖掘。在线化的数据流动性最强，不会像以往一样仅仅封闭在某个部门或企业内部。在线数据随时可以在产业上下游、协作主体之间以最低的成本流动和交换。数据只有流动起来，其价值才得以最大限度地发挥出来。

“互联网+”的前提是互联网作为一种基础设施的广泛安装。英国演化经济学家卡萝塔·佩蕾丝认为，每一次大的技术革命都形成了与其相适应的“技术—经济”范式。这个过程会经历两个阶段：第一阶段是新兴产业的兴起和新基础设施的广泛安装；第二个阶段是各行各业应用的蓬勃发展和收获（每个阶段各20～30年）。

2015年3月，全国两会上，全国人大代表马化腾提交了“关于以‘互联网+’为驱动，推进我国经济社会创新发展的建议”的议案，表达了对经济社会的创新提出了建议和看法。他呼吁，我们需要持续以“互联网+”为驱动，鼓励产业创新、促进跨界融合、惠及社会民生，推动我国经济和社会的创新发展。马化腾表示，“互联网+”是指利用互联网的平台、信息通信技术把互联网和包括传统行业在内的各行各业结合起来，从而在新领域创造一种新生态。他希望这种生态战略能够被国家采纳，成为国家战略。

2. “互联网+”的特征

“互联网+”有六大特征：

① 跨界融合。“+”就是跨界，就是变革，就是开放，就是重塑融合。敢于跨界了，创新的基础就更坚实；融合协同了，群体智能才会实现，从研发到产业化的路径才会更垂直。融合本身也指代身份的融合，客户消费转化为投资、伙伴参与创新，等等，不一而足。

② 创新驱动。中国粗放的资源驱动型增长方式早就难以为继，必须转变到创新驱动发展这条正确的道路上来。这正是互联网的特质，用所谓的互联网思维来求变、自我革命，也更能发挥创新的力量。

③ 重塑结构。信息革命、全球化、互联网业已打破了原有的社会结构、经济结构、地缘结构、文化结构。权力、议事规则、话语权不断在发生变化。互联网+社会治理、虚拟社会治理会是很大的不同。

④ 尊重人性。人性的光辉是推动科技进步、经济增长、社会进步、文化繁荣的最根本的力量。互联网的力量之强大最根本地来源于对人性的最大限度的尊重、对人体验的敬畏、对人的创造性发挥的重视。

⑤ 开放生态。关于“互联网+”，生态是非常重要的特征，而生态的本身就是开放的。推进“互联网+”，其中一个重要的方向就是要把过去制约创新的环节化解掉，把孤岛式创新连接起来，让研发的市场驱动由人性决定，让创业并努力者有机会实现价值。

⑥ 连接一切。连接是有层次的，可连接性是有差异的，连接的价值是相差很大的，但是连接一切是“互联网+”的目标。

总之，“互联网+”的核心是融合，不是将互联网与传统产业进行简单的机械相加，而是利用互联网技术、方法和思维去改造和优化传统产业销售、研发、生产、物流、信息、人力等各方面存在的效率低下问题，打破信息不对称的局面。“互联网+”的武器是连接，通过连接，在人、物、商品、信息之间建立衔接与关联，关联后将产生开放、协作、参与和共赢，产生大数据。“互联网+”的方法是聚合，通过聚合形成巨大的力量，对传统行业的“二八规则”产生了挑战。“互联网+”在中国已不再是概念，而是上升为一个正在崛起的伟大民族的国家战略。

1.5.4　物联网

1. 物联网的定义

物联网（The Internet of things）是新一代信息技术。顾名思义，物联网就是“物物相连的互联网”。这有两层意思：第一，物联网的核心和基础仍然是互联网，是在互联网基础上的延伸和扩展的网络；第二，其用户端延伸和扩展到了任何物体与物体之间，进行信息交换和通信。因此，物联网的定义是：通过射频识别（RFID）、红外感应器、全球定位系统、激光扫描器等信息传感设备，按约定的协议，把任何物体与互联网相连接，进行信息交换和通信，以实现对物体的智能化识别、定位、跟踪、监控和管理的一种网络，如图 1-2 所示。

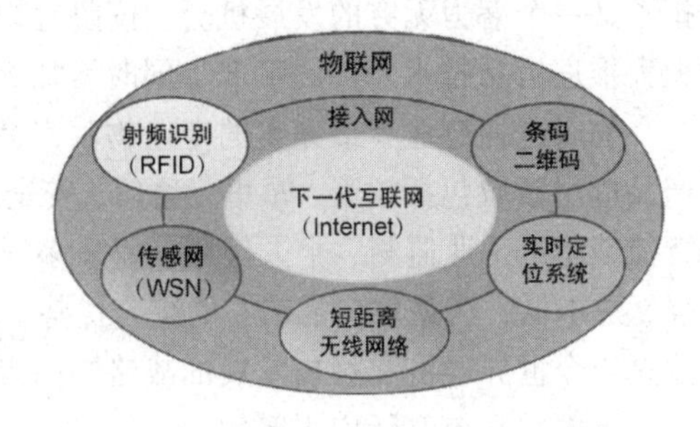

图 1-2　物联网

在 2009 年 9 月，在北京举办的物联网与企业环境中欧研讨会上，欧盟委员会信息和社会媒体司 RFID 部门负责人 Lorent Ferderix 博士给出了欧盟对物联网的定义：物联网是一个动态的全球网络基础设施，它具有基于标准和互操作通信协议的自组织能力，其中物理的和虚拟的“物”具有身份标识、物理属性、虚拟的特性和智能的接口，并与信息网络无缝整合。物联网将与媒体互联网、服务互联网和企业互联网一道，构成未来互联网。

2008 年 11 月在北京大学举行的第二届中国移动政务研讨会“知识社会与创新 2.0”上，专家们提出移动技术、物联网技术的发展带动了经济社会形态、创新形态的变革，推动了面向知识社会的以用户体验为核心的下一代创新（创新 2.0）形态的形成，创新与发展更加关注用户、注重以人为本。

2. 物联网的关键技术

在物联网应用中有 3 项关键技术：

① 传感器技术。这也是计算机应用中的关键技术。截至目前，绝大部分计算机处理的都是数字信号。自从有计算机以来，就需要传感器把模拟信号转换成数字信号，计算机才能处理。

② RFID 标签。也是一种传感器技术，RFID 技术是融合了无线射频技术和嵌入式技术的综合技术，在自动识别、物品物流管理领域有着广阔的应用前景。

③ 嵌入式系统技术。是综合了计算机软硬件、传感器技术、集成电路技术、电子应用技术为一体的复杂技术。经过几十年的演变，以嵌入式系统为特征的智能终端产品随处可见；小到人们身边的 MP3，大到航天航空的卫星系统。嵌入式系统正在改变人们的生活，推动着工业生产以及国防工业的发展。如果把物联网用人体做一个简单的比喻：传感器相当于人的眼睛、鼻子、皮肤等感官；网络就是神经系统，用来传递信息；嵌入式系统则是人的大脑，在接收到信息后要进行分类处理。这个例子很形象地描述了传感器、嵌入式系统在物联网中的位置与作用。

3. 物联网的应用

物联网将是下一个推动世界高速发展的“重要生产力”，是继通信网之后的另一个万亿级市场。业内专家认为，物联网一方面可以提高经济效益，大大节约成本；另一方面可以为全球经济的复苏提供技术动力。美国、欧盟等都在投入巨资深入研究探索物联网。我国也正在高度关注、重视物联网的研究，工业和信息化部会同有关部门，在新一代信息技术方面正在开展研究，以形成支持新一代信息技术发展的政策措施。

物联网普及以后，用于动物、植物和机器、物品的传感器与电子标签及配套的接口装置的数量将大大超过手机的数量。物联网的推广将会成为推进经济发展的又一个驱动器，为产业开拓了又一个潜力无穷的发展机会。按照对物联网的需求，需要亿计的传感器和电子标签，这将大大推进信息技术元件的生产，同时增加大量的就业机会。

物联网拥有业界最完整的专业物联产品系列，覆盖从传感器、控制器到云计算的各种应用。产品应用领域包括航天、军事、通信、安全隐私、智能家居、交通物流、环境保护、公共安全、智能消防、工业监测、个人健康、娱乐多媒体等各种领域。构建了“质量好、技术优、专业性强，成本低，满足客户需求”的综合优势，持续为客户提供有竞争力的产品和服务。物联网产业是当今世界经济和科技发展的战略制高点之一。

下面举几个实际应用案例：

① 医疗辅助系统。让病人身穿带有射频识别和传感器的衣物，可以得到病人的心跳电压等健康信息并上传网络，医生可以通过 PDA 等设备进行远程即时诊断并安排护士帮助病人治疗。

② 有实验设计了一种在日常工具上的自动提醒系统。例如，在雨伞上加了一个小装置，可以通过网络获知室外是否下雨，若下雨或即将下雨，则在用户出门时自动发出声音，提醒带雨伞出门。

③ 有实验设计了一个能在电器浪费电能时提醒主人并自动关闭部分电器的家庭节能系统。老人摔倒提醒系统通过在老年人身上安装加速度与重力传感器，当老人摔倒时发送短信通知家人。

④ 智能交通方面。上海交大的 TIG 项目在 2005 年就开始运行，通过收集上海四千辆出租车的实时信息，结合历史数据来计算实时路况。该系统还有计算最优路径、公交车到站时间等应用。

⑤ 酒类信息系统。通过扫描酒类饮品的电子标签，利用手机或其他职能手持设备可以在网络上寻找并显示这一酒类的详细介绍和价格对比，方便用户采购。

⑥ 对象识别系统。通过摄像头取景，可以辨别出所拍摄景物并给予相关详细信息。该系统可应用于旅游和迷路情况下获取帮助。

物联网的应用如图 1-3 所示。

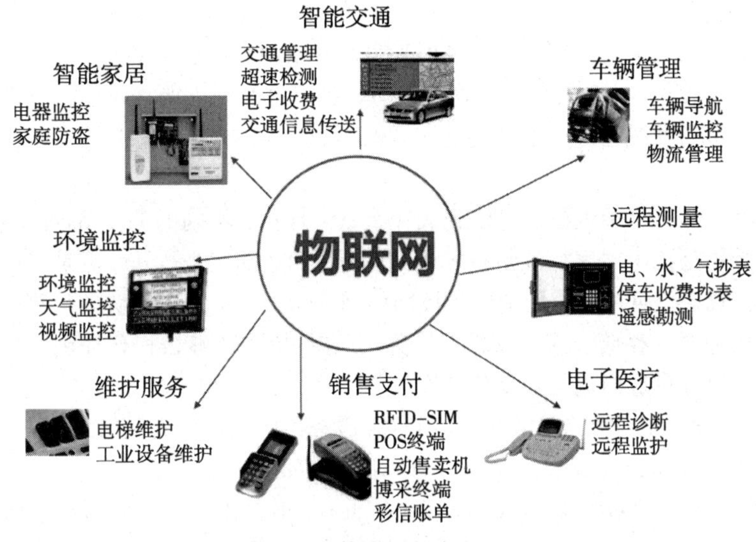

图 1-3　物联网的应用

4. 我国物联网的发展状况

早在 2009 年，我国物联网领域的研究和应用开发走向了高潮，无锡市率先建立了“感知中国”研究中心，中国科学院、运营商、多所大学在无锡建立了物联网研究院，无锡市江南大学还建立了全国首家实体物联网工厂学院。自“感知中国”提出以来，物联网被正式列为国家五大新兴战略性产业之一，写入政府工作报告，物联网在中国受到了全社会极大的关注，其受关注程度是在美国、欧盟以及其他各国不可比拟的。

物联网的概念已经是一个“中国制造”的概念，它的覆盖范围与时俱进，已经超越了 1999 年 Ashton 教授和 2005 年 ITU 报告所指的范围，物联网已被贴上“中国式”标签。

物联网热浪为什么在中国会迅速壮大？物联网在中国迅速崛起得益于我国在物联网方面的几大优势：第一，我国早在 1999 年就启动了物联网核心传感网技术研究，研发水平处于世界前列；第二，在世界传感网领域，我国是标准主导国之一，专利拥有量高；第三，我国是目前能够实现物联网完整产业链的国家之一；第四，我国无线通信网络和宽带覆盖率高，为物联网的发展提供了坚实的基础设施支持；第五，我国已经成为世界第二大经济体，有较为雄厚的经济实力支持物联网发展。

《2014—2018年中国物联网行业应用领域市场需求与投资预测分析报告》数据表明，2010年物联网在安防、交通、电力和物流领域的市场规模分别为600亿元、300亿元、280亿元和150亿元，2011年中国物联网产业市场规模达到2 600多亿元，2015年则超过5 000亿元。

2014年2月18日，全国物联网工作电视电话会议在北京召开。国务院副总理马凯出席会议并讲话强调，中国要抢抓机遇，应对挑战，以更大的决心、更有效的措施，扎实推进物联网有序健康发展，努力打造具有国际竞争力的物联网产业体系，为促进经济社会发展做出积极贡献。

1.5.5 云计算

1. 云计算的定义

云计算（Cloud Computing）是基于互联网的相关服务的增加、使用和交付模式，通常涉及通过互联网来提供动态易扩展且经常是虚拟化的资源。云是网络、互联网的一种比喻说法。过去在图中往往用云来表示电信网，后来也用来表示互联网和底层基础设施的抽象。因此，云计算甚至可以让你体验每秒10万亿次的运算能力，拥有这么强大的计算能力可以模拟核爆炸、预测气候变化和市场发展趋势。用户通过计算机、手机等方式接入数据中心，按自己的需求进行运算。

对云计算的定义有多种说法。对于到底什么是云计算，不同的IT厂商可以有不同的解释。现阶段广为接受的是美国国家标准与技术研究院（NIST）的定义：云计算是一种按使用量付费的模式，这种模式提供可用的、便捷的、按需的网络访问，进入可配置的计算资源共享池（资源包括网络、服务器、存储、应用软件、服务），这些资源能够被快速提供，只需投入很少的管理工作，或与服务供应商进行很少的交互。

云计算是继1980年代大型计算机到客户端-服务器的大转变之后的又一种巨变。云计算是分布式计算（Distributed Computing）、并行计算（Parallel Computing）、效用计算（Utility Computing）、网络存储（Network Storage Technologies）、虚拟化（Virtualization）、负载均衡（Load Balance）、热备份冗余（High Available）等传统计算机和网络技术发展融合的产物。

2. 云计算的发展史

2006年8月9日，Google首席执行官埃里克·施密特（Eric Schmidt）在搜索引擎大会（SES San Jose 2006）首次提出“云端计算”（Cloud Computing）的概念。Google“云端计算”源于Google工程师克里斯托弗·比希利亚所做的“Google 101”项目。

2007年10月，Google与IBM开始在美国大学校园（包括卡内基梅隆大学、麻省理工学院、斯坦福大学、加州大学伯克利分校及马里兰大学等）推广云计算的计划。这项计划希望能降低分布式计算技术在学术研究方面的成本，并为这些大学提供相关的软硬件设备及技术支持（包括数百台个人计算机及BladeCenter与System x服务器，这些计算平台将提供1 600个处理器，支持包括Linux、Xen、Hadoop等开放源代码平台）。而学生则可以通过网络开发各项以大规模计算为基础的研究计划。

2008 年 1 月 30 日，Google 宣布在中国台湾启动“云计算学术计划”，将与台湾的学校合作，将这种先进的大规模、快速将云计算技术推广到校园。

2008 年 2 月 1 日，IBM（NYSE: IBM）宣布将在中国无锡太湖新城科教产业园为中国的软件公司建立全球第一个云计算中心（Cloud Computing Center）。

2008 年 7 月 29 日，雅虎、惠普和英特尔宣布一项涵盖美国、德国和新加坡的联合研究计划，推出云计算研究测试床，推进云计算。

2010 年 3 月 5 日，Novell 与云安全联盟（CSA）共同宣布一项供应商中立计划，名为“可信任云计算计划（Trusted Cloud Initiative）”。

2011 年 2 月，思科系统正式加入 OpenStack，重点研制 OpenStack 的网络服务。

我国云计算发展起步比较晚，但发展很快。自 2009 年开始，我国开始展开云计算的研究。我国云计算产业的发展可分为市场准备期、起飞期和成熟期 3 个阶段。当前，我国云计算产业处于导入和准备阶段，处于大规模爆发的前夜。我国每年都召开一次中国云计算大会。中国云计算大会是国内最高级别的云计算领域会议，在国家主管部门指导下，由中国电子学会主办，反映了中国云计算发展的进程。

3. 云计算的特征

云计算是将计算分布在大量的分布式计算机上，而非本地计算机或远程服务器中，企业数据中心的运行将与互联网更相似。这使得企业能够将资源切换到需要的应用上，根据需求访问计算机和存储系统。

云计算好比是从古老的单台发电机模式转向了电厂集中供电的模式。它意味着计算能力也可以作为一种商品进行流通，就像煤气、水电一样，取用方便，费用低廉。最大的不同在于，它是通过互联网进行传输的。

① 超大规模。“云”具有相当的规模，Google 云计算已经拥有 100 多万台服务器，Amazon、IBM、微软、Yahoo 等的“云”均拥有几十万台服务器。企业私有云一般拥有数百上千台服务器。“云”能赋予用户前所未有的计算能力。

② 虚拟化。云计算支持用户在任意位置、使用各种终端获取应用服务。所请求的资源来自“云”，而不是固定的有形的实体。应用在“云”中某处运行，但实际上用户无须了解，也不用担心应用运行的具体位置。只需要一台笔记本式计算机或者一部手机，就可以通过网络服务来实现需要的一切，甚至包括超级计算这样的任务。

③ 高可靠性。“云”使用了数据多副本容错、计算结点同构可互换等措施来保障服务的高可靠性，使用云计算比使用本地计算机可靠。

④ 通用性。云计算不针对特定的应用，在“云”的支撑下可以构造出千变万化的应用，同一个“云”可以同时支撑不同的应用运行。

⑤ 高可扩展性。“云”的规模可以动态伸缩，满足应用和用户规模增长的需要。

⑥ 按需服务。“云”是一个庞大的资源池，按需购买；云可以像自来水、电、煤气那样计费。

⑦ 极其廉价。由于“云”的特殊容错措施可以采用极其廉价的结点来构成云，“云”的自动化集中式管理使大量企业无须负担日益高昂的数据中心管理成本，“云”的通用性使资源的利用率较之传统系统大幅提升，因此用户可以充分享受“云”的低成本优势，经常只要花费几

百美元、几天时间就能完成以前需要数万美元、数月时间才能完成的任务。

云计算可以彻底改变人们未来的生活，但同时也要重视环境问题，这样才能真正为人类进步作贡献，而不是简单的技术提升。

⑧ 潜在的危险性。云计算服务除了提供计算服务外，还必然提供了存储服务。但是云计算服务当前垄断在私人机构（企业）手中，而他们仅仅能够提供商业信用。对于政府机构、商业机构（特别像银行这样持有敏感数据的商业机构）对于选择云计算服务应保持足够的警惕。一旦商业用户大规模使用私人机构提供的云计算服务，无论其技术优势有多强，都不可避免地让这些私人机构以“数据（信息）”的重要性挟制整个社会。对于信息社会而言，“信息”是至关重要的。另一方面，云计算中的数据对于数据所有者以外的其他用户云计算用户是保密的，但是对于提供云计算的商业机构而言确实毫无秘密可言。所有这些潜在的危险，是商业机构和政府机构选择云计算服务，特别是国外机构提供的云计算服务时，不得不考虑的一个重要的前提。

4. 云计算的服务

云计算包括以下 3 个层次的服务：基础设施即服务（IaaS）、平台即服务（PaaS）和软件即服务（SaaS）。

（1）IaaS：基础设施即服务

消费者通过 Internet 可以从完善的计算机基础设施获得服务。IaaS（Infrastructure as a Service，基础设施即服务）为客户提供的能力是提供处理能力、存储能力、网络和其他基本计算资源，客户可以使用这些资源部署或运行他们自己的软件，如操作系统或应用程序。客户无法管理和控制底层云基础设施，但可以控制操作系统，以及存储、部署的应用程序，或有限的网络组件控制权。

（2）SaaS：软件即服务

SaaS（Software as a Service，软件即服务）是一种通过 Internet 提供软件的模式，用户无须购买软件，而是向提供商租用基于 Web 的软件，来管理企业经营活动。

（3）PaaS：平台即服务

PaaS（Platform as a Service，平台即服务）实际上是指将软件研发的平台作为一种服务，以 SaaS 的模式提交给用户。因此，PaaS 也是 SaaS 模式的一种应用。但是，PaaS 的出现可以加快 SaaS 的发展，尤其是加快 SaaS 应用的开发速度。PaaS 改变了传统的应用交付模式，促进了分工的进一步专业化，解放开发团队和运维团队，将极大地提高未来软件交付的效率。

5. 云计算的主要技术

（1）虚拟化技术

云计算离不开虚拟化技术的支撑。在当前全球金融危机的大环境下，虚拟化技术为企业节能减排、降低 IT 成本都带来了不可估量的价值。虚拟化的优势包括部署更加容易、为用户提供瘦客户机、数据中心的有效管理等。

（2）数据中心自动化

有业界专家指出，自动化技术是任何云计算基础设施的基础。数据中心自动化带来了实时的或者随需应变的基础设施管理能力，这是通过在后台有效地管理资源实现的。自动化能够实现云计算或者大规模的基础设施，让企业理解影响应用程序或者服务性能的复杂性和依赖性，特别是在大型的数据中心中。

（3）云计算数据库

关系数据库不适合用于云计算环境，许多被专门开发用于云计算环境下的新型数据库，如 Google 公司的 BigTable、Amazon 公司的 SimpleDB、10Gen 公司的 Mong、AppJet 公司的 AppJet、Oracle 公司的 BerkelyDB，都不是关系型的。这些数据库具有一些共同特征，正是这些特征使它们适用于服务云计算式的应用。它们中的大多数可以在分布式环境中运行——这意味着它们可以分布在不同地点的多台服务器上。它们本质上都不是事务性的，并且都牺牲了一些高级查询能力以换取更好的性能。

（4）云操作系统

云操作系统即采用云计算、云存储方式的操作系统，目前 VMware、Google 和微软分别推出了自称是云操作系统的产品。VMware 在 2009 年 4 月发布了 vSphere，并称其为第一个云操作系统；2009 年 7 月 Google 宣布计划推出 Chrome OS 操作系统，在同一周，微软也宣布了 Windows Azure 云服务的定价和可用性等细节。Chrome OS 和 Azure 代表着更新的和更好的从不同的计算终端来建设、运行以及存取应用的办法。Chrome OS 操作系统将是一个针对上网本和个人计算机的云操作系统，而 Windows Azure 是为数据中心开发的云操作系统。

（5）云安全

IBM 公司的一位研究人员 2009 年解决了公用密钥加密技术诞生以来就存在的一个棘手问题，这项被称为“隐私同态”（Privacy Homomorphism）的突破可以实现对加密信息进行深入和不受限制的分析，同时不会降低信息机密性。该公司的另一名研究人员 Craig Gentry 利用被称作“理想格”（Ideal lattice）的数学对象使得人们能以前所未有的方式操纵加密数据。有了这些突破，数据存储服务上将能够在不和用户保持密切互动以及不查看敏感数据的条件下帮助用户全面分析数据，可以分析加密信息并得到详尽的结果，就如原始数据对各方都完全公开一般。云计算提供商可以按照用户需求处理用户的数据，但无须暴露原始数据。

6. 云计算的应用

（1）云物联

“物联网就是物物相连的互联网”。这有两层意思：第一，物联网的核心和基础仍然是互联网，是在互联网基础上的延伸和扩展的网络；第二，其用户端延伸和扩展到了任何物品与物品之间，进行信息交换和通信。

随着物联网业务量的增加，对数据存储和计算量的需求将带来对“云计算”能力的要求：

① 从计算中心到数据中心，在物联网的初级阶段，PoP 即可满足需求；

② 在物联网高级阶段，可能出现 MVNO/MMO 营运商（国外已存在多年），需要虚拟化云计算技术，SOA 等技术的结合实现互联网的泛在服务——TaaS（Testing As A Service)。

（2）云存储

云存储是在云计算概念上延伸和发展出来的一个新的概念，是指通过集群应用、网络技术或分布式文件系统等功能，将网络中大量各种不同类型的存储设备通过应用软件集合起来协同工作，共同对外提供数据存储和业务访问功能的一个系统。当云计算系统运算和处理的核心是大量数据的存储和管理时，云计算系统中就需要配置大量的存储设备，那么云计算系统就转变成为一个云存储系统，所以云存储是一个以数据存储和管理为核心的云计算系统。

（3）云游戏

云游戏是以云计算为基础的游戏方式，在云游戏的运行模式下，所有游戏都在服务器端运行，并将渲染完毕后的游戏画面压缩后通过网络传送给用户。在客户端，用户的游戏设备不需要任何高端处理器和显卡，只需要基本的视频解压能力即可。就现今来说，云游戏还没有成为家用机和掌机界的联网模式。但是几年后或十几年后，云计算取代这些东西成为其网络发展的终极方向的可能性非常大。如果这种构想能够成为现实，那么主机厂商将变成网络运营商，他们不需要不断投入巨额的新主机研发费用，而只需要拿这笔钱中的很小一部分去升级自己的服务器即可，但是达到的效果却是相差无几的。对于用户来说，他们可以省下购买主机的开支，但是得到的确是顶尖的游戏画面（当然对于视频输出方面的硬件必须过硬）。你可以想象一台掌上游戏机和一台家用机拥有同样的画面，家用机和我们今天用的机顶盒一样简单，甚至家用机可以取代电视的机顶盒而成为次时代的电视收看方式。

（4）云计算与大数据

从技术上看，大数据与云计算的关系就像一枚硬币的正反面一样密不可分。大数据必然无法用单台的计算机进行处理，必须采用分布式计算架构。它的特色在于对海量数据的挖掘，但它必须依托云计算的分布式处理、分布式数据库、云存储和虚拟化技术。

（5）云教育

视频云计算应用在教育行业的实例：流媒体平台采用分布式架构部署，分为 Web 服务器、数据库服务器、直播服务器和流服务器，如有必要，可在信息中心架设采集工作站，搭建网络电视或实况直播应用，在各个学校已经部署录播系统或直播系统的教室配置流媒体功能组件，这样录播实况可以实时传送到流媒体平台管理中心的全局直播服务器上，同时录播的学校本色课件也可以上传到教育局信息中心的流存储服务器上，方便今后的检索、点播、评估等各种应用。

（6）云会议

云会议是基于云计算技术的一种高效、便捷、低成本的会议形式。使用者只需要通过互联网界面进行简单易用的操作，便可快速高效地与全球各地团队及客户同步分享语音、数据文件及视频，而会议中数据的传输、处理等复杂技术由云会议服务商帮助使用者进行操作。

目前国内云会议主要集中在以 SaaS（软件即服务）模式为主体的服务内容，包括电话、网络、视频等服务形式，基于云计算的视频会议称为云会议。云会议是视频会议与云计算的完美结合，带来了最便捷的远程会议体验。及时语移动云电话会议，是云计算技术与移动互联网技术的完美融合，通过移动终端进行简单的操作，提供随时随地高效地召集和管理会议。

（7）云社交

云社交（Cloud Social）是一种物联网、云计算和移动互联网交互应用的虚拟社交应用模式，以建立著名的“资源分享关系图谱”为目的，进而开展网络社交。云社交的主要特征，就是把大量的社会资源统一整合和评测，构成一个资源有效池，向用户按需提供服务。参与分享的用户越多，能够创造的利用价值就越大。

1.5.6 虚拟现实

1. 虚拟现实的内涵

虚拟现实技术（VR）又称“灵境技术”“虚拟环境”等。

虚拟现实从英文“Virtual Reality”一词翻译过来，“Virtual”的含义即这个世界或环境是虚拟的，不是真实的，是由计算机生成的，存在于计算机内部的世界；“Reality”的含义是真实的世界或现实的环境，把两者合并起来就称为虚拟现实，也就是说采用计算机等设备，并通过各种技术手段创建出一个新的环境，让人感觉到就如同处在真实的客观世界一样。

虚拟现实技术是 20 世纪以来科学技术进步的结晶，集中体现了计算机技术、计算机图形学、多媒体技术、系统仿真技术、传感技术、显示技术、人体工程学、人机交互理论、人工智能等多个领域的最新成果。虚拟现实技术现在已成为信息领域及多媒体技术、网络技术之后被广泛关注及研究、开发与应用的热点，也是目前发展最快的一项多科学综合技术。

虚拟现实技术的应用前景十分广阔，它始于军事和航空航天领域的需求，但近年来，虚拟现实技术的应用已大步走进工业、建筑设计、教育培训、文化娱乐等方面，正在改变人们的生活。

2. **虚拟现实技术的特性**

虚拟现实技术系统提供了一种先进的人机接口，它通过为用户提供视觉、听觉、触觉等多种直观而自然的实时感知交互的方法与手段，最大程度地方便了用户的操作，从而减轻了用户的负担、提高了系统的工作效率，其效率主要由系统的沉浸程度与交互程度来决定。美国科学家 Burdea G 和 Philippe Coiffet 在 1993 年世界电子年会上发表了一篇题为 *Virtual Reality System and Applications*（虚拟现实系统与应用）的文章，在该文中提出一个“虚拟现实技术的三角形”，它表示虚拟现实技术具有的 3 个突出特征：沉浸性、交互性和想象性。

（1）沉浸性

沉浸性（Immersion）又称浸入性，是指用户感觉到好像完全置身于虚拟世界之中一样，被虚拟世界所包围。虚拟现实技术的主要特征就是让用户觉得自己是计算机系统所创建的虚拟世界中的一部分，使用户由被动的观察者变成主动的参与者，沉浸于虚拟世界之中，参与虚拟世界的各种活动。比较理想的虚拟世界可以达到使用户难以分辨真假程度，甚至超越真实，实现比现实更逼真的效果。

虚拟现实的沉浸性来源于对虚拟世界的多感知性，所谓多感知，是指除了一般计算机技术所具有的视觉感知、听觉感知之外，还有力觉感知、触觉感知、运动感知，甚至包括味觉感知、嗅觉感知、身体感知等。从理论上来说，虚拟现实系统应该具有一切人在现实生活中具有的所有感知功能。由于相关技术，特别是传感技术的限制，目前虚拟现实系统中，研究与应用中较为成熟或相对成熟的主要是视觉沉浸、听觉沉浸、触觉沉浸、嗅觉沉浸，有关味觉等其他的感知技术正在研究之中，不是很成熟。

（2）交互性

在虚拟现实系统中，交互性（Interactivity）的实现与传统的多媒体技术有所不同。从计算机发明到现在，在传统的多媒体技术中，人机之间的交互工具主要是通过键盘与鼠标进行的，而虚拟现实系统强调人与虚拟世界之间要以自然的方式进行，如人的走动、头的转动、手的移动等，通过这些，用户与虚拟世界交互，并且借助于虚拟系统中特殊的硬件设备（如数据手套、力反馈设备等），以自然的方式与虚拟世界进行交互，实时产生在真实世界中一样的感知。例如，用户可以用手直接抓取虚拟世界中的物体，这时手有触摸感，并可以感觉物体的重量，能区分所拿的东西，并且场景中被抓的物体也立刻随着手的运动而移动。

（3）想象性

想象性（Imagination）指虚拟的环境是人想象出来的，同时这种想象体现出设计者相应的思想，因而可以用来实现一定的目标。所以说虚拟现实技术不仅仅是一种媒体或一种高级用户接口，它同时还是为解决工程、医学、军事等方面的问题而由开发者设计出来的应用软件，通常它以夸大的形式反映设计者的思想。虚拟现实系统开发是虚拟现实技术与设计者并行操作，为发挥它们的创造性而设计的。

例如，当你在设计一座大楼之前，传统的方法是绘制建筑设计图纸，无法形象展示建筑物更多的信息，而现在可以采用虚拟现实系统来进行设计与仿真，非常形象直观。制作的虚拟现实作品反映的就是某个设计者的思想，只不过它的功能远比那些呆板的图纸生动强大得多。这就是虚拟现实的想象性的特性。

3. 虚拟现实的关键技术

虚拟现实是多种技术的综合，其关键技术包括以下几个方面：

（1）环境建模技术

环境建模技术即虚拟环境的建立，目的是获取实际三维环境的三维数据，并根据应用的需要，利用获取的三维数据建立相应的虚拟环境模型。

（2）立体声合成和立体显示技术

立体声合成和立体显示技术，即在虚拟现实系统中消除声音的方向与用户头部运动的相关性，同时在复杂的场景中实时生成立体图形。

（3）触觉反馈技术

触觉反馈技术，即在虚拟现实系统中让用户能够直接操作虚拟物体并感觉到虚拟物体的反作用力，从而产生身临其境的感觉。

（4）交互技术

虚拟现实中的人机交互远远超出了键盘和鼠标的传统模式，利用数字头盔、数字手套等复杂的传感器设备，三维交互技术与语音识别、语音输入技术成为重要的人机交互手段。

（5）系统集成技术

由于虚拟现实系统中包括大量的感知信息和模型，因此系统的集成技术为重中之重：包括信息同步技术、模型标定技术、数据转换技术、识别和合成技术等。

虚拟现实是在计算机中构造出一个形象逼真的模型。人与该模型可以进行交互，并产生与真实世界中相同的反馈信息，使人们获得和真实世界中一样的感受。当人们需要构造当前不存在的环境（合理虚拟现实）、人类不可能达到的环境（夸张虚拟现实）或构造纯粹虚构的环境（虚幻虚拟现实）以取代需要耗资巨大的真实环境时，就可以利用虚拟现实技术。

为了实现和在真实世界中一样的感觉，就需要有能实现各种感觉的技术。人在真实世界中是通过眼睛、耳朵、手指、鼻子等器官来实现视觉、触觉（力觉）、嗅觉等功能的。人们通过视觉观看到色彩斑斓的外部环境，通过听觉感知丰富多彩的音响世界，通过触觉了解物体的形状和特性，通过嗅觉知道周围的气味。总之，通过各种各样的感觉，使人们能够同客观真实世界交互（交流），使人们浸沉于和真实世界一样的环境中。

习　题

1. 简述信息的基本概念及特点。
2. 简述工业 4.0 的特点。
3. 什么是信息高速公路？
4. 什么是大数据？大数据应用有哪些方面？
5. 简述云计算的特点及应用。

第 2 章 计算机基础知识

计算机发展到今天已有 70 多年的历史，其应用已经渗透到社会生活的各个领域，它史无前例地改变着人们的工作、学习和生活。它所带来的不仅仅是一种行为方式的变化，更大程度上是人类思维方式的革命；计算机及互联网具有极其丰富的信息和知识资源，为学生终生学习提供了广阔的空间以及良好的学习工具。在信息社会中，大学生必须具备计算机基础知识和使用计算机解决专业和日常问题的能力。

2.1 计算机的发展历程

2.1.1 计算机的发展及分类

1. 计算机的诞生

世界上第一台电子数字计算机于 1946 年 2 月 15 日在美国宾夕法尼亚大学正式投入运行，它的名称为 ENIAC（Electronic Numerical Integrator And Computer，电子数字积分计算机），如图 2-1 所示。它功率为 174 kW，占地 170 m^2，重达 30 t，每秒钟可进行 5 000 次加法运算。虽然它的功能远远比不上今天最普通的一台计算机，但在当时它已是运算速度的绝对冠军，并且其运算的精确度和准确度也是史无前例的。ENIAC 奠定了电子计算机的发展基础，开辟了一个计算机科学技术的新纪元。

图 2-1 第一台电子数字计算机 ENIAC

ENIAC 诞生后，美籍匈牙利数学家冯·诺依曼提出了新的设计思想。20 世纪 40 年代末期诞生的 EDVAC（Electronic Discrete Variable Automatic Computer）是第一台具有冯·诺依曼设计思想的电子数字计算机。虽然计算机技术发展很快，但冯·诺依曼设计思想至今仍然是计算机内在的基本工作原理，是人们理解计算机系统功能与特征的基础。

2. 计算机的发展

ENIAC 诞生后短短的几十年间，计算机的发展突飞猛进。计算机所用的主要电子器件相继使用了真空电子管，晶体管，中、小规模集成电路和大规模、超大规模集成电路，引起计算机的几次更新换代。每一次更新换代都使计算机的体积和耗电量大大减小，功能大大增强，应用领域进一步拓宽。

按计算机所用电子器件的不同，可把计算机的发展划分成表 2-1 所示的 4 个时代。

表 2-1　计算机的发展

比较项目	第一代	第二代	第三代	第四代
时间	1946—1958 年	1959—1964 年	1965—1970 年	1971 年至今
主要元器件	电子管	晶体管	集成电路	超大规模集成电路
参考图片				
每秒运算次数	5 千～4 万	几十万～百万	百万～几百万	几百万～几亿
存储容量	15 万 B	20 万 B	50 万 B	1 000 万 B
主要用途	军事和科学研究	科学计算、数据处理、事务处理	科学计算、数据处理、事务处理，广泛应用在各个领域	网络、科学计算、数据处理、事务处理、办公应用以及多媒体技术应用

四代计算机本质的区别在于基本元件的改变，即从电子管、晶体管、集成电路到超大规模集成电路。当前人们常用的计算机仍然属于第四代计算机，新一代的计算机正在研制中。第五代计算机除了基本元件创新外，更注重人工智能技术的应用，它具有推理、联想、判断、决策、学习等功能，是具有“人类思维”能力的智能机器。

在未来社会中，计算机、网络、通信技术将会三位一体化。同时，计算机还将具备更多智能成分，具有多种感知能力、一定的思考与判断能力及一定的自然语言能力。虚拟现实技术就是这一领域发展的集中表现。此外还出现了超导计算机、纳米计算机、光计算机、DNA 计算机和量子计算机等新型设备。

3. 我国计算机事业的发展

我国电子计算机研制起步比美国整整晚了一代。当国际上致力于第二代计算机的研究时，我们正在研制第一代电子管计算机。

图 2-2　银河 I 型计算机

我国于 1958 年研制了第一台电子管计算机 DJS-1，1964 年研制了第一台晶体管计算机，1971 年研制成功第一台集成电路计算机。1983 年研制成功每秒亿次的银河 I（YH-Ⅰ）型计算机（见图 2-2），1993 年研制成功的银河 Ⅱ 型计算机，每秒运算 10 亿次。1997 年研制的银河 Ⅲ 百亿次并行巨型计算机系统，峰值性能为每秒 130 亿次浮点运算，系统综合技术达到 20 世纪 90 年代中期国际先进水平。

在微型计算机的发展上，2002 年 9 月，我国首款可商业化、拥有自主知识产权的通用高性能 CPU——“龙芯 1 号”研制成功，标志着我国在现代通用微处理器设计方面实现零的突破。到 2015 年，共有龙芯 1、龙芯 2、龙芯 3 三个系列。2015 年 3 月 31 日中国发射首枚使用“龙芯”的北斗卫星。在软件发展方面，2019 年 8 月 9 日，华为正式发布操作系统鸿蒙 OS，它是一款“面向未来”的操作系统，适配手机、平板、电视、智能汽车、可穿戴设备等多终端设备。

2.1.2 计算机的分类

根据分类标准的不同，计算机可以分成各种不同的类型，它们的用途也各不相同。表 2-2 所示为按规模、使用范围和处理数据形态进行的分类。

表 2-2 计算机的分类

规 模	使用范围	处理数据形态
巨型机		数字计算机
大型机	专用计算机	模拟计算机
小型机	通用计算机	
微型机（即 PC）		数模混合计算机

1. **按规模分类**

按规模分类，可把计算机分为巨型机、大型机、小型机和微型机。

① 巨型计算机主要用于解决大型的、复杂的问题。巨型计算机已成为衡量一个国家经济实力和科技水平的重要标志。

② 大型机的容量比巨型机稍小些，用于图形图像处理、数据采集、金融、大型商业管理或大型数据库管理系统，也可用于大型计算机网络中的主机。

③ 中小型计算机主要用于数值计算、科学研究、生产过程控制及部门管理等，也可用作网络服务器。

④ 微型计算机一般用于数据处理、检索、计算等方面，我们常说的 PC 就是指微型计算机，也称个人计算机或个人电脑。

2. **按使用范围分类**

按使用范围分类，可分为专用计算机及通用计算机两种。

① 专用计算机用于解决某个特定方面的问题，例如用于火箭发射工作的计算机就是专用计算机。

② 通用计算机能解决多种类型的问题，应用领域广泛。

3. **按处理数据的形态分类**

按处理数据的形态分类，可把计算机分为数字计算机、模拟计算机及数模混合计算机 3 类。

① 数字计算机输入/输出的都是不连续的、离散的数字量，如考试成绩、工资收入等。

② 模拟计算机直接处理连续的模拟量，如电压、温度、速度等。

③ 数字模拟混合计算机输入/输出既可以是数字量也可以是模拟量。

2.1.3　计算机的特点及应用

1. **计算机的主要特点**

① 运算速度快。处理速度是计算机的一个重要性能指标。计算机的处理速度可以用每秒钟执行的指令条数来衡量。当今计算机系统的运算速度已达到每秒万亿次，使大量复杂的科学计算问题得以解决。例如，现代计算机运算速度最快的是中国国防科学技术大学研制的“天河二号”，他以每秒 33.86 千万亿次的浮点运算速度，成为全球最快的超级计算机。

② 计算精度高。在科学研究和工程设计中，对运算结果精度有很高要求。计算机对数据的结果精度可达到十几位、几十位有效数字，根据需要甚至可达到任意精度。

③ 存储容量大。计算机内部的存储器具有记忆特性，可以存储大量信息，不仅包括各类数据信息，还包括加工这些数据的程序。

④ 逻辑运算能力强。计算机除了能够完成基本的算术运算外，还具有进行比较、判断等逻辑运算功能。这种能力是计算机处理逻辑推理问题，实现信息处理自动化的前提。

⑤ 自动化程度高。由于计算机具有存储记忆能力和逻辑判断能力，所以人们可以将预先编好的程序组纳入计算机内存，在程序控制下，计算机可以连续、自动地工作，不需要人的干预。

2. **计算机的应用**

计算机的应用主要有以下几方面：

① 科学计算。也称数值计算，是指用计算机来解决科学研究和工程技术中所提出的复杂数学问题。例如，将计算机运用于火箭运行轨迹、天气预报、地质勘探等方面的尖端科技计算。

② 信息管理。利用计算机来加工、管理与操作任何形式的数据资料，如企业管理、物资管理、报表统计、账目计算、信息情报检索等。国内许多机构纷纷建设自己的管理信息系统（Management Information System，MIS）；生产企业也开始采用物料需求计划（Material Requirement Planning，MRP），商业流通领域则逐步使用电子信息交换系统（Electronic Data Interchange，EDI），即所谓无纸贸易。

③ 过程检控。利用计算机对工业生产过程中的某些信号自动进行检测，并把检测到的数据存入计算机，再根据需要对这些数据进行处理，这样的系统称为计算机检测系统。特别是仪器仪表引进计算机技术后所构成的智能化仪器仪表，将工业自动化推向了一个更高水平。

④ 计算机辅助系统。计算机辅助系统有计算机辅助设计（Computer Aided Design，CAD）、计算机辅助制造（Computer Aided Manufacturing，CAM）、计算机辅助测试（Computer Aided Test，CAT）、计算机集成制造系统（Computer Integrated Manufacturing System，CIMS）和计算机辅助教学（Computer Aided Instruction，CAI）等。

- 计算机辅助设计是指利用计算机来帮助设计人员进行产品设计。
- 计算机辅助制造是指利用计算机进行生产设备的管理、控制和操作。
- 计算机辅助测试是指利用计算机进行自动化测试工作。
- 计算机集成制造系统借助计算机软硬件，综合运用现代管理技术、制造技术、信息技术、自动化技术、系统工程技术，将企业生产全过程中有关的人和组织、技术、经营管理三要素与其信息流、物流有机地集成并优化运行，实现企业整体优化，从而使企业赢得市场竞争。

- 计算机辅助教学是将计算机所具有的功能用于教学的一种教学形态。在教学活动中，利用计算机交互性传递教学过程的教学信息，达到教育目的，完成教学任务。计算机直接介入教学过程，并承担教学中某些环节的任务，从而达到提高教学效果，减轻师生负担的目的。

⑤ 人工智能。人工智能（Artificial Intelligence，AI）是指利用计算机来模仿人类的智力活动，如人脑学习、推理、判断、理解、问题求解等过程；辅助人类进行决策，如计算机推理、机器人研制、专家系统开发等。

⑥ 网络应用。计算机技术与现代通信技术的结合构成了计算机网络。计算机网络的建立，不仅解决了一个单位、一个地区、一个国家中计算机与计算机之间的通信，各种软、硬件资源的共享，也大大促进国际间文字、图像、视频和声音等各类数据的传输与处理。在现阶段，计算机网上支付、即时通信、共享等应用不断推陈出新，方便人们的工作和生活。

2.1.4 计算机的未来发展趋势

在未来社会中，计算机、网络、通信技术将会三位一体化。计算机将把人从重复、枯燥的信息处理中解脱出来，从而改变工作、生活和学习方式，给人类和社会拓展更大的生存和发展空间。

1. 能识别自然语言的计算机

这种计算机可以识别孤立单词、连续单词、连续语言和特定或非特定对象的自然语言（包括口语）。今后，人类将越来越多地同机器对话。他们将向个人计算机“口授”信件，同洗衣机“讨论”保护衣物的程序，或者用语言“制服”不听话的录音机。键盘和鼠标时代将渐渐结束。

2. 高速超导计算机

高速（Superconductor）超导计算机的耗电仅为半导体器件计算机的几千分之一，它执行一条指令只需十亿分之一秒，比半导体元件快几十倍。以目前的技术制造出的超导计算机的集成电路芯片只有 3～5 mm^2 大小。

3. 激光计算机

激光（Laser）计算机是利用激光作为载体进行信息处理的计算机，又称光脑，其运算速度将比普通电子计算机至少快 1 000 倍。它依靠激光束进入由反射镜和透镜组成的阵列来对信息进行处理。

4. 量子计算机

量子（Quantum）计算机是一类遵循量子力学规律进行高速数学和逻辑运算、存储及处理量子信息的物理装置。当某个装置处理和计算的是量子信息，运行的是量子算法时，它就是量子计算机。量子计算机的概念源于对可逆计算机的研究。研究可逆计算机的目的是为了解决计算机能耗问题。在理论方面，量子计算机的性能能够超过任何可以想象的标准计算机。

5. DNA 计算机

科学家研究发现，脱氧核糖核酸（DNA）有一种特性，能够携带生物体的大量基因物质。数学家、生物学家、化学家以及计算机专家从中得到启迪，正在合作研究制造未来的液体 DNA

计算机。这种 DNA 计算机的工作原理是以瞬间发生的化学反应为基础，通过和酶相互作用，将发生过程进行分子编码，把二进制数翻译成遗传密码的片段，每一个片段就是著名的双螺旋的一个链，然后对问题以新的 DNA 编码形式加以解答。

和普通计算机相比，DNA 计算机最突出的优点是体积小，但存储信息量却超过现在世界上的所有计算机。

6. **神经元计算机**

人类神经网络的强大与神奇是人所共知的。将来，人们将制造能够完成类似人脑功能的计算机系统，即人造神经元网络。神经元计算机最有前途的应用领域是国防，它可以识别物体和目标，处理复杂的雷达信号，决定击毁目标。神经元计算机的联想式信息存储、对学习的自然适应性、数据处理中的平行重复现象等性能都将非常有效。

7. **生物计算机**

生物计算机主要是以生物电子元件构建的计算机。它利用蛋白质的开关特性，用蛋白质分子作为元件，从而制成生物芯片。其性能是由元件与元件之间电流启闭的开关速度来决定的。用蛋白质制成的计算机芯片，它的一个存储点只有一个分子大小，所以它的存储容量可以达到普通计算机的十亿倍。由蛋白质构成的集成电路，其大小只相当于硅片集成电路的十万分之一。而且运行速度更快，只有 10^{-11} 秒，大大超过人脑的思维速度。

展望未来，计算机将是超导技术、光学技术、仿生技术相互结合的产物。从发展上看，计算机将向着超高速、超小型、智能化方向发展。

2.2　计算机系统

2.2.1　计算机工作原理

1. **冯·诺依曼构想**

几十年来，虽然计算机系统在性能指标、运算速度、工作方式、应用领域和价格等方面与早期的计算机有很大差别，但是其基本结构没有变，都属于冯·诺依曼计算机。冯·诺依曼是一位美籍匈牙利数学家（见图 2-3），他提出了“存储程序”的通用计算机方案，该方案奠定了现代计算机的体系结构，其原理是：

① 计算机应包括运算器、存储器、控制器、输入和输出设备五大基本部件。

② 计算机内部应采用二进制来表示指令和数据。

③ 将编好的程序和原始数据送入内存储器中，然后启动计算机工作，计算机应在不需要操作人员干预的情况下，自动逐条取出指令和执行任务。

图 2-3　冯·诺依曼

目前，计算机系统在遵循冯·诺依曼原理和结构的情况下，也进行了许多变革，如指令流水线技术、多核处理技术、平行计算技术等。

2. **计算机的工作过程**

计算机的工作过程，就是执行程序的过程。而执行程序又归结为逐条执行指令。执行一条指令又可分为以下 4 个基本操作：

① 取出指令：控制器根据程序计数器的内容从内存中取出指令送到 CPU 的指令寄存器。

② 分析指令：把保存在指令寄存器中的指令送到指令译码器，译出该指令对应的微操作。

③ 执行指令：根据指令译码，向各个部件发出相应的控制信号，完成指令规定的各种操作。

④ 程序计数器加 1 或将转移地址码送入程序计数器，重复步骤①，进入下一条指令的执行周期。

工作过程如图 2-4 所示。

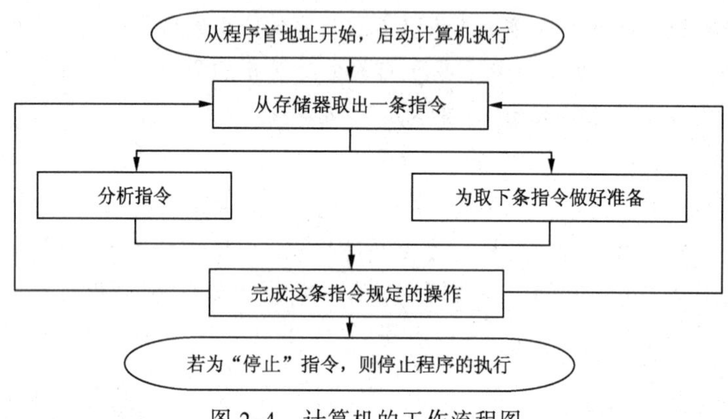

图 2-4　计算机的工作流程图

2.2.2　计算机系统构成

一个完整的计算机系统由硬件系统和软件系统两大部分构成。硬件系统和软件系统相互依赖，不可分割，两个部分又由若干部件组成，如图 2-5 所示。

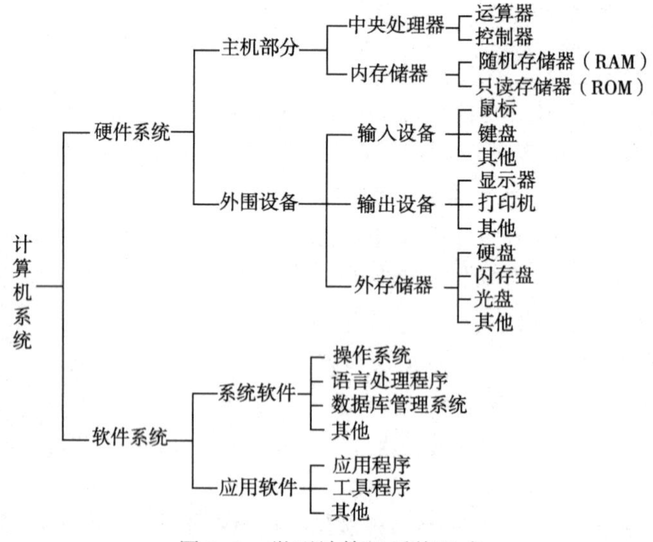

图 2-5　微型计算机系统组成

2.2.3　计算机硬件系统

组成计算机的物理设备总称为计算机硬件系统，是实实在在、各种看得见、摸得着的设备，是计算机工作的基础。计算机硬件系统由 5 个基本部分组成：运算器、控制器、存储器、输入设备和输出设备。也可以概括地说计算机主要由主机和外围设备组成，如图 2-6 所示。其中，控制器和运算器构成了计算机硬件系统的核心——中央处理器（Central Processing Unit，CPU），主机则由中央处理器和存储器构成。

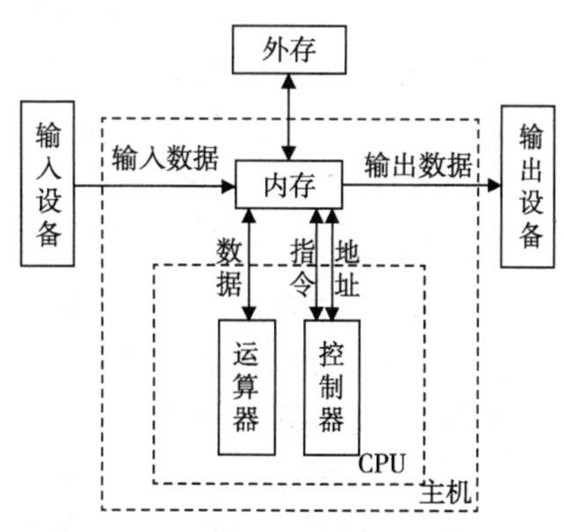

图 2-6　计算机的硬件基本组成

① 运算器（Arithmetic Logic Unit，ALU）：用来对数据或指令快速地进行算术运算、逻辑运算。它由加法器、移位器及寄存器等部件组成。

② 控制器（Control Unit，CU）：将指令翻译成操作的控制代码，安排操作次序，并发出适当的命令到计算机各部件，协同工作。通常把运算器和控制器总称为中央处理器（CPU）。

③ 存储器（Memory Unit，MU）：用于存放程序和数据，一般分内存和外存两大类。

存储器的基本单位为一个存储单元，每个单元可以记录一个计算机字（称为计算机字长），一个计算机字可由若干个二进制数组成（如 8 位、16 位、32 位、64 位等）；微型计算机中常用字节（1 byte = 8 bit）作为存储基本单位；信息的存取通过地址访问存储单元。

外存主要有硬盘、移动硬盘、闪存盘、光盘等。内存即 RAM，也就是通常所说的内存条。

④ 输入设备（Input Device）：用于向计算机输入程序、数据、控制信号等的设备，如键盘、鼠标、话筒、手写笔、扫描仪、摄像机、触摸屏、光笔等。

⑤ 输出设备（Output Device）：计算机输出信息的设备，如打印机、显示器、投影仪、绘图仪、影像输出系统和语音输出系统等。

外存储器、输入设备和输出设备统称为外围设备（Peripheral Equipment）。

2.2.4 计算机软件系统

计算机软件系统是指为运行、维护、管理、应用计算机所编制的所有程序和数据的集合，是计算机系统重要的组成部分。如果把计算机硬件看成是计算机的“躯体”，那么计算机软件就是计算机系统的“灵魂”。没有任何软件支持的计算机称为“裸机”，只是一些物理设备的堆积，几乎是不能工作的，只有配备了一定的软件，计算机才能发挥其作用。

计算机软件一般可分为系统软件和应用软件两大类。

1. 系统软件

系统软件居于计算机系统中最靠近硬件的一层，其他软件都需要通过系统软件发挥作用。系统软件与具体的应用领域无关。

系统软件通常是负责管理、控制和维护计算机的各种软硬件资源，并为用户提供一个友好的操作界面，以及服务于应用软件的资源环境。

系统软件主要包括操作系统和系统支持软件等。

（1）操作系统

操作系统（Operating System）是计算机系统中最重要的系统软件。操作系统能对计算机系统的软件和硬件资源进行有效管理和控制，合理地组织计算机工作流程，为用户提供一个使用计算机的工作环境，起到用户和计算机之间的接口作用。

操作系统的主要功能是任务管理、存储管理、设备管理、文件管理和作业管理。

在 PC 端上的主要操作系统有微软公司的 Windows 操作系统，Linux、UNIX 和 Mac OS 等；在智能手机方面，安卓（Android）、iOS（iPhone OS X）手机操作系统占了市场的大部分份额，Windows Phone、黑莓（Blackberry）、塞班（Symbian）等也是较为常见的智能手机操作系统。2019 年 8 月，华为正式发布操作系统鸿蒙 OS，它是一款“面向未来”的操作系统，适配手机、平板、电视、智能汽车、可穿戴设备等多终端设备。

（2）系统支持软件

系统支持软件是介于系统软件和应用软件之间，用来支持软件开发、计算机维护和运行的软件，它为应用层的软件和最终用户处理程序和数据提供服务，如程序设计语言、软件开发工具、数据库管理系统、网络支持程序等。

2. 应用软件

应用软件是指为解决某一领域的具体问题而开发的软件产品。较常见的应用软件有压缩软件（WinRAR、好压等）、办公软件（Office、WPS 等）、看图软件、杀毒软件、播放软件、聊天软件等。

3. 计算机硬件、软件与用户的关系

图 2-7 所示是硬件、软件与用户的关系。

① 软件是用户与硬件的接口。系统软件为用户和应用程序提供控制和访问硬件的手段，只有通过系统软件才能访问硬件。

② 操作系统是系统软件的核心，它是最靠近硬件的，用它来对硬件进行控制和管理，其他软件位于操作系统外层。

③ 应用软件位于系统软件外层，是以系统软件作为开发平台的。

④ 软件系统与硬件系统是不可分割的，只有硬件而没有软件，系统是无法工作的。

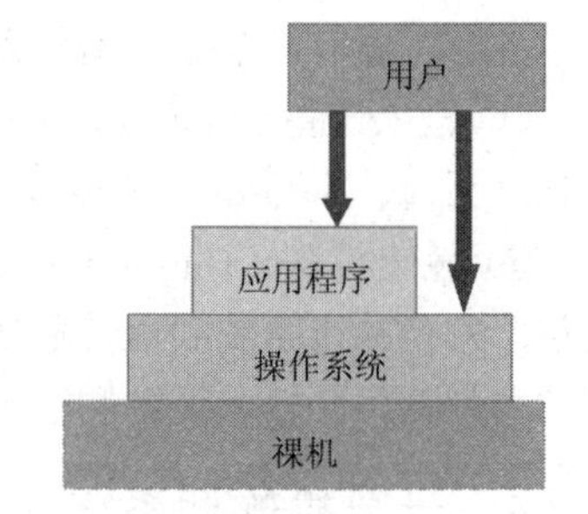

图 2-7　硬件、软件与用户的关系

2.3　配置及组装个人计算机

个人计算机（Personal Computer，PC）属于微型计算机，是以中央处理器为核心，加上存储器、输入/输出接口及系统总线所组成的计算机。从台式机、笔记本计算机到上网本和平板电脑以及超级本等都属于个人计算机的范畴。

2.3.1　个人计算机的类型

1. 台式计算机

台式计算机也称桌面计算机，相对于笔记本和上网本体积较大，主机、显示器、键盘等设备一般都是相对独立的（见图 2-8），需要放置在电脑桌或者专用工作台上。台式机的性能相对比笔记本式计算机的性能要强，价格也比便携式计算机便宜，除此之外，它还具有如下特点：

① 散热性。台式机机箱空间大，通风条件好，散热快。

② 扩展性。台式机机箱方便用户硬件升级，如光驱、硬盘、显卡。

2. 一体机

一体机是由一台显示器、一个键盘和一个鼠标组成的计算机（见图 2-9）。它的芯片、主板与显示器集成在一起，显示器就是一台计算机，因此只要将键盘和鼠标连接到显示器上，机器就能使用。随着无线技术的发展，计算机一体机的键盘、鼠标与显示器可实现无线连接，机器只有一根电源线，这就解决了台式机线缆多而杂的问题。有的计算机一体机还具有电视接收、AV 功能（视频输出功能）、触控功能等。

3. 笔记本计算机

笔记本计算机也称手提电脑或膝上型电脑，是一种小型、可携带的个人计算机，通常重 1～6 kg（见图 2-10）。它和台式机架构类似，但是提供了台式机无法比拟的绝佳便携性，包括液晶显示器、较小的体积、较轻的重量。笔记本式计算机除键盘外，还提供了触控板（TouchPad）或触控点（Pointing Stick），提供更好的定位和输入功能。

图 2-8　台式计算机

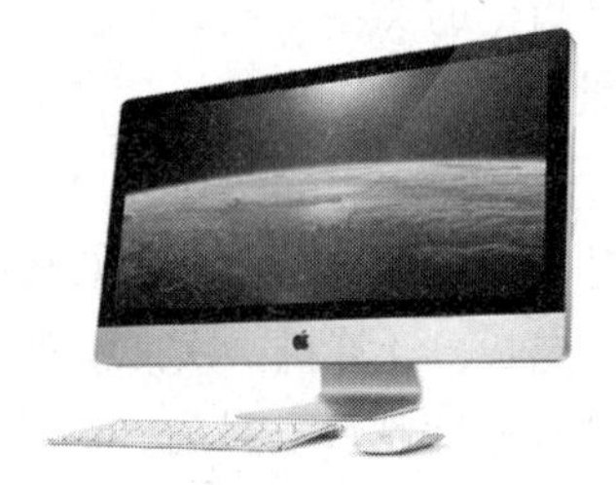

图 2-9　一体机

图 2-10　笔记本式计算机

4. 平板电脑

iPad 就是一款平板电脑（Tablet），在欧美称 Tablet PC，是一种介于手机和笔记本式计算机之间的电子产品（见图 2-11）。它相当于一台无须翻盖、没有键盘、大小不等、形状各异，却功能完整的计算机。其构成组件与笔记本式计算机基本相同，但它是利用触笔在屏幕上书写，而不是使用键盘和鼠标输入，并且打破了笔记本式计算机键盘与屏幕垂直的 J 型设计模式。它支持手写输入或语音输入，移动性和便携性比笔记本式计算机更胜一筹，但功能没有 PC 完整。

5. 掌上电脑

掌上电脑（Personal Digital Assistant，PDA）的全称是个人数字助手，是一种运行在嵌入式操作系统和内嵌式应用软件之上的小巧、轻便、易带、实用、价廉的手持式计算设备（见图 2-12）。它无论在体积、功能和硬件配备方面都比笔记本式计算机简单轻便。按使用来分类，分为工业级 PDA 和消费品 PDA。工业级 PDA 主要应用在工业领域，常见的有条码扫描器、RFID 读写器、POS 机等；消费品 PDA 比较多，如智能手机、平板电脑、手持游戏机等。

图 2-11　平板电脑

图 2-12　掌上电脑

了解了个人计算机的类型之后，还要进一步了解计算机的性能指标，根据这些指标，结合具体的应用情况，才能选购物美价廉的合适机型。

2.3.2 个人计算机的性能指标

1. 主频

主时钟的频率（f）称为 CPU 的主频。主频越高，计算机的运算速度越快。通常把 PC 的类型与主频标注在一起，如 Pentium 4/3.2E 表示该计算机的 CPU 芯片类型为 Pentium 4，主频为 3.2 GHz。主频仅是 CPU 性能表现的一个方面，而不代表 CPU 的整体性能，因为 CPU 的运算速度还要看 CPU 流水线各方面的性能指标（如缓存、指令集、CPU 位数等）。

2. 运算速度

计算机的运算速度是指每秒所能执行的指令数，用每秒百万条指令（MIPS）来描述，是一项综合性的性能指标，因为每种指令的类型不同，执行不同指令所需的时间也不一样，现在用一种等效速度或平均速度来衡量。

3. 字长

字长是指计算机进行信息处理时一次存取、加工和传送的二进制数据位数。字长是衡量计算机性能的一个重要指标，字长越长，计算机一次所能处理信息的实际位数就越多，运算精度就越高，最终表现为计算机的处理速度越快。目前，PC 的字长一般为 32 位或 64 位。

4. 内存储器容量

内存储器简称主存，是 CPU 可以直接访问的存储器，内存储器容量的大小反映了计算机即时存储信息的能力。

5. 外存储器容量

外存储器容量通常是指硬盘容量（包括内置硬盘和移动硬盘）。外存储器容量越大，可存储的信息就越多。

2.3.3 个人计算机的选购原则

购买 PC 一般可选择购买品牌机或兼容机，同时又可以选择购买台式计算机或笔记本式计算机；品牌机是指由拥有计算机生产许可证的正规厂商配置的计算机。联想、华为、DELL、华硕等都是知名的品牌机生产厂商。兼容机是指根据客户要求组装出来的计算机。兼容机在价格、可扩展性、配置灵活性等方面较有优势；品牌机则在质量、稳定性、兼容性、售后服务等方面占有优势。

配置计算机的基本原则是：实用、高性价比、性能稳定、配置均衡。具体考虑如下几点：

① 按用途决定所采购计算机的硬件档次，同时要有一定的前瞻性。

② 在选择配置时不要只强调 CPU 的档次而忽视主板、内存、显卡等重要部件的性能，做到配置均衡，这样才能发挥各部件的最好性能。

③ 选购硬件应该优先考虑信誉度高的品牌产品，或老牌厂家的产品，并在选购中注意考查产品的做工、标牌、序列号及售后服务，防止假冒和伪劣产品。

④ 确保不存在硬件和软件冲突问题，软硬件是否兼容或冲突的问题要详细咨询销售商和对计算机软硬件比较了解的人员。

⑤ 选择售后服务和保修较有保障的经销商。

2.3.4　个人计算机的硬件配置

一台计算机由许许多多零部件组成，只有这些零部件组合在一起协调地工作，才能发挥它的作用。以台式机为例，PC 一般由主机和外围设备组成。主机包括主板、CPU、内存、硬盘、显卡、声卡、电源等；外围设备包括外存储器、键盘、鼠标、显示器和打印机等。

1. 主板

主板（Mainboard）又叫系统板（Systemboard）或母板（Motherboard），是整个计算机的基板，是 CPU、内存、显卡及各种扩展卡的载体。主板是否稳定关系着整个计算机是否稳定，主板的速度在一定程度上也制约着整机的速度。主板结构如图 2-13 所示。

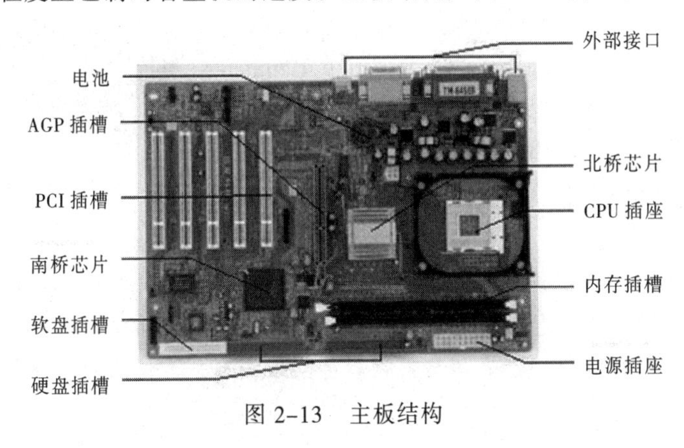

图 2-13　主板结构

2. CPU

CPU（中央处理器）是一块超大规模的集成电路，是一台计算机的运算核心和控制核心。主要包括运算器（ALU）和控制器（CU）两大部件。此外，还包括若干个寄存器和高速缓冲存储器及实现它们之间联系的数据、控制及状态的总线。

CPU 的运行速度通常用主频表示，以 Hz 作为计量单位。在评价 PC 时，首先要看 CPU 是哪一种类型，在同一档次中还要看其主频的高低，主频越高，速度越快，性能越好。CPU 的生产厂商有 Intel 公司、AMD 公司、VIA 公司和 IBM 公司等。图 2-14 所示为 Intel 公司 2017 年 5 月发布的 Intel i9 CPU 外观。

图 2-14　Intel i9 微处理器的外观

3. 内存储器

内存储器简称内存，是计算机系统必不可少的基本部件。内存的质量好坏与容量大小会影响计算机的运行速度。计算机存储器有磁芯存储器和半导体存储器，微型机的内存都采用半导体存储器。

半导体存储器从使用功能上分为随机存取存储器（Random Access Memory，RAM）和只读存储器（Read Only Memory，ROM）。

（1）随机存取存储器（RAM）

随机存取存储器是一种可以重复读/写数据的存储器，也称读/写存储器。RAM 有以下两个特点：一是可以读出，也可以写入。读出时并不损坏原来存储的内容，只有写入时才修改原来所存储的内容。二是 RAM 只能用于暂时存放信息，一旦断电，存储内容立即消失，即具有易失性。

（2）只读存储器（ROM）

ROM 是只读存储器，顾名思义，它的特点是只能读出原有的内容，不能由用户再写入新内容。原来存储的内容是采用掩膜技术由厂家一次性写入的，并永久保存下来。它一般用来存放专用的固定的程序和数据。只读存储器是一种非易失性存储器，一旦写入信息，无须外加电源来保存信息，不会因断电而丢失。

高速缓冲存储器一般用 SRAM（静态 Static RAM）做成；DRAM（动态 Dynamic RAM）的速度相对较慢，但价格较低，在 PC 中普遍采用它做成内存条。DRAM 常见的有 SDRAM（Synchronous Dynamic Random Access Memory，同步动态随机存储器）、DDR SDRAM（Double Data Rate Synchronous Dynamic Random Access Memory，双倍速率的同步动态随机存储器）、DDR2 SDRAM、DDR3 SDRAM 和 DDR4 SDRAM 等几种。目前计算机内存普遍已经采用 DDR4 代内存，如图 2-15 所示。

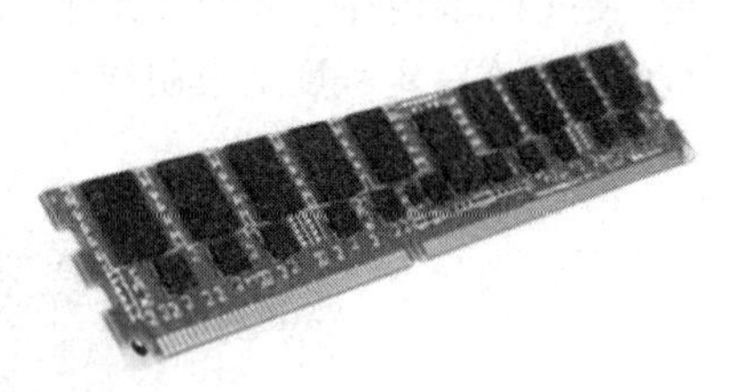

图 2-15　DDR4 内存条

4. 外存储器

外存储器又称外存，用于长期保存数据。与内存储器相比，外存储器容量大、价格低，但是存取速度慢。内存储器用于存放那些立即要用的程序和数据；外存储器用于存放暂时不用的程序和数据。内存储器和外存储器之间常常频繁地交换信息。常见的外存储器有硬盘、移动硬盘、闪存盘、光盘等。

（1）硬盘存储器

硬盘存储器简称硬盘，是个人计算机中最重要的外部存储器。硬盘由接口电路板、驱动器和硬盘片组成，驱动器和硬盘片被密封在一个金属壳中，并固定在接口电路板上。当前市场上的硬盘主要分为机械硬盘和固态硬盘（SSD）。固态硬盘和 U 盘的原理一样，数据读写速度快、抗震性强、功耗小、无噪声、重量轻；缺点是存储容量小、价格高、数据丢失后不可恢复，如图 2-16 所示。常用的硬盘容量一般为几百 GB 甚至几 TB。

（2）移动存储器

常见的移动存储器有“闪存盘”（俗称 U 盘）、“移动硬盘”等，具有高度集成、快速存取、方便灵活、性价优良、容易保存等特点。

闪存盘（U 盘）如图 2-17 所示，它不仅具有 RAM 内存可擦、可写、可编程的优点，而且所写入的数据在断电后不会消失。只要计算机上有 USB 接口就可以相互传递数据，由于这种存储器没有机械装置，因此不怕震动，性能稳定。

图 2-16　硬盘

图 2-17　闪存盘

移动硬盘用电量一般比闪存盘大，有的计算机上的 USB 接口无法提供足够的电量让移动硬盘工作，因此移动硬盘数据线往往有两个插头，使用时最好两个插头都插在计算机的 USB 接口上。移动硬盘的存储容量可达到 T 级，适合于大容量数据的携带、备份和交换，如图 2-18 所示。

（3）光盘存储器

光盘存储器由光盘驱动器和光盘片组成，如图 2-19 所示。光盘是利用激光原理进行读/写的外存储器，它的容量大、价格低、盘片易于更换，但它的存取速度要慢于硬盘。

光盘分为 CD、VCD、DVD（Digital Versatile Disc）等。CD 的容量约为 650 MB；单面单层的红光 DVD 容量为 4.7 GB，单面双层的红光 DVD 容量为 8.5 GB，双面双层的红光 DVD 容量为 17 GB；蓝光 DVD 单面单层光盘的存储容量有 23.3 GB、25 GB 和 27 GB。比蓝光 DVD 更新的产品是全息存储光盘。

光盘的驱动和读取是通过光盘驱动器来实现的，CD-ROM 光驱和 DVD 光驱已经成为 PC 的基本配置。新型的三合一驱动器能支持读取 CD、DVD、蓝光 DVD 和刻录光盘等功能，已被广泛地应用在 PC 中。

图 2-18　移动硬盘

图 2-19　光盘和光盘驱动器

5. **输入设备**

输入设备用于向计算机输入数据和信息，是计算机与用户或其他设备通信的桥梁。常用的输入设备主要有键盘、鼠标、扫描仪、触摸屏、光笔、手写输入板、游戏杆、数码照相机、话筒、摄像机、条形码阅读机等。文字、图形、图像、声音等都可以通过不同类型的输入设备输入到计算机中进行存储、处理和输出。

（1）键盘

键盘（Keyboard）是计算机最常用也是最主要的输入设备。键盘有机械式和电容式、有线和无线之分。用于计算机的键盘有多种规格，目前普遍使用的是 104 键的键盘，如图 2-20 所示。

（2）鼠标

鼠标（Mouse）是一种指点设备，它将频繁的击键动作转换成为简单的移动、单击。鼠标彻底改变了人们在计算机上的工作方式，从而成为计算机必备的输入设备，如图 2-21 所示。鼠标有机械式和光电式、有线和无线之分；按照按键数目，又可分为单键、两键、三键以及滚轮鼠标。

图 2-20　104 键的键盘

图 2-21　鼠标

随着技术的进步和发展，还出现了更多新型的鼠标，如 3D 鼠标、无线鼠标、激光投影鼠标、空中鼠标和垂直鼠标等，以满足不同环境、不同用户的需求，图 2-22 所示分别是激光投影鼠标和激光投影键盘。

图 2-22　激光投影鼠标和激光投影键盘

（3）笔输入设备

笔输入设备兼有鼠标、键盘和书写笔的功能。笔输入设备一般由两部分组成：一部分是与主机相连的基板，另一部分是在基板上写字的笔，用户通过笔与基板的交互，完成写字、绘图、操控鼠标等操作。基板在单位长度上所分布的感应点数越多，对笔的反应就越灵敏。目前，基板感应笔的方式有电磁式感应和电容式感应，如图 2-23 所示。

（4）扫描仪

扫描仪（Scanner）是常用的图像输入设备，它可以把图片和文字材料快速地输入计算机，如图 2-24 所示。扫描仪通过光源照射到被扫描材料上来获得材料的图像，被扫描材料将光线反射到扫描仪的光电器件上，由于被扫描材料不同的位置反射的光线强弱不同，光电器件将光线转换成数字信号，并存入计算机的文件中，然后就可以用 OCR（光学字符识别）软件进行识别和处理。

图 2-23　笔输入设备

图 2-24　扫描仪

（5）触摸屏

触摸屏是一种可接收触头等输入信号的感应式液晶显示装置，当接触了屏幕上的图形按钮时，屏幕上的触觉反馈系统可根据预先编程的程序驱动各种连接装置，可用以取代机械式的按钮面板，并借由液晶显示画面制造出生动的影音效果，如图 2-25 所示。触摸屏是简单、方便、自然的一种人机交互方式，主要应用于公共信息的查询、领导办公、工业控制、军事指挥、电子游戏、点歌点菜、多媒体教学、房地产预售等。

图 2-25　触摸屏计算机

此外，利用数码照相机可以将图像、视频输入到计算机中；利用摄像头可以将各种影像输入到计算机中；利用语音识别工具可以把语音输入到计算机中。

6. **输出设备**

输出设备的功能是用来输出计算机的处理结果。一些常用的输出设备如下：

（1）显示器

显示器是计算机最主要的输出设备。计算机的显示系统包括显示器和显示卡，它们是独立的产品。计算机的显示器主要有 3 类：阴极射线管（Cathode Ray Tube，CRT）显示器、液晶显示器（Liquid Crystal Display，LCD）和发光二极管（Light Emitting Diode，LED）显示器，专业级显示器通常会提供具有人体工程学的支架，可以调节到一个比较舒适的角度，这类显示器多采用 IGZO 或者 AH-IPS 面板，在颜色和响应时间方面都有很好的表现，如图 2-26 所示。

图 2-26　LCD 显示器、LED 显示器和具有人体工程学支架的 LED 显示器

（2）打印机

目前可将打印机分为 3 类：针式打印机、喷墨打印机和激光打印机，如图 2-27 所示。针式打印机利用打印头内的钢针撞击打印色带，在打印纸上产生打印效果。喷墨打印机的打印头由几百个细小的喷墨口组成，当打印头横向移动时，喷墨口可以按一定的方式喷射出墨水，打印到打印纸上。激光打印机是激光技术和电子照相技术相结合的产物，它类似复印机，使用墨粉，但光源不是灯光，而是激光。激光打印机具有最高的打印质量和最快的打印速度。

图 2-27　针式打印机、喷墨打印机和激光打印机

（3）绘图仪

绘图仪在绘图软件的支持下可以绘制出复杂、精确的图形。常用的绘图仪有平板型和滚筒型两种类型。平板型绘图仪的绘图纸平铺在绘图板上，通过绘图笔架的运动来绘制图形；滚筒型绘图仪依靠绘图笔架的左右移动和滚筒带动绘图纸前后滚动绘制图形。滚筒型绘图仪如图 2-28 所示。

图 2-28　滚筒型绘图仪

2.3.5　个人计算机的组装

了解了个人计算机的内部结构和硬件组成，就可以着手购置各个硬件设备，包括 CPU、内

存条、硬盘、主板、显卡、声卡、显示器、机箱、电源、鼠标、键盘、光驱等。在自己动手组装的过程中，不仅能加深对计算机硬件结构的理解和认识，也能积累一些应对初级硬件故障的经验。

组装个人计算机的常规步骤为：安装 CPU→安装散热器→安装内存→安装主板→安装硬盘→安装光驱、电源→安装显卡→连接各类连线。

1. 安装 CPU

在安装 CPU 之前，要先打开插座，方法是：用适当的力向下微压固定 CPU 的压杆，同时用力往外推压杆，使其脱离固定卡扣，如图 2-29 所示。压杆脱离卡扣后，便可以顺利地将压杆拉起。接下来，将固定处理器的盖子与压杆反方向提起，如图 2-30 所示。

图 2-29　安装 CPU 步骤 1

图 2-30　安装 CPU 步骤 2

在 CPU 处理器的一角上有一个三角形的标识，另外主板上的 CPU 插座也有一个三角形的标识，如图 2-31 所示。在安装时，处理器上印有三角标识的那个角要与主板上印有三角标识的角对齐，然后慢慢地将处理器轻压到位。将 CPU 安放到位以后，盖好扣盖，并反方向微用力扣下处理器的压杆，如图 2-32 所示。至此 CPU 便被稳稳地安装到主板上。

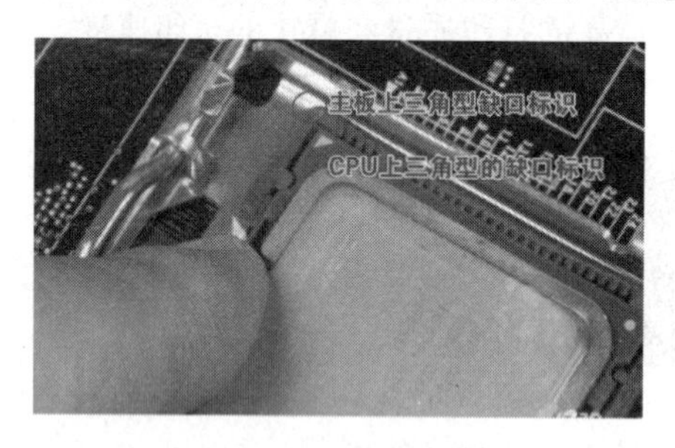

图 2-31　安装 CPU 步骤 3

图 2-32　安装 CPU 步骤 4

2. 安装散热器

由于 CPU 发热量大，需要在其上面安装散热器。安装散热器前，要在 CPU 表面均匀地涂上一层导热硅脂，使 CPU 核心与散热器很好地接触，达到导热的目的。需要注意的是，部分散热器在购买时已经在底部与 CPU 接触的部分涂上了导热硅脂，这时就可以省去这一步工作。

安装时，将散热器的四角对准主板相应的位置，然后用力压下四角夹脚即可。有些散热器采用了螺丝设计，因此在安装时还要在主板背面相应的位置安放螺母。

固定好散热器后，要将散热风扇接到主板的供电接口上。找到主板上标识符为 CPU_FAN 的接口，插上风扇插头即可，如图 2-33 所示。

3. **安装内存**

安装内存时，先用手将内存插槽两端的保险栓打开，然后找准内存条上的豁口和插槽上的突起，将内存平行放入内存插槽中，用两拇指按住内存两端轻微向下压，听到“啪”的一声响后，即说明内存安装到位，插槽两端的夹脚会自动扣住内存条，如图 2-34 所示。

图 2-33 安装散热器

图 2-34 安装内存

4. **安装主板**

打开主机机箱的盖子，将机箱提供的主板垫脚螺母安放到机箱主板托架的对应位置，如图 2-35 所示。双手平行托住主板，将主板放入机箱中。通过机箱背部的主板挡板来确定主板安放到位，如图 2-36 所示。

拧紧螺丝钉，固定好主板。值得注意的是，在装螺丝钉时，每颗螺丝钉不要一开始就拧紧，等全部螺丝钉安装到位后，再将每粒螺丝钉拧紧，这样做的好处是随时可以对主板的位置进行调整。

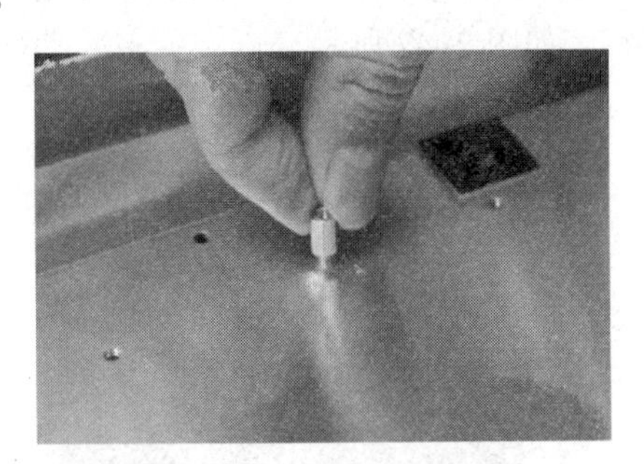

图 2-35 安装主板步骤 1

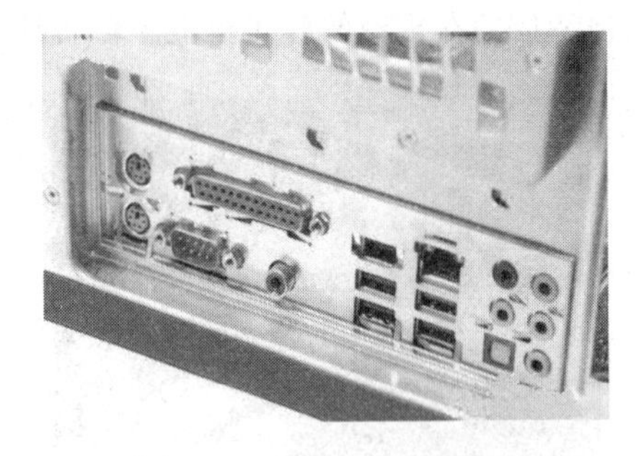

图 2-36 安装主板步骤 2

按主板上的提示把机箱面板的喇叭（SPEAKER）、开关（POWER-SW、RESET-SW）和各种指示灯（HD-LED、POWER-LED）连线与主板上对应的接线正确连接。

主板安静地躺入机箱中，安装过程结束。

5. **安装硬盘**

对于普通的机箱，只需要将硬盘放入机箱的硬盘托架上，拧紧螺丝钉使其固定即可。

一部分机箱使用了可拆卸的 3.5 in 机箱托架，这样拆卸硬盘更加简单。

机箱中固定 3.5 in 托架的扳手，拉动此扳手即可固定或取下 3.5 in 硬盘托架，将硬盘装入托架中，并拧紧螺丝钉。将托架重新装入机箱，并将固定扳手拉回原位固定好硬盘托架，对应图 2-37～图 2-40 所示的步骤。不同的机箱还有不同的固定硬盘安装的方式，但方法也都较为简单。

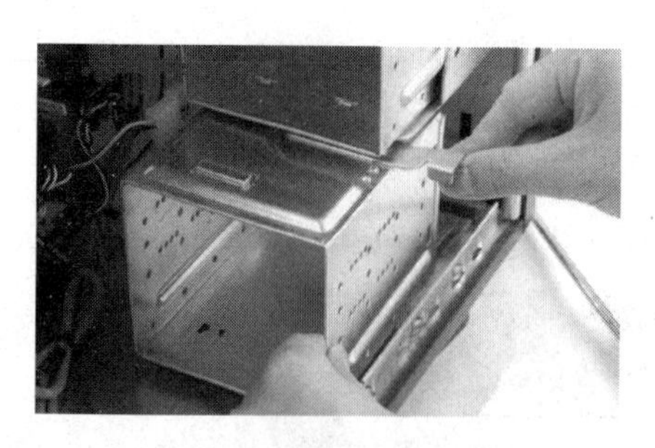

图 2-37 安装硬盘步骤 1

图 2-38 安装硬盘步骤 2

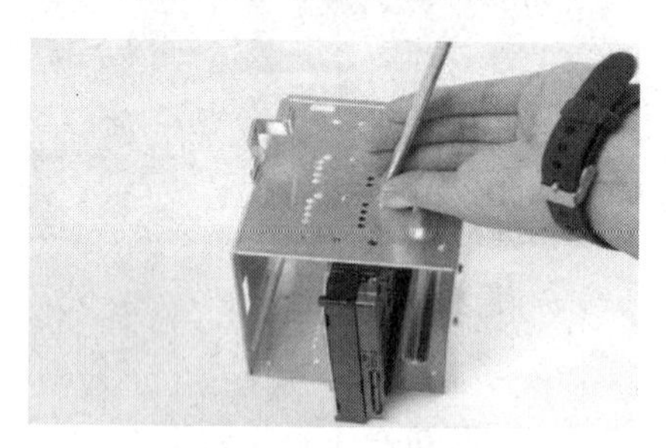

图 2-39 安装硬盘步骤 3

图 2-40 安装硬盘步骤 4

6. 安装光驱、电源

安装光驱时，先将机箱托架前的面板拆除，将光驱反向从机箱前面板装进对应位置，拧紧螺丝钉，如图 2-41 所示。

机箱电源的一面通常有 4 个螺钉孔，把有螺钉孔的一面对准机箱上的电源架，并用 4 个螺丝钉将电源固定在机箱的后面板上。然后拧上螺丝钉，如图 2-42 所示。

图 2-41 安装光驱

图 2-42 安装电源

7. 安装显卡

首先去掉主板上对应插槽的金属挡板，然后用手轻握显卡两端，垂直对准主板上的显卡插槽，向下轻压到位后，再用螺丝钉固定，如图 2-43 所示。

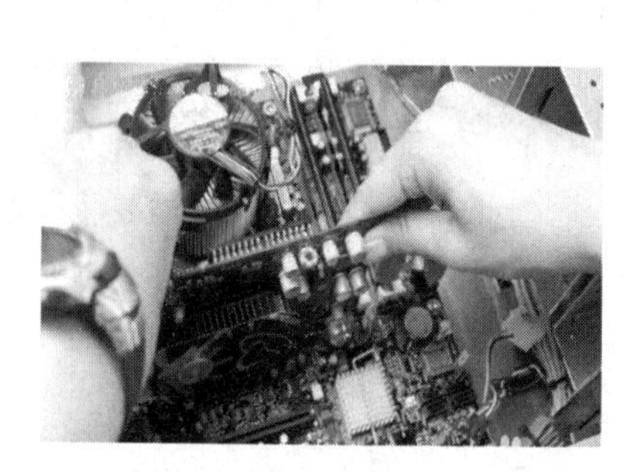

图 2-43 安装显卡

8. 连接各类连线

除了需要安装上述部件外，必要时还需要安装声卡和网卡等其他扩展卡。在安装完这些部件后，需要连接各类连线，如电源线、数据线、信号线和音频线等，同时需要连接 USB 及机箱开关、重启、硬盘工作指示灯等接口。整个机箱部分组装完成后，还要连接机箱的外部连线，如显示器、鼠标、键盘、音箱、网卡等外设分别对应地插入机箱后面板的插座中。

连线完后成，可对机箱内的各种缆线进行简单的整理，以提供良好的散热空间。

组装完成后，需要通电检测，成功后再扣上机箱的盖子。

2.4　数制和信息存储

2.4.1　数制的概念

数制也称计数制，是用一组固定的符号和统一的规则来表示数值的方法。人们日常生活中通常使用十进制，而计算机则采用二进制。

不论是哪一种数制，其计数和运算都有共同的规律和特点。

（1）逢 N 进一

N 是指数制中所需要的数字字符的总个数，称为基数。例如，用 0、1、2、3、4、5、6、7、8、9 这 10 个不同的符号来表示数值，这个 10 就是数字字符的总个数，也是十进制的基数，表示逢十进一。

（2）位权表示法

位权是指一个数字在某个固定位置上所代表的值，处在不同位置上的数字所代表的值不同，每个数字的位置决定了它的值或者位权。位权与基数的关系是：各进位制中位权的值是基数的若干次幂。如十进制数的权值为 10^0、10^1、10^2、10^3、10^4 …，二进制数的单位值是 2^0、2^1、2^2、2^3、2^4 …。

2.4.2　常用的数制

1. 二进制数及其运算规则

日常生活中人们习惯使用十进制，有时也使用其他进制，如六十进制（如分钟、秒）、十二进制等。在计算机中，信息都是采用二进制的形式进行存储、运算、处理和传输的。二进制数的运算规则相当简单，如下所示：

（1）加法运算规则

$$0+0=0$$
$$0+1=1$$
$$1+0=1$$
$$1+1=10\text{（有进位）}$$

（2）减法运算规则

$$0-0=0$$
$$1-0=1$$
$$0-1=1\text{（有借位）}$$
$$1-1=0$$

（3）乘法运算规则

$$0\times0=0$$

$$0\times1=0$$
$$1\times0=0$$
$$1\times1=1$$

为了区分二进制数和十进制数，可在二进制数后面加上字符“B”的方法。如 10110101B，表示这个数是二进制数，而不是十进制数。

2. 八进制数和十六进制数

在计算机科学中，除了二进制数，也可使用八进制数、十六进制数。

八进制数的运算规则是逢 8 进 1，借 1 当 8。它用的数码符号为 0～7。

十六进制数是逢 16 进 1，借 1 当 16。所用的数码符号是 0～9 和大写的英文字母 A～F，其中十六进制中的数码 A，代表十进制的数 10，十六进制中的数码 B，代码十进制的数 11，依此类推。为了与标识符相区别，若是以字母开头的十六进制数，则在字母前加“0”。

3. 不同数制的表示方法

在计算机的数制中，常采用以下两种方法标识不同数制的数。

（1）字母后缀

二进制数：字母 B（binary）表示。

八进制数：字母 O（octonary）表示。

十进制数：字母 D（decimal）表示。

十六进制数：字母 H（hexadecimal）表示。

说明：八进制中，为避免与数字 0 混淆，字母 O 常用 Q 代替；十进制中，后缀 D 一般可以省略。例如，十进制数 169，可表示为 169 或 169D，其对应的二、八、十六进制数分别为 10101001B、251Q、0A9H。

（2）括号外面加下标

可用下标的形式表示对应的数制。如$(10101001)_2$、$(251)_8$、$(169)_{10}$、$(0A9)_{16}$分别表示对应的二、八、十、十六进制数。

2.4.3 数制的转换

1. 二、八、十六进制转换为十进制

按权展开求和，即将每位数码乘以各自的权值并累加。

【例 2-1】$(1011)_2 = 1\times2^3+0\times2^2+1\times2^1+1\times2^0$

$= 8+2+1$

$= (11)_{10}$

2. 十进制数转换为二、八、十六进制

将十进制数转换为 R 进制数，采用除 R 取余的方法。即不断除以 R 取余数，直到商为 0 为止，最先得到的余数为最低位，最后得到的余数为最高位。

【例 2-2】将$(43)_{10}$转换成二进制数。

除数	被除数/商	余数
2	43	
2	21	1
2	10	1
2	5	0
2	2	1
2	1	0
	0	1

得$(43)_{10} = (101011)_2$。

3. **二进制数转换为八、十六进制数**

因为 $2^3=8$，$2^4=16$，所以 3 位二进制数对应 1 位八进制数，4 位二进制数对应 1 位十六进制数。

将二进制以小数点为中心分别向两边分组，每 3 位为一组（转换成十六进制数，则以每 4 位为一组），不够位数在两边补零，再将每组二进制数转换成八或十六进制数。

【例 2-3】将$(1101010)_2$转换成八进制数及十六进制数。

$(1101010)_2=(152)_8=(6A)_{16}$

$$(\underline{001},\ \underline{101},\ \underline{010})_2=(152)_8$$

$$(\underline{0110},\ \underline{1010})_2=(6A)_{16}$$

4. **利用“计算器”转换不同数制的数**

使用 Windows 操作系统提供的应用程序“计算器”可以方便地对不同数制的数进行转换，方法是：

① 选择“开始”→“所有程序”→“附件”→“计算器”命令，打开计算器应用程序，如图 2-44 所示。

② 选择“查看”→“程序员”命令。

③ 选择原来的数制。

④ 输入要转换的数字。

⑤ 选择要转换成的某种数制，得到转换结果。

选择“编辑”→“复制”命令可复制转换的结果。

图 2-44　计算器

2.4.4　信息存储的组织形式

1. 数字信息的表示

如上所述，任何一个数都以二进制形式在计算机内存储。计算机的内存是由千千万万个细小的电子线路组成的，每个代表 0 和 1 的电子线路能够存储一位二进制数，若干个这样的电子线路就能存储若干位二进制数。关于内存，常用到以下术语：

① 位（bit），简记为 b，每个能够代表 0 和 1 的电子线路称为一个二进制位，是计算机内部存储信息的最小单位。

② 字节（byte），简记为 B，是计算机内部存储信息的基本单位。一个字节由 8 个二进制位组成，即 1 B = 8 b。

在计算机中，其他经常使用的信息存储单位还有：千字节 KB （Kilobyte）、兆字节 MB（Megabyte）、千兆字节 GB （Gigabyte）和太字节 TB （Terabyte），其中：

1 KB=1 024 B=2^{10} B

1 MB=1 024 KB=2^{10} KB=2^{20} B=1 024 × 1 024 B

1 GB=1 024 MB=2^{10} MB=2^{30} B=1 024 × 1 024 × 1 024 B

1 TB=1 024 GB=2^{10} GB=2^{40} B=1 024 × 1 024 × 1 024 × 1 024 B

一个字节可以存储一个字符，两个字节可以存储国标码的一个汉字。例如，一首 MP3 的容量一般为 M 级，大约为 3～10 MB；硬盘的容量一般为 G 级，比如 120 GB 的硬盘；再如，一本 50 万汉字的书，所占容量约为 $5 \times 2 \times 10^5$ B ≈ 977 KB，即 1 MB 空间足够存放一本 50 万汉字的书。

③ 字（word），一个字通常由一个字节或若干个字节组成，是计算机进行信息处理时一次存取、加工和传送的数据长度。每个字中二进制位数的长度，称为字长，字长是衡量计算机性能的一个重要指标，字长越长，计算机一次所能处理信息的实际位数就越多，运算精度就越高，最终表现为计算机的处理速度越快。常用的字长有 8 位、16 位、32 位和 64 位等。

2. 非数字信息的表示

文本、图形图像、声音之类的信息，称为非数字信息。在计算机中用得最多的非数字信息是文本字符。由于计算机只能处理二进制数，这就需要用二进制的“0”和“1”按照一定的规则对各种字符进行编码。

计算机内部按照一定的规则表示西文或中文字符的二进制编码称为机内码。

（1）西文字符编码

西文字符集由字母、数字、标点符号和一些特殊符号组成。字符集中的每一个符号都有一个数字编码，即字符的二进制编码。计算机中使用最广泛的西文字符集是 ASCII 字符集，其编码称为 ASCII 码，它是美国标准信息交换码（American Standard Code for Information Interchange）的缩写，已被国际标准化组织 ISO 采纳，作为国际通用的信息交换标准代码，对应的国际标准是 ISO646。

ASCII 码有 7 位 ASCII 码和 8 位 ASCII 码两种。

7 位 ASCII 码称为标准（基本）ASCII 码字符集，采用一个字节（8 位）表示一个字符，但实际只使用字节的低 7 位，字节的最高位为 0 ，所以可以表示 128 个字符。其中 95 个是可打印（显示）字符，包括数字 0～9，大小写英文字母以及各种标点符号等，剩下的 33 个字符，是不可打印（显示）的，它们是控制字符，如表 2-3 所示。

表 2-3　ASCII 码表

$b_3b_2b_1b_0$	$b_6b_5b_4$							
	000	001	010	011	100	101	110	111
0000	NUL	DLE	(Space)	0	@	P	`	p
0001	SOH	DCI	!	1	A	Q	a	q
0010	STX	DC2	”	2	B	R	b	r
0011	ETX	DC3	#	3	C	S	c	s
0100	EOT	DC4	$	4	D	T	d	t

续表

$b_3b_2b_1b_0$	$b_6b_5b_4$							
	000	001	010	011	100	101	110	111
0101	ENQ	NAK	%	5	E	U	e	u
0110	ACK	SYN	&	6	F	V	f	v
0111	BEL	ETB	'	7	G	W	g	w
1000	BS	CAN	(	8	H	X	h	x
1001	HT	EM	)	9	I	Y	i	y
1010	LF	SUB	*	:	J	Z	j	z
1011	VT	ESC	+	;	K	[	k	{
1100	FF	FS	,	<	L	\	l	|
1101	CR	GS	-	=	M	]	m	}
1110	SO	RS	.	>	N	^	n	~
1111	SI	US	/	?	O	_	o	DEL

说明：表中的高位是指 ASCII 码二进制的前 3 位，低位是指 ASCII 码二进制的后 4 位，此处以十六进制数表示，由高位和低位合起来组成一个完整的 ASCII 码。例如，数字 0 的 ASCII 码可以这样查：高位是 3，低位是 0，合起来组成的 ASCII 码为 30（十六进制），转换成十进制数为 48。

8 位 ASCII 码称为扩展的 ASCII 码字符集。由于 7 位 ASCII 码只有 128 个字符，在很多应用中无法满足要求，为此国际标准化组织 ISO 又制定了 ISO2002 标准，它规定在保持与 ISO646 兼容的前提下，将 ASCII 码字符扩充为 8 位编码的统一方法。

8 位 ASCII 码可以表示 256 个字符。

（2）中文字符编码

汉字在计算机中也采用二进制编码。汉字的数量大、字形复杂、同音字多，因此计算机在处理汉字的输入和输出时，要比处理英文复杂。

为了满足国内在计算机中使用汉字的需要，中国国家标准总局发布了一系列的汉字字符集国家标准编码，统称 GB 码，或国标码。国标码用两个字节表示一个汉字。GB2312（国家标准信息交换用汉字编码 字符集）所收录的汉字已经覆盖 99.75%的使用频率，基本满足了汉字的计算机处理需要。

2.4.5 计算机中数的表示及编码

送入计算机的数值不仅要转换成二进制数，还要解决数的符号问题。将一个数连同符号数字化，即机器数的最高位为 0 时，表示的是正数，最高位为 1 表示的是负数，这种已经数码化的正负数称为机器数。

例如，假设机器数为 8 位，最高位是符号位，那么在定点整数的情况下，00101110 和 10010011 的真值分别为十进制数+46 和−19。

计算机中的符号数有 3 种表示方法，即原码、反码和补码。

1. **原码**

在计算机规定的字长范围内，按上面所述，其最高位为 0 表示正数，最高位为 1 表示负数，后面的各位为其数值，这种数的表示方法称为原码。例如：

对于正数（字长=8 位）

$[+25]_{\text{原}}=00011001$　　$[+1]_{\text{原}}=00000001$

$[+127]_{\text{原}}=01111111$　　$[+105]_{\text{原}}=01101001$

对于负数（字长=8 位）

$[-25]_{\text{原}}=10011001$　　$[-1]_{\text{原}}=10000001$

$[-127]_{\text{原}}=11111111$　　$[-105]_{\text{原}}=11101001$

对于 0，可以是（+0），也可以是（-0），因此，0 在原码中有这两种表示方法：

$[+0]_{\text{原}}=00000000$　　$[-0]_{\text{原}}=10000000$

原码表示法简单直观，但不便于进行加减运算。当两原码做加减运算时，首先要判断两者的符号，然后确定实际的运算，最后再确定结果的符号。采用这种方法，不仅费时，而且硬件线路十分复杂。

2. **反码**

反码的表示分两种情况，如果是正数，反码与原码的形式完全一样；如果是负数，则把其原码除符号位以外的各位取反（即 0 变 1，1 变 0）。例如：

设字长=8 位

$[+0]_{\text{反}}=00000000$　　$[-0]_{\text{反}}=11111111$

$[+1]_{\text{反}}=00000001$　　$[-1]_{\text{反}}=11111110$

$[+127]_{\text{反}}=01111111$　　$[-127]_{\text{反}}=10000000$

3. **补码**

在补码的表示中，正数的表示方法与原码相同；负数的补码在其反码的最低有效位上加 1。例如，设字长=8 位：

$[+0]_{\text{补}}=00000000$　　$[-0]_{\text{补}}=00000000$

$[+127]_{\text{补}}=01111111$　　$[-127]_{\text{补}}=10000001$

$[+36]_{\text{补}}=00100100$　　$[-36]_{\text{补}}=11011100$

通过补码运算，可以把减法运算变成加法运算；而乘法可以用加法来做，除法可以转变成减法。这样一来，加、减、乘、除 4 种运算最终都可以用“加法”和“移位”来实现。这对简化 CPU 的设计非常有意义，CPU 中只要有一个加法器就可以做算术运算。

2.5　计算机安全知识

2.5.1　计算机的使用环境

计算机的使用环境是指计算机对其工作的物理环境方面的要求。一般的微型计算机对工作环境没有特殊的要求。但是，为了使计算机能正常工作，提供一个良好的工作环境也是很重要的。下面是计算机工作环境的一些基本要求。

1. 电源要求

微型机一般使用 220 V、50 Hz 交流电源。对电源的要求主要有两个：一是电压要稳，二是微机在工作时供电不能间断。电压不稳不仅会造成磁盘驱动器运行不稳定而引起读写数据错误，而且对显示器和打印机也有影响。为获得稳定的电压，最好根据机房所用微机的总功率，配接功率合适的交流稳压电源。为防止突然断电造成对计算机工作的影响，最好配备不间断供电电源 UPS，其容量可根据微型机系统的用电量选用。此外，要有可靠的接地线，以防雷击。

2. 环境洁净要求

应保持计算机机房的清洁。如果机房内灰尘过多，灰尘附落在磁盘或磁头上，不仅会造成对磁盘读写错误，而且也会缩短计算机的寿命。

3. 室内温度、湿度要求

微机的合适工作温度在 15℃～35℃之间。低于 15℃可能引起磁盘读写错误，高于 35℃则会影响机内电子元件的正常工作。为此，微机所在之处要考虑散热问题。

相对湿度一般不能超过 80%，否则会使元件受潮变质，甚至会漏电、短路，以致损害机器。相对湿度低于 20%，则会因过于干燥而产生静电，引发机器的错误动作。

4. 防止干扰

计算机应避免强磁场的干扰。计算机工作时，应避免附近存在强电设备的开关动作。因此，在机房内应尽量避免使用电炉、电视或其他强电设备，以免影响电源的稳定。

5. 注意正常开、关机

对初学者来说，一定要养成良好的计算机操作习惯。特别要提醒注意的是不要随意突然断电关机，因为这样可能会引起数据的丢失和系统的不正常。结束计算机的工作时，最好按正常顺序先退出各类应用软件，然后利用 Windows 的“开始”菜单正常关机。

另外，计算机不要长时间搁置不用，尤其是雨季。机器不要放置潮湿处，也不要接近热源、强光源、强磁场处。

2.5.2 计算机病毒

1. 计算机病毒的概念

在《中华人民共和国计算机信息系统安全保护条例》中计算机病毒被明确定义为“编制或者在计算机程序中插入的破坏数据，影响计算机使用并且能够自我复制的一组计算机指令或者程序代码”。

计算机病毒是一个程序，一段可执行代码。就像生物病毒一样，计算机病毒有独特的复制能力。计算机病毒可以很快地蔓延，又常常难以根除。它们能把自身附着在各种类型的文件上。当文件被复制或从一个用户传送到另一个用户时，它们就随同文件一起蔓延开来。

2. 计算机病毒的主要特点

计算机病毒一般具有以下几个特点：

（1）破坏性

无论哪种病毒程序一旦侵入系统，都会对机器的运行造成不同程度的影响。这些病毒程序不仅占用系统资源，降低计算机运行效率，还可能破坏系统，删除或修改数据，甚至格式化整个磁盘，摧毁整个系统和数据，使之无法恢复，造成无可挽回的损失。

（2）非授权可执行性

计算机病毒隐藏在合法的程序或数据中，当用户运行正常程序时，病毒伺机窃取到系统的控制权，得以抢先运行，然而此时用户还认为在执行正常程序。

（3）传染性

它能够主动地将自身的复制器或变种传染到其他未染毒的程序上，甚至从一台计算机传染到另一台计算机，从一个计算机网络传染到另一个计算机网络。

（4）潜伏性

病毒程序通常短小精悍，寄生在别的程序上使得其难以被发现。在外界激发条件出现之前，病毒可以在计算机内的程序中潜伏、传播。

（5）隐蔽性

当运行受感染的程序时，病毒程序能首先获得计算机系统的监控权，进而能监视计算机的运行，并传染其他程序，但不到发作时机，整个计算机系统看上去一切如常。其隐蔽性使广大计算机用户对病毒丧失应有的警惕性。

（6）可触发性

病毒程序都对其运行设置了一定的条件，当用户计算机满足这个条件时，病毒程序就会实施感染或者对计算机系统进行攻击，这被称为病毒程序的可触发性，病毒程序的触发条件有很多，可能是日期、时间、文件类型，某些特定的数据或者是系统启动的次数等。

3. 计算机感染病毒的常见症状

了解计算机感染病毒后的症状，有助于及时发现病毒。常见的症状有：

① 操作系统异常。机器运行速度明显变慢；经常无缘无故地死机；或者无法正常启动；关闭计算机后自动重启；操作系统报告缺少必要的启动文件，或启动文件被破坏。

② 文件异常。文件无法正确读取、复制或打开；丢失文件或文件损坏；文件属性被更改、文件长度被加长；文件被删除；莫名其妙地出现许多来历不明的隐藏文件或其他文件；某些应用程序突然不能运行。

③ 屏幕显示异常。显示器屏幕出现花屏、奇怪的信息或图像；或直接显示某种病毒的标志信息。

④ 磁盘存储异常。磁盘空间突然变小；经常无故读/写磁盘，或磁盘驱动器“丢失”等。

⑤ 网络异常。上网速度非常缓慢，或根本打不开网页；浏览器自动链接到一些陌生的网站；打开某网页后弹出大量对话框；自动发送电子邮件。

⑥ 打印机异常。打印机的通信发生异常，无法进行打印操作，或打印出来的是乱码。

⑦ 硬件损坏。如 BIOS 芯片被改写；CMOS 中的数据被改写等。

随着制造病毒和反病毒双方较量的不断深入，病毒制造者的技术越来越高，病毒的欺骗性、隐蔽性也越来越好。只有在实践中细心观察才能发现计算机的异常现象。

2.5.3 计算机病毒的预防和清除

1. 计算机病毒的预防

计算机病毒主要通过移动存储设备（如光盘、U 盘或移动硬盘）和计算机网络两大途径进行传播。因此，与“讲究卫生，预防疾病”一样，对计算机病毒采取“预防为主”的方针是很有效的。预防计算机病毒应从切断传播途径入手。

人们从工作实践中总结出一些预防计算机病毒的简单易行的措施，这些措施实际上是要求用户养成良好的使用计算机的习惯。具体归纳如下：

① 专机专用。制定科学的管理制度，对重要的任务部门应采用专机专用，禁止与任务无关的人员接触该系统，防止潜在的病毒罪犯。

② 利用写保护。对那些保存有重要数据文件且不需要经常写入的数据文件应使其处于写保护状态，以防止病毒的侵入。

③ 固定启动方式。对配有硬盘的机器应该从硬盘启动系统，如果非要用其他盘启动系统时，则一定要保证系统软件是无病毒的。

④ 慎用网上下载的软件。Internet 是病毒传播的一大途径，对网上下载的软件最好检测后再用。也不要随便阅读从不相识人员处发来的电子邮件。

⑤ 分类管理数据。对各类数据、文档和程序应分类备份保存。

⑥ 建立备份。对每个购置的软件应复制副本，定期备份重要的数据文件，以免遭受病毒危害后无法恢复，减少病毒带来的损失。

⑦ 定期检查。定期用杀病毒软件对计算机系统进行检测，发现病毒应及时消除。

⑧ 采用防病毒卡或病毒预警软件。

⑨ 对于网络环境，应设置“病毒防火墙”。

防火墙实际上是一种隔离技术。防火墙是在两个网络通信时执行的一种访问控制尺度，它能允许你“同意”的人和数据进入你的网络，同时将你“不同意”的人和数据拒之门外，最大限度地阻止网络中的黑客来访问你的网络。换句话说，如果不通过防火墙，公司内部的人就无法访问 Internet，Internet 上的人也无法和公司内部的人进行通信。

常用的防火墙有 Windows 防火墙、瑞星防火墙、天网防火墙、江民防火墙等。

2. **计算机病毒的清除**

如果机器已经感染病毒，最常见的处理方法是用现有的杀毒软件进行查杀。

杀毒软件也称反病毒软件，是用于消除计算机病毒、特洛伊木马和恶意软件，保护计算机安全的一类软件的总称。

杀毒软件通常集成监控识别、病毒扫描和清除、自动升级病毒库、主动防御等功能，有的杀毒软件还带有数据恢复等功能，是计算机防御系统的重要组成部分。

国产的反病毒软件主要有 360 杀毒、百度杀毒、金山毒霸等，国外的有卡巴斯基、诺顿、MacAfee、F-SECURE、nod32，其中卡巴斯基、MacAfee、诺顿又被誉为世界三大杀毒软件。

由于计算机病毒种类繁多，新病毒又在不断出现，清除病毒的工作具有被动性。因此，保持警惕性、养成良好的计算机使用习惯，同时切断病毒的传播途径，防止病毒的入侵比清除病毒更重要。

2.6　中英文输入法

2.6.1　认识键盘

键盘是计算机中最常用的输入设备之一，键盘的主要功能是把文字信息和控制信息输入计算机，其中文字信息的输入是其最重要的功能。

1. **键盘的分类**

键盘根据按键的触点结构可分为机械触点式键盘、电容式键盘和薄膜式键盘几种，但从表面是很难看出区别的。根据键盘插头的不同，可将键盘分为五芯电缆键盘和六芯电缆键盘，其实两种键盘所传送的信号是相同的，只要加一个接头就能实现相互转换。现在 USB 接口的键盘也很普及。根据按键的数目可分为 101 键键盘和 104 键键盘等几种。不同种类的键盘的键位分布基本一致。

2. **键盘的分区**

以最常见的 101 键键盘为例，可以把键盘划分为 4 个区域：功能键区、主键盘区、控制键区和数字键区（也称副键盘区）。另外，在键盘的右上方还有 3 个指示灯，即状态指示区，如图 2-45 所示。

图 2-45　标准 104 键盘的布局

（1）功能键区

功能键区是位于键盘上部的一排按键，如图 2-46 所示。

图 2-46　功能键区

① Esc：退出键。一般起退出或取消作用。

② F1～F12：共 12 个功能键，一般是用作快捷键。

③ PrintScreen：部分键盘缩写为 Ptr Scr，屏幕打印键。在 Windows 中把当前屏幕的显示内容作为一个图像复制到剪贴板上，以供处理。

④ ScrollLock：在某些环境下可以锁定滚动条，在右边有一盏 Scroll Lock 指示灯，灯亮表示锁定。

⑤ Pause/Break：用以暂停程序或命令的执行。

（2）主键盘区和控制键区

主键盘区主要由字母键、数字键、符号键和制表键等组成，它的按键数目及排列顺序与标准英文打字机基本一致，通过主键盘区可以输入各种命令，但一般是和控制键区一起用于文字的录入和编辑。控制键区主要用于控制光标的移动。

① Tab：跳格键。主要用于窗口和表格操作中的跳格。在文字处理软件中，每按一次，默认情况下光标向右移动 8 个字符位置。

② Enter：回车键。输入文字时，表示换行；一个命令完毕，表示确定，执行命令。

③ Backspace：退格键。删除光标前一个字符或汉字，光标的位置左退一格。

④ CapsLock：大小写转换键。相当于大小写字母开关，Caps Lock 指示灯亮，表示大写状态，否则为小写状态。Caps Lock 键只对 26 个字母起作用。

⑤ Shift：换档键（主键盘左右下方各一个，其功能一样），主要有两个用途。

a. 同时按住【Shift】键和具有上下档字符的键，输入的是上档字符。

b. 用于大小写字母输入。当处于大写状态时，同时按【Shift】和字母键，可输入小写字母；反之，当处于小写状态时，同时按住【Shift】和字母键，可输入大写字母，这样可以快速方便地完成少量字母输入时的大小写切换。

- Ctrl：控制功能键。【Ctrl】须与其他键同时组合使用，才能完成某些特定功能。
- Alt：组合功能键。【Alt】键也须与其他键同时组合使用，才能完成某些特定功能。
- 空格键：最长的一个键，每按一下，输入一个空格，它是键盘上使用频率最高的按键之一。

（3）数字键区

数字键区是为提高数字输入的速度而增设的，由主键盘区和控制键区中最常用的一些键组合而成，一般被编制成适合右手单独操作的布局。数字键区左上方的【NumLock】键，称为数字/编辑转换键，用于控制数字键区的功能，按【NumLock】键，指示灯亮，表明小键盘处于数字输入状态；再按【NumLock】键，指示灯灭，表明小键盘回到编辑状态，不能用小键盘输入数字。

2.6.2 键盘的基本指法

正确的键盘指法是提高计算机信息输入速度的关键，因此，初学计算机的用户必须从一开始就严格按照正确的键盘指法进行学习。

1. 正确的姿势

只有正确的姿势才能做到准确快速地输入而又不容易疲劳。

① 调整椅子的高度，使前臂与键盘平行，前臂与后臂成略小于 90°；上身保持笔直，并将全身重量置于椅子上。

② 手指自然弯曲成弧形，指端的第一关节与键盘成垂直角度，两手与两前臂成直线，手不要过于向里或向外弯曲。

③ 打字时，手腕悬起，手指指肚要轻轻放在字键的正中面上，两手拇指悬空放在空格键上。此时的手腕和手掌都不能触及键盘或机桌的任何部位。

④ 注意击键的方法，“击键”，顾名思义，就是手指要用“敲击”的方法去轻轻地击打字键，击毕即缩回。

2. 正确的指法

指法分区的目的是使手指分工操作，提高输入的速度和准确性。另外，为了帮助操作者不看键盘就能找到基准键位，在【F】键和【J】键上各有一个小凸起，以便于盲打时手指能通过触觉定位。当用左右食指触摸到这两个键时，其他手指也就自然地放到了基准键位上。

基准键位共有 8 个，分别是【A】、【S】、【D】、【F】、【J】、【K】、【L】和符号键【；】，它们与手指的对应关系是：左手小指按【A】键，无名指按【S】键，中指按【D】键，食指按【F】

键，右手小指按【；】键，无名指按【L】，中指按【K】键，食指按【J】键。

在基准键位的基础上，对于其他字母、数字、符号也都分别合理地分配给 10 个手指。并且规定每个手指按哪几个字符键。手指的分工如图 2-47 所示。

图 2-47　键盘中手指的分工

手指定位后不能随意移开，更不能放错位置。在打字过程中，每个手指只能击打指法所规定的字符键，击完键后手指必须立刻返回对应的基准键上。

2.6.3　键盘的操作

键盘除了对计算机输入数据外，还可以用来执行命令，完成相应的功能。利用键盘的功能键和一些组合键，也能完成鼠标实现的命令。除【F1】~【F12】功能键外，还可以利用【Ctrl】、【Shift】和【Alt】这 3 个键与其他键的组合，实现不同的命令。

1. 【F1】~【F12】部分功能键

【F1】~【F12】部分功能键如表 2-4 所示。

表 2-4　【F1】~【F12】功能键及功能

按　键	功　能
F1	快速打开某些程序的帮助文件
F2	相当于右键快捷菜单中的“重命名”命令
F3	打开“搜索”窗口
F5	相当于右键快捷菜单中的“刷新”命令
F6	快速展开 IE 地址栏的下拉菜单
F8	在启动计算机时，进入 Windows 界面之前按【F8】键，用来显示启动菜单，从而进入安全模式
F10	定位到工具栏的“文件”，配合【Enter】键，快速打开“文件”菜单。按【Shift+F10】组合键可快速打开右键快捷菜单
F11	使资源管理器或 IE 的窗口在完整模式与全屏显示之间进行切换

其他的几个功能键在不同的程序窗口中也会有不同的作用，比如在文字编辑工具中，按【F12】键可以打开“另存为”对话框，在 Windows Media Player 播放器中，按【F9】键可以减小音量，按【F10】键可以加大音量。

2. 常规快捷键

常规快捷键如表 2-5 所示。

表 2-5　常规快捷键

按　键	功　能
Ctrl + Esc	显示“开始”菜单
Ctrl + F4	在允许同时打开多个文档的程序中关闭当前文档
Shift + Delete	永久删除所选项，而不将它放到“回收站”中
Shift + F10	显示所选项的快捷菜单
Alt + Enter	查看所选项目的属性
Alt + F4	关闭当前项目或者退出当前程序
Alt + 空格键	为当前窗口打开快捷菜单
Alt + Tab	在打开的项目之间切换
Alt + Esc	以项目打开的顺序循环切换
ALT + 菜单名中带下画线的字母	显示相应的菜单

3. Windows 快捷键

Windows 快捷键如表 2-6 所示。

表 2-6　Windows 快捷键

按　键	功　能
Win	显示或隐藏“开始”菜单
Win+ D	显示桌面
Win+M	最小化所有窗口
Win+Shift+M	还原最小化的窗口
Win+E	打开“计算机”窗口
Win+F	搜索文件或文件夹
Ctrl+Win+F	搜索计算机
Win+F1	显示 Windows 帮助
Win+R	打开“运行”对话框
Win+U	打开“工具管理器”窗口

2.6.4　设置默认输入法切换顺序

单击语言栏上的按钮，从弹出的输入法列表中选择一种输入法。直接按【Ctrl+Space】组合键可以切换中/英文输入法状态。使用【Ctrl+Shift】组合键可以轮流选择不同的输入法。

可以通过设置不同的默认输入法，来方便用户的输入法选择，从而简化日常的操作。方法如下：

从“开始”菜单中选择“控制面板”命令，打开“控制面板”窗口，在“时钟、语言和区域”下单击“更改键盘或其他输入法”按钮，如图 2-48 所示。

在弹出的“区域和语言”对话框中，选择“键盘和语言”选项卡，单击“更改键盘”按钮，如图 2-49 所示。

图 2-48 “控制面板”窗口

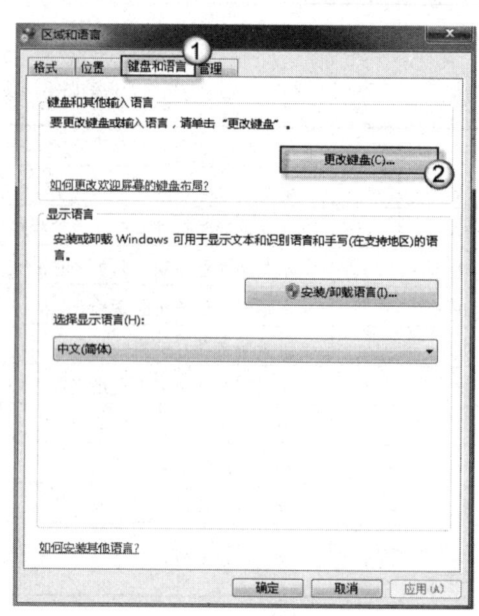

图 2-49 “区域和语言”对话框

弹出“文本服务和输入语言”对话框，从“默认输入语言”下拉列表中选择想要使用的默认输入法，然后单击“确定”按钮，如图 2-50 所示。关闭当前打开的窗口。重新打开后，新的默认输入法设置即生效，如图 2-51 所示。

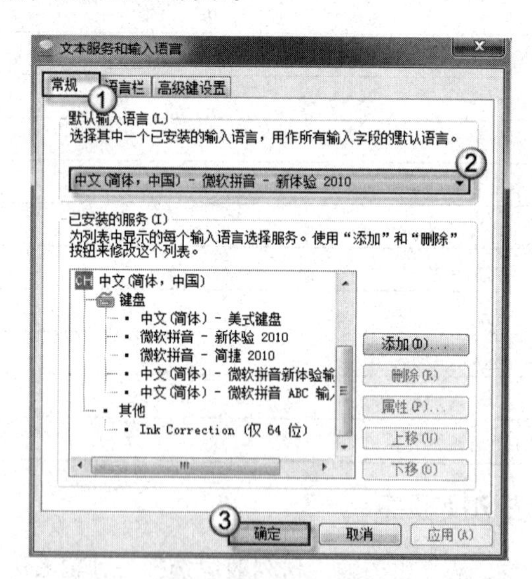

图 2-50 “文本服务和输入语言”对话框

图 2-51 设置默认输入法

习　　题

一、思考题

1. 计算机的发展经历了几个时代？每个时代的特点是什么？
2. 简述计算机的用途和特点。
3. 简述计算机系统的组成结构。
4. 简述计算机系统的工作原理。
5. 什么是计算机病毒？计算机病毒有哪些特点？
6. 操作系统的主要功能是什么？主要分为哪几类？
7. 把下列二进制数转换为十进制数、八进制数和十六进制数。
   （1）100100　　（2）1100010　　（3）101110001　　（4）11010011001
8. 把下列十进制数转换为二进制数。
   （1）1024　　（2）78　　（3）159　　（4）1861

二、选择题

1. 目前微型计算机中常用的鼠标器有（　　）两类。
   A. 电动式和机电式　　B. 光电式和机电式
   C. 光电式和机械式　　D. 电动式和机械式
2. 为解决某一特定问题而设计的指令序列称为（　　）。
   A. 文档　　B. 语言　　C. 系统　　D. 程序
3. 一个计算机指令用来（　　）。
   A. 规定计算机完成一个完整的任务　　B. 对计算机进行控制
   C. 规定计算机执行一个基本操作　　D. 对数据进行运算
4. 目前最常用的计算机机箱类型为（　　）。
   A. ATX　　B. 微型机箱　　C. BTX　　D. AT
5. 用 MIPS 衡量的计算机性能指标是（　　）。
   A. 运算速度　　B. 存储容量　　C. 安全性　　D. 可靠性
6. 下列字符中，ASCII 码值最小的是（　　）。
   A. a　　B. A　　C. x　　D. Y
7. 从网络下载的一首 MP3 歌曲，播放时间约为 4 分钟，则其文件大小约为（　　）。
   A. 4 MB　　B. 4 KB　　C. 4 GB　　D. 4 TB
8. 在微机中，一个字节包含（　　）个二进制位。
   A. 12　　B. 16　　C. 8　　D. 7
9. 汉字国际标码（GB 2312—1980）规定，每个汉字用（　　）表示。
   A. 1 个字节　　B. 3 个字节　　C. 2 个字节　　D. 4 个字节
10. 计算机中既是输入设备又是输出设备的是（　　）。
    A. 主机　　B. 键盘　　C. 打印机　　D. U 盘
11. 如果要播放音频或视频光盘，（　　）是不需要安装的。
    A. 声卡　　B. 网卡　　C. 显卡　　D. 播放软件

12. 冯·诺依曼计算机工作原理的核心是（　　）和程序控制。

A. 顺序存储　　B. 存储程序　　C. 集中存储　　D. 运算存储分离

13. 在中文 Windows 中，为了实现全角和半角之间的切换，应按的键是（　　）。

A.【Shift+Space】　B.【Ctrl+Space】　C.【Shift+Ctrl】　D.【Ctrl+F9】

14. 在具有多媒体功能的微型计算机系统中，常用的 CD-ROM 是（　　）。

A. 只读型软盘　　B. 只读型光盘

C. 只读型硬盘　　D. 半导体只读存储器

15. 微机硬件系统的基本组成是（　　）。

A. 主机、输入设备、存储器　　B. CPU、存储器、输入/输出设备

C. 主机、输出设备、显示器　　D. 键盘、显示器、打印机、运算器

16. CD 的存储容量约是（　　）。

A. 4.7 MB　　B. 650 MB　　C. 1 GB　　D. 4.7 GB

17. 微型计算机外（辅）存储器是指（　　）。

A. DDR　　B. 磁盘　　C. CD-R　　D. RAM

18. 主频是指微机（　　）的时钟频率。

A. 系统总线　　B. 主机　　C. CPU　　D. 内存

19. 在下列设备中，不能作为微机输出设备的是（　　）。

A. 显示器　　B. 打印机　　C. 绘图仪　　D. 键盘

20. 打印机的种类有点阵式打印机、喷墨打印机及（　　）。

A. 激光打印机　　B. 光电打印机

C. 非击打式打印机　　D. 击打式打印机

第 3 章 操作系统 Windows 7

操作系统（Operating System，OS）是最基本的系统软件，是计算机系统的控制和管理中心，是用户与计算机的接口，是应用软件运作的平台。当前操作系统种类繁多，从手机的嵌入式操作系统到超级计算机的大型操作系统，包括 Mac OS X、Windows、Windows Phone、Android、BSD、iOS、Linux、UNIX 等。其中，微软公司的 Windows 系列操作系统因其界面友好、使用方便而在世界范围内成为主流。本章通过介绍 Windows 7 的文件管理、程序管理、系统管理等基本操作，让用户掌握操作系统管理的方法和技巧。

3.1 Windows 7 概述

3.1.1 Windows 7 简介

Windows 7 是微软继 Windows XP 后的又一代流行操作系统。Windows 7 具有界面简洁、性能更高、启动更快、兼容性更强等诸多新特性和优点，它简化日常工作，使人们能轻松使用各种风格、各种型号的计算机设备。

Windows 7 产品系列较多，分别为 Windows 7 简易版、家庭普通版(Windows 7 Home Basic)、家庭高级版（Windows 7 Home Premium）、专业版（Windows 7 Professional）、企业版、旗舰版。

3.1.2 Windows 7 的特点

Windows 7 的设计主要围绕 5 个重点——针对笔记本式计算机的特有设计、基于应用服务的设计、用户的个性化、视听娱乐的优化、用户易用性的新引擎。其突出特点为：

① 启动快速：Windows 7 大幅缩减了 Windows 的启动时间，在中低端配置下运行，系统加载时间一般不超过 20 s，这与 Windows Vista 的 40 余秒相比，是一个很大的进步。

② 更易用：Windows 7 做了许多方便用户的设计，如快速最大化、窗口半屏显示、跳跃列表、系统故障快速修复等。

③ 更安全：Windows 7 包括改进了的安全和功能合法性，把数据保护和管理扩展到外围设备。Windows 7 改进了基于角色的计算方案和用户账户管理，在数据保护和坚固协作的固有冲突之间搭建沟通桥梁，同时也会开启企业级的数据保护和权限许可。

④ 更简单：Windows 7 让搜索和使用信息更加简单，包括本地、网络和互联网搜索功能，直观的用户体验更加高级，还会整合自动化应用程序提交和交叉程序数据透明性。

⑤ 更低的成本：Windows 7 可以帮助企业优化它们的桌面基础设施，具有无缝操作系统、

应用程序和数据移植功能，并简化 PC 供应和升级，进一步朝完整的应用程序更新和补丁方面努力。

⑥ 便捷的连接：Windows 7 进一步增强移动工作能力，无论何时、何地、任何设备，都能访问数据和应用程序，开启坚固的特别协作体验，无线连接、管理和安全功能会进一步扩展。性能和当前功能以及新兴移动硬件得到优化，拓展了多设备同步、管理和数据保护功能。

3.1.3 Windows 7 的硬件环境

微软公布的针对 Windows 7 家庭版和专业版的最低和推荐硬件要求如表 3-1 所示。

表 3-1 安装 Windows 7 的硬件要求

硬　件	最 低 配 置	推 荐 配 置
CPU	1 GHz 及以上	1 GHz 及以上的 32 位或 64 位处理器
内存	1 GB 及以上	1 GB（32 位）/2 GB（64 位）
硬盘	20 GB 以上可用空间的 NTFS 分区	20 GB 以上可用空间的 NTFS 分区
其他	CD-ROM 或 DVD 驱动器、有 WDDM1.0 驱动的支持 DirectX 10 以上级别独立显卡和显示器、键盘、Windows 支持的鼠标和兼容的定点设备	

3.2 Windows 7 的基本操作

3.2.1 Windows 7 的启动和退出

1. 启动

启动 Windows 7 的步骤如下：

① 打开电源。首先打开计算机外设（如显示器、打印机）的电源，然后打开主机的电源开关。

② 选择用户。Windows 7 完成系统自检后，若为单用户界面且用户没有设置密码，则直接登录系统；若为多用户界面则需在用户选择界面中选择正确的用户名。

③ 登录系统。如果该用户没有设置密码，单击用户名即可登录系统；若设置了密码，则输入正确密码后按【Enter】键登录系统。

2. 退出

退出 Windows 7 的步骤如下：

① 关闭程序，保存文档。为保证数据的安全，在退出系统前必须保存正在编辑的文件，关闭所有正在运行的程序。

② 单击“开始”按钮，选择“关机”按钮，退出 Windows 7 操作系统，关闭主机电源。

③ 关闭外设电源，如显示器、打印机等。

将鼠标指针指向“关机”按钮右侧的▶按钮，显示更详细的“关机”选项，如图 3-1 所示。

- 切换用户：不关闭程序切换使用用户。
- 注销：关闭程序并注销。
- 锁定：锁定计算机，切换到登录界面。

- 重新启动：结束当前所有任务，重新启动计算机。
- 睡眠：系统将内存中的所有内容保存到硬盘，关闭显视器和硬盘，然后关闭 Windows 和电源。重新启动计算机时，计算机将从硬盘上恢复“睡眠”前的任务内容。使计算机从睡眠状态恢复要比从待机状态恢复所花的时间长。

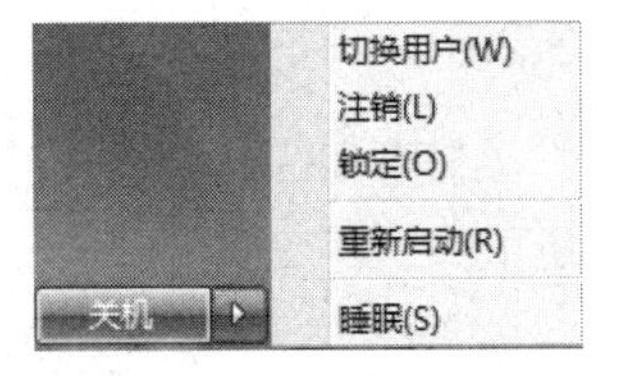

图 3-1 “关机”选项

技巧：

- 按【+L】组合键，快速锁定计算机。
- 按【+R】组合键，快速打开“运行”窗口。

3.2.2 鼠标

鼠标是 Windows 操作系统最常用的输入设备，其基本操作如表 3-2 所示。

表 3-2 鼠标基本操作

操　作	方　法	含　义
单击	按一下鼠标左键	用于选中某个对象或选取某个按钮、菜单、选项等
双击	快速连续单击鼠标左键两次	用于运行程序或打开文件夹
拖动	按下鼠标左键同时移动鼠标	用于文件、文件夹、文本的批量选择或移动、复制；窗口调整、滚动条移动等操作
指向	移动鼠标，使鼠标指针定位在某个对象上	显示提示信息
右击	按一下鼠标右键	弹出与当前对象相关的快捷菜单
滚动轮	推动鼠标的滚动轮	用于移动窗口上、下页内容

在 Windows 7 操作系统中，使用“控制面板”的“鼠标”设置功能可以修改鼠标键、指针、指针选项等应用习惯，如图 3-2 和图 3-3 所示。其中，“切换主要和次要的按钮”复选框实现鼠标左键和右键功能转换；“指针”选项卡“自定义”列表框中的鼠标形状定义了系统当前状态。

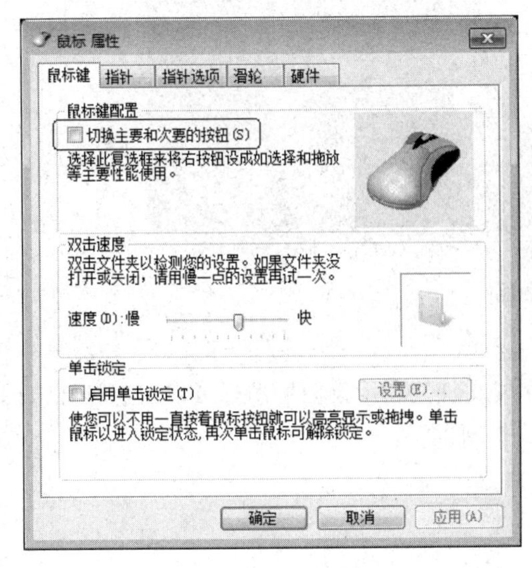

图 3-2 设置鼠标键

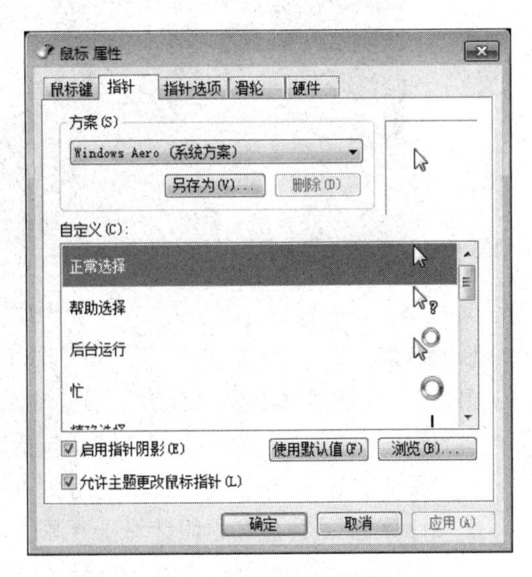

图 3-3 设置鼠标指针

3.2.3 快捷键

掌握 Windows 7 常用快捷键，可以有效提高工作效率。Windows 7 常用的快捷键如表 3-3 所示。

表 3-3 常用快捷键

快 捷 键	功 能	快 捷 键	功 能
【Delete】	删除	【Ctrl + C】	复制
【Shift + Delete】	直接删除	【Ctrl + X】	剪切
【Home】	将光标移到行首	【Ctrl + V】	粘贴
【End】	将光标移到行末	【Ctrl + A】	全选
【F1】	打开帮助	【Ctrl + Z】	撤销
【F2】	文件或文件夹重命名	【Ctrl + Alt +Delete】	打开 Windows 任务管理器
【F5】	刷新当前窗口	【Alt + Tab】	轮流切换打开的项目
【Ctrl + Space】	中英文输入法切换	【Alt + F4】	关闭当前窗口
【Ctrl + Shift】	轮流切换中文输入法	【Ctrl + Esc】	打开“开始”菜单

3.2.4 桌面

登录 Windows 7 后的计算机屏幕称为桌面，如图 3-4 所示。桌面由图标、空白区、任务栏和“开始”菜单组成。

图 3-4 桌面

1. 图标

图标由图形和文本组成，代表某个工具、程序或文件。利用桌面的图标可以快速打开该图标指向的程序或文件夹。Windows 7 默认包括以下几个图标：

①“我的文档”：存放用户经常使用文档的文件夹。

②“计算机”：管理和组织计算机资源的工具。

③“网络”：用于网络设置和浏览局域网共享资源。

④ “回收站”：暂时存放用户从硬盘中删除的文件或文件夹。

⑤ “Internet Explorer”：Internet 浏览工具。

视频 3-1　个性化桌面设置

2. 空白区

空白区是桌面的主体区域，Windows 7 默认为桌面设置了颜色和图像，用户可以根据个人的喜好进行更改。

【例 3-1】个性化桌面的设置。

① 在桌面的空白区域右击，从弹出的快捷菜单中选择“个性化”命令，如图 3-5 所示，打开“个性化”窗口，如图 3-6 所示。

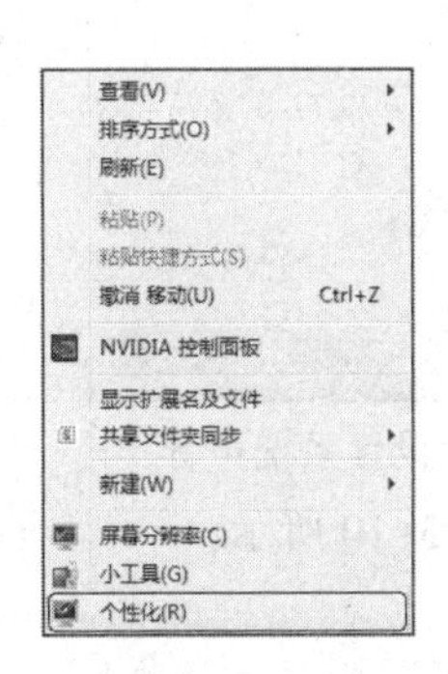

图 3-5　选择“个性化”命令

图 3-6　“个性化”窗口

② 单击“桌面背景”按钮，在图 3-7 中选择个人喜欢的图片，并将“图片位置”设置为“填充”，单击“保存修改”按钮完成桌面背景的设置。

图 3-7　设置桌面背景

技巧：

- “图片位置”包括填充、适应、拉伸、平铺和居中 5 种效果。
- 单击上方的“浏览”按钮可以使用系统文件夹以外的图片作为桌面背景。

③ 单击图 3-6 中的“窗口颜色”和“声音”按钮，可以设置“窗口颜色和外观”和“声音”，如图 3-8 和图 3-9 所示。

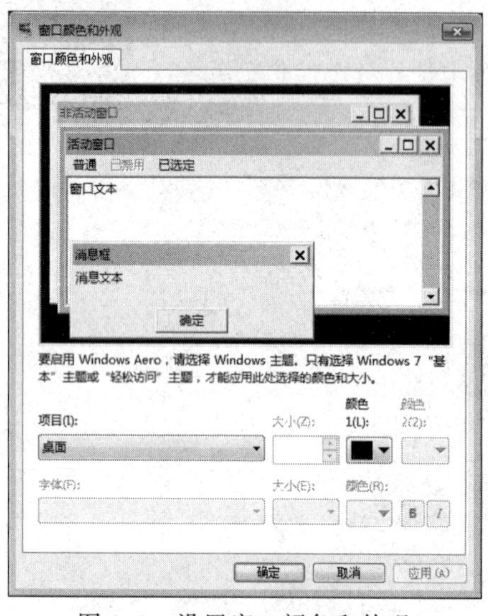

图 3-8 设置窗口颜色和外观

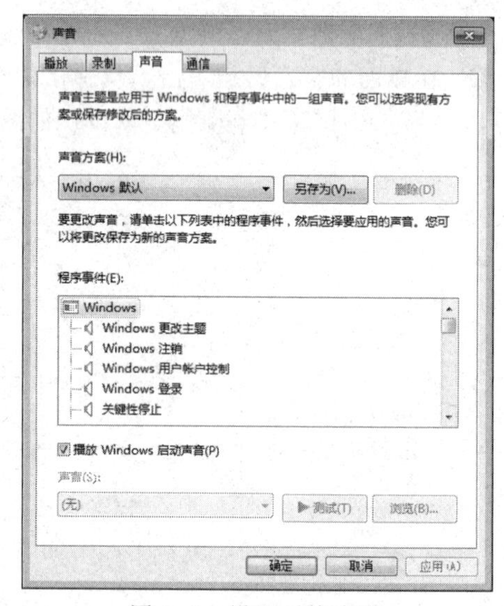

图 3-9 设置系统声音

④ 单击“屏幕保护程序”按钮，可以设置屏幕保护程序，如图 3-10 所示。

- 屏幕保护程序：选择屏幕保护动画方案。
- 等待：设置启动“屏幕保护程序”的系统空闲时间。
- 设置：部分动画方案可以设置个性化信息，如三维文字等。

⑤ 单击图 3-6 左侧的“更改桌面图标”按钮，设置桌面图标效果，包括显示/隐藏系统图标和更改图标图案效果等内容，如图 3-11 所示。

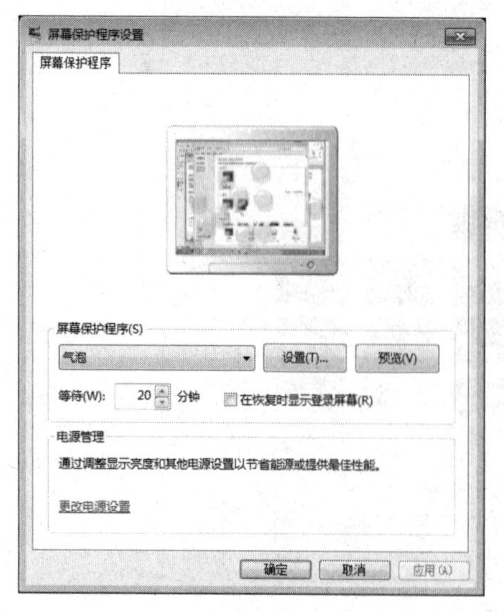

图 3-10 设置屏幕保护程序

图 3-11 设置桌面图标

3. 任务栏

任务栏一般位于桌面的底部，它由“开始”按钮、快捷图标、应用程序栏、语言栏、通知区域和“显示桌面”按钮组成，如图 3-12 所示。

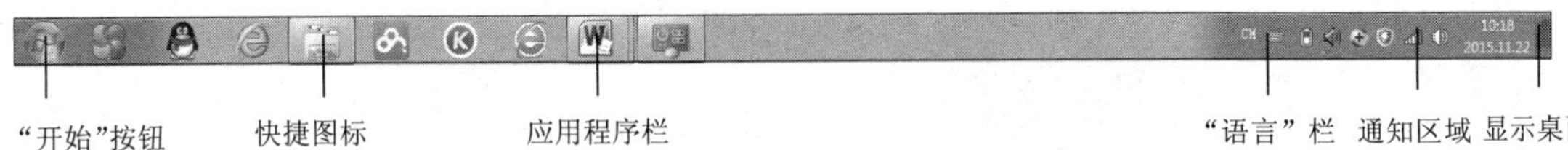

图 3-12　任务栏

- “开始”按钮：单击该按钮，打开“开始”菜单，实现 Windows 7 系统的所有功能，如运行程序、系统设置、硬件管理等。
- 快捷图标：单击快捷图标，可直接启动对应的应用程序。
- 应用程序栏：显示当前打开的窗口按钮。当前窗口按钮以深蓝色显示，单击不同的窗口按钮切换当前窗口。
- 语言栏：输入法的显示和设置。
- 通知区域：包括时间、音量、网络连接状态、杀毒软件等常驻内存的应用程序图标。
- 显示桌面：最小化所有窗口，直接显示桌面。

技巧：

- 将图标直接拖动到“快捷图标”区域，可为该区域添加新成员。
- 右击“快捷图标”区域的某个图标，在弹出的快捷菜单中选择“将此程序从任务栏解锁”命令，可删除该图标。
- 规划好“快捷图标”和桌面图标设置，可有效简化桌面。

4. “开始”菜单

单击“开始”按钮或按键盘上的 Windows 徽标键即可打开“开始”菜单，如图 3-13 所示。常用的功能如下：

① 所有程序：包含系统安装的应用程序快捷图标，单击对应图标，启动应用程序。

② 快速启动区：在“所有程序”上方区域显示最近使用的应用程序，单击某应用程序（如画图）右侧的小三角形“▸”可以找到最近编辑的文档。

③ 搜索：搜索系统应用程序。

④ 最近使用的项目：提供最近打开的文档列表。

⑤ 计算机：打开“计算机”应用程序。

⑥ 运行：打开“运行”对话框，快速运行程序或命令行。

⑦ 关机：关闭计算机或改变计算机状态。

【例 3-2】任务栏设置。

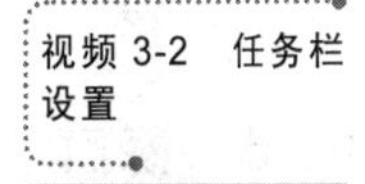

右击任务栏空白区域，从弹出的快捷菜单中选择“属性”命令，弹出“任务栏和「开始」菜单属性”对话框，如图 3-14 所示。

① “任务栏”选项卡：包括锁定任务栏、自动隐藏任务栏、任务栏位置、任务栏按钮显示设置等内容。

② “「开始」菜单”选项卡：进行电源按钮操作设置、自定义“开始”菜单外观行为等内容，如图 3-15 所示。

③“工具栏”选项卡：设置添加到任务栏的工具栏，如图 3-16 所示。

图 3-13 “开始”菜单

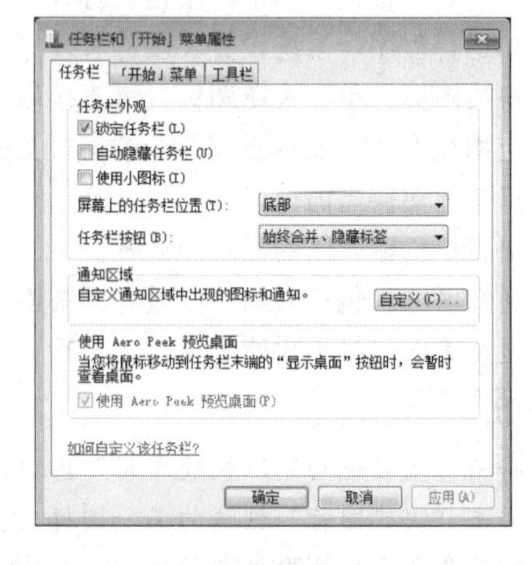

图 3-14 “任务栏和「开始」菜单属性”对话框

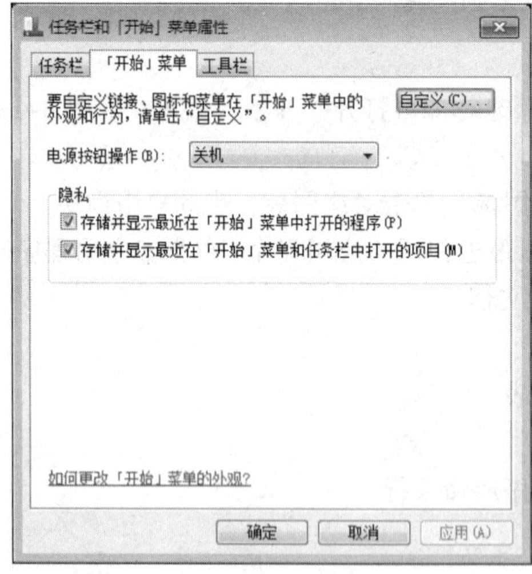

图 3-15 “「开始」菜单”选项卡

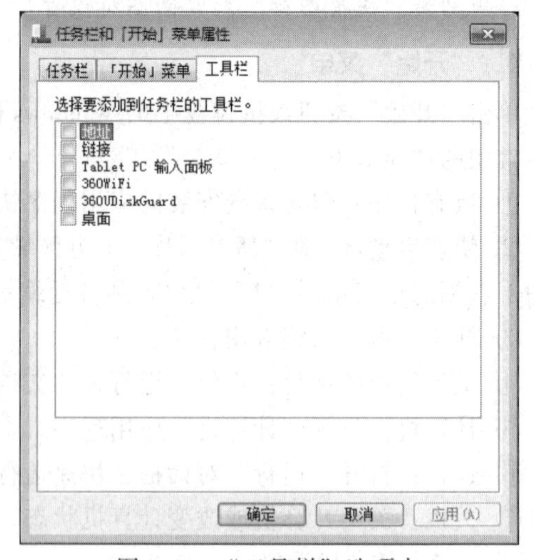

图 3-16 “工具栏”选项卡

3.2.5 窗口

窗口是 Windows 系统为完成用户指定的任务而在桌面上打开的矩形区域，是用户与计算机应用程序交流信息、实现互动的界面。

Windows 是多任务操作系统，可以同时打开多个窗口。在打开的多个窗口中，用户当前操作的窗口，称为当前窗口或活动窗口，其他窗口称为非活动窗口。活动窗口的标题栏颜色和亮度非常醒目，而非活动窗口的标题栏呈浅色显示。

1. 窗口的组成

Windows 7 的窗口和以前版本相比具有根本性的变化，取消了菜单栏，并革新了工具面板以及左侧面板。窗口一般包括标题栏、窗口按钮、路径栏、搜索栏、工具栏、工作区、目录面板和状态栏等，如图 3-17 所示。

① 标题栏：显示应用程序及编辑文档名称。在“还原”状态下，拖动标题栏实现窗口移动；双击标题栏可以“最大化/还原”窗口。

② 路径栏：路径框显示当前目录层次关系及位置，单击路径组成项目，可直接定位到相应层次。左侧的“前进”与“后退”按钮可根据历史浏览记录快速定位。

③ 窗口按钮：包括“最小化”“最大化/还原”“关闭”按钮。“最小化”按钮使当前窗口隐藏到任务栏以图标显示，该程序仍在运行；“最大化/还原”按钮使窗口在全屏模式和普通模式之间切换；“关闭”按钮将关闭窗口。

④ 搜索栏：根据搜索框中的关键字，搜索当前位置，结果显示在工作区中。

⑤ 菜单栏：列出当前应用程序所能使用的各种命令。

⑥ 工具栏：包括组织、打开、包含到库中、共享、刻录、新建文件夹等常用操作组。

⑦ 目录面板：提供计算机中的顶层及常用目录，并可展开或隐藏下级目录。

图 3-17　Windows 7 的窗口

⑧ 滚动条：当窗口的内容不能全部显示时，在窗口的左边和底部出现水平或垂直滚动条，供用户切换显示内容。

⑨ 工作区：窗口的内部区域称为工作区，是应用程序实际工作的区域。

⑩ 状态栏：位于窗口底端，显示与窗口操作有关的提示信息。

技巧：

“计算机”窗口中的菜单栏默认情况下是隐藏的，单击“组织”→“布局”→“菜单栏”

命令可显示菜单栏。

2. 窗口的操作

（1）最大化/还原、最小化和关闭窗口

窗口的最大化/还原、最小化和关闭操作均可通过窗口中的对应按钮来完成。

技巧：

常用的窗口关闭操作还有以下 3 种：

- 双击标题栏左侧系统图标。
- 单击标题栏左侧系统图标，从系统菜单中选择“关闭”命令。
- 按【Alt+F4】组合键。

（2）移动窗口

① 将鼠标指针指向窗口标题栏后，按住鼠标左键不放并拖动鼠标，可实现窗口的移动。

② 单击系统图标，从弹出的系统菜单中选择“移动”命令，然后使用键盘上的 4 个方向键【↑】【↓】【←】【→】也可实现窗口的上、下、左、右移动。

注意：最大化的窗口无法进行移动。

（3）调整窗口大小

调整窗口大小有鼠标和菜单 2 种方法：

① 鼠标方法：移动鼠标指针到窗口边框，当指针变为“↔”或“↕”时，按住鼠标左键不放拖动鼠标，可改变窗口的宽度或高度；将鼠标指针移动到窗口转角，当指针变为“↘”或“↗”时，按住鼠标左键不放拖动鼠标，可按比例改变窗口的宽度和高度。

② 菜单方法：从系统菜单中选择“大小”命令，然后使用键盘上的 4 个方向键【↑】【↓】【←】【→】改变窗口的高度或宽度，按【Enter】键确认。

（4）排列窗口

若桌面上打开了多个应用程序窗口，可将它们按不同的方式进行排列。右击任务栏，从弹出的快捷菜单中选择“层叠窗口”“堆叠显示窗口”“并排显示口”等命令，可改变窗口的排列方式，如图 3-18 所示。

（5）切换窗口

Windows 7 是一个多任务操作系统，用户可同时运行多个应用程序，即同时打开多个窗口。但任何情况下，只有一个窗口处于前台工作状态，与用户直接交互，此窗口称为活动窗口。单击非活动窗口区域，可激活该窗口为活动窗口。

技巧：使用快捷键【Alt+Tab】可快速更改活动窗口。

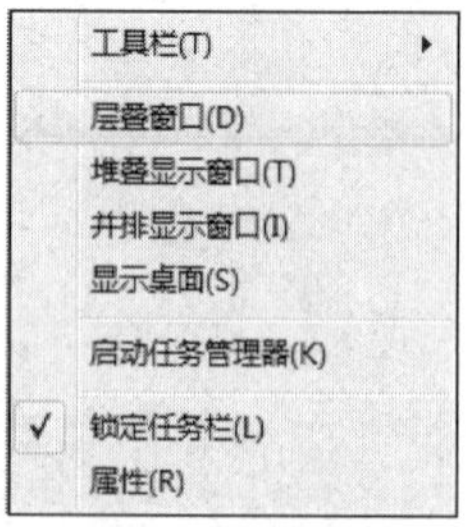

工具栏(T)
层叠窗口(D)
堆叠显示窗口(T)
并排显示窗口(I)
显示桌面(S)
启动任务管理器(K)
✓ 锁定任务栏(L)
属性(R)

图 3-18　窗口排列方式

3. 对话框

对话框是一种特殊的 Windows 窗口，是用户与计算机进行信息交流的基本手段。对话框中通常包含标题栏、选项卡、列表框、下拉列表框、文本框、复选框、单选按钮、数值框、命令按钮等项目，如“字体”对话框，如图 3-19 所示。

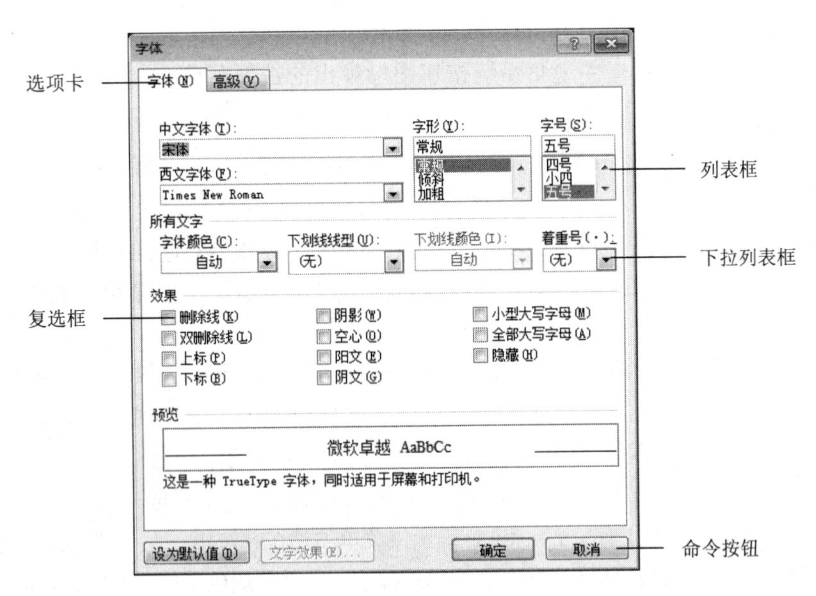

图 3-19　“字体”对话框

常用的对话框窗口要素如下：

① 命令按钮：

- “确认”：应用对话框的设置并关闭对话框。
- “取消”：取消对话框的设置并关闭对话框。
- “应用”：应用对话框的设置但不关闭对话框。

② 下拉列表框：单击其右边的下拉按钮弹出下拉列表，供用户选择需要的项目。

③ 复选框：单击正方形状的复选框，选择一个或多个项目。若复选框标记为“√”时，表示选中该项目；若复选框为空则表示该项目没有被选中。

④ 单选按钮：单选按钮用圆圈表示，通常以组的形式出现，各选项之间互斥，每组每次只能选择一个选项。若圆圈标志为“⊙”，表示选中的项目；若圆圈标志为“○”，则表示该项目未被选中。

⑤ 文本框：用于接收用户输入的内容。

⑥ 游标：拖动游标滑块可以改变数值大小。

⑦ 数值框：在数值框中直接输入或单击向下、向上按钮可以设置操作的数目。

注意：

对话框与窗口外形类似，但没有控制菜单按钮、窗口按钮。对话框和窗口一样可以移动、关闭，但其窗口大小固定，不可随意更改。

3.2.6　菜单

菜单是一系列操作命令的集合，用户选择对应的菜单项执行该项操作。

1. 菜单类型

Windows 有 4 种菜单：

①“开始”菜单：单击“开始”按钮打开“开始”菜单。

② 水平菜单：位于应用程序窗口标题栏下方。单击水平菜单将弹出其对应的下拉菜单。

③ 快捷菜单：右击，弹出与当前操作对象相关的菜单。

④ 系统菜单：单击窗口左上角系统按钮图标弹出的控制菜单。

2. **菜单约定**

菜单中的菜单项虽然形态各式各样，但菜单的不同形态代表不同的含义，称为菜单约定。具体含义如下：

① 右端带省略号（…）的菜单项：选择该菜单项，将弹出对应的对话框窗口。

② 右端带黑色箭头（▶）的菜单项：表示该菜单项还有下一级菜单，选中后将弹出其下级子菜单。

③ 灰色菜单项：表示该菜单项当前不能使用。当条件达到时，该菜单项将被激活。

④ 带有快捷键或字母的菜单项：位于菜单名称后面的组合键（如【Ctrl+V】）是该菜单的快捷键。在打开菜单时，输入菜单项后面的字母可执行对应的菜单命令。

⑤ 带有选中标记的菜单项：有些菜单项的左边带有选中标记“√”或 “●”，表示该命令已经在起作用。“√”表示复选标志，有“√”标志，表示该菜单项正在起作用，无“√”表示不起作用，单击该菜单项可在两种状态间进行切换；“●”表示单选标记，在其所属的菜单分组中，仅能选择一项。

⑥ 菜单分隔线：位于菜单项之间的分隔线，可形成菜单分组。

图 3-20 所示是“计算机”的“查看”和“编辑”菜单，显示了以上菜单约定的各种状态。

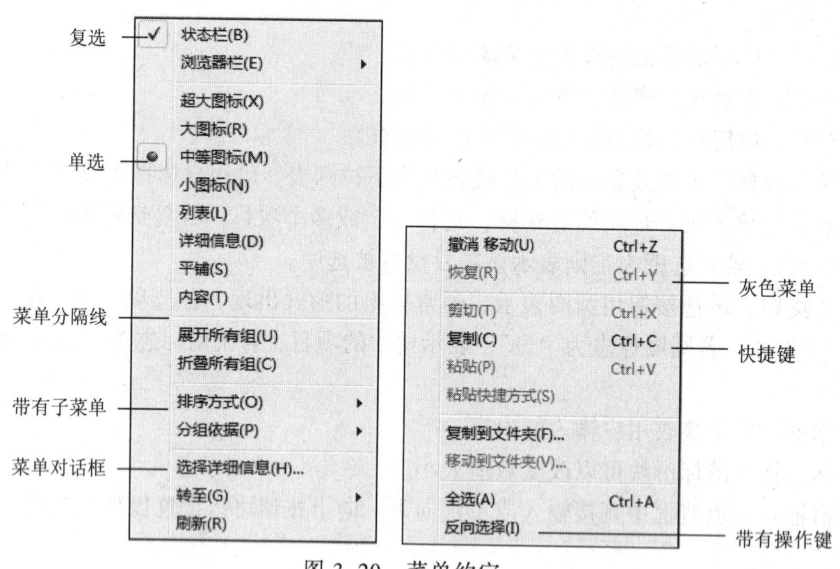

图 3-20　菜单约定

3.3　文件及文件夹管理

3.3.1　文件管理基本概念

1. **文件**

文件是一组逻辑上相互关联的信息集合，可以是文档、图片、歌曲、视频等。

（1）文件命名

文件名通常由两部分组成，即主文件名和扩展名，中间用点号“.”连接。其格式为：

<主文件名>[.扩展名]

Windows 文件的命名必须遵循以下约定：

① 支持长文件名，但总长度不超过 256 个字符。

② 主文件名不可省略，由一个或多个字符组成。

③ 允许使用多个间隔符，最后一个分隔符“.”后面的内容是扩展名。

④ 文件名可以包含汉字、字母、数字、下画线、空格及一些特殊字符，但不可以包含以下符号：

?　:　*　\　/　<　>　“　|

⑤ 文件名中不区分字母大小写。

⑥ 同一文件夹中不允许同名文件存在。

（2）文件类型

不同类型的文件具有不同的用途，通常以文件的扩展名和图标来区分文件。表 3-4 列举了 Windows 中常用的文件类型。

表 3-4　常用文件类型

扩　展　名	文 件 类 型	扩　展　名	文 件 类 型
.EXE　.COM	可执行文件	.HTM　.HTML	网页文件
.MP3　.WAV	音频文件	.RAR　.ZIP	压缩文件
.BMP　.JPG	图片文件	.TXT	文本文件
.BAT	批处理文件	.DOCX	Word 文档文件
.SYS	系统文件	.XLSX	Excel 工作簿文件
.INI	系统配置文件	.PPTX	PowerPoint 文件

（3）文件属性

文件属性是有关文件本身的说明信息，如文件夹的类型、文件路径、占用的磁盘、修改和创建时间等。一个文件（夹）通常可以是只读、隐藏、存档等几种属性。

2. 文件夹

为便于文件管理，将文件进行分类组织，把有着某种联系的一组文件存放在磁盘同一个文件项目下，这个项目称为文件夹或目录。一个文件夹下可包含其他文件夹，称为子文件夹。

3. 盘符

Windows 将硬盘划分为几个逻辑盘，如 C 盘、D 盘等。每个盘符下可包含多个文件或文件夹，每个文件夹下又有文件或文件夹，形成树状结构。

4. 库

库是 Windows 7 系统中引入的一个新概念，把各种资源归类并显示在所属的库文件中，使管理和使用变得更轻松。在图 3-17 中显示了计算机的常用库，单击库中的链接，就能快速打开库中文件，而不管它们原来深藏在本地计算机或局域网当中的任何位置。另外，它们都会随着原始文件夹的变化而自动更新，并且可以同名的形式存在于文件库中。

5. 路径

路径是指从根文件夹到目标文件夹之间所经过的各个文件夹的名称组合，两个文件夹名之间用分隔符“\”分开，逻辑分区符号后面紧跟冒号“:”表示最顶层目录。

路径的表达格式：<盘符> \ <文件夹名> \ …… \ <文件夹名> \ <文件名>。如 IE 浏览器完整的表示地址为 C:\Program Files\Internet Explorer\ iexplore.exe。

Windows 中包含很多文件夹，用户正在操作且处于打开状态的文件夹称为当前文件夹。

3.3.2 “计算机”窗口和资源管理器窗口

Windows 7 使用“计算机”窗口和资源管理器窗口实现计算机系统资源的管理。

1. “计算机”窗口

双击桌面上的“计算机”图标，打开“计算机”窗口，如图 3-21 所示。

图 3-21 “计算机”窗口

2. 资源管理器窗口

右击“开始”按钮，从弹出的快捷菜单中选择“打开 Windows 资源管理器”命令，打开资源管理器窗口，如图 3-22 所示。

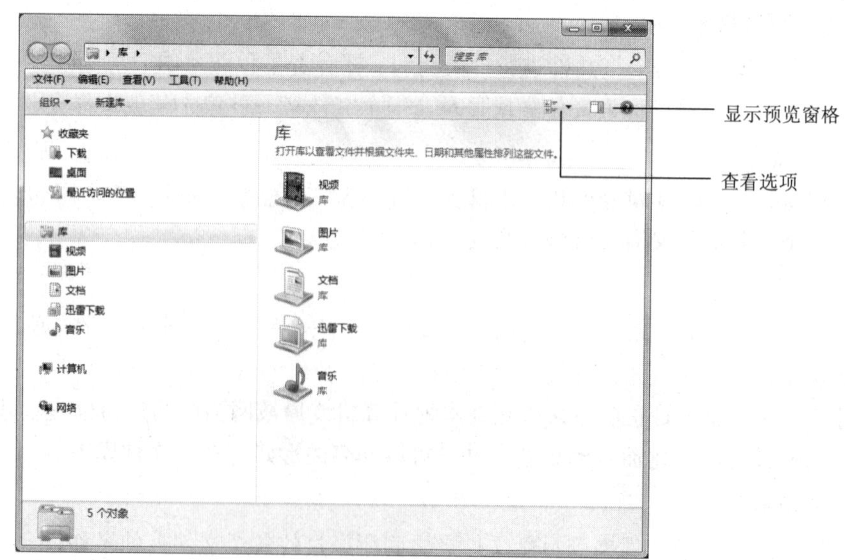

图 3-22 资源管理器窗口

（1）显示或隐藏菜单栏

选择“组织”→“布局”→“菜单栏”命令，可以显示或隐藏菜单栏。

（2）显示或隐藏状态栏

选择“查看”→“状态栏”命令可显示或隐藏状态栏。

（3）设置对象查看方式

Windows 7 有“超大图标”“大图标”等 8 种查看方式。单击工具栏上的“查看选项”按钮，或选择“查看”菜单，从中选择查看的方式即可，如图 3-23 所示。

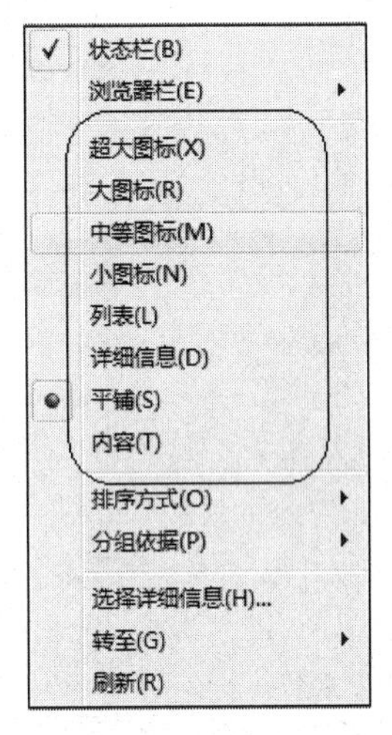

图 3-23　查看方式

（4）设置文件排序方式

Windows 7 包括 4 种排序方式：名称、修改日期、类型、大小。右击窗口工作区的空白位置，从弹出的快捷菜单的“排序方式”组中选择对应的排序方式，每种排序方式包括“递增”和“递减”两种类型。另外，利用“查看”菜单也可实现以上功能。

（5）文件夹选项

“文件夹选项”可以设置窗口对象的显示方式。选择“工具”→“文件夹选项”命令，弹出“文件夹选项”对话框，如图 3-24 所示。

在“常规”选项卡中可设置“浏览文件夹”和“打开项目的方式”等文件查看方式。

在“查看”选项卡中可设置文件的显示方式。若设置“查看”选项中的“隐藏文件和文件夹”方式为“不显示隐藏的文件、文件夹或驱动器”，则文件属性为隐藏的文件和文件夹将无法显示；若选中“隐藏已知文件类型的扩展名”选项，则常用类型的文件将隐藏其扩展名，仅显示主文件名。

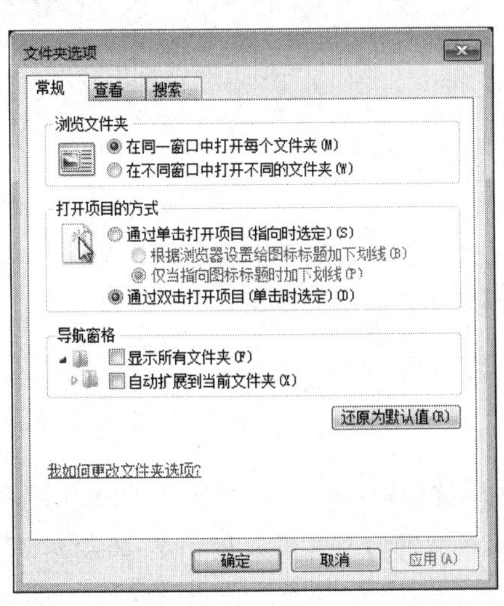

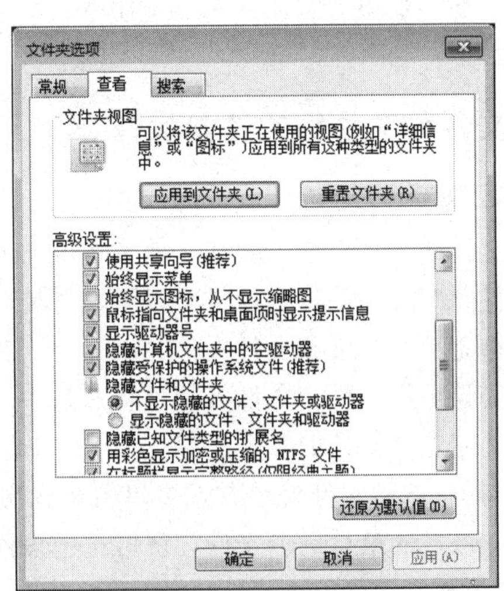

图 3-24　“文件夹选项”对话框

3. 展开和折叠文件夹

在“计算机”左侧的“目录面板”中显示了 Windows 顶层文件夹，很多文件夹还包含有多级子文件夹。必须展开该文件夹，用户才能查看其内部内容。

若文件夹图标前有“ ▷ ”标志，表示该文件夹包含子文件夹，单击图标“ ▷ ”可展开文件夹列表，单击文件夹图标则在右侧“窗口工作区”显示该文件夹内容；当一个文件夹被展开后，其前面的标志将由“ ▷ ”变为“ ◢ ”，单击图标“ ◢ ”可收缩折叠文件夹。图 3-25 显示了 IE 浏览器 iexplore.exe 的文件位置。

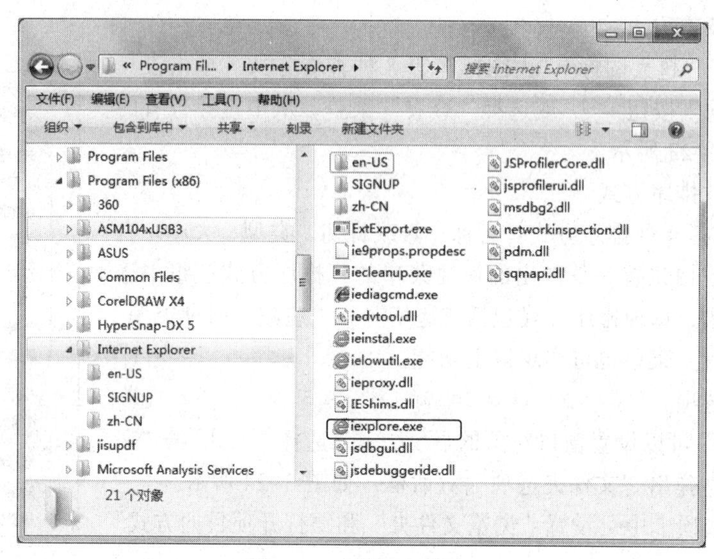

图 3-25　展开文件夹

4. 打开文件夹

要操作某个文件夹中的文件，必须先打开该文件夹，使其成为当前文件夹。在“计算机”窗口左侧的“目录面板”中展开文件夹后，单击要访问的文件夹，即可打开该文件夹，文件夹中包含的对象将显示在右侧“窗口工作区”中。此外，双击“窗口工作区”的文件夹图标也可打开该文件夹。

3.3.3　文件和文件夹的基本操作

1. 选定文件和文件夹

在对文件或文件夹进行操作之前，必须先选定操作对象。被选中的文件和文件夹均以反相显示。文件和文件夹的选定通常有以下几种情况和方法：

（1）选定单个文件和文件夹

单击要选定的文件和文件夹即可将其选中。

（2）选定连续排列的多个文件

① 选择合适的文件查看方式，单击待选文件区域的第一个文件，按住【Shift】键的同时单击该文件区域的最后一个文件，便可选中该连续区域的所有文件，如图 3-26 所示。

② 用鼠标在文件区域拖出一个矩形范围，即可选中矩形选框覆盖的文件，如图 3-27 所示。

（3）选定不连续排列的多个文件

选中第一个文件（或文件区域），按住【Ctrl】键的同时依次单击或拖动鼠标选择其他需要选定的文件。如图 3-28 所示，先选择了上方 3 个文件，在按住【Ctrl】键的同时再添加下方 4

个文件，共选定 7 个文件。

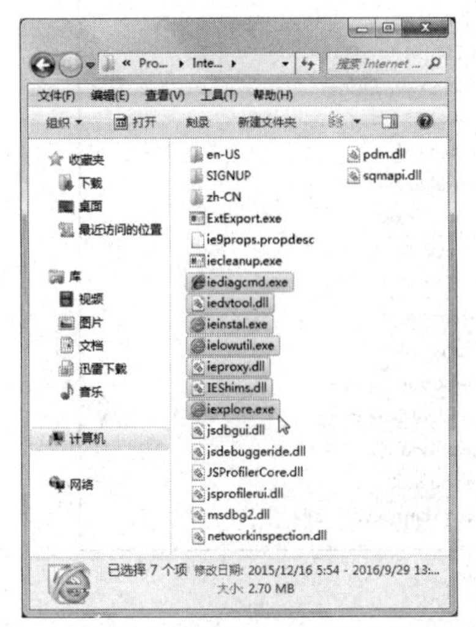

图 3-26　用【Shift】键选择连续文件

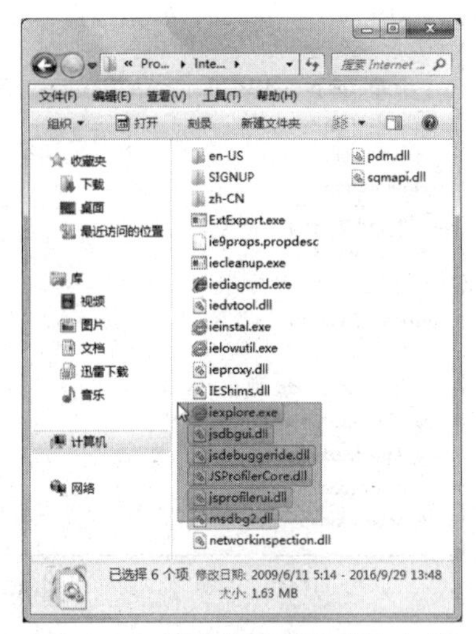

图 3-27　框选方法选择连续文件

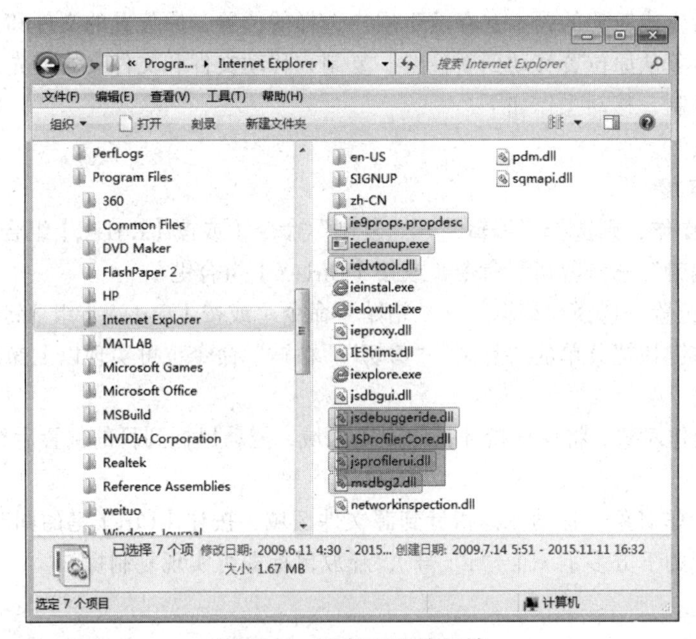

图 3-28　选择不连续区域

（4）全部选择

选择“编辑”→“全部选定”命令，或按【Ctrl+A】组合键，即可选中当前文件夹中的所有对象。

（5）反向选择

先选定当前文件夹中的所有非选择对象，再选择“编辑”→“反向选择”命令即可选定除已选对象以外的全部内容，如图 3-29 所示。

（6）去掉选中标志

在选定区域以外单击，即可去掉选中标志。

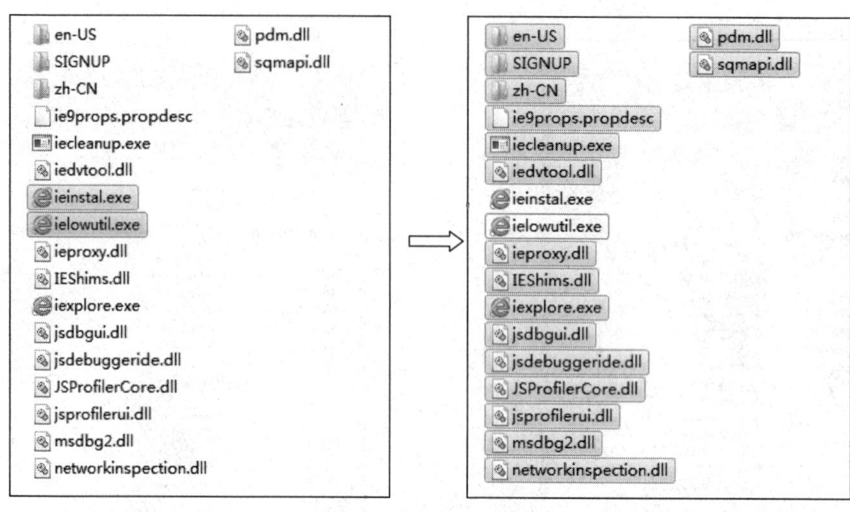

图 3-29　反向选择

2. **复制、移动文件和文件夹**

文件复制是指生成对象的副本并存放于用户选择的位置，原位置的文件和文件夹仍存在。文件移动是指将对象从原位置移动到新位置。复制、移动文件和文件夹均需先选中操作对象。

常用的对象复制、移动操作如下：

（1）菜单方法

① 选中操作对象。

② 若是复制操作，则选择“编辑”→“复制”命令（或按【Ctrl+C】组合键）；若是移动操作，则选择“编辑”→“剪切”命令（或按【Ctrl+X】组合键）。

③ 打开目的位置，选择“编辑”→“粘贴”命令（或按【Ctrl+V】组合键）。

另外，利用右键快捷菜单的“复制”“剪切”“粘贴”命令也可实现以上操作。

（2）鼠标方法

移动：选中操作对象，将鼠标指针指向选中区域，拖动鼠标到目的位置后释放鼠标即可实现移动操作。

复制：选中操作对象，移动鼠标指针到源文件区域，按住【Ctrl】键的同时拖动鼠标到目的位置（此时鼠标的下方多了一个“+”号），释放鼠标即可实现复制操作。

注意：

若原位置和目的位置在不同的逻辑分区，则直接拖动鼠标完成复制操作；此时，按住【Shift】键的拖动鼠标方可实现移动操作。

（3）发送文件和文件夹

选中操作对象后，选择“文件”→“发送到”命令，或右击选中的操作对象，在弹出的快捷菜单中选择“发送到”命令，可将操作对象复制到“我的文档”、U 盘、DVD-RW 驱动器等目的位置。利用“发送到”→“U 盘”命令，可将文件快速复制到指定 U 盘。

注意：

当目标位置包含有与复制或移动对象同名的对象时，将弹出“复制文件”或“移动文件”

对话框，询问用户是否以新文件替换目标位置的文件，如图 3-30 所示。

- 复制和替换：用新文件替换已存在的文件。
- 不要复制：取消复制操作，保留原文件。
- 复制，但保留这两个文件：同时保留两个文件，复制的文件名称将增加一个区别编号。

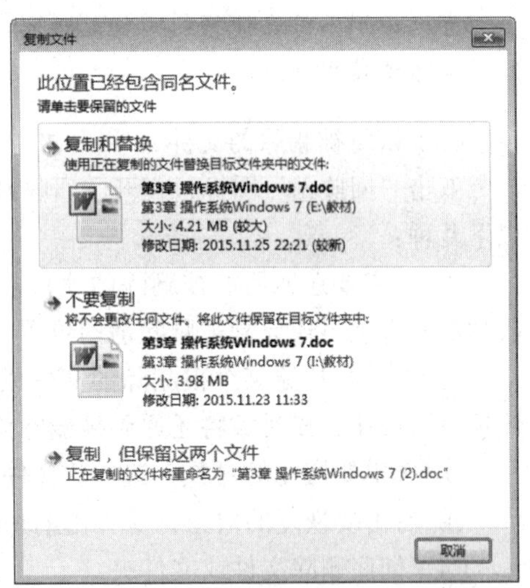

图 3-30 "复制文件"对话框

3. 删除、恢复文件或文件夹

删除磁盘中没有用或损坏的文件不仅可以保持文件系统的整洁，还可释放磁盘空间。为安全考虑，通常情况下被删除对象都被暂时存放到回收站中，并没有被真正删除，还可以从回收站中恢复。若用户确认要永久删除该对象，可在回收站中将其删除，此时这些文件和文件夹所占用的磁盘空间才得到释放。

（1）删除文件或文件夹

选中待删除的文件及文件夹后，可以采用以下任一种方法完成删除操作：

① 按【Delete】键。

② 选择"文件"→"删除"命令。

③ 使用快捷菜单中的"删除"命令。

④ 将选中的文件或文件夹直接拖动到桌面的"回收站"中。

执行以上操作后，系统将弹出确认删除文件的对话框，单击"是"按钮将删除对象放入"回收站"，单击"否"按钮取消删除操作，如图 3-31 所示。

（2）回收站

"回收站"是 Windows 系统在硬盘上预留的一块存储空间，用于临时存放被删除的对象。这块空间的大小是系统事先指定的，一般是驱动器总容量的 10%。要改变"回收站"存储空间的大小，可以右击"回收站"图标，在弹出的快捷菜单中选择"属性"命令，弹出"回收站 属性"对话框，进行设置即可，如图 3-32 所示。

图 3-31 确认删除文件的对话框

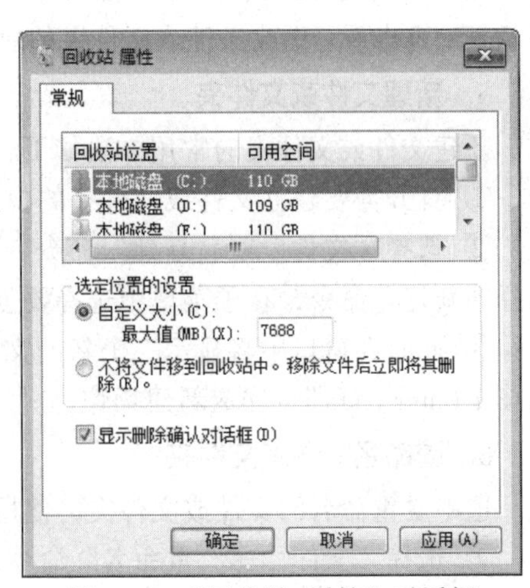

图 3-32 "回收站 属性"对话框

注意：

若选中“不将文件移到回收站中”复选框，则文件将不再存放到回收站中，直接从系统删除，要慎重使用。

（3）恢复被删除的文件

双击“回收站”图标，打开“回收站”窗口，从其中恢复被删除的文件或文件夹的方法有以下几种：

① 如果要还原所有被删除的项目，可单击窗口上方的“还原所有项目”按钮，系统将回收站的所有项目还原到被删除前的位置。

② 如果只还原某个被删除的文件或文件夹，可选定该对象，然后单击窗口上方的“还原此项目”按钮，该对象将还原到被删除前的位置。

③ 选定要恢复的对象，选择“文件”→“还原”命令。

④ 右击要恢复的对象，从弹出的快捷菜单中选择“还原”命令。

（4）彻底删除文件或文件夹

永久删除是将文件和文件夹从磁盘上彻底清除，释放其所占用的磁盘空间，因而操作之后无法再用“回收站”进行恢复还原。如果需要永久删除“回收站”中选定的文件或文件夹，可以使用如下操作：

① 右击选定的对象，在弹出的快捷菜单中选择“删除”命令，即可完成永久删除。

② 选定要永久删除的对象，选择“文件”→“删除”命令。

③ 选定要永久删除的对象，按【Delete】键。

如果需要永久删除“回收站”中的所有的项目，可单击“回收站”上方的“清空回收站”按钮。另外，右击“回收站”图标，在弹出的快捷菜单中也可选择“清空回收站”命令。

技巧：

在删除文件或文件夹时按住【Shift】键，则文件直接从磁盘上彻底删除，而不放入回收站。

4. 查看、更改文件或文件夹属性

在选中的文件或文件夹区域右击，从弹出的快捷菜单中选择“属性”命令，打开文件属性对话框，可查看、更改文件或文件夹的属性。也可选择“文件”→“属性”命令打开该对话框。

5. 新建文件或文件夹

新建文件或文件夹的常用方法如下：

① 打开需要建立文件或文件夹的位置。

② 选择“文件”→“新建”命令，或右击窗口工作区的空白区域，从弹出的快捷菜单中选择“新建”命令，在子菜单中选择要创建的对象。

③ 此时在窗口中将显示一个新的文件夹或文件，其文件名处于编辑状态，输入对象名称后按【Enter】键即可完成新建操作。

6. 重命名文件或文件夹

选中要重命名的文件或文件夹，使用以下任一方法进入“重命名”状态：

① 选择“文件”→“重命名”命令。

② 按【F2】键。

③ 从快捷菜单中选择“重命名”命令。

④ 两次单击该对象（不是鼠标双击）。

此时，输入新的名字后按【Enter】键或在窗口空白位置单击即可完成重命名操作。

7. 创建快捷方式

快捷方式是 Windows 系统提供的一种快速访问文件或文件夹的方法。快捷方式是外存中原文件或外围设备的一个映像，双击快捷方式可快速访问到它所对应的原文件或外围设备。

创建快捷方式通常有以下 2 种方法：

①选中某个文件或文件夹后右击，从弹出的快捷菜单中选择“发送到”→“桌面快捷方式”命令，即可在桌面创建该对象的快捷方式。

② 打开创建快捷方式的文件夹，在窗口空白位置右击，从弹出的快捷菜单中选择“新建”→“快捷方式”命令，弹出“创建快捷方式”对话框，直接输入对象的路径和名字（或利用“浏览”按钮查找链接对象、输入快捷方式名称），完成快捷方式的创建操作。

右击快捷方式，从弹出的快捷菜单中选择“属性”命令，可了解快捷方式的相关信息。图 3-33 显示了微信快捷图标指向的目标文件位置，单击“打开文件位置”按钮，可打开目标文件所在的位置。

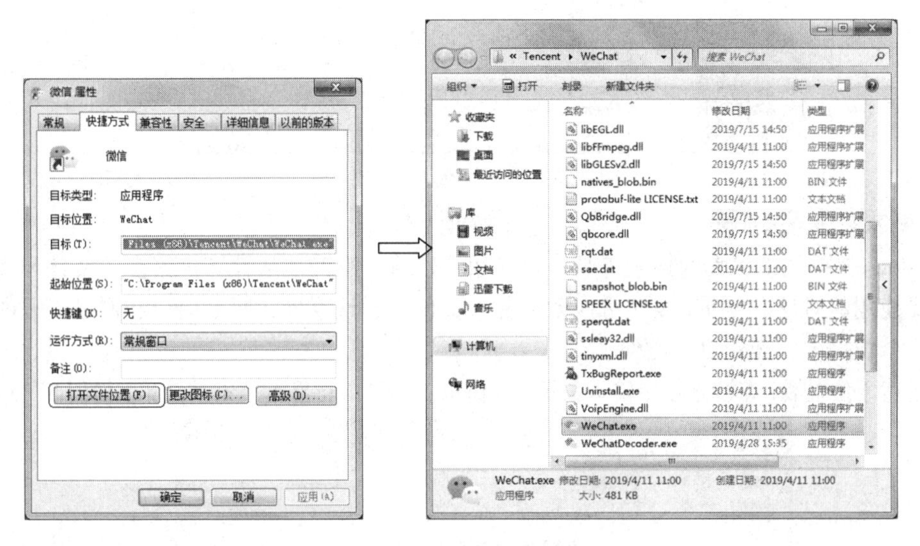

图 3-33　快捷方式

【例 3-3】快捷方式的应用。

Windows 桌面是用户最直接、快捷的使用界面，很多用户喜欢将文件直接放置到桌面上，通过双击即可快速打开对应的内容。

视频 3-3　快捷方式的应用

但这种习惯具有一些缺陷：

① 随着时间的推移，桌面将变得杂乱无章。

② 文件存放在桌面上，将占用 C 盘的存储空间。

③ 桌面上的文件在易于使用的同时，也易于被意外删除，造成损失。

④ 重装操作系统后，桌面上的文件将全部丢失，无法恢复。

⑤ 为便于管理，一些用户的 C 盘均使用“开机立即还原”模式，计算

机重启后桌面文件会丢失。

用户在使用计算机时必须养成文件规范存储的良好习惯，如 C 盘为系统盘、D 盘为学习盘、E 盘为娱乐盘等，将文件归类存储在对应的逻辑分区中。对于经常访问的文件或文件夹，可在桌面上创建该对象的快捷方式，便于快速调用。由于快捷方式只是访问对象的一个映像，实际文件存放在另外的逻辑分区中，因此，不会占用 C 盘过多的空间。另外，即使该快捷方式被删除，也不会影响其指向的对象。图 3-34 中创建了一个文件夹和两个教材文档的桌面快捷方式，实际文件则存放在 E 盘。

图 3-34　快捷方式的应用

8. 搜索文件或文件夹

Windows 7 提供了强大的搜索工具，可使用户迅速、准确地从计算机繁多的文件和文件夹中找到要使用的对象。Windows 7 将搜索文件、文件夹、计算机、网上用户和网络资源的功能集中在一个窗口中，操作更加方便。

确定搜索位置后，在搜索栏中输入关键字，窗口工作区中将显示搜索的结果，如图 3-35 所示。

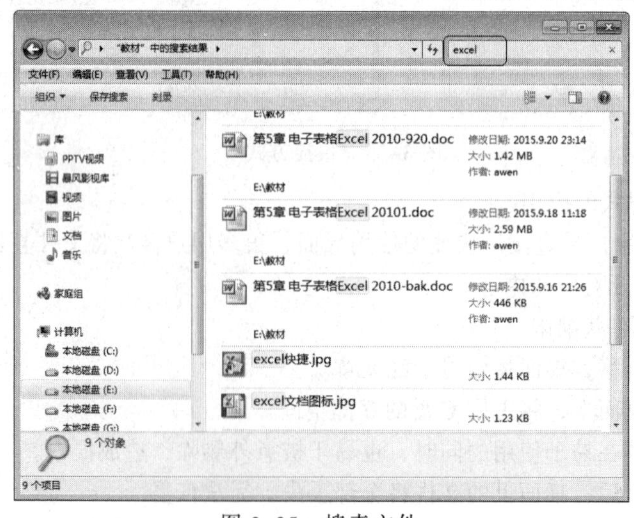

图 3-35　搜索文件

单击搜索栏，可以添加搜索筛选器，增加“修改日期”或“大小”等限制信息，进一步缩小搜索范围，提高效率。

技巧：

Windows 系统支持使用通配符“？”或“*”进行模糊查询。“？”表示任意一个字符，“*”表示任意长度的任意字符。例如，“A?.TXT”表示主文件名有 2 个字符，第一个为 A 的所有记事本文件；“A*.TXT”表示第一个字符为 A 的所有记事本文件，不限定文件名长度。

9. 加密文件或文件夹

对文件或文件夹进行加密，可以有效保护它们免受未经授权的访问。加密是 Windows 7 提供的信息安全保护的有效措施。

（1）加密文件或文件夹

加密文件或文件夹的步骤如下：

① 右击待加密的对象，从弹出的快捷菜单中选择“属性”命令，弹出图 3-36 所示的对话框。

② 单击“常规”选项卡中的“高级”按钮，弹出“高级属性”对话框，选中“加密内容以便保护数据”复选框后单击“确定”按钮返回“属性”对话框，如图 3-37 所示。

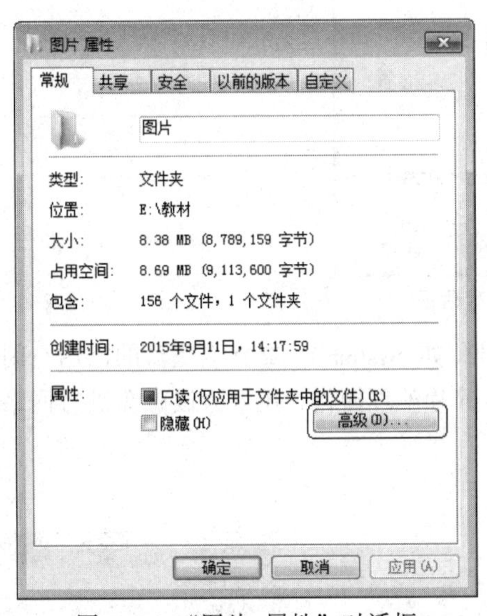

图 3-36 “图片 属性”对话框

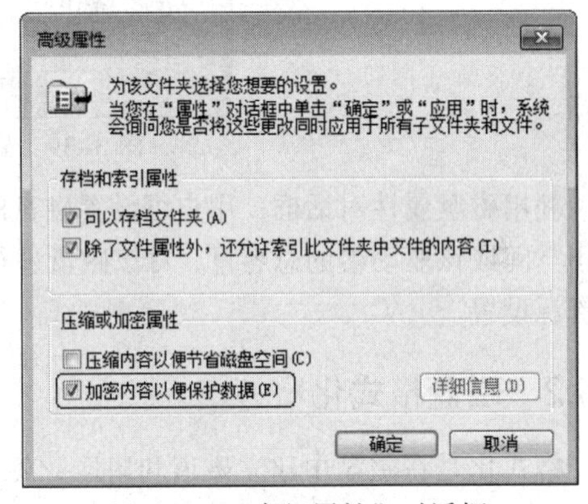

图 3-37 “高级属性”对话框

③ 单击“图片 属性”对话框的“确定”按钮，弹出“确认属性更改”对话框，选择“仅将更改应用于此文件夹”或“将更改应用于此文件夹、子文件夹和文件”的任一单选按钮，如图 3-38 所示，确定后即可完成加密操作。

④ 完成加密后的文件夹或文件名称将以绿色显示，切换 Windows 用户后将无法查看加密文件内容。

（2）解密文件或文件夹

解密文件或文件夹的步骤与加密过程相同，在“高级属性”对话框中，取消选中“加密内容以便保护数据”复选框，并在“确认属性更改”

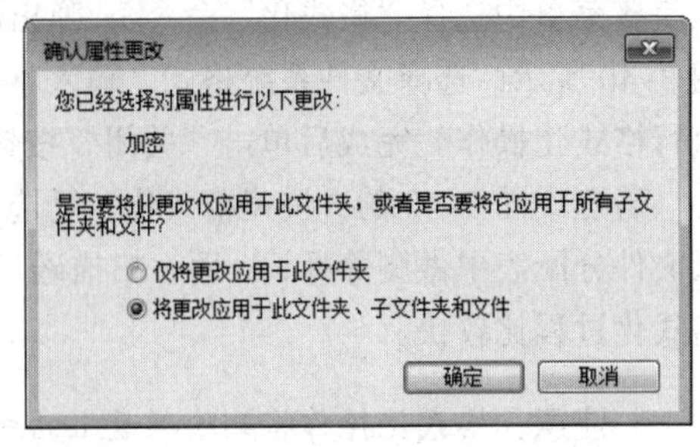

图 3-38 “确认属性更改”对话框

对话框中确认操作，即可取消文件加密。

3.4 磁 盘 管 理

3.4.1 查看磁盘属性

在“计算机”窗口或资源管理器窗口中选择某磁盘图标，选择“文件”→“属性”命令（或从快捷菜单中选择“属性”命令），打开磁盘属性对话框，如图 3-39 所示。

图 3-39　磁盘属性对话框

利用磁盘属性对话框，用户可设置磁盘的卷标号（如 System），查看该磁盘的已用空间、可用空间或该驱动器的总容量，对该磁盘进行查错、碎片整理操作，还可为该磁盘进行网络共享资源设置。

3.4.2 磁盘格式化

格式化是在磁盘中建立磁道和扇区，磁道和扇区建立之后，计算机才可以使用磁盘来存储数据。每个新磁盘在使用前，都必须进行完全格式化操作。

单击待格式化的磁盘，选择“文件”→“格式化”命令（或从快捷菜单中选择“格式化”命令），弹出磁盘格式化对话框，如图 3-40 所示。选择文件系统格式，输入卷标后单击“开始”按钮执行格式化操作。完成后单击“关闭”按钮退出格式化对话框。

若选中图 3-40 的“快速格式化”复选框，则格式化时仅从分区文件分配表中做删除标记，而不扫描磁盘以检查是否有坏扇区，格式化过程比较快。

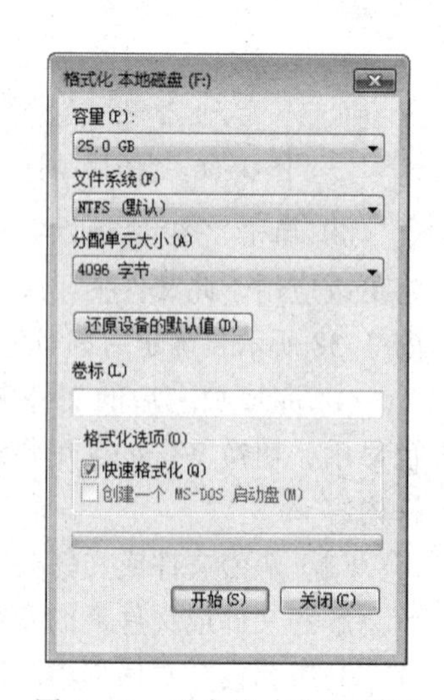

图 3-40　磁盘格式化对话框

注意：格式化操作将删除磁盘上的所有文件，应慎用。

3.4.3　磁盘碎片整理

计算机经过一定时间的使用，系统将变得臃肿导致运行缓慢，这是由于应用程序运行遗留的临时文件，以及频繁的文件删除、移动、增加等操作，出现很多零碎空间，使一个文件可能存放在不连续的多个扇区中，影响磁盘读写速度，降低系统性能，影响工作效率。通过“磁盘清理”和“磁盘碎片整理程序”可有效解决以上问题。

1. **磁盘清理**

磁盘清理可删除某个驱动器上旧的或不需要的文件，释放空间，提高运行速度。

磁盘清理步骤如下：

① 选择“开始”→“所有程序”→“附件”→“系统工具”→“磁盘清理”命令，弹出“磁盘清理：驱动器选择”对话框，从下拉列表框中选择要清理的驱动器，如图 3-41 所示。

② 单击“确定”按钮，弹出“磁盘清理”对话框，如图 3-42 所示。

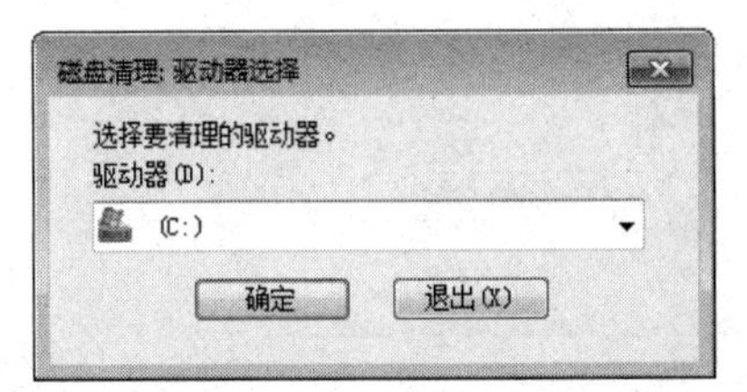

图 3-41　“磁盘清理：驱动器选择”对话框

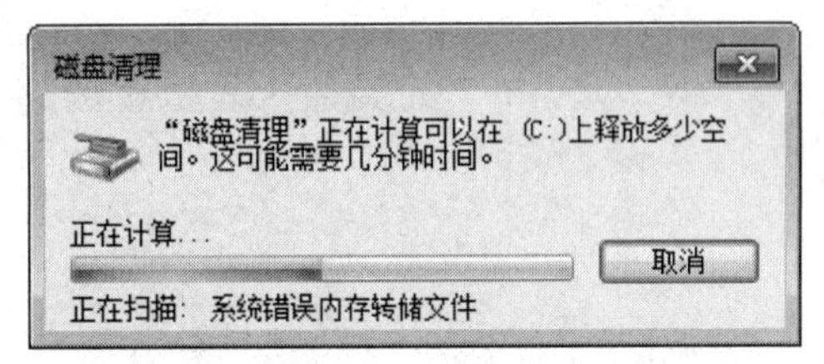

图 3-42　“磁盘清理”对话框

③ 完成“磁盘清理”扫描后，将弹出磁盘清理在“磁盘清理”选项卡的“要删除的文件”中选择要清理的选项，单击“确定”按钮完成操作，如图 3-43 所示。

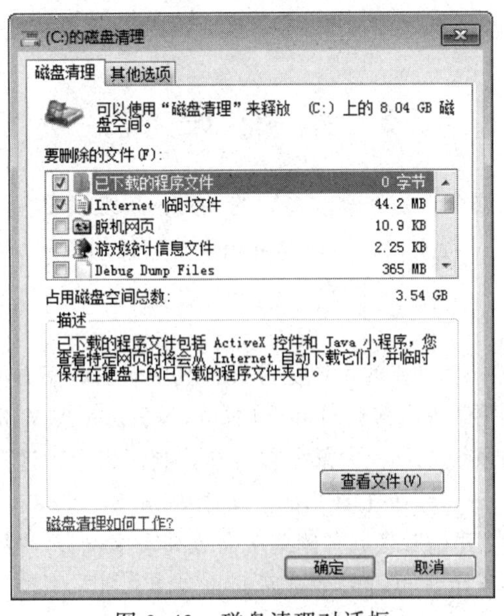

图 3-43　磁盘清理对话框

2. **磁盘碎片整理**

使用“磁盘碎片整理”可重新整理硬盘上的文件和存储空间，提高运行效率。

磁盘碎片整理的操作步骤如下：

① 选择“开始”→“所有程序”→“附件”→“系统工具”→“磁盘碎片整理程序”命令，打开“磁盘碎片整理程序”窗口，选择要整理的磁盘，如图 3-44 所示。

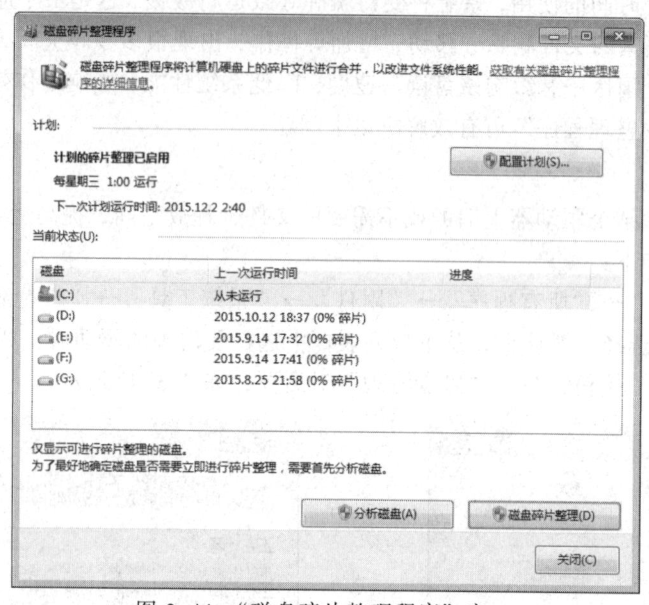

图 3-44 “磁盘碎片整理程序”窗口

② 单击“分析磁盘”按钮可对当前磁盘文件的存储情况进行分析；单击“磁盘碎片整理”按钮进行文件碎片整理，系统用不同的颜色显示文件的零碎程度和碎片整理的进度。

③ 文件碎片整理完成后，将弹出“已完成碎片整理”对话框，单击“关闭”按钮退出“磁盘碎片整理程序”，结束操作。

3.5 系统设置

Windows 7 允许用户根据个人爱好修改系统的设置，系统设置在“控制面板”中进行。本节介绍系统设置的重要工具“控制面板”以及常用设置的使用方法。

3.5.1 控制面板

控制面板是 Windows 7 一个重要的系统文件夹，其中包含许多独立的工具，用来对桌面、鼠标、键盘、输入法、应用程序等众多组件和选项进行设置，实现 Windows 7 操作系统的配置、管理和优化。Windows 7 的系统工具，大部分包含在控制面板中，还有一部分集中在“开始”→“所有程序”→“附件”→“系统工具”的子菜单中。

单击“开始”按钮，在“开始”菜单右侧菜单命令列表中选择“控制面板”命令，打开“控制面板”窗口，如图 3-45 所示。也可右击桌面上的“计算机”图标，从快捷菜单中选择“控制面板”命令。

“控制面板”有两种视图模式：分类视图和经典视图。分类视图按任务分类组织，每一类别再划分功能模块；经典视图在窗口中列出了所有的管理任务。单击“控制面板”窗口的“查看方式”实现两种视图切换。分类视图和经典视图分别如图 3-45 和图 3-46 所示。

图 3-45　“控制面板”的分类视图窗口

图 3-46　“控制面板”的经典视图窗口

3.5.2　个性化设置

个性化设置可修改 Windows 7 桌面主题、背景、窗口颜色、声音、屏幕保护程序、桌面图标、鼠标指针、账户图片等内容。单击“控制面板”中的“个性化”图标，打开“个性化”窗口，如图 3-47 所示，详细设置请参考 3.2.4 节。

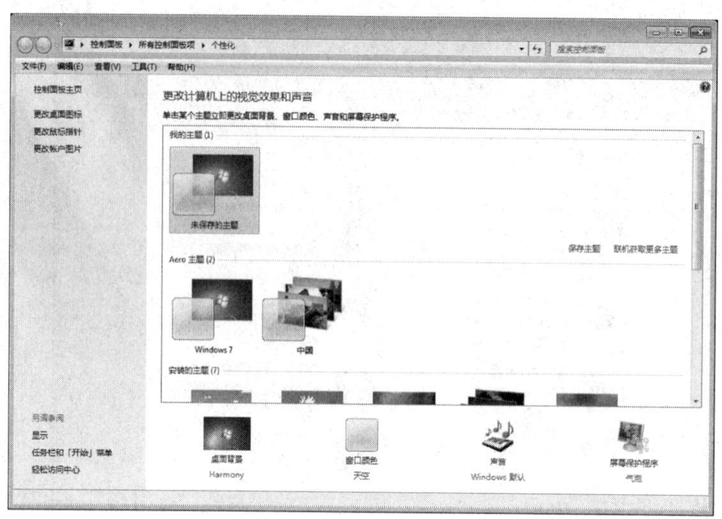

图 3-47 “个性化”窗口

3.5.3 区域和语言

在“控制面板”中双击“区域和语言”图标，弹出“区域和语言”对话框，如图 3-48 所示。该对话框包括格式设置、位置选择、键盘和语言、管理等内容。

单击“键盘和语言”选项卡中的“更改键盘”按钮，弹出“文本服务和输入语言”对话框，如图 3-49 所示。在“常规”选项卡中显示了当前系统正在使用的输入法列表，用户可以利用该对话框添加、删除和配置输入法。

技巧：

- 单击“语言栏”按钮，从弹出的输入法列表中选择一种输入法。
- 按【Ctrl+Space】组合键，直接切换中/英文输入法状态。
- 按【Ctrl+Shift】组合键，轮流选择不同的输入法。
- 右击“语言栏”按钮，从弹出的快捷菜单中选择“设置”命令，弹出“文本服务和输入语言”对话框。

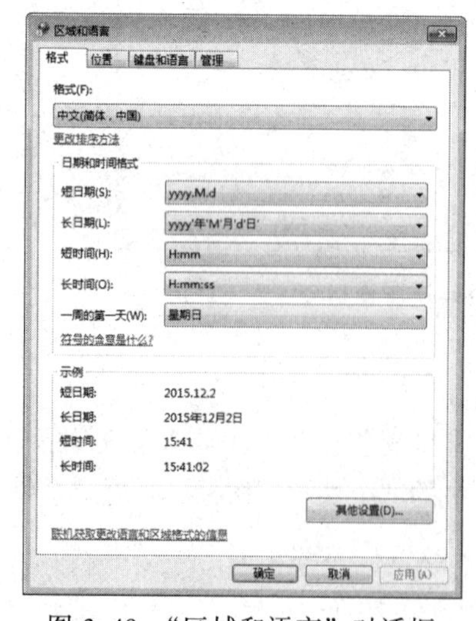

图 3-48 “区域和语言”对话框

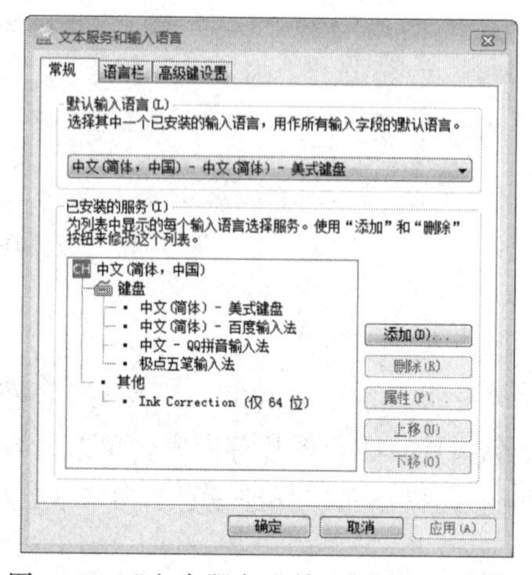

图 3-49 “文本服务和输入语言”对话框

3.5.4　字体设置

“字体”描述字的样式，“字号”描述字的大小。Windows 7 自带了一些字体，如宋体、黑体、Arial 等，某些字体随其他应用程序一起安装。用户也可根据需要安装个性化的字体，字体种类越多，可以选择余地越大。Windows 7 可以使用几种不同类型的字体，最常见的是系统字体和 TrueType 字体。

（1）预览字体

如果不知道字体之间的区别，可以预览字体。双击控制面板中的“字体”图标，打开图 3-50 所示的“字体”窗口。此时双击任一种字体的图标即可预览该字体的外观。

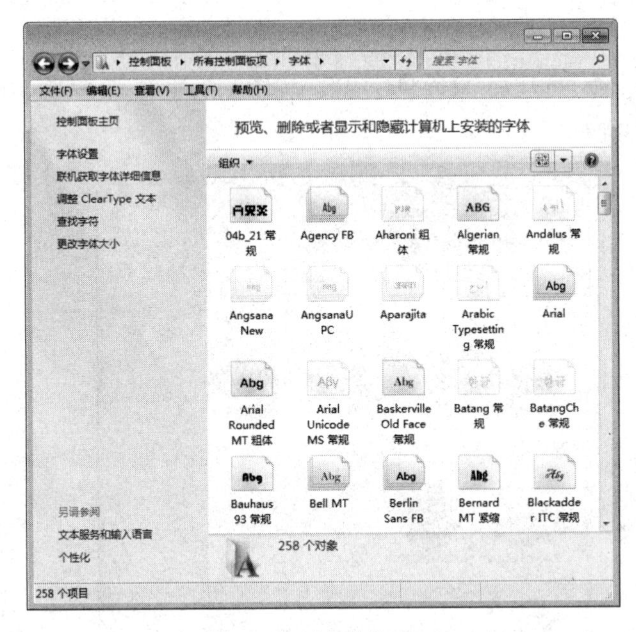

图 3-50　“字体”窗口

（2）安装字体

字体文件的扩展名为“.ttf”。安装字体过程比较简单：复制新字体文件，并将其粘贴到“字体”文件夹中，系统出现字体安装过程，如图 3-51 所示，完成后即可调用该字体。

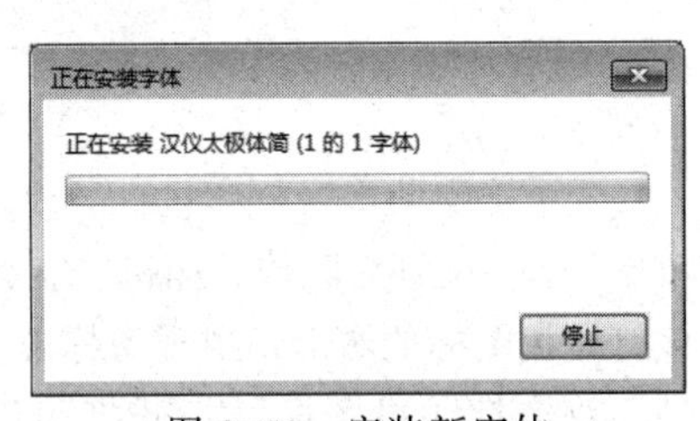

图 3-51　安装新字体

（3）删除字体

选择图 3-50 待删除的字体图标，从窗口上方单击“删除”按钮，确认操作后即可将其删除。

3.5.5　打印机

打印机是计算机中常见的输出设备，用户编辑的文档、图片常常都经过打印机打印输出。

1. 安装打印机

在开始安装之前，应了解打印机的生产厂商和型号，并将打印机与计算机正确连接。

打印机的安装步骤如下：

① 连接打印机。一般使用计算机的并行端口 LPT1 或热插拔的 USB 口与打印机的信号线连接，并接通电源。

② 安装打印机驱动程序。Windows 7 内置了很多硬件的驱动程序，若安装的打印机系统能自动识别且带有该打印机的驱动程序，系统将自动安装。若 Windows 7 不含安装的打印机驱动程序，则必须手动安装。

手动安装打印机驱动程序的方法如下：

① 了解打印机的品牌和型号。

② 下载对应的驱动程序。

③ 安装驱动程序。

2. 设置打印机

单击"控制面板"窗口中的"设备和打印机"图标，打开图 3-52 所示的窗口，显示系统安装的打印机和各种设备。

图 3-52 "设备和打印机"窗口

若系统安装多台打印机，必须设置一台为默认打印机。右击打印机图标，从弹出的快捷菜单中选择"设置为默认打印机"命令，此时，该打印机图标的右上角出现✔标志。

双击打印机图标可打开打印机任务管理器，如图 3-53 所示。利用打印机任务管理器，用户可以进行查看、取消、暂停、继续、重新启动打印任务等管理工作。

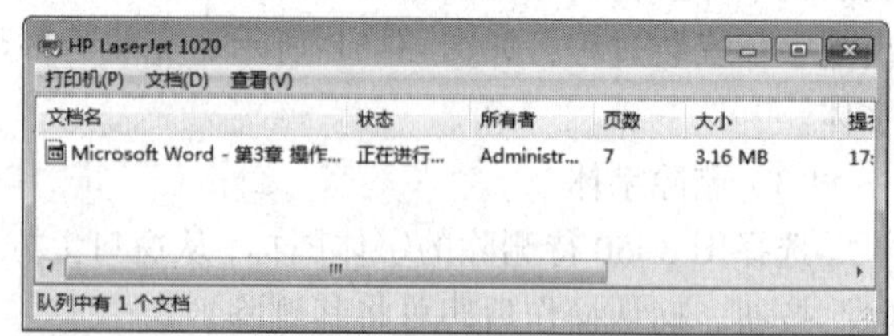

图 3-53 打印机任务管理器

3. 共享打印机

选定已安装的打印机图标，选择"文件"→"属性"命令（或右击该打印机图标），从弹出的快捷菜单中选择"属性"命令，打开打印机的属性对话框，可设置打印机的共享、端口、高级、安全等属性，如图 3-54 所示。

通过打印机共享，可让局域网的其他计算机用户共同使用。

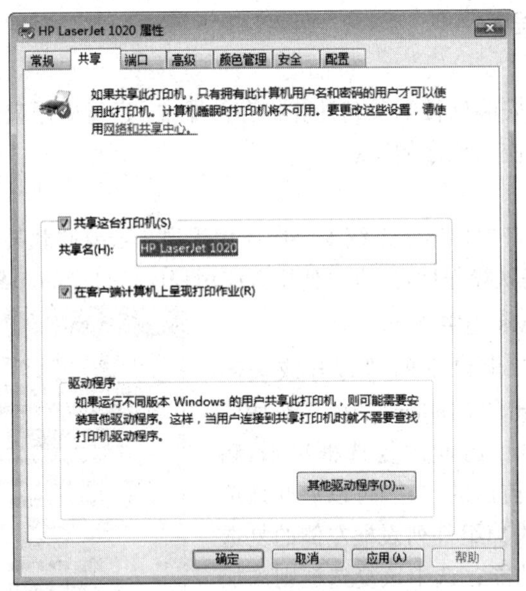

图 3-54　共享打印机

3.5.6　添加或删除程序

在 Windows 7 的使用过程中，用户可根据需要在计算机中添加新的应用程序或删除不再需要的程序。在“控制面板”窗口中单击“程序和功能”图标，打开“程序和功能”窗口，可以卸载、更改或修复程序，如图 3-55 所示。

图 3-55　“程序和功能”窗口

1. 添加、删除应用程序

（1）安装新程序

将应用程序安装盘或安装软件下载到计算机存储器中，运行应用程序安装目录下的安装文件，按安装向导即可完成应用程序的安装。

（2）卸载或更改程序

在“程序和功能”窗口中列出了系统安装的应用程序，若要卸载某个应用程序，双击该应用程序名称，按提示完成确认操作即可。也可使用该应用程序组自己的卸载程序更改或删除程序。

2. 添加/删除 Windows 组件

单击“程序和功能”窗口中的“打开或关闭 Windows 功能”按钮，弹出“Windows 功能”对话框（见图 3-56），利用各项目前面的复选框可增/删 Windows 功能，单击项目前面的“+”可以展开该项目包含的下级目录信息：去掉组件列表框左侧的复选框中的“√”，将删除该功能；选中该复选框则添加该功能，单击“确定”按钮完成操作。

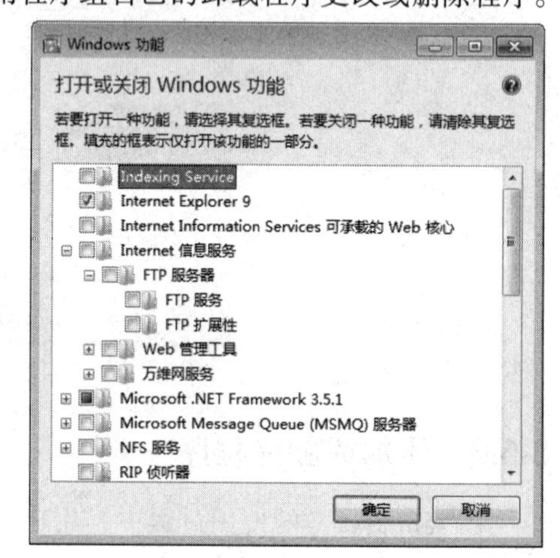

图 3-56 “Windows 功能”对话框

3.5.7 系统属性设置

在“控制”面板窗口中双击“系统”图标，或右击桌面上的“计算机”图标，从弹出的快捷菜单中选择“属性”命令，打开“系统”窗口，如图 3-57 所示。

图 3-57 “系统”窗口

1. 常规

“系统”窗口显示当前系统的基本信息，如系统版本、注册信息、CPU 和内存信息、计算机名等。

2. 设备管理器

单击“设备管理器”按钮，打开“设备管理器”窗口，如图 3-58 所示。使用“设备管理器”可以查看和更改设备属性、更新设备驱动程序和卸载设备驱动程序等。

右击“设备管理器”中的某个设备，从弹出的快捷菜单选择“属性”命令，可以查看该设备的属性，如图 3-59 所示。单击“标准”工具栏上的“禁用”按钮可以暂时停止该设备的使用，直到用户单击“启用”按钮重新启用该设备；单击“卸载”按钮将卸载当前的设备驱动程序；单击“更新驱动程序”按钮将启动“硬件更新向导”对话框，按向导要求可以重新安装该设备的驱动程序。

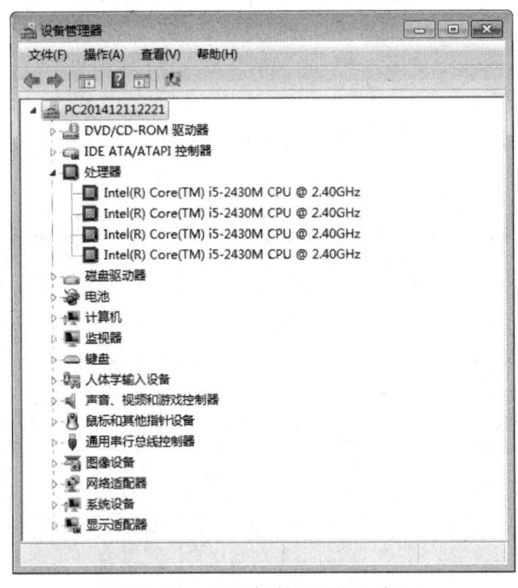

图 3-58 “设备管理器”窗口

图 3-59 设备属性

3. 远程设置

Windows 7 提供远程控制功能，允许用户远程使用计算机。单击“远程设置”按钮，弹出“系统属性”对话框，默认选择“远程”选项卡，如图 3-60 所示。远程控制功能有两种方式：远程协助和远程桌面。

图 3-60 “远程”选项卡

“远程协助”是 Windows 7 系统附带提供的一种简单的远程控制方法。远程协助的发起者通过 MSN Messenger 向 Messenger 中的联系人发出协助要求，在获得对方同意后，即可进行远程协助，远程协助中被协助方的计算机将暂时受协助方（在远程协助程序中被称为专家）控制，专家可以在被控计算机中进行系统维护、安装软件、处理计算机问题、演示操作等。选中“远程协助”下方的复选框启用远程协助功能，单击“高级”按钮，打开“远程协助设置”窗口可进行详细设置。

“远程桌面”使用户可以在远离办公室的地方通过网络远程控制计算机，使用计算机中的数据、应用程序和网络资源。通过远程桌面功能用户可以实时操控这台计算机，在上面安装软件、运行程序，所有的一切都好像是直接在该计算机上操作一样。选中“远程桌面”下方的单选按钮可启用远程桌面功能，单击“选择用户”按钮可打开“远程桌面用户”对话框添加或删除远程桌面用户。

3.5.8 任务管理器

Windows 7 任务管理器提供有关计算机性能的详细信息，显示计算机所运行的程序和进程的全部信息。利用任务管理器可以查看计算机的当前状态、结束进程、关闭计算机等操作。

程序因故障而停止运行（又称挂起）时，运行程序既不响应用户的直接命令（如敲击键盘），也不响应用户的间接命令（如任务栏上的各种命令），无法动弹。此时，用户可通过“任务管理器”来结束该程序的运行。

（1）启动任务管理器

右击任务栏，在弹出的快捷菜单中选择“启动任务管理器”命令（或按【Ctrl+Alt+Del】组合键），弹出“Windows 任务管理器”对话框，如图 3-61 所示。

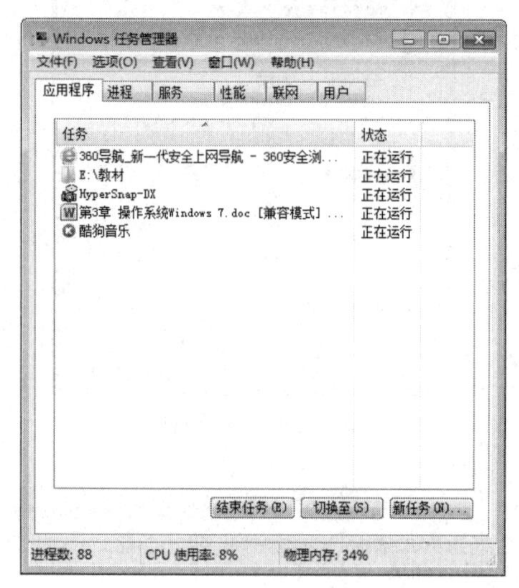

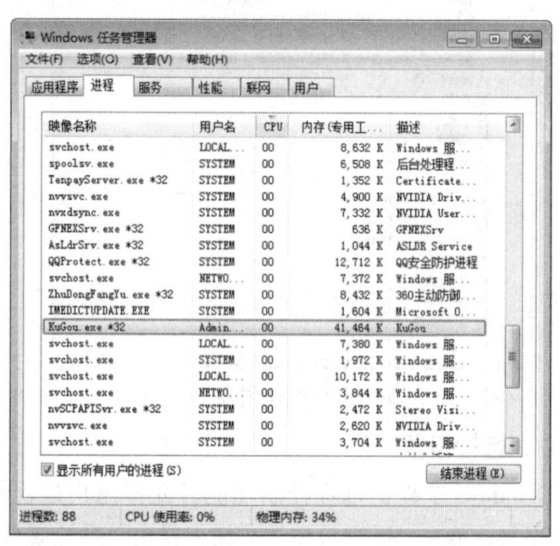

图 3-61 “Windows 任务管理器”对话框

（2）任务管理器的功能

通过任务管理器用户可以实现以下功能：

① 查看正在运行的所有程序的状态、结束应用程序、切换程序、启动新应用程序等。

② 结束任务，选中一个任务后单击“结束任务”按钮，可关闭该应用程序。如果一个程序停止响应，可用“结束任务”来终止它。

③ 切换任务，选中一个任务，单击“切换至”按钮，系统即切换到该任务。

④ 启动新任务，单击“新任务”按钮（或选择“文件”→“新建任务”命令），弹出“创建新任务”对话框。在“创建新任务”对话框的“打开”文本框处，输入要运行的程序，如 Kugou.exe，然后单击“确定”按钮，打开应用程序。

⑤ 查看正在运行的所有进程信息。进程信息最多可以达到 15 个参数。单击“进程”按钮，查看正在运行的所有进程的信息。

⑥ 查看 CPU 和内存使用情况，单击“性能”按钮，查看系统的 CPU、内存等使用信息。

⑦ 选择“联网”选项卡，可以查看网络连接状态，了解网络运行情况。

⑧ 如果有多个用户连接到计算机，单击“用户”按钮可以查看连接的用户以及活动情况，还可以发送消息或远程控制。

3.6　附件应用程序

Windows 7 系统提供一些常用的应用程序，如记事本、写字板、画图、计算器等。从“开始”→“所有程序”→“附件”命令中，可选择对应的应用程序。

3.6.1　记事本

记事本（Notepad.exe）是一个简单的纯文本编辑器，只能处理仅包含文本和数字的纯文本格式的文件，不能插入图形，也没有独立格式设置功能。记事本文件的扩展名为“.txt”。记事本窗口如图 3-62 所示。

选择“格式”→“自动换行”命令可设置文字根据窗口宽度自动换行。选择“格式”→“字体”命令，在弹出的“字体”对话框中设置所有文本的字体格式。

技巧：

右击“计算机”窗口的空白位置，从弹出的快捷菜单中选择“文本文档”命令，可快速建立记事本文件，如图 3-63 所示。

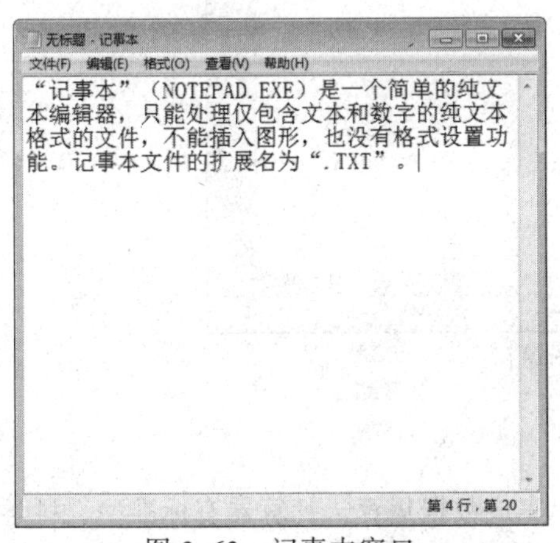

图 3-62　记事本窗口

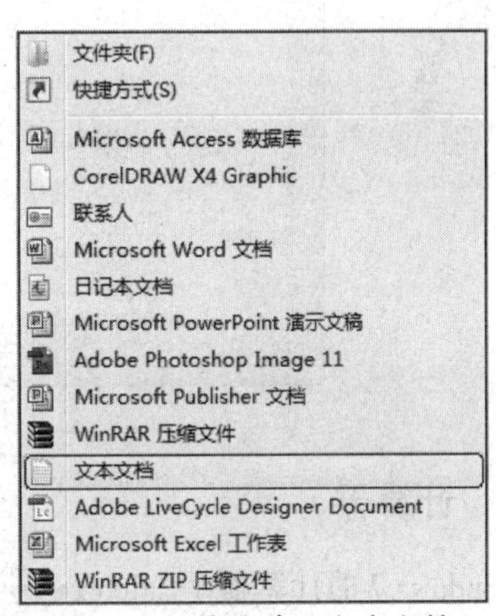

图 3-63　快速建立文本文档

3.6.2　写字板

写字板（Wordpad.exe）是一个功能更加强大的文本编辑器，它除具有记事本的文本编辑功能外，还有编辑、字符格式化、段落格式化、图文混排、表格等功能，完全可以胜任一般文档的编辑。写字板文件扩展名为“.RTF”，当系统安装 Word 应用程序后，可使用 Word 直接编辑。写字板窗口如图 3-64 所示。

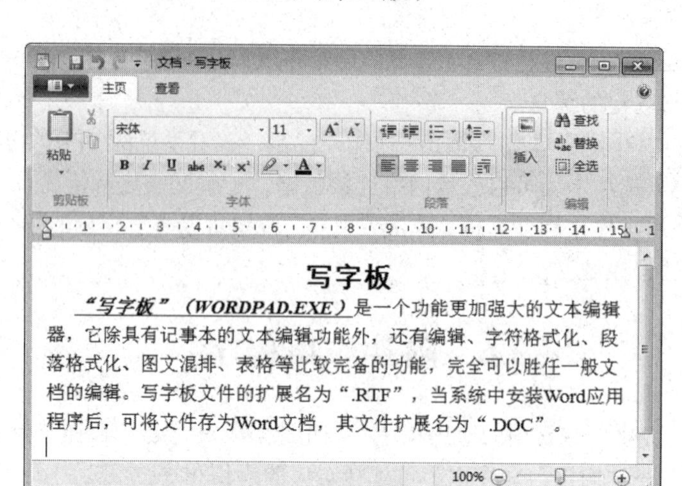

图 3-64　写字板窗口

3.6.3　画图

画图（Mspaint.exe）是 Windows 7 的位图绘制、编辑软件，具有图形绘制、编辑、打印等基本功能。利用“画图”可以生成单色、16 色、256 色及真彩色 24 位位图，也可以编辑“.BMP”“.JPG”“.GIF”等常用的图片文件。画图窗口如图 3-65 所示。

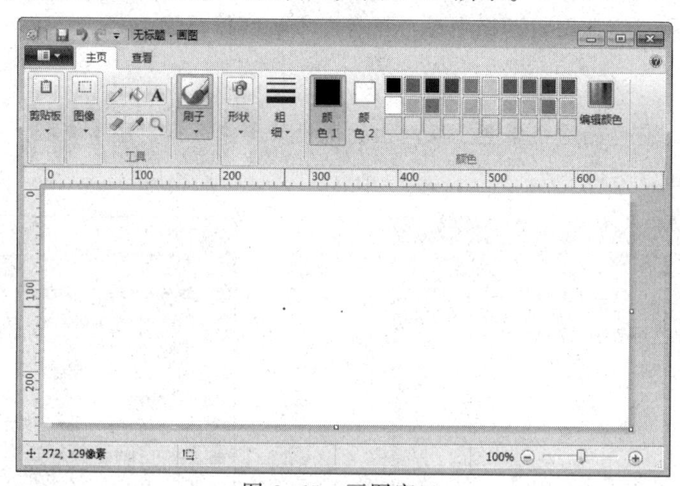

图 3-65　画图窗口

3.6.4　计算器

Windows 7 的计算器（Calc.exe）可以帮助用户完成数据运算。计算器有标准型、科学型、程序员和统计信息 4 种模式，使用“查看”菜单进行模式切换。计算器窗口如图 3-66 所示。

① 标准型：加、减、乘、除、开方等简单算术运算。

② 科学型：统计分析、三角函数等较为复杂的科学运算。

③ 程序员：不同数制的运算。

④ 统计信息：常用的数学统计功能。

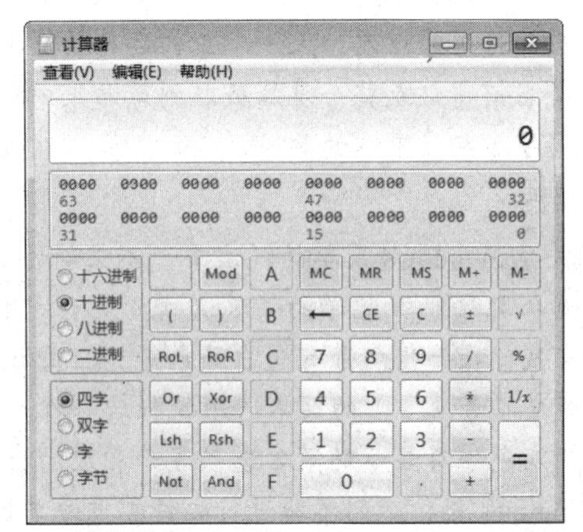

图 3-66　计算器窗口

技巧:

利用计算器窗口中“编辑”→“复制”和“粘贴”命令，可以从另一个应用程序把数字粘贴到计算器的显示区上，也可把显示区上的计算结果复制到其他应用程序中。

3.6.5　截图工具

Windows 7 的截图工具（SnippingTool.exe）可以帮助用户快速抓取屏幕图片。截图工具窗口如图 3-67 所示。单击“新建”下拉按钮，选择截图类型：任意格式截图、矩形截图、窗口截图、全屏幕截图，拖动鼠标选取截取区域，即完成图片截取操作，如图 3-68 所示。

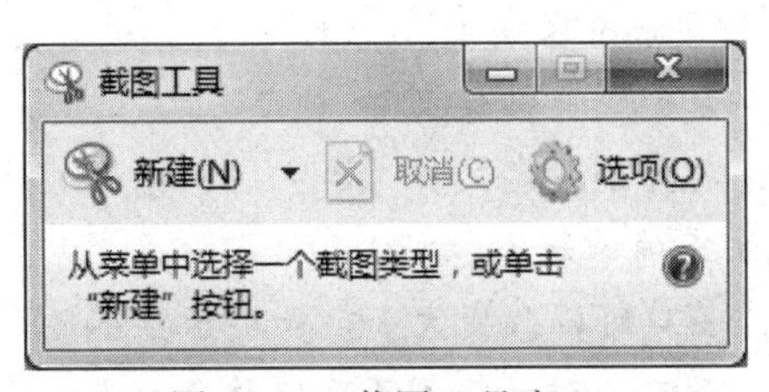

图 3-67　截图工具窗口

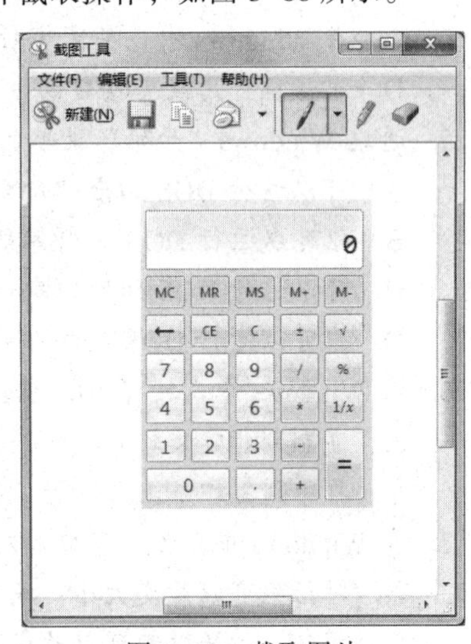

图 3-68　截取图片

习　　题

一、思考题

1. 简述 Windows 菜单的约定。
2. 简述资源管理器窗口与“计算机”窗口的异同。

3. 简述使用任务管理器结束一个正在运行的应用程序的方法。
4. 如何将当前窗口或整个屏幕截取到剪贴板中制作图片？
5. 简述写字板与记事本的异同。

二、选择题

1. 下列关于 Windows 菜单的说法中，不正确的是（　　）。
   A. 命令前有“·”记号的菜单选项，表示该项已经选用
   B. 当鼠标指针指向带有向右黑色等边三角形符号的菜单选项时，弹出一个子菜单
   C. 带省略号（...）的菜单选项执行后会打开一个对话框
   D. 用灰色字符显示的菜单选项表示相应的程序被破坏
2. 在 Windows 中，下列不能进行文件夹重命名操作的是（　　）。
   A. 选定文件后按【F4】键
   B. 选定文件后单击文件名一次
   C. 右击文件，在弹出的快捷菜单中选择“重命名”命令
   D. 从资源管理器窗口的“文件”菜单中选择“重命名”命令
3. Windows 任务栏不能设置为（　　）。
   A. 自动隐藏　　B. 总在最前　　C. 显示时钟　　D. 总在底部
4. 在下列叙述中，正确的是（　　）。
   A. 在 Windows 中，可以同时有多个活动应用程序窗口
   B. 在 Windows 中，可以运行多个应用程序
   C. 在 Windows 中，关闭下拉菜单的方法是单击菜单内的任何位置
   D. 对话框可用改变窗口的方法改变大小
5. 通过 Windows“开始”菜单的“运行”命令（　　）。
   A. 可以运行 DOS 的全部命令
   B. 仅可以运行 DOS 的内部命令
   C. 可以运行 DOS 的外部命令和可执行文件
   D. 仅可以运行 DOS 的外部命令
6. 在 Windows 中，按【Print Screen】键，则整个桌面内容被（　　）。
   A. 复制到指定文件　　B. 复制到剪贴板上
   C. 打印到打印纸上　　D. 打印到指定文件
7. 在 Windows 中，关于窗口和对话框，下列说法正确的是（　　）。
   A. 对话框可以改变大小，而窗口不能　　B. 窗口可以改变大小，而对话框不能
   C. 窗口、对话框都可以改变大小　　D. 窗口、对话框都不可以改变大小
8. 在 Windows 中删除某程序的快捷方式图标，表示（　　）。
   A. 只删除了图标，而没有删除该程序
   B. 既删除了图标，又删除该程序
   C. 隐藏图标，删除与该程序的联系
   D. 将图标存放在剪贴板中，同时删除与该程序的联系
9. 在 Windows 中，下面的操作能激活应用程序的有（　　）。

A. 使用【Alt+Tab】组合键

B. 在任务栏上单击要激活的应用程序按钮

C. 单击要激活的应用程序窗口的任意位置

D. 以上方法都可以

10. 隐藏文件在资源管理器中（　　）。

A. 任何情况下不能显示任何信息量

B. 通过设置可以显示

C. 只能显示文件名

D. 不能显示文件名

11. 在 Windows 中，剪贴板是用来在程序和文件之间传递信息的临时存储区，此存储区是（　　）。

A. 硬盘中的一块区域　　B. 软盘中的一块区域

C. 内存中的一块区域　　D. 高速缓存中的一块区域

12. 按（　　）组合键可以启动 Windows 的任务管理器。

A.【Alt+Shift+Enter】　　B.【Alt+Shift+Del】

C.【Ctrl+Alt+Enter】　　D.【Ctrl+Alt+Del】

13. 在 Windows 中，有关文档窗口的叙述，（　　）是正确的。

A. 可以有自己的菜单栏　　B. 不能最大化

C. 不会出现“还原”按钮　　D. 活动范围仅限于应用程序窗口

14. 在 Windows 中，打开“开始”菜单的组合键是（　　）。

A.【Shift + Esc】　　B.【Alt + Esc】

C.【Ctrl + Esc】　　D.【Alt + Ctrl】

15. 若要选定多个不连续排列的文件，可以先单击第一个待选的文件，然后按住（　　）键，再单击另外的待选文件。

A.【Ctrl】　　B.【Shift】　　C.【Tab】　　D.【Alt】

16. 通常在 Windows 的“附件”中不包含的应用程序是（　　）。

A. 画图　　B. 记事本　　C. 公式　　D. 计算器

17. “Windows 是一个多任务操作系统”指的是（　　）。

A. Windows 可同时运行多个应用程序

B. Windows 可提供多个用户同时使用

C. Windows 可运行多种类型各异的应用程序

D. Windows 可同时管理多种资源

18. Windows 7 是一种（　　）。

A. 应用软件　　B. 工具软件　　C. 诊断程序　　D. 系统软件

19. 在 Windows 中，全角方式下输入的数字应占的字节数是（　　）。

A. 1　　B. 2　　C. 3　　D. 4

20. 在 Windows 中，文件夹不可存放（　　）。

A. 文件夹　　B. 多个文件　　C. 一个文件　　D. 字符

Word 是 Office 办公套装软件的重要组成部分，也是使用最流行的文书编辑工具，广泛应用于撰写项目报告、合同、协议、法律文书、公文、海报、商务报表、证书、邀请函等。

4.1 认识 Word 2010

与以往版本相比，Word 2010 在功能、易用性和兼容性等方面都有明显的提升，全新的导航搜索窗口、专业级的图文混排功能、丰富的样式效果，在处理文档时更得心应手。

Word 2010 是 Microsoft Office 2010 系列办公软件的重要组件之一，其功能强大，丰富了人性化功能体验，改进了用来创建专业品质文档的功能，为协同办公提供更加简便的途径。

4.1.1 Word 2010 的基本功能和特点

1. Word 2010 的基本功能

① 使用向导快速创建文档：根据给定的模板创建文档、英文信函、电子邮件、简历、备忘录、日历等。

② 文档编辑排版功能齐全：页面设置、文本选定与格式设置、查找与替换、项目符号、拼写与语法校对等。

③ 支持多种文档浏览与文档导航方式：支持大纲视图、页面视图、文档结构图、Web 版式、目录、超链接等方式。

④ 联机文档和 Web 文档：利用 Web 页可以创建 Web 文档。

⑤ 图形处理：可以使用两种基本类型的图形来增强 Microsoft Word 文档的效果。

⑥ 图表与公式：可以用 Word 表格、文本文件、Excel 表格、数据库数据创建图表，并具备复杂数学公式的编辑功能。

2. Word 2010 的特点

① 操作界面直观友好。

② 多媒体混排效果突出：可以实现文字、图形、声音、动画及其他可插入对象的混排。

③ 强大的制表功能：Word 可以自动、手动制作多样的表格，表格内的数据还能实现自动计算和排序。

④ 自动检查、更正功能：Word 提供拼写和语法检查、自动更正功能。

⑤ 实时预览功能：Word 2010 的字体可实时预览并在浮动工具栏中实现格式设置。

⑥ 丰富的模板与向导功能：用户可以使用模板根据向导快速建立文档。

⑦ Web 工具支持功能：Word 可以方便制作简单的 Web 页面（通常称为网页）。

⑧ 强大的打印功能：Word 对打印机具有强大支持性和配置性，提供打印预览功能。

4.1.2 Word 2010 的新功能

1. **字体特效，书法字体**

Word 2010 提供多种字体特效，其中还有轮廓、阴影、映像、发光 4 种具体设置供用户精确设计字体特效，可以让用户制作更加具有特色的文档。

2. **导航窗格**

Word 2010 增加了导航窗格的功能，用户可在导航窗格中快速切换至任何章节的开头（根据标题样式判断），同时也可在输入框中进行即时搜索。

3. **屏幕翻译工具**

利用“审阅”选项卡“语言”组的翻译按钮，可以启用“翻译屏幕提示”功能，当鼠标指针指向某单词或是使用鼠标选中一个词组或一段文本时，屏幕上就会出现一个小的悬浮窗口，给出相关的翻译和定义。

4. **图片处理**

Word 2010 新增多种艺术效果，并且可以直接在 Word 中对图片进行删除背景、剪裁、锐化、柔化、亮度、对比度、饱和度及色调调节，还可以进行简单的抠图操作。

5. **粘贴选项**

在 Word 2010 中，进行粘贴时光标旁边会出现粘贴选项，有常见的各种操作，方便选用。此外，Word 2010 在进行粘贴之前，工作区会出现粘贴效果的预览图。

6. SmartArt

Word 2010 有丰富的 SmartArt 模板，可以轻松制作丰富多彩、表现力丰富的 SmartArt 示意图。

7. Word **文件到** PDF/XPS **格式文件**

在 Word 2010 中，可以直接将 Word 文档转换成 PDF 或 XPS 格式的文件。

8. **屏幕截图功能**

Word 2010 内置屏幕截图功能，可将截图即时插入到文档中。

4.1.3 Word 2010 的启动和退出

1. Word 2010 **的启动**

启动 Word 应用程序的常用方法如下：

（1）“开始”菜单启动：选择“开始”→“所有程序”→“Microsoft Office”→“Word 2010”命令。

（2）快捷图标方式：双击桌面上的 Word 快捷图标。

（3）常用文档启动：选择“开始”→“文档”命令，在弹出的子菜单中选择最近编辑的某个 Word 文档来启动应用程序；也可以直接双击已保存的 Word 文档打开该文档，同时启动应用程序。

2. Word 2010 的退出

退出 Word 2010 的方法有多种，最常用的方法有如下 4 种：

① 单击 Word 标题栏右端的按钮。

② 选择“文件”→“退出”命令。

③ 使用快捷键【Alt + F4】，快速退出 Word。

④ 双击 Word 2010 窗口左上角的控制菜单图标。

技巧：

退出 Word 2010 表示结束 Word 程序的运行，系统会关闭所有已打开的 Word 文档，如果文档在此之前做了修改而未保存则会弹出图 4-1 所示的对话框，提示是否对修改的文档进行保存。根据需要单击“保存”或“不保存”按钮；单击“取消”按钮表示不退出 Word 2010。

图 4-1 保存文件对话框

4.1.4 Word 2010 的操作界面

1. Word 2010 的窗口组成

Word 2010 操作窗口由上至下主要有标题栏、功能区、编辑区和状态栏 4 部分组成，如图 4-2 所示。

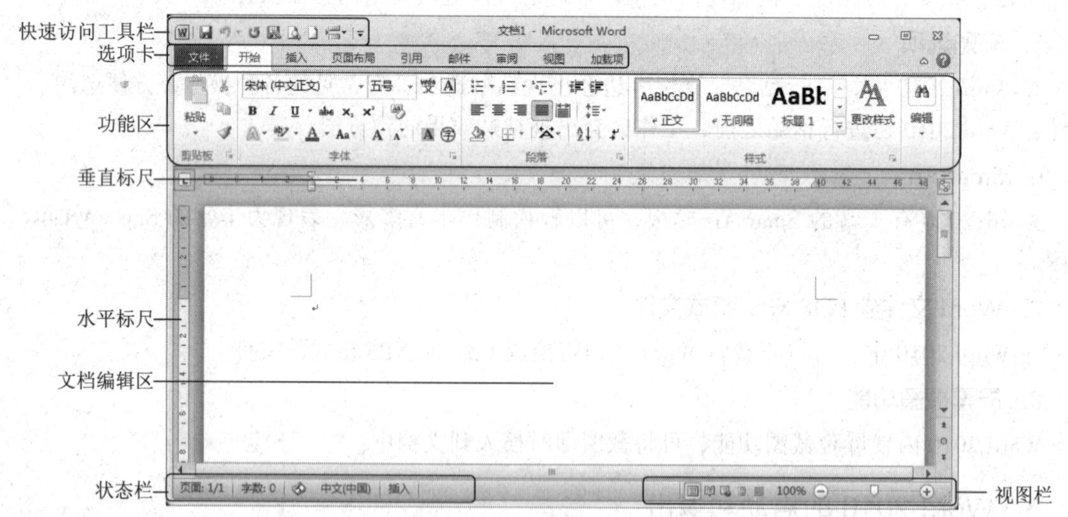

图 4-2 Word 2010 窗口组成

从图 4-2 中可以看出，Word 2010 的操作界面使用“功能区”代替了以前版本中的多层菜单和工具栏，分布在选项卡下方的水平区域。在窗口中看起来像菜单的名称其实是功能区的名称或称为选项卡，当单击这些选项卡时并不会打开菜单，而是切换到与之相对应的功能区面板。每个功能区根据功能的不同又分为若干个组。

2. Word 2010 的功能区

功能区以选项卡的形式将各相关的命令分组显示在一起，使各种功能按钮直观显示出来，方便使用。使用功能区可以快速查找相关的命令组。通过选项卡来切换显示相关命令集。

功能区可以隐藏也可根据需要显示相关命令。为了扩大显示区域，Word 2010 允许把功能区隐藏起来，方法为双击任意选项卡；若要再次打开功能区可再次双击任一选项卡。也可单击功能区右上方的“功能区最小化”按钮来隐藏和展开功能区。

3. **选项卡**

Word 2010 包含“开始”“插入”“页面布局”“引用”“邮件”“审阅”和“视图”等选项卡。

①“开始”选项卡：有剪贴板、字体、段落、样式和编辑 5 个命令组，如图 4-3 所示。它主要是 Word 文档进行文字编辑和格式设置，是最常用的功能区。

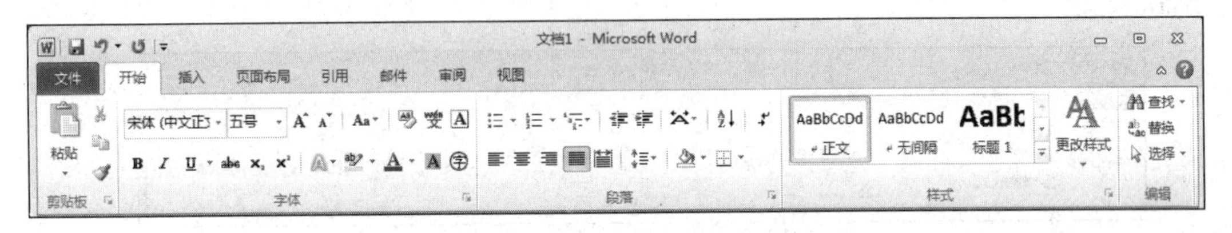

图 4-3 “开始”选项卡

②“插入”选项卡：包括页、表格、插图、链接、页眉和页脚、文本、符号 7 个命令组，如图 4-4 所示。主要用于在 Word 文档中插入各种元素。

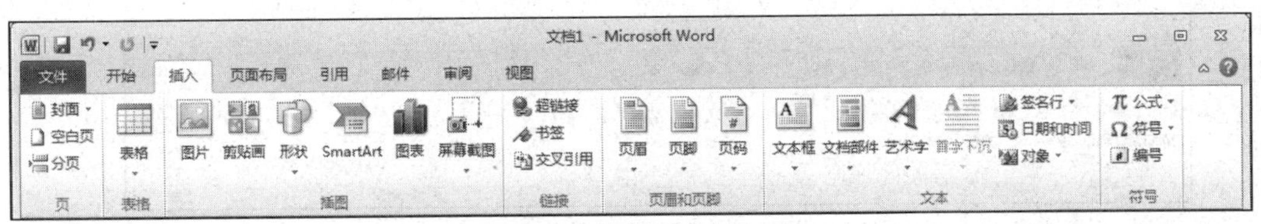

图 4-4 “插入”选项卡

③“页面布局”选项卡：包括主题、页面设置、稿纸、页面背景、段落和排列 6 个命令组，如图 4-5 所示。用于设置 Word 文档页面样式。

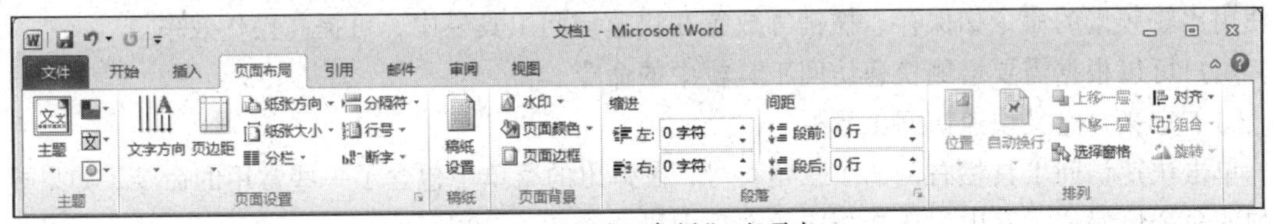

图 4-5 “页面布局”选项卡

④“引用”选项卡：包括目录、脚注、引文与书目、题注、索引和引文目录 6 个命令组，如图 4-6 所示，用于实现在 Word 文档中插入目录等功能。

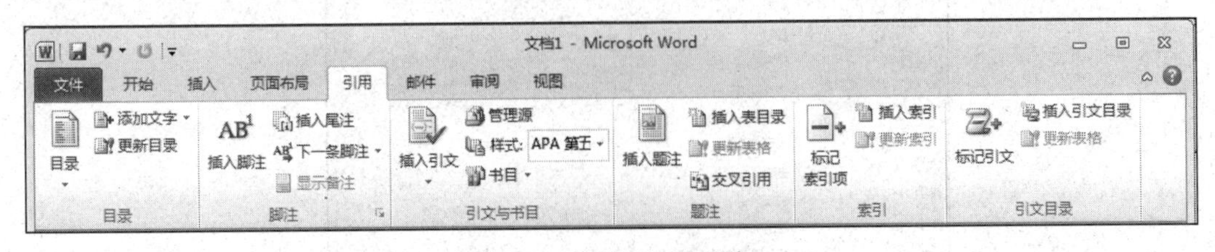

图 4-6 “引用”选项卡

⑤“邮件”选项卡：包括创建、开始邮件合并、编写和插入域、预览结果和完成 5 个命令组，如图 4-7 所示，该功能区专门用于在 Word 文档中进行邮件合并方面的操作。

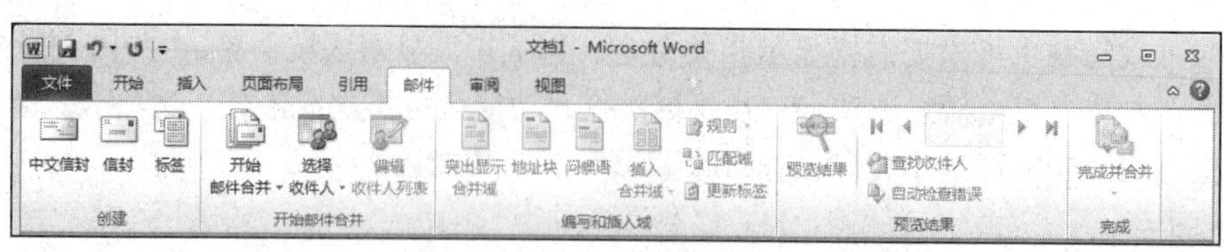

图 4-7 “邮件”选项卡

⑥“审阅”选项卡：包括校对、语言、中文简繁转换、批注、修订、更改、比较和保护 8 个命令组，如图 4-8 所示，主要用于对 Word 文档进行校对和修订等操作，适用于多人协作处理 Word 长文档。

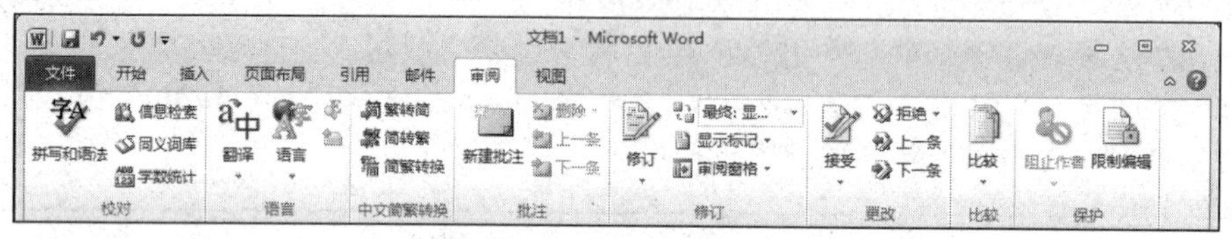

图 4-8 “审阅”选项卡

⑦“视图”选项卡：包括文档视图、显示、显示比例、窗口和宏 5 个命令组，如图 4-9 所示，主要用于设置 Word 操作窗口的视图类型，以方便操作。

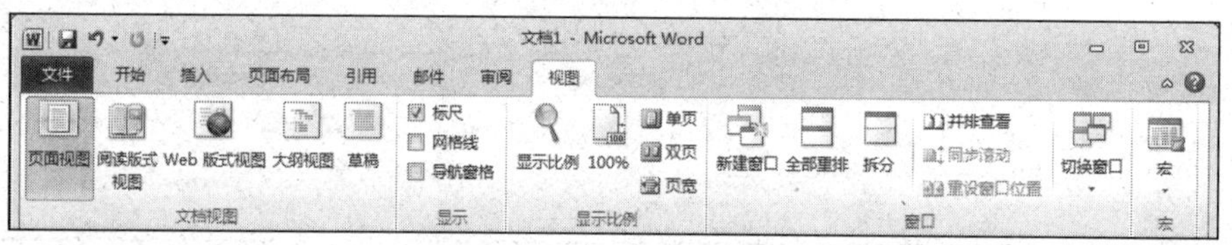

图 4-9 “视图”选项卡

4. 快速访问工具栏

快速访问工具栏位于标题栏左侧，不管当前处于哪个选项卡下，其中的命令都能直接执行。将使用比较频繁的命令如保存、撤销等放置在快速访问工具栏中，可提高操作效率。

用户可以根据需要增删快速访问工具栏中的命令。

（1）定义自定义快速访问工具栏

单击快速访问工具栏右侧的小三角符号，在弹出的菜单中包含了一些常用的命令，如果要添加的命令恰好位于其中，选择相应的选项即可，如图 4-10 所示。

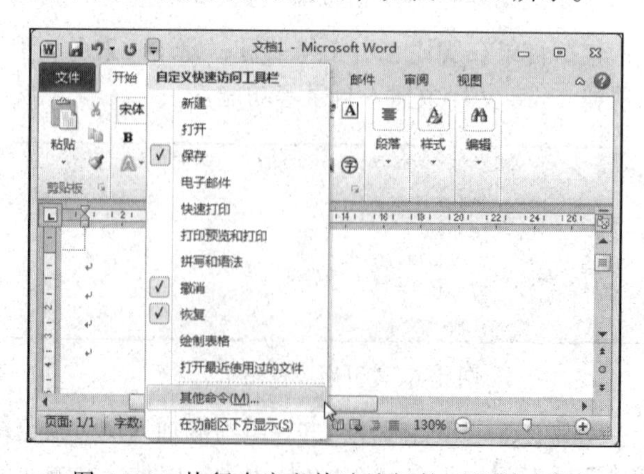

图 4-10 执行自定义快速访问的工具栏功能

（2）添加命令到自定义工具栏

单击图 4-10 中的“其他命令”命令，弹出“Word 选项”对话框，选择“快速访问工具栏”选项，选择左侧列表框中要添加的命令，单击“添加”按钮添加到右侧列表框中，设置完毕后单击“确定”按钮完成操作，如图 4-11 所示。

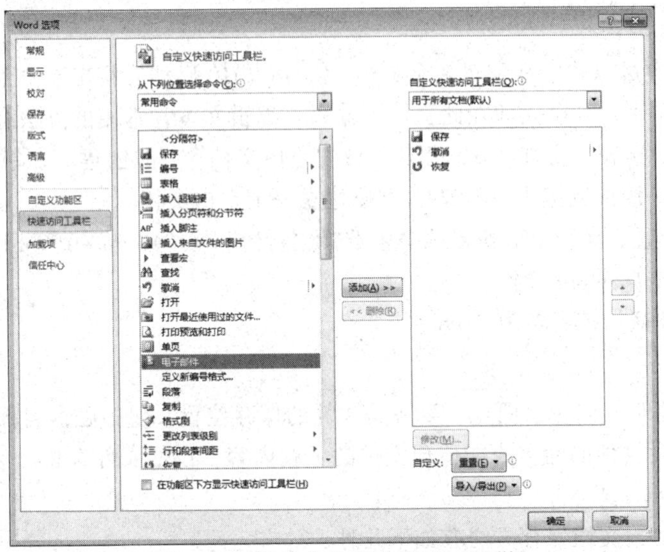

图 4-11　添加命令到自定义工具栏

4.1.5　文档视图

在 Word 2010 中提供了多种视图模式供选择，这些视图模式包括页面视图、阅读版式视图、Web 版式视图、大纲视图和草稿视图。用户可以在“视图”选项卡中选择需要的文档视图模式，也可以在 Word 2010 文档窗口的右下方单击视图按钮选择视图。

1. 页面视图

“页面视图”可以显示 Word 2010 文档的打印结果外观，主要包括页眉、页脚、图形对象、分栏设置、页面边距等元素，是最接近打印结果的页面视图。

2. 阅读版式视图

“阅读版式视图”以图书的分栏样式显示 Word 2010 文档，“文件”按钮、功能区等窗口元素被隐藏起来。在阅读版式视图中，还可以单击“工具”按钮选择各种阅读工具。

3. Web 版式视图

“Web 版式视图”以网页的形式显示 Word 2010 文档，Web 版式视图适用于发送电子邮件和创建网页。

4. 大纲视图

“大纲视图”主要用于 Word 2010 文档的设置和显示标题的层级结构，并可以方便地折叠和展开各种层级的文档。大纲视图广泛用于长文档的快速浏览和设置。

5. 草稿视图

“草稿视图”取消了页面边距、分栏、页眉页脚和图片等元素，仅显示标题和正文，是最节省计算机系统硬件资源的视图方式。

4.2　Word 文档的创建与编辑

4.2.1　创建、打开和保存 Word 文档

1. 新建文档

在 Word 2010 中可以建立和编辑多个文档。Word 2010 启动后将出现一个临时名称为“文档 1”的空白文档，用户可以立即在此文档中输入、编辑文本，常用的方法有 3 种：

① 启动 Word，选择“文件“→“新建”→“空白文档”→“创建”命令，建立空白文档。

② 启动 Word，按快捷键【Ctrl+N】，直接建立一个空白文档。

③ 右击目标位置，在弹出的快捷菜单中选择“新建”→“Microsoft Word 文档”命令，在当前位置建立一个空白 Word 文档。

Word 2010 文件默认扩展名为“.docx”。

2. 保存文档

保存 Word 文档时，应注意两点：第一是文件的保存位置，包括磁盘名称、文件夹位置；第二是文件名称，对文件的命名应能体现文件的主题内容，以便文件查找。

（1）保存方法

在 Word 2010 中，文档保存方法有如下几种：

① 单击快速访问工具栏中的“保存”按钮。

② 选择“文件”→“保存”命令。

③ 使用快捷键【Ctrl+S】，快速保存文档。

第一次保存新建的文件时，将弹出“另存为”对话框，设置文件存放的位置及文件的名称，选择文件的保存类型即可，如图 4-12 所示。如果文件已经保存过，则不会弹出对话框，直接将当前内容保存于磁盘中。

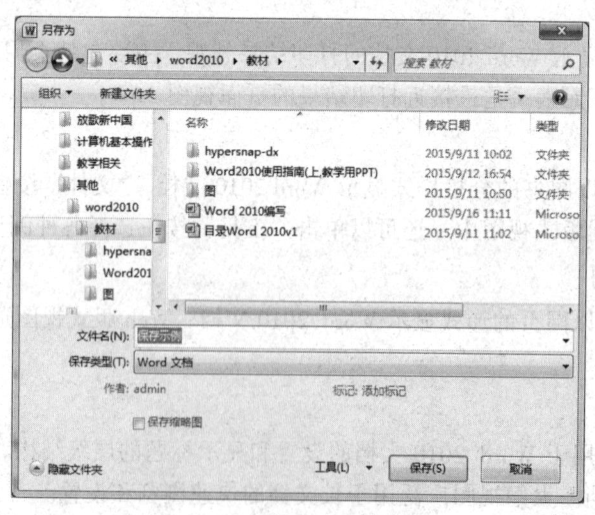

图 4-12　“另存为”对话框

（2）另存为

“另存为”命令可将文档以新的文件名或新路径保存起来。方法如下：

① 打开要另行保存的文档。

② 选择“文件”→“另存为”命令，弹出图 4-12 所示的“另存为”对话框。

③ 重新选择保存路径或修改文件名字，单击“保存”按钮完成操作。

（3）设置保存选项

选择“文件”→“选项”命令，在弹出的“Word 选项”对话框的左窗格中选择“保存”选项，如图 4-13 所示，可以完成保存文档的设置。

图 4-13　“Word 选项”对话框

① 保存自动恢复信息时间间隔：设置自动保存文档的时间间隔，自动恢复时间一般不要设置过长，以免意外丢失数据。

② 默认文件位置：设置文件默认保存的位置。

3. 打开文档

利用“打开”文档操作可以浏览与编辑已保存的文档内容。打开文档的方法如下：

- 启动 Word 2010 后打开文档。启动 Word 2010 后，选择“文件”→“打开”命令，弹出“打开”对话框，选择要打开的文档即可打开。
- 双击 Word 文件直接打开文档。双击保存在磁盘上的 Word 2010 文档，在启动 Word 2010 的同时打开该文档。
- 快速打开最近使用过的文档。Word 2010 默认会显示 20 个最近打开过的 Word 文档，通过“开始”→“最近所用文件”命令，在“最近使用的文档”列表中单击 Word 文档名称即可。
- 使用快捷键【Ctrl+O】快速打开文档。

4. 关闭文档

关闭文档的常用方法有以下几种：

① 选择“文件”→“关闭”命令。

② 单击窗口右上角的“关闭”按钮。

5. **文档模板**

（1）模板概述

任何 Word 文档都是以模板为基础的。模板决定文档的基本结构和文档设置，例如自动图文集词条、字体、快捷键指定方案、宏、菜单、页面布局、特殊格式和样式。

模板有两种基本类型：共用模板和文档模板。共用模板包括 Normal 模板，所含设置适用于所有文档。文档模板（如备忘录或传真模板）所含设置仅适用于以该模板为基础的文档。Word 提供了许多文档模板，也可以创建自己的文档模板。

（2）创建文档模板

Word 2010 内置多种文档模板，如博客文章模板、书法字帖模板等。另外 Office.com 网站还提供证书、奖状、名片、简历等特定功能模板。借助这些模板可以创建比较专业的 Word 2010 文档。

在 Word 2010 中使用模板创建文档的步骤如下：

① 打开 Word 2010 文档窗口，选择“文件”→“新建”命令。

② 在“新建”面板中，选择“博客文章”“样本模板”等列表中的对应模板，单击“创建”按钮创建文档，如图 4-14 所示。

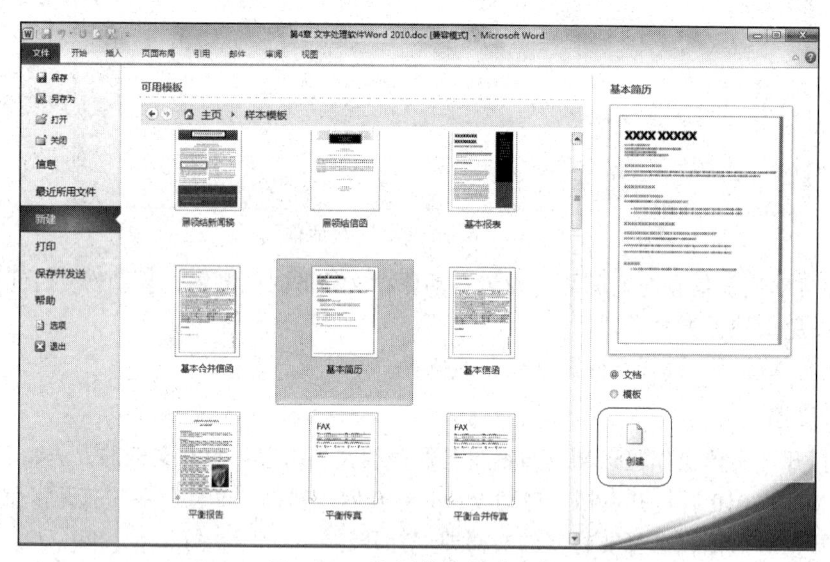

图 4-14　使用模板创建文档

4.2.2　文档的编辑

文档编辑包括文本输入、文本编辑等操作，以保证所输入的文本内容与用户所要求的文稿相一致。

新建文档后，光标停留在文档窗口左上角的位置，此即为输入内容的起始位置。

1. **认识光标**

光标在文档的编辑中起到定位的作用，无论输入文本还是插入图形都是从当前光标所在的位置开始。使用光标定位的方式有两种：键盘（见表 4-1）或鼠标单击。

表 4-1　快速定位输入位置的快捷键与组合键

键 盘 名 称	光标移动情况	键 盘 名 称	光标移动情况
↑	上移一行	Ctrl + ↑	光标到了当前段落或上一段的开始位置
↓	下移一行	Ctrl + ↓	光标移到下一个段落的首行首字前面
←	左移一个字符或一个汉字	Ctrl + ←	光标向左移动了一个词的距离
→	右移一个字符或一个汉字	Ctrl + →	光标向右移动了一个词的距离
Home	移到行首	Ctrl + Home	光标移到文档的开始位置
End	移到行尾	Ctrl + End	光标移到文档的结束位置
PageUp	上移一页	Ctrl + PageUp	光标移到当前页或上一页的首行首字前面
PageDown	下移一页	Ctrl + PageDown	光标移到下页的首行首字前面
Backspace	删除光标左边的内容	Delete	删除光标右边的内容

2. 文本输入

选择对应的输入方法在光标插入点直接输入即可。需要注意的是：文本输入到一行的末尾时不需要按【Enter】键换行，在输入下一个字符时将自动转到下一行开始。按一次【Enter】键表示生成一个新的段落。

技巧：

文本输入有插入和改写两种状态，“插入”状态：在一个字符前面输入新内容时插入点右侧的字符自动后移；“改写”状态：在一个字符的前面键入字符时原有的字符会被输入字符替换。Word 默认状态是“插入”状态，按【Insert】实现插入和改写状态的切换。

3. 字符的删除

若输入错误的字符可以将其删除。当光标位于错误字符的左边时，按【Delete】键即可删除。当光标位于错误字符的右边时，按【Backspace】键即可。选中字符后按【Delete】或【Backspace】键，可删除选中内容。

4. 输入特殊符号

输入特殊符号如希腊字母、数学符号时，可使用 Word 提供的特殊符号输入功能，实现方法如下：

① 选择“插入”→“符号”→“符号”命令，弹出图 4-15 所示的“符号”面板。

② 面板显示常用的特殊符号列表，单击对应符号即可插入字符。单击“其他符号（M）”按钮，弹出“符号”对话框，如图 4-16 所示。

图 4-15　“符号”面板

图 4-16　“符号”对话框

③ 通过“符号”对话框中的垂直滚动条切换字符内容，选中字符后，单击“插入”按钮即可插入字符到文档中。通过“字体”下拉列表框或“子集”下拉列表框中的符号类别快速定位到对应符号；在“字符代码”文本框中输入字符代码可精准定位输入字符。

5. **自动更正、拼写和语法**

（1）“自动更正”功能

在 Word 中录入文本时，默认情况下，Word 将自动对录入的单词、中文词组的拼写和语法进行检查，并标识可能有错误的地方。用户可根据自己的需要通过“Word 选项”对话框的“校对”选项对自动更正功能进行设置。

（2）拼写和语法检查

Word 2010 可自动监测输入的文字内容，并根据相应的词典自动进行拼写和语法检查，在系统认为错误的字词下面出现彩色的波浪线：红色代表拼写错误，蓝色代表语法错误。用户可以在这些单词或词组上右击获得相关的帮助和提示。此功能能够对输入的词句进行检查，减少输入文档的出错率。

视频 4-1 制作邀请函

4.2.3 实例：制作“邀请函”

【实操 1】 建立一个新的空白文档，并在文档中录入图 4-17 中邀请函的内容，并把文件以“邀请函”为文件名保存。

×市第一届“计算机应用能力”竞赛邀请函
为提高职业院校学生的计算机应用能力，×市职业教育研究中心将举行第一届计算机应用能力大赛，并委托×职业技术学院为承办单位，大赛定于 2019 年 11 月 8 日上午 9：00 在×职业技术学院举行。现将有关大赛事项通知如下：
一、竞赛内容
1.汉字录入
技术操作环境：Windows 7，对屏录入，不限输入方法。
时间：15 min。
录入体例：小说、散文、科技、新闻等。
2.文章排版
要求：按照样本排版，使用 Word 2010。
时间：30 min。
3.数据库
(1)修改程序：按要求修改程序中的错误，添加、补充程序的语句。
(2)程序设计：对所给任务进行程序设计，最后要求产生报表文件，报表完全正确为满分，否则为 0 分。
操作环境：修改程序在 Access 2010 软件中，时间为 80 分钟。
二、竞赛说明
（1）笔试内容：《计算机应用基础》和《Access 数据库应用技术》，以（教育部）计算机等级考试中的一级为标准。笔试成绩占各项总分的 20%（20：80），采用无纸化方式。
（2）程序修改和程序设计（内容比例为 60：40）以（教育部）计算机等级考试中的二级为标准。
×市职业教育研究中心
二〇一九年十月五日

图 4-17　邀请函的内容

① 启动 Word 2010，在文档中按照要求录入图 4-17 所示的内容，在每一自然段结束处按

【Enter】键，新起一段录入后续内容。

② 单击快速访问工具栏中的按钮，弹出“另存为”对话框，设置好“保存位置”为 D 盘，“文件名”为“邀请函.docx”。

技巧：

录入文字时不要人为地添加多余的空行或空格调整段落间距、行间距、首行缩进等，这些设置将在后面的格式设置中完成。

4.3　Word 文档格式设置

Word 2010 提供强大的编辑功能，可以方便地完成对输入信息的修改和格式的设置，如插入、移动、复制、删除、查找、字体和段落格式设置等。

4.3.1　文本的选定

选中文字信息后，才可进行相应的修改操作，被选取的文本呈现“黑底白字”高亮状态。文本选取的方法较多，可以根据不同的需求选择对应的方法。

1. 全文选取

全文选取的操作方法有如下几种：

- 单击“开始”选项卡“编辑”组中的“选择”→“全选”按钮。
- 移动鼠标指针至某行左侧，当指针变为指向右上角箭头时，三击鼠标左键。
- 快捷键【Ctrl+A】。

2. 选定部分文档

选定部分文档的操作方法如表 4-2 所示。

表 4-2　选定部分文档的操作方法

选取范围	操作方法
字符的选取	选取一个字符：将鼠标指针移到字符前，单击并拖动一个字符的位置
	选取多个字符：把鼠标指针移动到要选取的第一个字符前，按着鼠标左键，拖动到选取字符的末尾，释放鼠标
行的选取	选取一行：在行左边文本选定区单击鼠标左键
	选取多行：选取一行后，继续按住鼠标左键并向上或下拖动便可选取多行或者按住【Shift】键的同时单击结束行
	选取光标所在位置到行尾（行首）的文字：把光标定位在要选定文字的开始位置，按【Shift+End】组合键（或【Home】键）即可
	选取从当前插入点到光标移动所经过的行或文本部分：确定插入点，按【Shift】键+光标移动键
句的选取	选取单句：按住【Ctrl】键的同时单击文档中的一个地方，单击处的整个句子就被选取； 选中多句：按住【Ctrl】键的同时单击选中第一个句子，释放【Ctrl】键，按住【Shift】键的同时单击最后一个句子的任意位置，即可选中多句
段落的选取	双击段落左边的选定区，或三击段落中的任何位置
矩形区的选取	按住【Alt】键的同时拖动鼠标

技巧：

- 灵活选择：将光标定位在选择区域的起点，按住【Shift】键的同时单击选取区域终点，即可选择起点到终点的文本。
- 单击选择区域以外的区域，即可撤销选取的文本。

4.3.2 文本的移动、复制与删除

1. 移动

选定要移动的文本内容后，使用以下方法实现文本的移动：

（1）使用功能区命令按钮

① 单击“开始”选项卡“剪贴板”组中的“剪切”按钮，选中的内容就放入剪贴板中。

② 将光标定位到要插入文本的位置，单击“开始”选项卡“剪贴板”组中的“粘贴”按钮，被剪切的文本就移动到光标所在的位置。

（2）使用鼠标拖动

① 使用鼠标左键拖动选中的文本块，此时鼠标指针下面带有一个虚线小方框，同时出现一条虚竖线指示插入的位置。

② 在需要插入文本的位置释放鼠标左键即可完成移动操作。

（3）使用快捷键

按【Ctrl+X】组合键实现剪切操作；在待插入文本位置按【Ctrl+V】组合键完成移动操作。

技巧：

在 Word 2010 中，在使用“粘贴”命令时，会有“保留源格式”按钮、“合并格式”按钮和“只保留文本”按钮3个图标按钮，根据需要单击不同的按钮完成粘贴操作。

2. 复制

选定要复制的文本内容后，使用以下方法实现文本复制：

（1）使用功能区命令按钮

① 单击“开始”选项卡“剪贴板”组中的“复制”按钮，则选中内容就被复制到剪贴板。

② 将光标定位到要插入文本的位置，单击“开始”选项卡“剪贴板”组中的“粘贴”按钮，被复制的文本就会插入到光标所在的位置。

（2）使用鼠标拖动

将鼠标指针定位到被选定文本的任何位置，按住【Ctrl】键的同时拖动鼠标左键到需要插入文本的位置释放即可。

（3）使用快捷键

按【Ctrl+C】组合键实现复制操作；在待插入文本位置按【Ctrl+V】组合键完成复制操作。

技巧：文本的移动、复制操作也可通过右键菜单完成。

3. 删除

删除文本是指清除掉一些字符或一块文本的操作，常用的删除的方法有如下 3 种：

① 用【Delete】键删除：删除插入点后面的字符。

② 用【Backspace】键删除：删除插入点前面的字符。

③ 快速删除：选定要删除的文本区域，按【Delete】键或【Backspace】键即可删除所选择的文本区域。

4.3.3　文本的查找与替换

“查找”的功能是指在文档中搜索指定的内容。“替换”的功能是先查找指定的内容，再替换成新的内容。

1. 文档内容的查找

查找步骤如下：

① 单击“开始”选项卡“编辑”组中的“查找”按钮（快捷键为【Ctrl+F】），在屏幕左侧打开“导航”窗格，如图 4-18 所示。

② 在编辑框中输入待查找的内容，文档中所有被查找的内容就被突出显示出来。

技巧：

- 单击“导航”窗格编辑框右侧的下拉按钮，在弹出的下拉菜单中选择“高级查找”命令，弹出图 4-19 所示的“查找和替换”对话框。在“查找内容”文本框中输入要查找的内容，单击“查找下一处”按钮进行查找操作。
- 若要取消查找，单击“导航”窗格右上角的按钮即可。

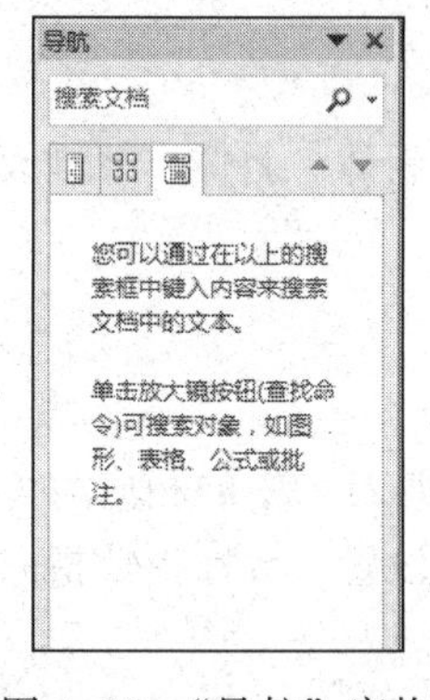

图 4-18　“导航”窗格

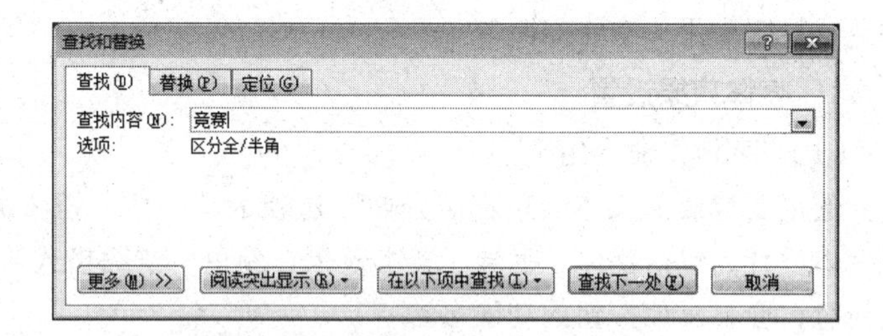

图 4-19　“查找和替换”对话框

2. 文档内容的替换

Word 2010 的“替换”功能能快速替换 Word 文档中的目标内容，操作如下：

① 单击“开始”选项卡“编辑”组中的“替换”按钮（快捷键为【Ctrl+H】），弹出“查找和替换”对话框，如图 4-20 所示。

② 在“查找内容”文本框中输入要查找的内容，在“替换为”文本框中输入替换内容。

③ 单击“替换”按钮，Word 将把当前查找的内容进行替换。若单击“全部替换”按钮，则 Word 会自动搜索所有查找内容并一次性替换完毕。

④ 单击“更多”按钮，可以进行更高级的自定义替换，如格式替换等操作设置。

⑤ 单击“关闭”按钮，退出“查找和替换”操作。

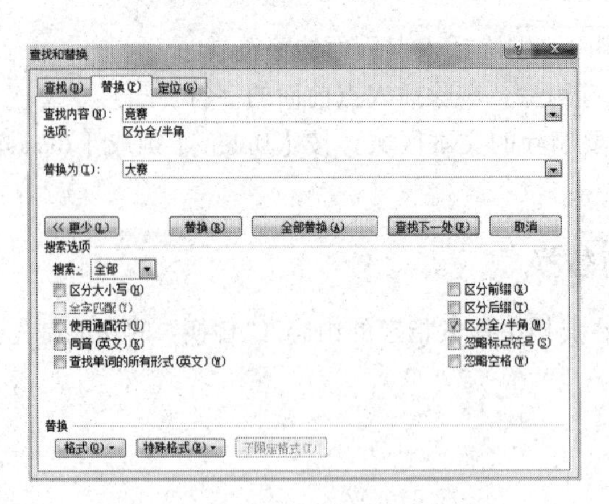

图 4-20 “查找和替换”对话框

4.3.4 撤销与恢复

对于不慎出现的误操作，可以使用 Word 撤销和恢复功能取消误操作。

单击快速访问工具栏中的“撤销”按钮（快捷键【Ctrl+Z】）或“恢复”按钮（快捷键【Ctrl+Y】）进行操作。

技巧：

连续单击“撤销”按钮，Word 将依次撤销从最近一次操作往前的各次操作。

4.3.5 字符格式化

设置并改变字符的外观称为字符格式化，如设置字体、字号、粗体、斜体、下画线、字符颜色、特殊效果、字符间距等。

1. 字体效果设置

（1）“字体”命令组

选定要修改的文本，单击“开始”选项卡“字体”组（见图 4-21）中的相应命令按钮完成字体设计，包括字体、字号、文本效果、颜色、清除格式等多种设置。鼠标指针指向相应的按钮时，会显示该按钮的功能名称。

Word 2010 还提供轮廓、阴影、映像、发光 4 种字体特效设置。选择待设置特效的文本，单击“字体”组中的按钮，打开图 4-22 所示的面板，根据需要完成设置。

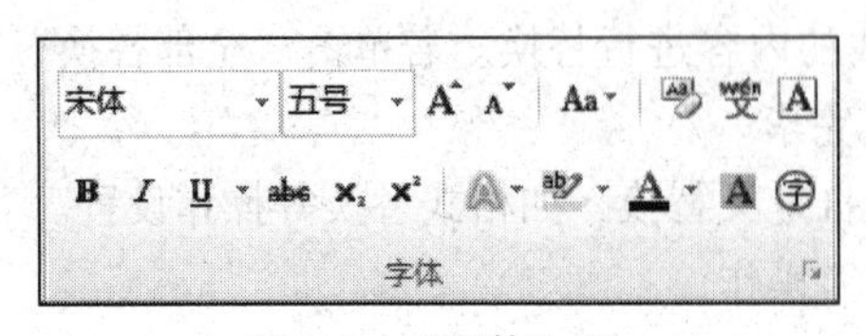

图 4-21“字体”组

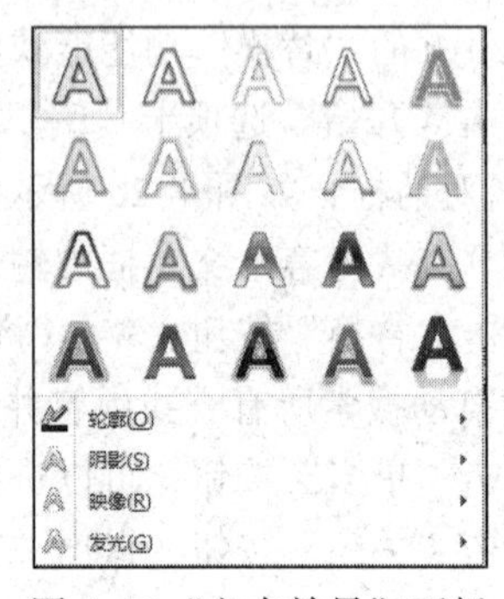

图 4-22“文本效果”面板

技巧：字体、字号、字形、文字颜色、效果设置如表 4-3 所示。

表 4-3 “字体”组中的按钮作用及效果示例

按　　钮	作　　用	示　　例
B	加粗	笑对人生→笑对**人生**
I	倾斜	笑对人生→笑对*人生*
U	下画线	笑对人生→笑对人生
A	字符边框	笑对人生→笑对人生
abc	删除线	笑对人生→笑对~~人生~~
x_2	下标	笑对人生→笑对$_{\text{人生}}$
x^2	上标	笑对人生→笑对^{人生}
ab	以不同颜色突出显示文本	笑对人生→笑对人生
A	字符底纹	笑对人生→笑对人生
A	增大字体	笑对人生→笑对人生
A	缩小字体	笑对人生→笑对人生

（2）“字体”对话框

单击“字体”组右下角的按钮（或按【Ctrl+Shift+F】组合键），弹出“字体”对话框，如图 4-23 所示。

在“字体”对话框中，单击“文字效果”按钮，弹出“设置文本效果格式”对话框，如图 4-24 所示。在左边窗格中选择设置项目，右边窗格中可完成具体的设置。

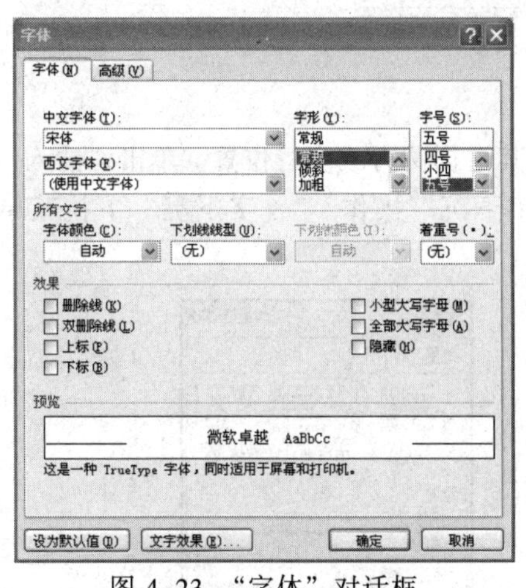

图 4-23 “字体”对话框

图 4-24 “设置文本效果格式”对话框

（3）浮动工具栏

将鼠标指针移到被选中文字区域的右侧，将会出现一个半透明状态的浮动工具栏。该工具栏包含字体、字号、颜色、居中对齐等常用命令。单击对应命令项，可快速设置文字格式。

技巧：

- Word 字号表示方式：中文数字值越小，字号越大；阿拉伯数字值越大，字号越大。
- 在“字号”下拉列表框中直接输入数值如 50，可直接设置字号为 50。
- 单击A增大字号，单击A缩小字号。

2. 字符间距及缩放的设置

字符间距是指相邻字符间的距离。在“字体”对话框中选择“高级”选项卡，在“字符间距”区域的“间距”下拉列表框中选择加宽或紧缩，输入设置值后单击“确定”按钮即可，如图 4-25 所示。

字符缩放是指字符的宽高比例，用百分数来表示。在“缩放”下拉列表框中选择不同的百分比调节字符缩放比例；也可单击“段落”组中的按钮进行设置。

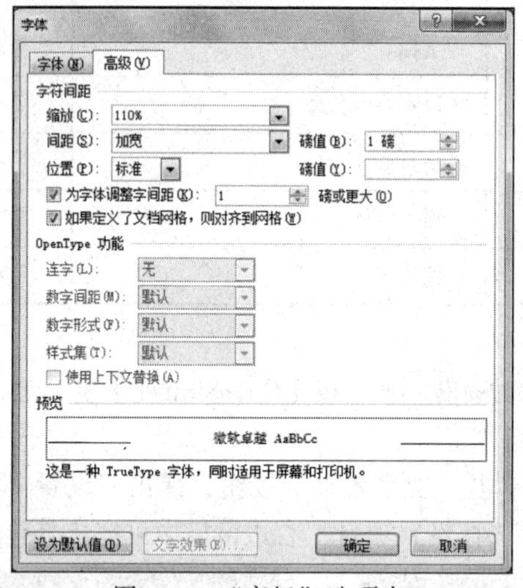

图 4-25 “高级”选项卡

3. 首字下沉

首字下沉是指将段落首行的第一个字符增大，使其占据两行或多行位置。单击“插入”选项卡“文本”组中的“首字下沉”按钮，进行“首字下沉”操作。“首字下沉”下拉菜单和对话框如图 4-26 和图 4-27 所示。

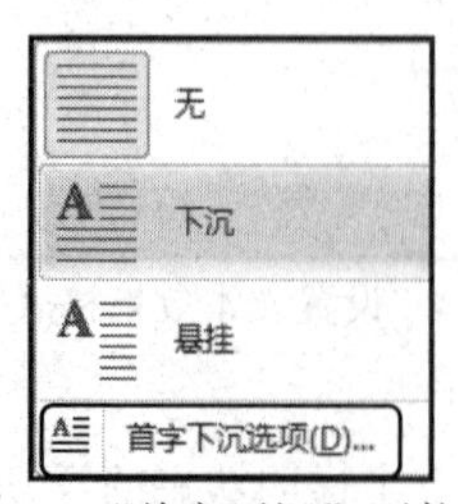

图 4-26 “首字下沉”下拉菜单

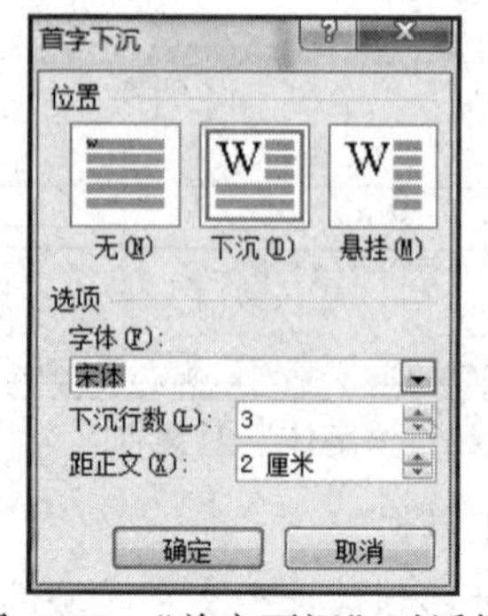

图 4-27 “首字下沉”对话框

技巧：下沉的首字是以图文框的形式插入，所以可以通过鼠标来调节其具体的格式。

4. **边框和底纹的设置**

完成边框和底纹的设置有如下两种操作方法：

- 选定文本，单击“开始”选项卡“字体”组中的“字符边框”按钮，即可完成字符边框设置；单击“开始”选项卡“字体”组中的“字符底纹”按钮可完成字符底纹设置。再次选择相应的命令可取消边框和底纹的设置。
- 单击“页面布局”选项卡“页面背景”组中的“页面边框”按钮，弹出“边框和底纹”对话框，选择“边框”选项卡进行设置，如图 4-28 所示。

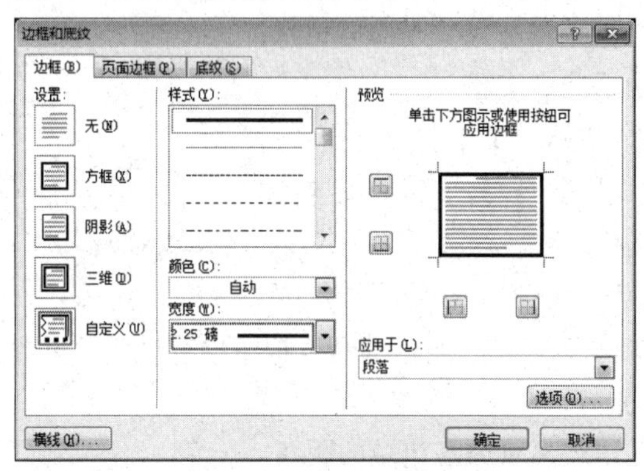

图 4-28 “边框和底纹”对话框

在“边框”选项卡中设置边框的样式、边框线的类型、颜色和宽度；在“底纹”选项卡中设置填充色、底纹的图案和颜色，在预览中查看设置的效果。

技巧：

若要将此设置应用于整个段落，在“应用于”下拉列表框中选择“段落”；若是只应用于所选文字，则选择“文字”。

5. **文字方向**

Word 2010 中可以方便地更改文字的显示方向，实现不同的效果。单击“页面布局”选项卡页面设置组中的“文字方向”按钮，打开图 4-29 所示的下拉菜单，在该菜单中选择不同的命令完成文字方向设置。

选择“文字方向选项”命令，弹出图 4-30 所示的“文字方向”对话框。左边“方向”区域中选择方向类型；右侧预览区可预览文字方向效果；“应用于”下拉列表框可设置应用范围为“整篇文档”或“插入点之后”。

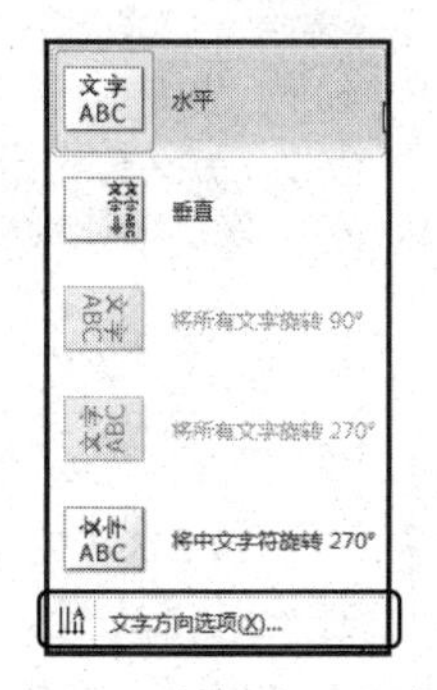

图 4-29 “文字方向”下拉菜单

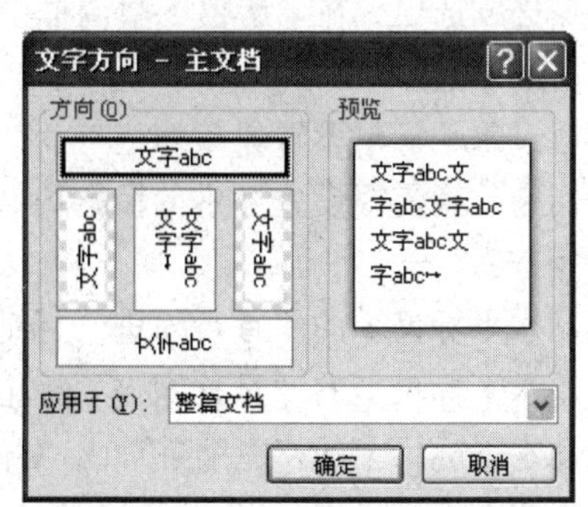

图 4-30 “文字方向”对话框

技巧：

“文字方向”对话框的应用对象是“整篇文档”，即全部文字都将改变方向。如果需要对特定的文字应用不同方向，则文字须处在特定“容器”中，如“文本框”、表格的“单元格”等。

4.3.6 段落格式化

在 Word 2010 中，段落是独立的信息单位，可以具有自身的格式，如对齐方式、间距和样式。每个段落都是以段落标记↵作为结束标志。按【Enter】键时开始新段落，新段落会具有与前一段相同的格式，可为每个段落设置不同的格式。

1. “段落”组中的常用命令按钮

在“开始”选项卡的“段落”组中有多个命令按钮，可以完成段落格式的设置。“段落”组如图 4-31 所示。

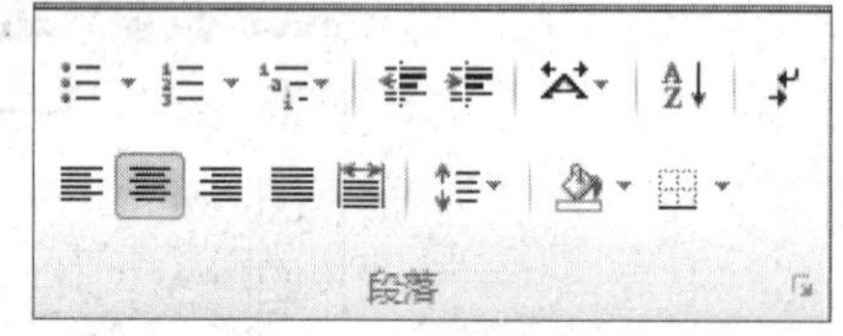

图 4-31 “段落”组

2. 段落的缩进设置

可以使用“开始”选项卡“段落”组中的命令按钮进行设置，也可使用“段落”对话框进行设置。缩进包括以下 4 种：

① 左缩进：段落的左边距离页面左边距的距离。

② 右缩进：段落的右边距离页面右边距的距离。

③ 首行缩进：段落第一行由左缩进位置向内缩进的距离，中文习惯首行缩进两个汉字宽度。

④ 悬挂缩进：段落中除第一行以外的其余各行由左缩进位置向内缩进的距离。

（1）通过组设置段落缩进

把光标定位到需要改变缩进量的段落内或选中要改变缩进量的段落，单击“开始”选项卡“段落”组中的“增加”或“减少”按钮即可。使用组中的命令按钮只能完成“段落左缩进量的增加和减少”。

（2）通过“段落”对话框设置段落缩进

单击“开始”选项卡“段落”组右下角的按钮，弹出“段落”对话框，如图 4-32 所示。选择“缩进和间距”选项卡，在“缩进”区域的“左侧”或“右侧”文本框中输入数值；在“特殊格式”下拉列表框中选择“首行缩进”或“悬挂缩进”选项，在“磅值”微调框中输入数值，即可设置对应的缩进。

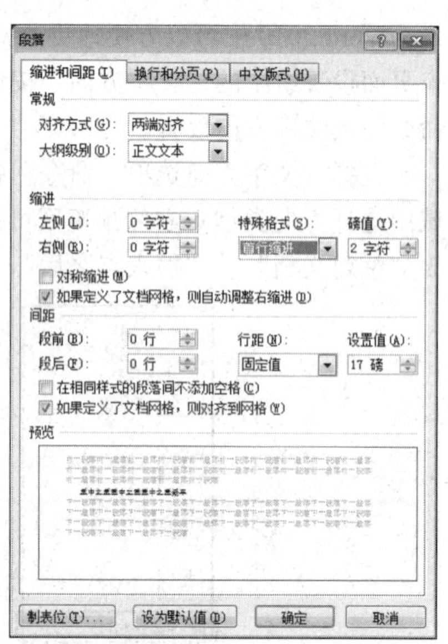

图 4-32 “段落”对话框

（3）通过水平标尺设置段落缩进

把光标定位到需要设置缩进的段落内，使用以下方法实现缩进操作：

- 拖动水平标尺上的“首行缩进”标记完成设置。
- 拖动水平标尺上的“悬挂缩进”标记完成设置。
- 拖动水平标尺上的“左缩进”或“右缩进”标记实现左右缩进操作，如图 4-33 所示。

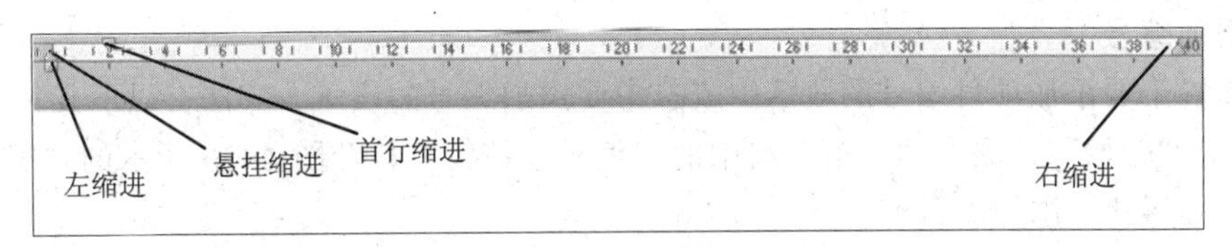

图 4-33　段落缩进标记

3. **段落的对齐方式设置**

使用“段落”对话框的“对齐方式”下拉列表框可选择对齐方式，段落的对齐方式有：

- 左对齐：文本靠左边排列，段落左边对齐。
- 右对齐：文本靠右边排列，段落右边对齐。
- 居中对齐：文本由中间向两边分布，始终保持文本处在行的中间。
- 两端对齐：段落中除最后一行以外的文本都均匀地排列在左右边距之间，段落左右两边都对齐。
- 分散对齐：将段落中的所有文本都均匀地排列在左右边距之间。

技巧：

可利用“段落”组中的命令按钮设置段落对齐：“两端对齐”按钮、“居中对齐”按钮、“右对齐”按钮和“分散对齐”按钮。

4. **段间距与行间距**

（1）段间距

段间距指相邻两段间的间隔距离，包括段前间距和段后间距。

（2）行间距

行间距表示各行文本间的垂直距离。行间距包括单倍行距、1.5 倍行距、两倍行距、最小值、固定值等内容。

5. **项目符号和编号**

列表有编号列表与项目符号列表之分，如果信息有前后顺序，则使用编号列表；如果顺序无关紧要，则使用项目符号列表。

（1）添加项目符号

将光标置于要添加项目符号的段落或选中要添加项目符号的段落，方法有以下几种：

① 单击“开始”选项卡“段落”组中的“项目符号”按钮，打开图 4-34 所示的项目符号库，单击一种符号，直接添加项目符号。

② 选择项目符号库下方的“定义新项目符号”命令，弹出图 4-35 的“定义新项目符号”对话框，单击“符号”或“图片”按钮可修改项目符号，选择“字体”修改字体属性。

图 4-34　项目符号库

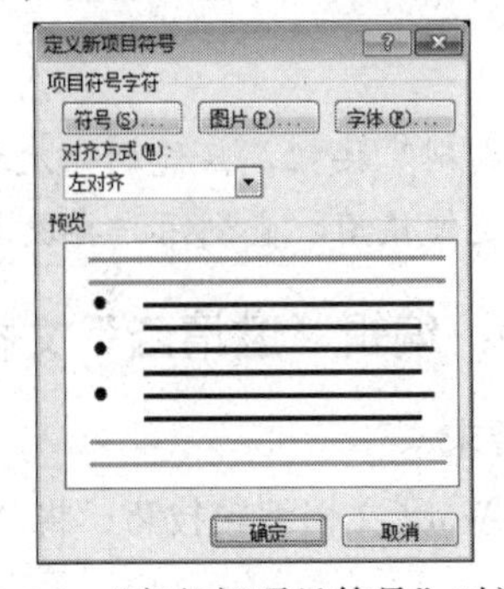

图 4-35　“定义新项目符号”对话框

（2）添加编号

将光标置于要添加项目编号的段落中或选中要添加编号的段落，方法有以下几种：

① 单击“开始”选项卡“段落”组中的“编号”按钮，打开图 4-36 所示的“编号库”，单击一种编号形式，添加项目编号。

② 选择编号库下方的“定义新编号格式”命令，弹出“定义新编号格式”对话框，如图 4-37 所示。可修改“编号样式”，设置“字体”及“对齐方式”。

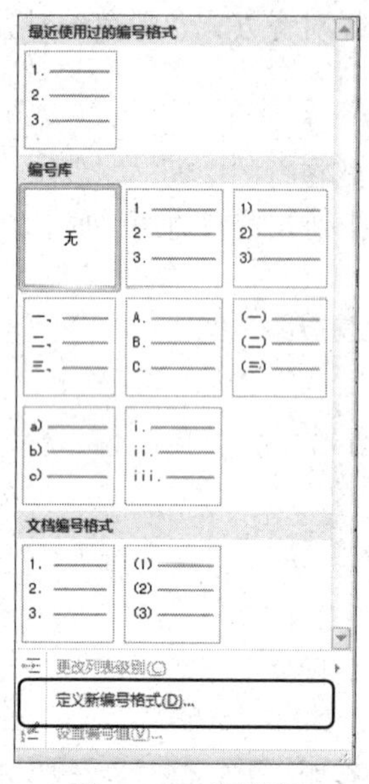

图 4-36　编号库

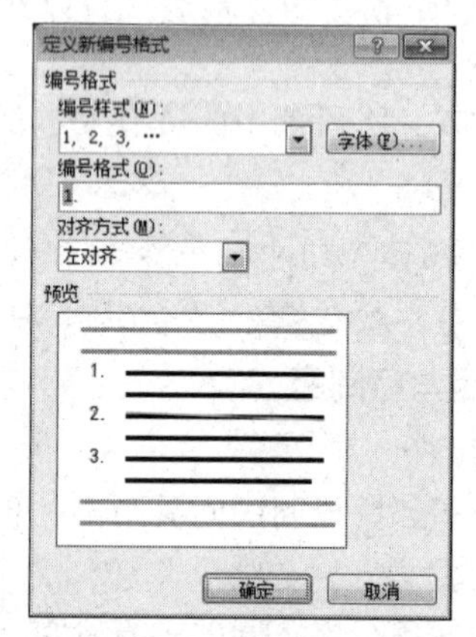

图 4-37　“定义新编号格式”对话框

4.3.7　格式刷

使用格式刷可以快速复制应用字符、段落格式。

格式刷的应用方法如下：

① 选中提供格式的文字或段落对象。

② 单击“开始”选项卡“剪贴板”组中的“格式刷”按钮，鼠标指针变成刷子形状。

③ 按住鼠标左键拖选应用格式的文字或段落，格式刷经过的文字或段落将被设置成格式刷记录的格式。

④ 重复上述步骤多次复制格式，完成后单击“格式刷”按钮即可取消格式刷状态。

技巧：

单击“格式刷”按钮，只能刷一次格式，格式刷会自动取消；双击“格式刷”按钮可连续使用，直到用户再次单击“格式刷”按钮才会退出应用。

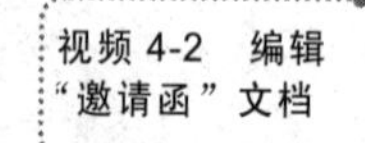

4.3.8　实例：编辑“邀请函”文档

1. 操作要求

综合应用 Word 文档编辑技巧，将“邀请函”文档编辑为如图 4-38 所示的效果。

×市第一届“计算机应用能力”大赛邀请函

为推动计算机基础教学上一个新的台阶，×市职业教育研究中心即将举行第一届计算机应用能力大赛，×职业技术学院为承办单位，大赛定于 2019 年 11 月 8 日上午 9：00 在×职业技术学院举行。现将有关大赛事项通知如下：

一、大赛内容

1.汉字录入

技术操作环境：Windows 7，对屏录入，不限输入方法。

时间：15 min。

录入体例：小说、散文、科技、新闻等。

2.文章排版

要求：按照样本排版，使用 Word 2010。

时间：30 min。

3.数据库

（1）修改程序：按要求修改程序中的错误，添加、补充程序的语句。

（2）程序设计：对所给任务进行程序设计，最后要求产生报表文件，报表完全正确为满分，否则为 0 分。

操作环境：Office Access 2010 软件，时间为 80 min。

二、大赛说明

（1）笔试内容：《计算机应用基础》和《Access 数据库应用技术》，以（教育部）计算机等级考试中的一级为标准。笔试成绩占各项总分的 20%（20∶80），采用无纸化方式。

（2）程序修改和程序设计（内容比例为 60∶40）以（教育部）计算机等级考试中的二级为标准。

×市职业教育研究中心

二〇一九年十月五日

图 4-38 邀请函的编辑效果

2. 操作过程

（1）选择标题文字，在“开始”选项卡“字体”组中设置字体为华文隶书、四号、颜色为标准色蓝色，单击“段落”组的按钮，使标题文本居中对齐，设置段后距离为 0.5 行。打开“字体”对话框，设置标题字符间距加宽 1 磅。

（2）选中除标题以外的正文文本，打开“段落”对话框，设置段落首行缩进 2 字符，行距为固定值 22 磅；设置字号为小四号。

（3）选中最后两行的落款和日期内容，单击“段落”组的按钮，使文本右对齐。

（4）选中“一、大赛内容”段落，设置字体加粗，段前、段后间距为 0.5 行。单击“格式刷”按钮，拖动鼠标选择“二、大赛说明”，为同级标题应用相同格式效果。

（5）选中段落“1.汉字录入”，打开“边框和底纹”对话框，利用“底纹”选项卡添加图案样式为“灰色-15%”的底纹。双击“格式刷”按钮，分别拖动鼠标选择“2.文章排版”和“3.数据库”，为同级标题应用相同格式效果。最后单击“格式刷”按钮完成操作。

（6）按快捷键【Ctrl+H】，打开“查找和替换”对话框，在“替换”选项卡中将“竞赛”两个字替换为“大赛”。

（7）选中“3.数据库”下方的两个段落，在“开始”选项卡“段落”组中设置“项目编号”。单击“段落”对话框中的“制表位”按钮，打开“制表位”对话框，设置“默认制表位”为1字符，如图4-39所示。

图4-39 “制表位”对话框

4.4 Word 2010表格处理

4.4.1 插入表格

Word 2010插入表格有以下几种方法：

1. 拖动鼠标插入表格

① 在打开Word 2010文档页面，选择“插入”选项卡。

② 在“表格”组中单击“表格”按钮，拖动鼠标选中合适的行和列的数量，释放鼠标即可在页面中插入相应的表格，如图4-40所示。

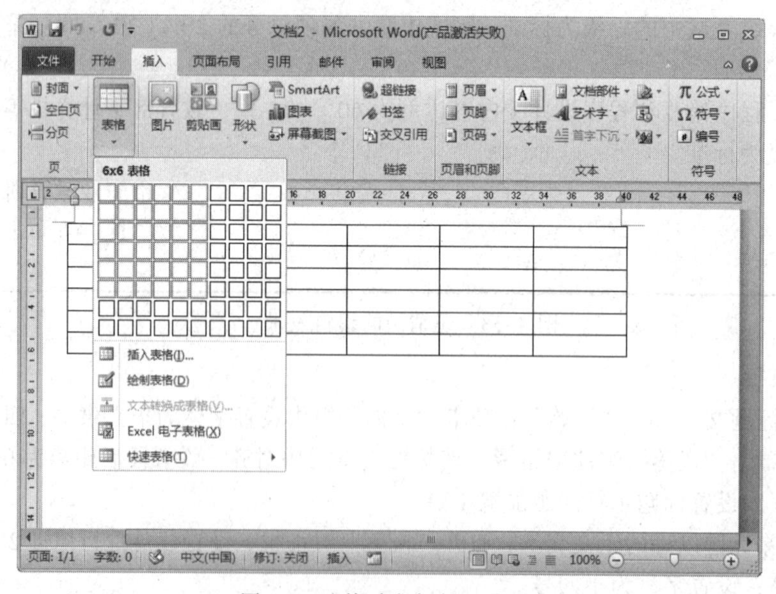

图4-40 拖动鼠标插入表格

2. 使用“插入表格”对话框

① 选择图4-40中的“插入表格”命令，弹出“插入表格”对话框，如图4-41所示。

② 在对话框中设置表格行数和列数，单击“确定”按钮即可。也可根据需要选择“固定列宽”“根据内容调整表格”“根据窗口调整表格”选项。

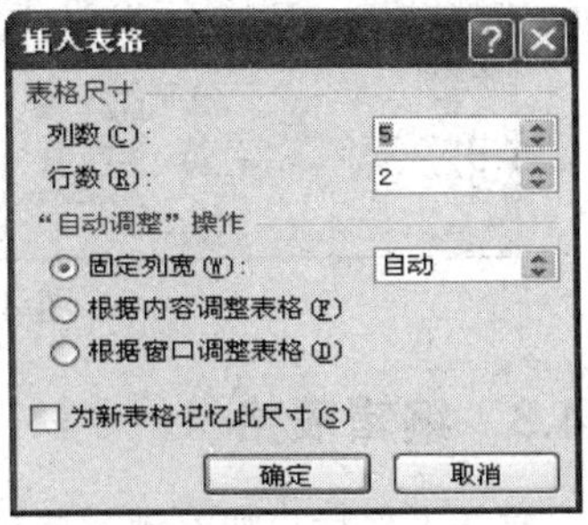

图 4-41 “插入表格”对话框

3. **手工绘制表格**

使用绘制工具可创建具有斜线、多样式边框、单元格大小相异的表格。操作如下：

① 选择图 4-40 中的“绘制表格”命令，此时鼠标指针变为铅笔状。

② 在文档区域拖动鼠标绘制一个表格框，在表格框中向下拖动鼠标画列，向右拖动鼠标画行，在对角线方向拖动鼠标绘制斜线。

③ 手工绘制表格过程中会自动打开表格工具中的“设计”选项卡，在该选项卡的“绘图边框”区域可以选择“线型”“粗细”和“颜色”等，还有“擦除”按钮可以对绘制过程中的误差进行擦除修正。

4. **将文本转换为表格**

Word 2010 可以将格式化的文本转换为表格，即文本中的每一行用段落标记符分开，每一列用分隔符（如空格、逗号或制表符等）分开。其操作步骤如下：

① 选定格式化的表格文本。

② 单击“插入”选项卡“表格”组中的“文本转换成表格”按钮，弹出“将文字转换成表格”对话框，如图 4-42 所示。

③ 在“文字分隔位置”中设置分隔符号，单击“确定”按钮，实现文本到表格的转换。

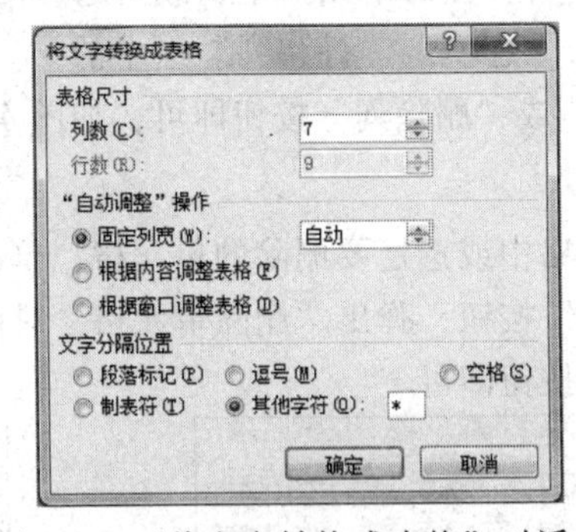

图 4-42 “将文字转换成表格”对话框

4.4.2 表格工具

完成表格绘制后将出现“表格工具”选项卡，包括“设计”和“布局”两部分，如图 4-43 和图 4-44 所示。

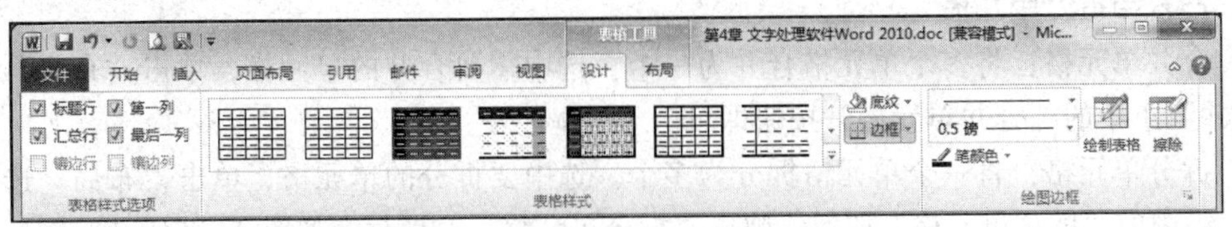

图 4-43 “表格工具”→“设计”选项卡

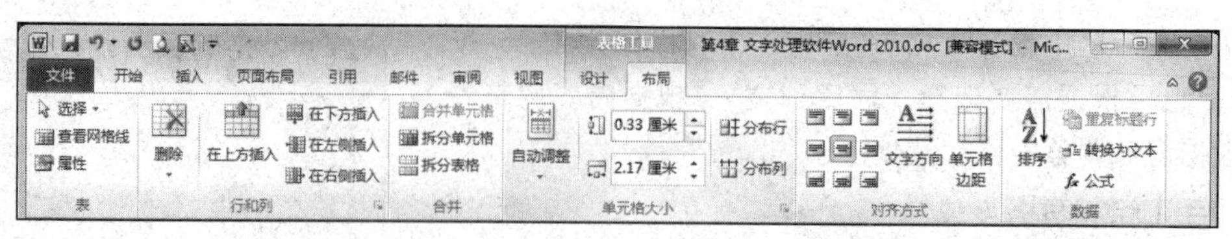

图 4-44 “表格工具”→“布局”选项卡

4.4.3 编辑表格

建立表格后，如不满足要求，可以对表格进行编辑，诸如插入或删除行、列、单元格，合并、拆分单元格等。

1. 插入行和列

将光标置于表格中，选择“布局”选项卡“行和列”组，若要插入行，单击“在上方插入”或“在下方插入”按钮；若要插入列，单击“在左侧插入”或“在右侧插入”按钮；若想在表格末尾快速添加一行，单击最后一行的最后一个单元格，按【Tab】键即可插入，或将光标置于末行行尾的段落标记前，直接按【Enter】键插入一行。

2. 插入单元格

将光标置于要插入单元格的位置，单击“布局”选项卡“行和列”命令组右下角的按钮，弹出图 4-45 所示的“插入单元格”对话框，选择插入方式后单击“确定”按钮即可。

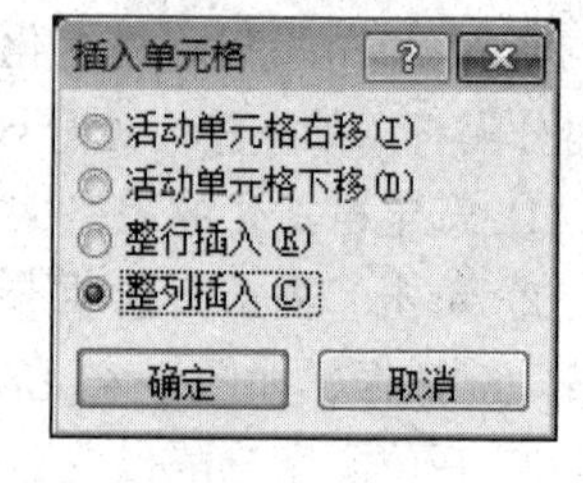

图 4-45 “插入单元格”对话框

3. 删除行和列

把光标定位到要删除的行或列所在的单元格中，或者选定要删除的行或列，单击“布局”选项卡“行和列”组中的“删除”下拉列表中的“删除行”或“删除列”按钮即可，如图 4-46 所示。

4. 删除单元格

把光标移动到要删除的单元格中或选定要删除的单元格，单击“布局”选项卡“行和列”组中的“删除”→“删除单元格”按钮，弹出“删除单元格”对话框，如图 4-47 所示，选择相应的删除方式，单击“确定”按钮即可。

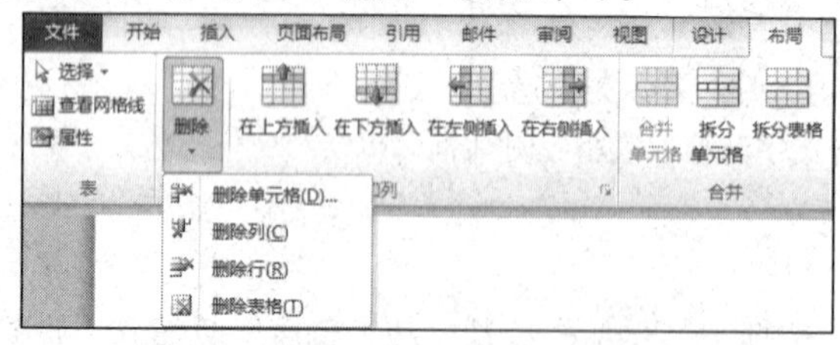

图 4-46 “删除”下拉列表

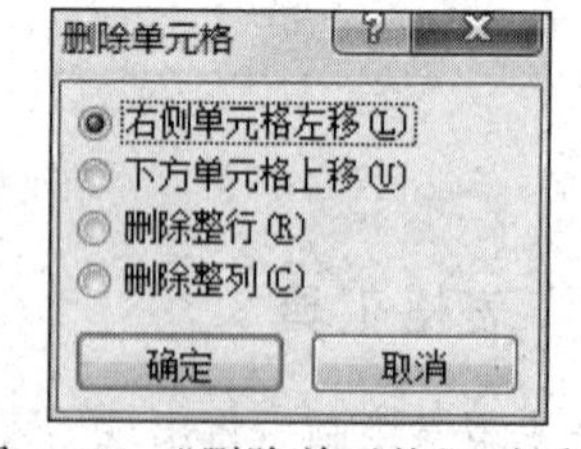

图 4-47 “删除单元格”对话框

5. 合并与拆分单元格

① 合并单元格：将多个单元格合并为一个。选中需要合并的单元格，单击“布局”选项卡“合并”组中的“合并单元格”按钮即可。

② 拆分单元格：将一个单元格拆分为多个。选中要拆分的单元格，单击“布局”选项卡“合并”组中的“拆分单元格”按钮，弹出“拆分单元格”对话框，如图 4-48 所示。输入要拆分的列数和行数，单元“确定”按钮即可。

技巧：对表格的操作都可以用右键快捷菜单命令快速完成。

6. 调整表格的列宽与行高

创建表格后，可以根据表格内容的需要调整表格的列宽与行高。

（1）使用鼠标调整表格的列宽与行高

将鼠标指针停留在要更改其宽度（或高度）的列（或行）的边框线上，直到鼠标指针变为 ⫲（或 ⇳）形状时，按住鼠标左键拖动，达到所需列宽（或行高）时，释放鼠标即可。

（2）使用对话框调整行高与列宽

单击“表格工具”→“布局”选项卡“表”组中的“属性”按钮，弹出“表格属性”对话框，如图 4-49 所示。在对话框中选择“行”或“列”选项卡，设置相应的行高或列宽。

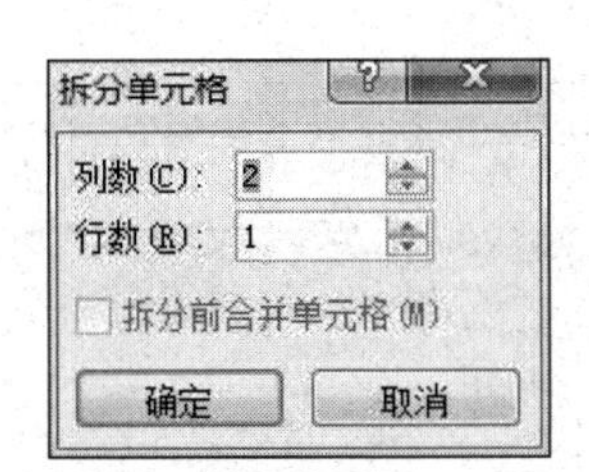

图 4-48 “拆分单元格”对话框

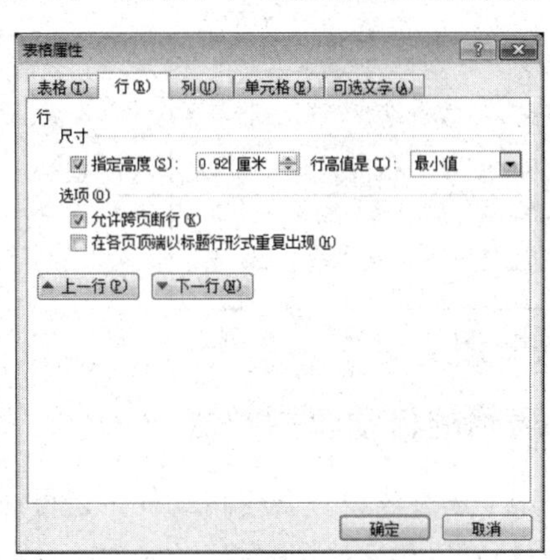

图 4-49 “表格属性”对话框

4.4.4 为表格设置边框和底纹

为美化表格或突出表格的某一部分，可以为表格添加边框和底纹。

选定要设置边框和底纹的单元格，单击“表格工具”→“设计”选项卡“绘图边框”右下角的按钮，弹出图 4-50 所示的“边框和底纹”对话框。在“边框”选项卡中设置边框的样式、颜色和宽度；在“底纹”选项卡中可以设置填充色、底纹的图案和颜色。若只应用于所选单元格，则在“应用于”下拉列表框中选择“单元格”选项。

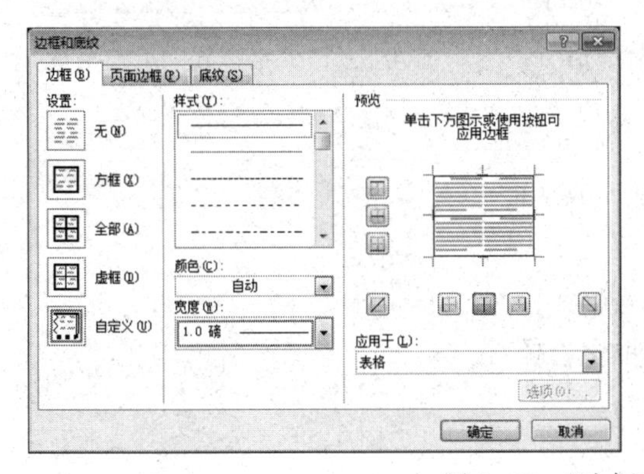

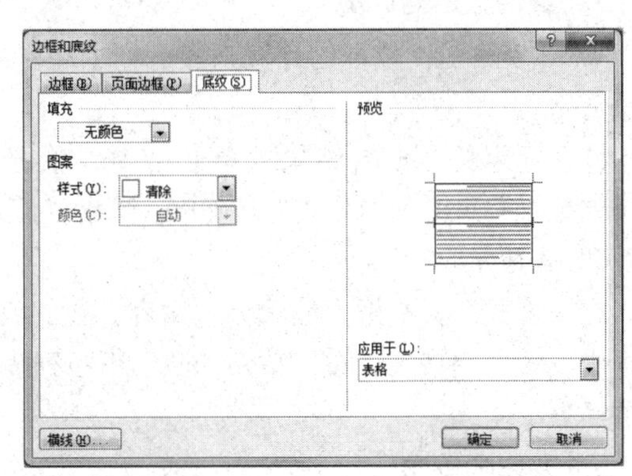

图 4-50 “边框和底纹”对话框

另外，可以使用功能区中的命令按钮设置边框和底纹。选定要设置边框和底纹的单元格，单击“设计”选项卡“表格样式”组中的“边框”下拉按钮，在下拉列表中选择相关的边框命令设置边框，如图 4-51 所示。单击“表格样式”组中的“底纹”下拉按钮，在下拉列表中设置底纹，如图 4-52 所示。

图 4-51 “边框”下拉列表

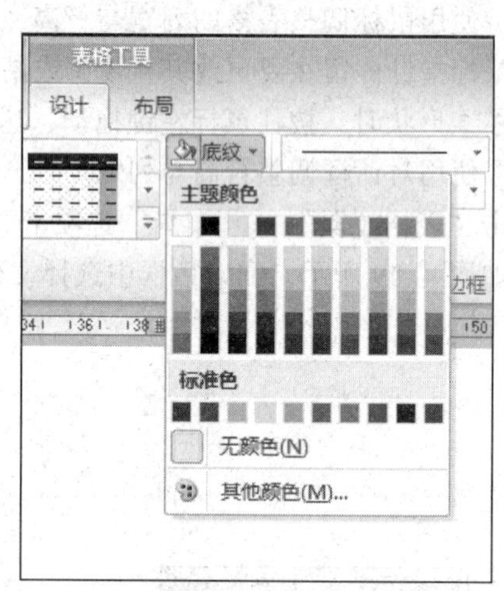

图 4-52 “底纹”下拉列表

4.4.5 表格的自动套用格式

除使用上述方法设置表格格式外，也可通过 Word 的“自动套用格式”快速修饰表格。

选定表格，在“表格样式”组中列出了 Word 2010 自带的常用格式，单击右边的上下三角按钮切换样式，也可以单击按钮打开图 4-53 所示的“样式设置”下拉列表，在“内置”中选择表格样式。也可单击相关命令按钮，修改样式、清除样式、新建样式等。

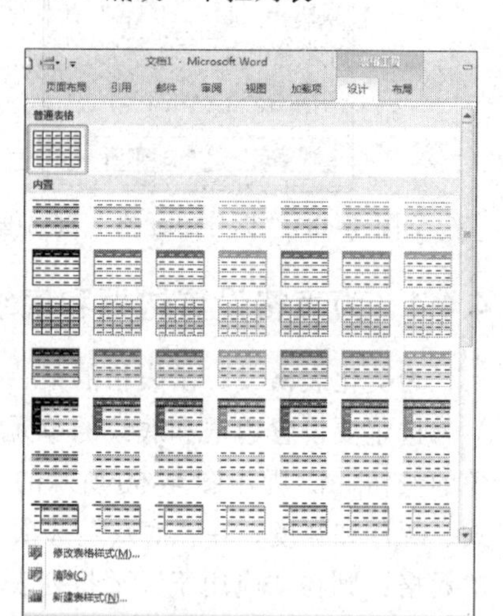

图 4-53 “表格样式”下拉菜单

4.4.6 表格数据的计算与排序

1. 表格数据的计算

Word 表格提供数据的计算功能，如求和、平均值等。方法如下：

将光标定位在放置结果的单元格中，单击“布局”选项卡“数据”组中的“公式”按钮，弹出“公式”对话框，如图 4-54 所示。

在“公式”文本框中编辑公式内容，在“编号格式”文本框中设置数字格式，在“粘贴函数”下拉列表框中选择对应的函数。

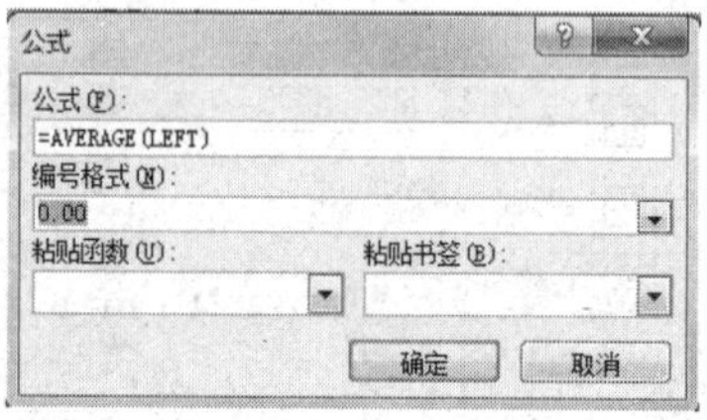

公式

公式(F)：
=AVERAGE(LEFT)
编号格式(N)：
0.00
粘贴函数(U)：　粘贴书签(B)：
确定　取消

图 4-54 “公式”对话框

2. 表格的排序

在 Word 2010 中可以对表格中的数字、文字和日期数据进行排序操作，操作步骤如下：

① 在要排序的 Word 表格中单击任意单元格。单击“表格工具”→“布局”选项卡“数据”组中的“排序”命令，弹出“排序”对话框，如图 4-55 所示。

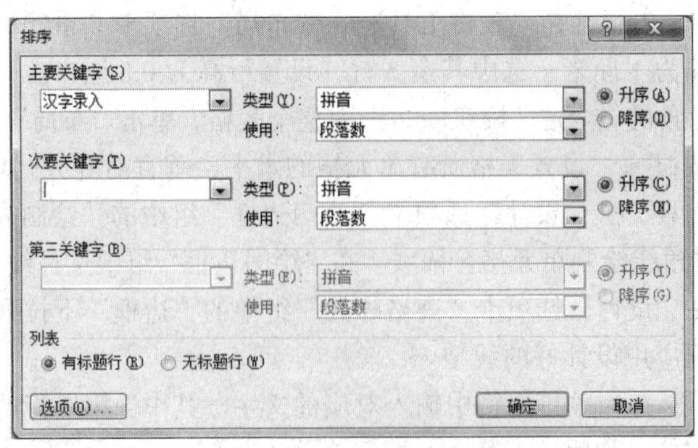

图 4-55 “排序”对话框

② 在“列表”区域选中“有标题行”单选按钮。如果选中“无标题行”单选按钮，则 Word 表格的标题也会参与排序。

③ 在“主要关键字”区域选择排序依据的主要关键字。在“类型”下拉列表框中选择“笔画”“数字”“日期”“拼音”选项。选中“升序”或“降序”单选按钮设置排序的顺序类型。

④ 在“次要关键字”和“第三关键字”区域进行相关设置，并单击“确定”按钮对表格数据进行排序。

视频 4-3 制作竞赛报名表

4.4.7 实例：制作竞赛报名表

1. 操作要求

综合应用 Word 表格编辑技巧，设计“竞赛报名表”，效果如图 4-56 所示。

××市第一届“计算机应用能力”竞赛邀请函及报名表					
编号	项目 姓名	汉字录入	排版	数据库	成绩

领队姓名： 教练姓名：

图 4-56 “边框和底纹”设置效果

2. 操作过程：

（1）单击“插入”选项卡“表格”组中的“表格”→“插入表格”按钮，弹出“插入表格”对话框，插入一个 5 行 6 列的表格。

（2）选定表格第一行，单击“表格工具”→“布局”选项卡“合并”组中的“合并单元格”

按钮，将第一行合并为一个单元格。在“设计”选项卡“表格样式”组中的“底纹”下拉列表中选择灰色底纹。

（3）选中表格第 1、2 行，在“表格工具”→“布局”选项卡“单元格大小”组中的“行高”文本框中设置行高为 1 厘米；选中其余 3 行，设置行高为 0.8 厘米。

（4）单击表格左上角的“全选”按钮，选中整个表格，单击“布局”选项卡“对齐方式”组中的“水平居中”按钮，设置表格所有单元格的水平、垂直对齐方式均为居中方式。

（5）单击“表格工具”→“设计”选项卡“绘图边框”组中的“绘制表格”按钮，沿第 2 行第 2 列单元格的对角线绘制单元格分隔线。在“绘图边框”组中选择线型双实线，粗细 0.5 磅，线颜色为红色，在“设计”选项卡“表格样式”组中的“边框”下拉列表中选择“外侧框线”命令，为表格边框应用设计好的线型。

（6）按效果图所示，在相关单元格中输入对应的文字。其中，第 1 行的字体为黑体、小四号，第 2 行的字体为宋体、加粗、五号。

（7）在第 2 行第 2 列单元格中，先输入“项目”，按【Enter】键生成新段落再输入“姓名”。在“开始”选项卡“段落”组中设置“项目”为右对齐，“姓名”为左对齐。

（8）在表格下方输入文本“领队姓名：教练姓名:”，并设置对齐方式为右对齐。

4.5 Word 2010 图文混排

Word 2010 提供图像、图形、图表、曲线、线条和艺术字等图形图像对象，使文档排版图文并茂、形象直观。

4.5.1 绘制图形

图形对象包括形状、图表和艺术字等，可通过“插入”选项卡“插图”组中的命令按钮完成插入操作，也可通过“绘图工具”选项卡编辑图形的颜色、图案、边框等效果。

1. 插入形状

单击“插入”选项卡“插图”组中的“形状”下拉按钮，出现“形状”下拉列表，如图 4-57 所示，选择线条、矩形、基本形状、流程图、箭头总汇、星形与旗帜、标注的图形，在绘图起始位置按住鼠标左键，拖动至结束位置即可完成所选图形的绘制。

绘图技巧：

① 拖动鼠标左键的同时按住【Shift】键，可绘制等比例图形，如圆、正方形等。

② 拖动鼠标左键的同时按住【Alt】键，可平滑地绘制和所选图形的尺寸大小一样的图形。

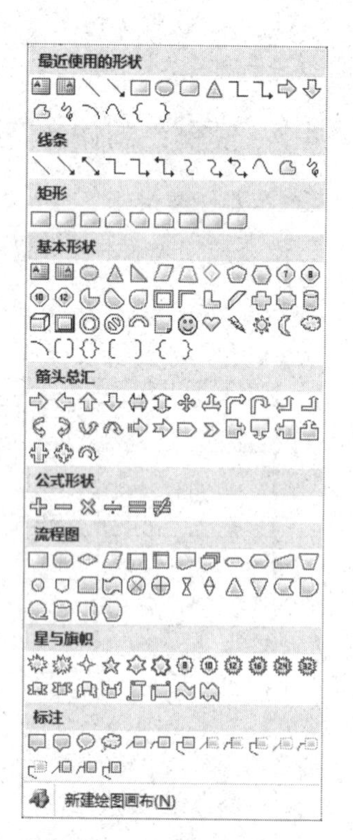

图 4-57 “形状”下拉列表

2. 编辑图形

图形编辑包括图形位置、图形大小、向图形中添加文字、组合图形等基本操作。

① 设置图形大小和位置。选定图形对象，在非嵌入型版式下，直接拖动图形对象，即可改变图形的位置；将鼠标指针置于所选图形四周的编辑点上，拖动鼠标可缩放图形，如图 4-58 所示。

② 向图形对象中添加文字。右击图形，从弹出的快捷菜单中选择“添加文字”命令，输入文字即可，如图 4-58 所示。

③ 组合图形。选择多个图形对象，右击，从弹出的快捷菜单中选择“组合”→“组合”命令即可，效果如图 4-59 所示。

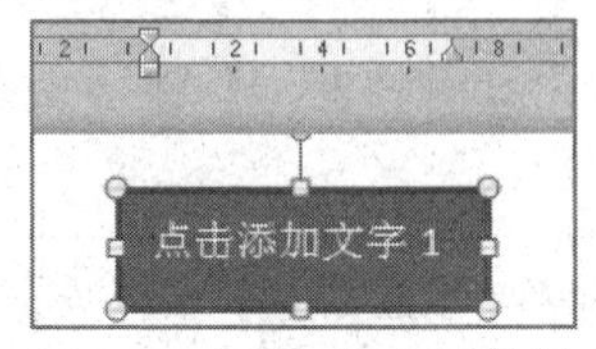

图 4-58　添加文字效果图

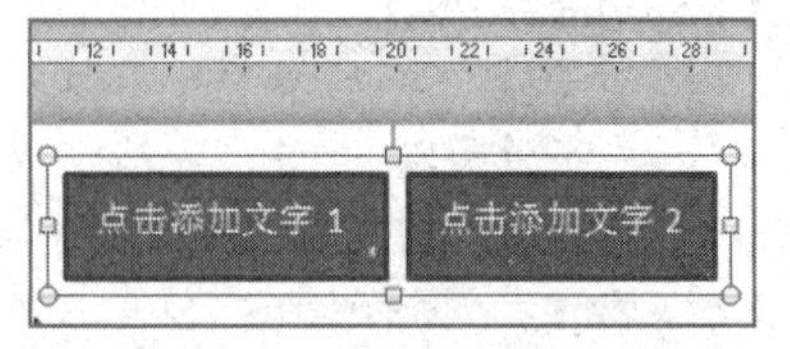

图 4-59　组合图形效果图

3. 修饰图形

利用“绘图工具”选项卡实现图形修饰，包括形状修改、形状样式、文本、排列、大小等操作，如图 4-60 所示。

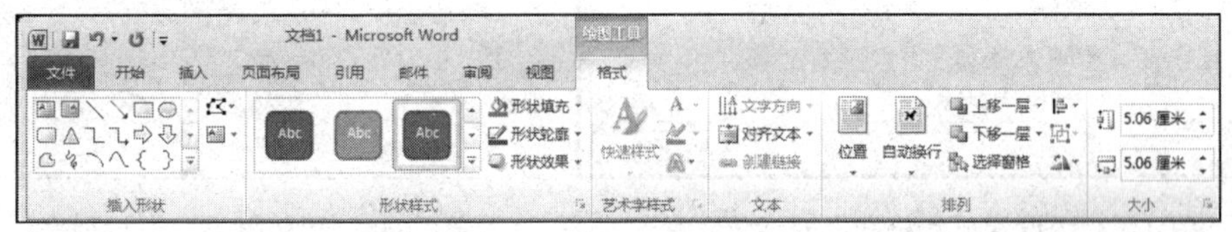

图 4-60　“绘图工具”选项卡

① 形状填充：选定图片对象，选择“形状样式”组中的“形状填充”下拉按钮，打开“形状填充”下拉列表，如图 4-61 所示。

Word 2010 提供了多种形状填充效果：

- 单色填充。单击面板颜色块或单击“其他颜色”按钮进行颜色设置。
- 图片填充。单击“图片”按钮，通过“插入图片”对话框，选择图片进行填充。
- 渐变填充。单击“渐变”选项，弹出图 4-62 所示的下拉列表，选择合适样式进行填充。单击“其他渐变”按钮，弹出“设置形状格式”对话框，可进行更细致的渐变填充设置，如图 4-63 所示。

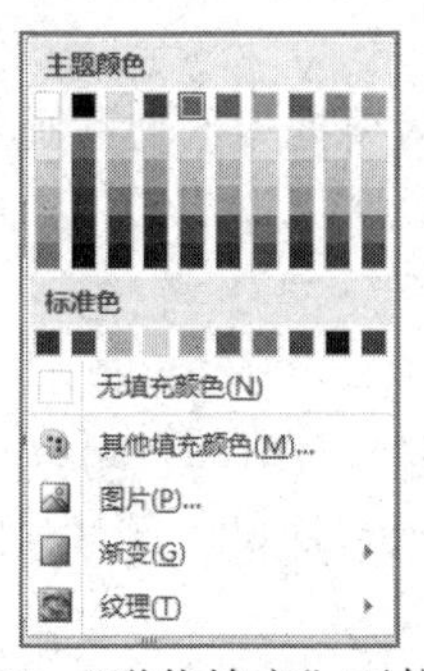

图 4-61　“形状填充”下拉列表

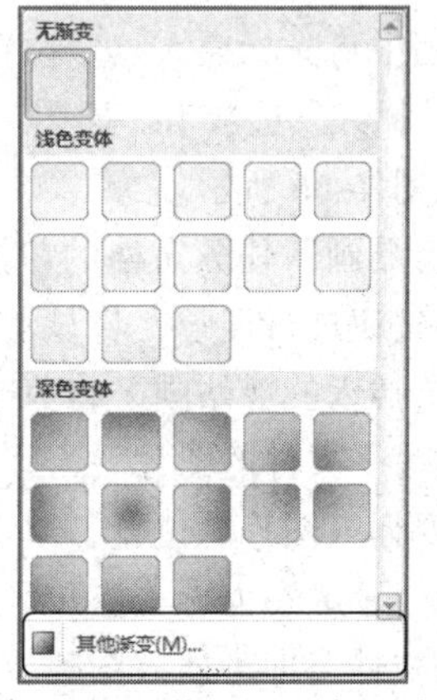

图 4-62　“渐变”下拉列表

② 形状轮廓：选中要设置形状轮廓的图片，单击“绘图工具”选项卡“形状样式”组中的“形状轮廓”下拉按钮，在弹出的下拉列表中可以设置轮廓线的线型、大小和颜色。

③ 形状效果：选中要形状填充的图片，单击“绘图工具”选项卡“形状样式”组中的“形状效果”下拉按钮，通过“形状效果”下拉列表进行设置，如图 4-64 所示。

图 4-63 “设置形状格式”对话框

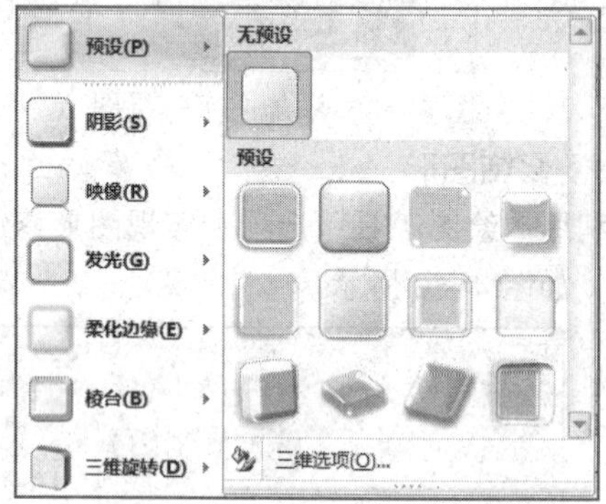

图 4-64 “形状效果”下拉列表

④ 内置样式：选择图片，在“绘图工具”选项卡的“形状样式”组中选择一种内置样式，即可应用到图片上。

4.5.2 插入图片

Word 图片包括内置图片剪贴画和外部图片两种类型。

1. 插入图片

（1）剪贴画

插入剪贴画的操作方法如下：

① 在文档中将光标插入点定位在要插入剪贴画的位置。

② 单击“插入”选项卡“插图”组中的“剪贴画”按钮，如图 4-65 所示，打开“剪贴画”任务窗格，如图 4-66 所示。

③ 在“剪贴画”任务窗格的“搜索文字”文本框中输入要搜索的剪贴画关键词如科技，单击“搜索”按钮进行搜索，将显示符合条件的所有剪贴画。

④ 单击要插入的剪贴画，将剪贴画插入到光标所在位置。

（2）来自另一文件的图片

① 单击要插入图片的位置，单击“插入”选项卡“插图”组中的“图片”按钮。

② Word 会显示一个与“打开”文件相似的“插入图片”对话框，选择要插入图片所在的路径、类型和文件名即可插入图片。

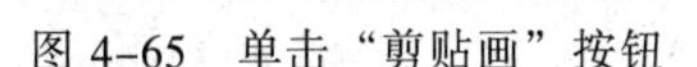

图 4-65　单击“剪贴画”按钮

图 4-66　“剪贴画”任务窗格

2. **编辑图片**

通过“图片工具”选项卡实现图片编辑操作，包括调整、图片样式、排列、大小等，如图 4-67 所示。

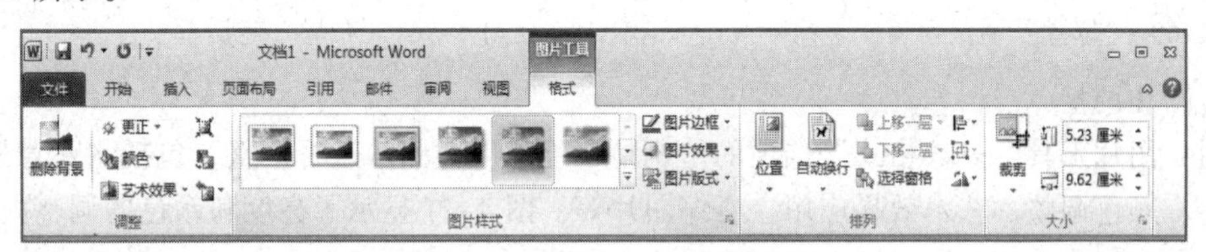

图 4-67　“图片工具”选项卡

（1）修改图片大小

修改图片的大小的操作方法，除跟前面介绍的修改图形的操作方法一样以外，也可以选定图片对象，通过“图片工具”→“格式”选项卡“大小”组中的“高度”和“宽度”文本框进行设置。

（2）裁剪图片

裁剪图片的操作步骤如下：

① 选中图片，单击“图片工具”→“格式”选项卡“大小”组中的“裁剪”按钮。

② 图片周围出现 8 个裁剪控制柄，如图 4-68 所示，用鼠标拖动控制柄将对图片进行相应方向的裁剪，反方向拖动控制柄将图片复原，直至调整合适为止。

③ 单击图片外区域完成裁剪。

图 4-68　裁剪图片

（3）设置文字环绕图片方式

文字环绕图片方式是指在图文混排时，正文与图片之间的排版关系，包括“顶端居左”“四周型”等 9 种方式。

设置图片文字环绕方式的操作方法如下：

① 选中需要设置文字环绕的图片。

② 单击“图片工具”→“格式”选项卡“排列”组中的“位置”下拉按钮，打开“位置”下拉列表，如图 4-69 所示，选择合适的文字环绕方式。

另外，单击“排列”组中的“自动换行”按钮，也可设置文字环绕方式，包括四周型环绕、紧密型环绕、穿越型环绕、上下型环绕、衬于文字下方、浮于文字上方、编辑环绕顶点。单击“其他布局选项”按钮，弹出“布局”对话框，可设置图片的位置、文字环绕方式，如图 4-70 所示。

图 4-69 “位置”下拉列表

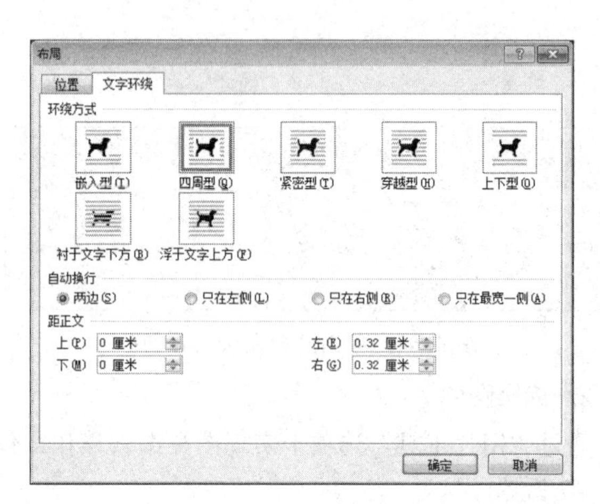

图 4-70 “布局”对话框

（4）图片调整

使用“图片工具”→“格式”选项的“调整”组可以对图片进行调整，包括删除背景、亮度调整、颜色调整、艺术效果应用、压缩图片等。图 4-71 显示了亮度和颜色的调整内容。

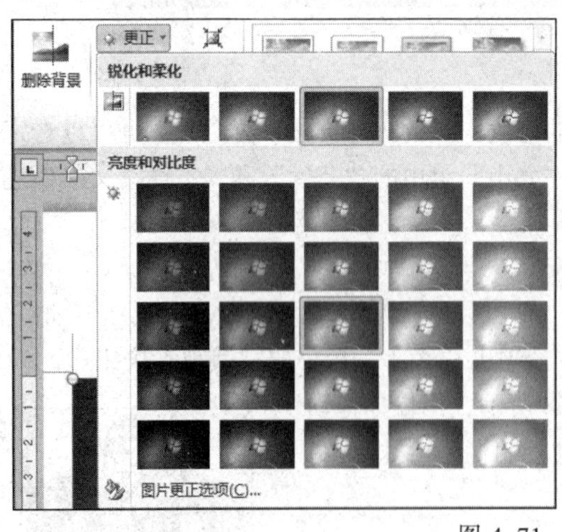

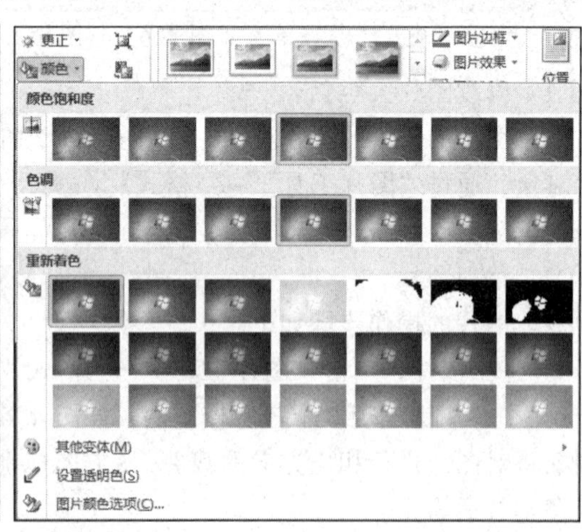

图 4-71 图片调整

另外，如果需要对图像进行其他如填充、三维效果和阴影效果等基本操作，可通过“图片工具”选项卡中的相关按钮来实现；也可利用右键快捷菜单选择“设置图片格式”命令，弹出“设置图片格式”对话框，进行相关设置，如图 4-72 所示。

图 4-72　“设置图片格式”对话框

（5）套用图片样式

Word 2010 提供了丰富的图片预设效果，这些预设效果综合应用 Word 2010 图片阴影效果、映像效果、柔化边缘效果、棱台效果等多种效果。

选中目标图片，在“图片样式”列表框中选择一种样式，即可将样式应用给该图片。

4.5.3　插入 SmartArt 图形

SmartArt 图形是信息和观点的视觉表示形式，它能快速、轻松和有效地传递信息，主要用于演示流程、层次结构、循环或关系。

具体操作方法如下：

① 选择“插入”选项卡“插图”组中的“SmartArt 图形”按钮，弹出“选择 SmartArt 图形”对话框，如图 4-73 所示。

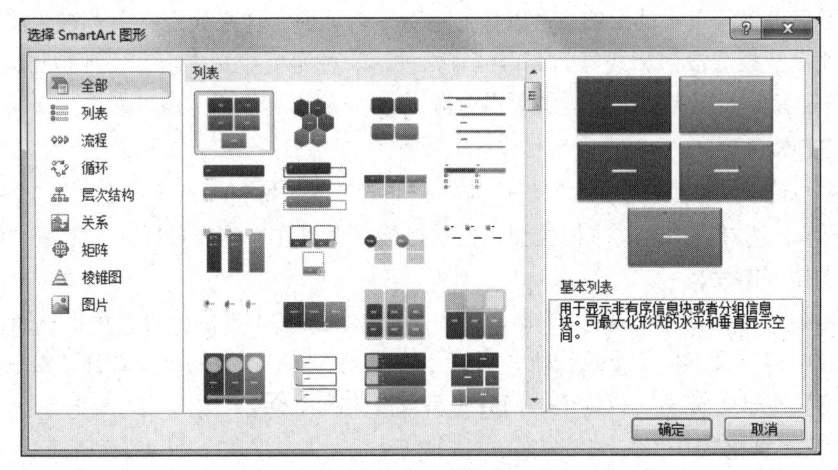

图 4-73　“选择 SmartArt 图形”对话框

② 在左侧选择所需的 SmartArt 图形类型，在列表中选择某一种布局，单击“确定”按钮

即插入 SmartArt 图形。

③ 对 SmartArt 图形可以进行相应的设置：输入文本、删除或增加形状、改变布局、修改颜色、编辑样式等。

4.5.4 编辑艺术字

Office 中的艺术字结合文本和图形的特点，能够使文本具有图形的某些属性，如设置旋转、三维、映像等效果，在 Word、Excel、PowerPoint 等中都可以使用艺术字功能。

插入艺术字的操作步骤如下：

① 将插入点光标移动到准备插入艺术字的位置。

② 单击“插入”选项卡“文本”组中的“艺术字”下拉按钮，打开“艺术字”面板，如图 4-74 所示，在面板中选择合适的艺术字样式，即在文档中插入艺术字文字编辑框。

③ 在文字编辑框中，直接输入艺术字文本，可以对输入的艺术字分别设置字体和字号等。

若需对艺术字的内容、边框效果、填充效果或艺术字形状等进行修改或设置，可选中艺术字，在图 4-75 所示的“绘图工具”选项卡中利用相关命令来进行设置。

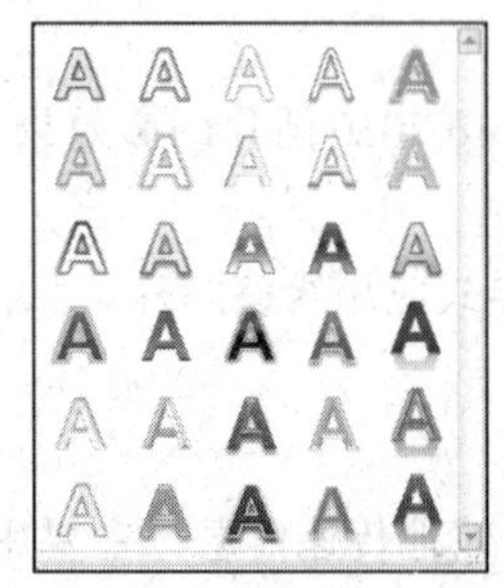

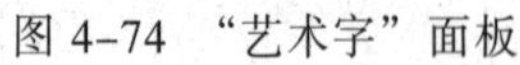

图 4-74 “艺术字”面板

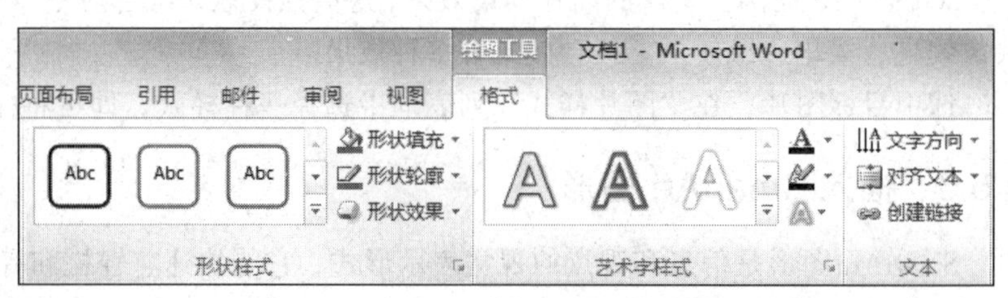

图 4-75 “绘图工具”功能区

4.5.5 插入文本框

通过使用文本框，可以将文本方便地放置到 Word 2010 文档页面的指定位置，而不必受到段落格式、页面设置等因素的影响，可以像处理一个新页面一样来处理文字，如设置文字的方向、格式化文字、设置段落格式等。文本框有两种，一种是横排文本框，一种是竖排文本框。Word 2010 内置有多种样式的文本框供用户选择。

1. 插入文本框

① 单击“插入”选项卡“文本”组中的“文本框”下拉按钮，打开“文本框”下拉面板，如图 4-76 所示，选择合适的文本框类型，拖动鼠标，即可在文档窗口插入文本框，然后输入文本内容或者插入图片。

② 也可以将已有内容设置为文本框，选中需要设置为文本框的内容，单击“插入”选项卡“文本”组中的“文本框”下拉按钮，在打开的“文本框”下拉列表中选择“绘制文本框”或“绘制竖排文本框”命令，被选中的内容将被设置为文本框。

2. 设置文本框格式

处理文本框中的文字如同处理页面中的文字一样，可以在文本框中设置内部边距，同时也可以设置文本框的文字环绕方式、大小等。

设置文本框格式的方法为：右击文本框边框，在弹出的快捷菜单选择“设置形状格式”命令，弹出图 4-77 所示的“设置形状格式”对话框。在该对话框中主要可完成如下设置：

① 设置文本框的线条和颜色，在“线条颜色”区中根据需要进行具体的颜色设置。

② 设置文本框格式内部边距，在“文本框”区中的“内部边距”中输入文本框与文本之间的间距数值即可。

若要设置文本框的其他布局，在文本框右键快捷菜单中选择“其他布局选项”命令，在弹出的“布局”对话框中选择相应的选项卡进行设置即可。

另外，如需要设置文本框的大小、文字方向、内置文本样式、三维效果和阴影效果等格式，可单击文本框对象，在“绘图工具”选项卡中通过对应的功能命令来完成。

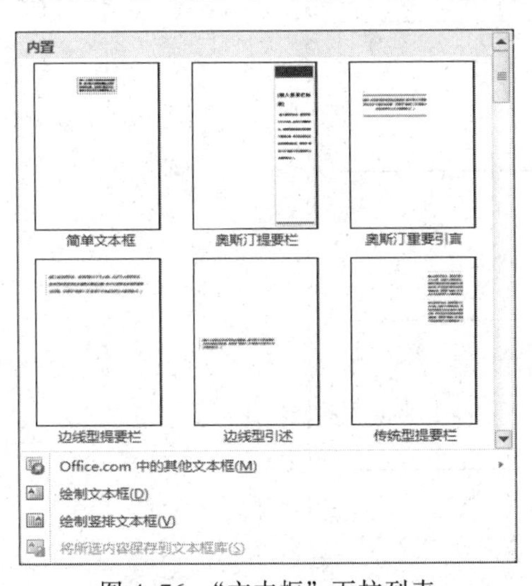

图 4-76　“文本框”下拉列表

图 4-77　“设置形状格式”对话框

3. **文本框的链接**

使用 Word 2010 制作手抄报、宣传册等文档时，往往会使用多个文本框进行版式设计。通过在多个 Word 2010 文本框之间创建链接，可以在当前文本框中充满文字后自动转入所链接的下一个文本框中继续输入文字。

Word 2010 链接多个文本框的步骤如下：

① 在 Word 文档中插入多个文本框。调整文本框的位置和尺寸，并选中第 1 个文本框。

② 单击“绘图工具”→“格式”选项卡“文本”组中的“创建链接”按钮。

③ 鼠标指针变成水杯形状，将水杯状的鼠标指针移动到准备链接的下一个文本框内部，单击即可创建链接。

④ 重复上述步骤可以将第 2 个文本框链接到第 3 个文本框，依此类推可以在多个文本框之间创建链接，如图 4-78 所示。

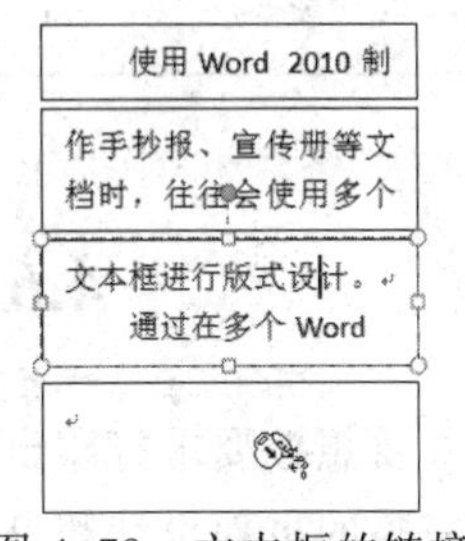

图 4-78　文本框的链接

4.5.6　插入公式

在文档中插入数学公式的方法如下：

① 单击“插入”选项卡“符号”组中的“公式”按钮，插入一个公式编辑框，然后在其中编写公式，或者单击“公式”下拉按钮，打开图 4-79 所示的下拉列表，直接选择插入一个常用数学公式即可。

② 使用“公式工具”→“格式”选项卡，在工具、符号、结构组中完成公式编辑，如图 4-80 所示。

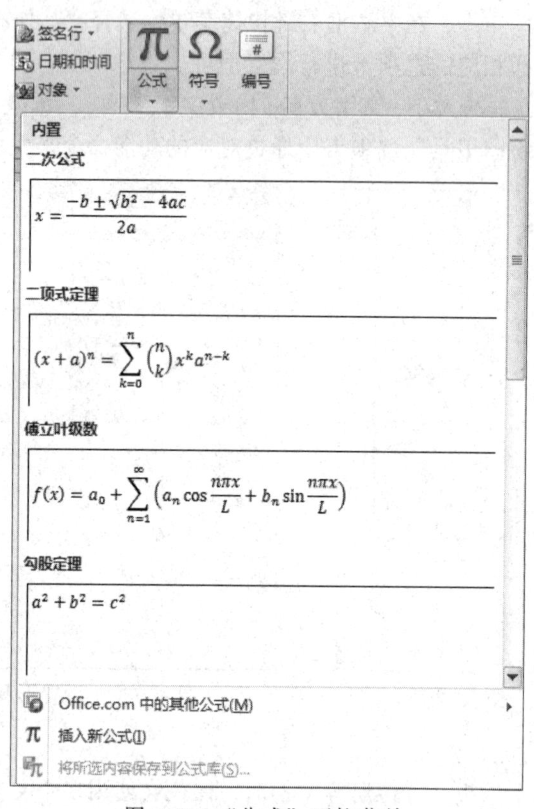

图 4-79 “公式”下拉菜单

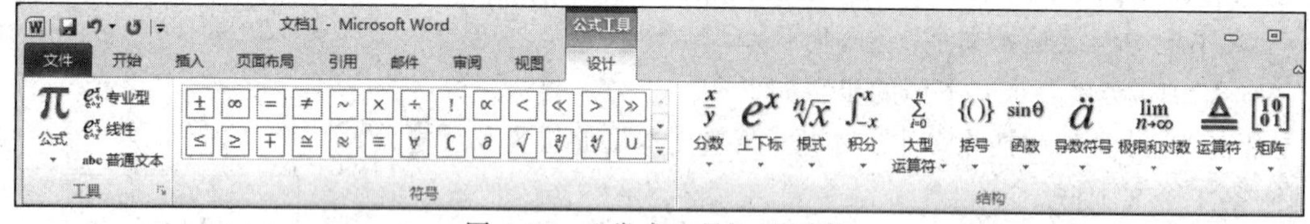

图 4-80 “公式工具”选项卡

4.6 Word 2010 页面设置及打印预览

要想按要求打印出文档，首先必须对文档进行页面设置，再进行打印设置。Word 2010 提供完整的页面设计和打印功能，可以方便地完成文档的打印输出。

4.6.1 页眉、页脚和页码的设置

页眉和页脚通常用于打印文档。在页眉和页脚中可以包括页码、日期、公司徽标、文档标

题、文件名或作者名等文字或图形，这些信息通常打印在文档每页的顶部或底部。页眉打印在上页边距中，而页脚打印在下页边距中。

在文档中可以自始至终用同一个页眉或页脚，也可在不同部分用不同的页眉和页脚。例如可以在首页上使用与众不同的页眉、页脚或者不使用页眉、页脚，还可以在奇数页和偶数页上使用不同的页眉和页脚。

页眉和页脚添加后，将出现“页眉和页脚工具”选项卡进行相应的设置，单击右侧的“关闭页眉和页脚”按钮退出编辑操作，如图 4-81 所示。

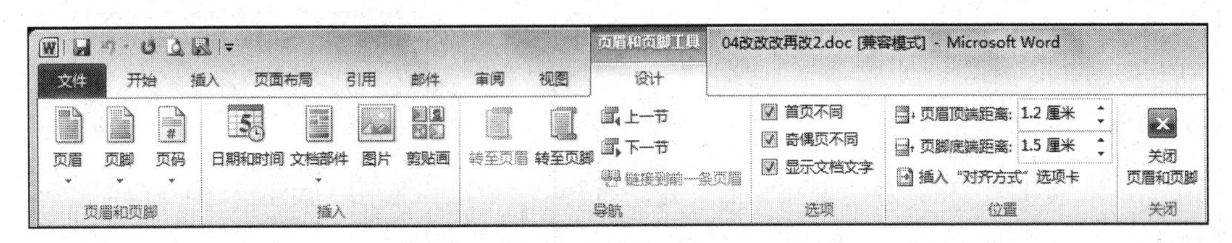

图 4-81　“页眉和页脚工具”选项卡

1. 添加页码

单击“插入”选项卡“页眉和页脚”组中的“页码”下拉按钮，打开“页码”下拉列表，如图 4-82 所示，选择所需的页码位置，在右侧的样式列表中选择所需的页码格式即可。

单击“页码”下拉列表中的“设置页码格式”按钮，弹出“页码格式”对话框，可修改页码编号、编号格式等内容，如图 4-83 所示。

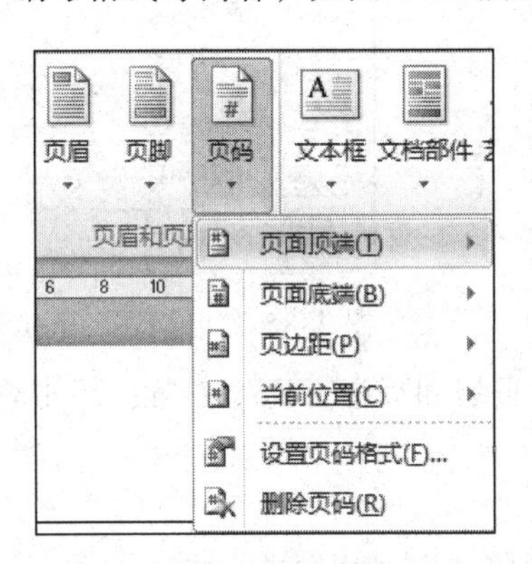

图 4-82　“页码”下拉列表

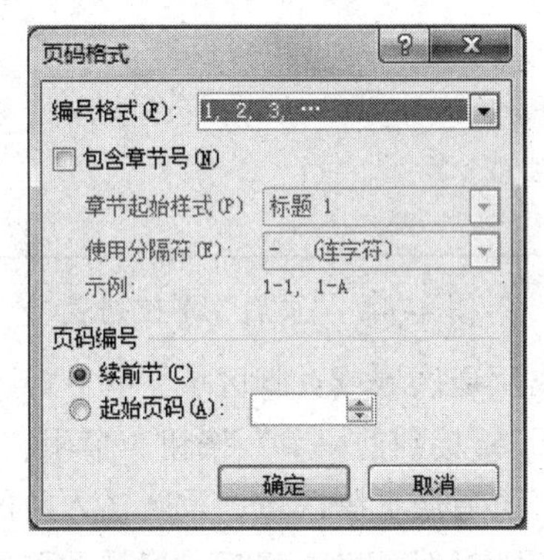

图 4-83　“页码格式”对话框

2. 添加页眉或页脚

单击“插入”选项卡“页眉和页脚”组中的“页眉”下拉按钮，在打开的下拉列表中选择页眉样式，插入页眉，如图 4-84 所示。在页面顶端的页眉区域输入页眉内容，完成操作。页脚操作与页眉类似，不再赘述。

3. 在文档的不同部分添加不同的页眉、页脚或页码

Word 可以在文档的不同部分中使用不同的页眉和页码格式，如对目录和简介采用 i、ii、iii 编号，对文档的其余部分采用 1、2、3 编号。此外，还可以在奇数和偶数页上采用不同的页眉或页脚内容。

设置不同的页眉和页脚效果通过不同的节来实现，方法如下：

① 选择页眉和页脚不同的开始页面。单击“页面布局”选项卡“页面设置”组中的“分隔符”下拉列表，打开图 4-85 所示的“分隔符”下拉列表，在分节符区域选择“下一页”选项，添加分页符。

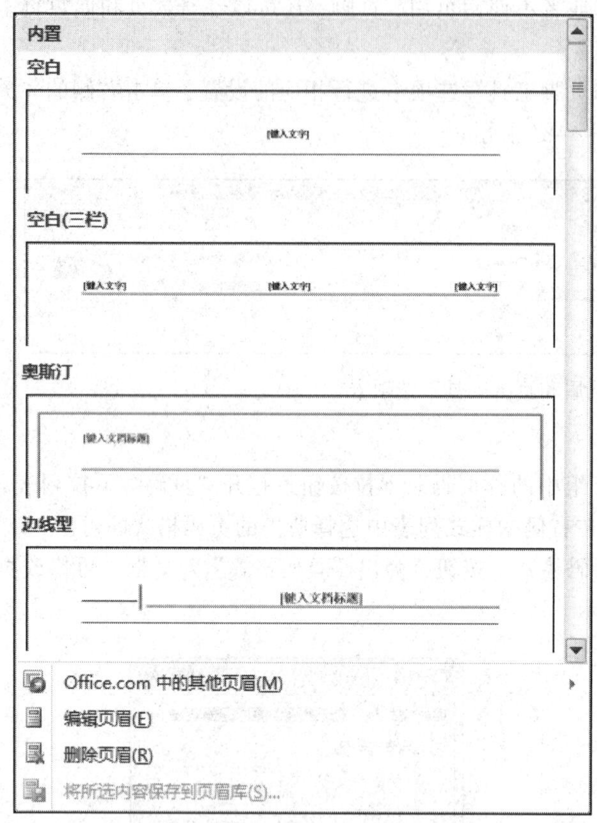

图 4-84 “页眉”下拉列表

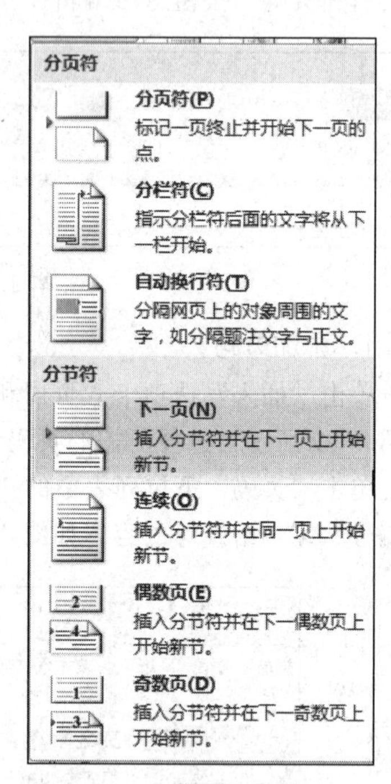

图 4-85 “分隔符”下拉列表

② 双击页眉区域或页脚区域，单击默认起用的“页眉和页脚工具”→“设计”选项卡“导航”组中的“链接到前一节”按钮，禁用它。

③ 选择页眉或页脚区域，重新输入新的内容。

④ 若要选择编号格式或起始编号，可通过“页码格式”对话框进行修改。

技巧：

选中“页眉和页脚工具→设计”选项卡“选项”组中的“奇偶页不同”复选框，可以为奇数页、偶数页设置不同的页眉和页码内容。

4. 删除页眉和页脚

双击页眉、页脚，然后选择要删除的页眉、页脚内容，按【Delete】键完成操作。

技巧：

- 若要编辑页眉和页脚，双击页眉或页脚的区域即可。可以像编辑文档正文一样来编辑页眉和页脚的文本内容。
- 在 Word 2010 文档中插入分隔符，可以将 Word 文档分成多节或多页，每个部分可以有不同的页边距、页眉页脚、纸张大小等不同的页面设置。

4.6.2　脚注与尾注

脚注和尾注都是对文本的补充说明，脚注是对文档中某些文字的说明，一般位于文档某页的底部；尾注用于添加注释，例如备注和引文，一般位于文档的末尾，以对文档提供更多的信息。

脚注和尾注效果相似，只是尾注显示在文档末尾，尾注的序号通常是罗马字母，脚注一般在相应页面的下方，脚注的序号通常是阿拉伯数字。

脚注和尾注均由两个关联的部分组成，包括注释引用标记和它对应的注释文本。

脚注和尾注插入方法相同，此处仅介绍脚注的应用方法。

（1）插入脚注

① 将光标移到要插入脚注的位置，单击“引用”选项卡“脚注”组中的“插入脚注”按钮。

② 这时在插入脚注处的右上角出现一个脚注序号（通常是阿拉伯数字）上标，同时在文档对应页面底部出现脚注编辑区，输入脚注内容即可。

（2）修改脚注

将光标定位到页面底端脚注位置即可修改脚注内容；双击相应的脚注序号，可快速定位到页面下方相应的脚注上。

（3）删除脚注

选择要删除脚注的注释标记，按【Delete】键，即可删除脚注。

单击“脚注”组右下角的按钮，弹出“脚注和尾注”对话框，进行详细的设置即可，如图 4-86 所示。

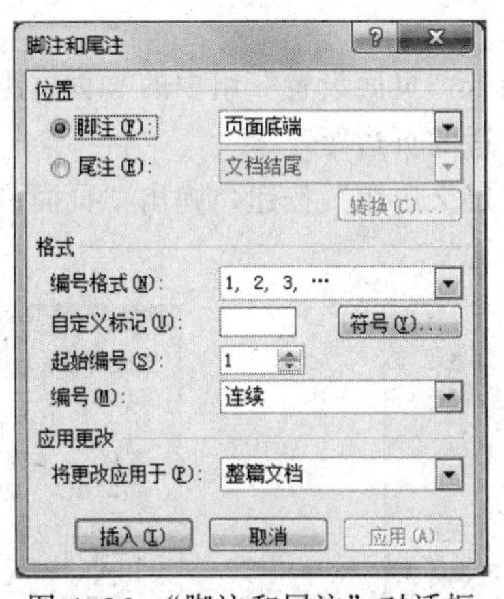

图 4-86　“脚注和尾注”对话框

4.6.3　页面设置

Word 默认的页面设置是以 A4（21 厘米 × 29.4 厘米）为大小的页面，按纵向格式编排与打印文档。如果不适合，可以通过页面设置进行改变。

1. 设置纸型

纸型是指用什么样的纸张大小来编辑、打印文档。设置纸张大小的方法是：单击“页面布局”选项卡“页面设置”组中的“纸张大小”下拉按钮，打开图 4-87 所示的“纸张大小”下拉列表，在列表中选择合适的纸张类型。或者单击“页面设置”组右下角的按钮，弹出

图 4-88 所示的“页面设置”对话框，选择“纸张”选项卡，设置合适的纸张类型。

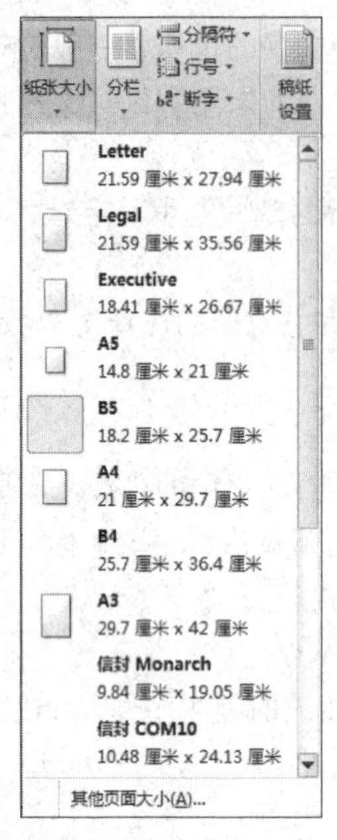

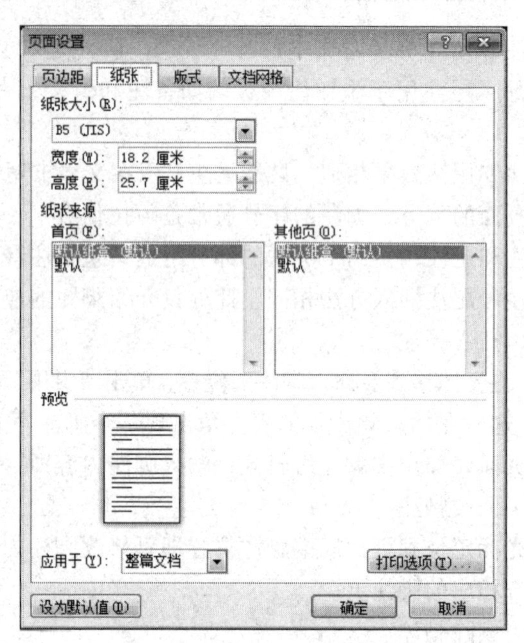

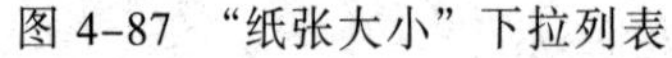
图 4-87 “纸张大小”下拉列表　　　　图 4-88 “页面设置”对话框

2. 设置页边距

页边距是指对于一张给定大小的纸张，相对于上、下、左、右 4 个边界分别留出的边界尺寸。设置页边距有以下两种方法：

（1）单击“页面布局”选项卡“页面设置”组中的“页边距”下拉按钮，打开图 4-89 所示的下拉列表，在列表中选择合适的页边距。

（2）也可单击列表中的“自定义边距”按钮，弹出“页面设置”对话框，选择“页边距”选项卡进行设置，如图 4-90 所示。

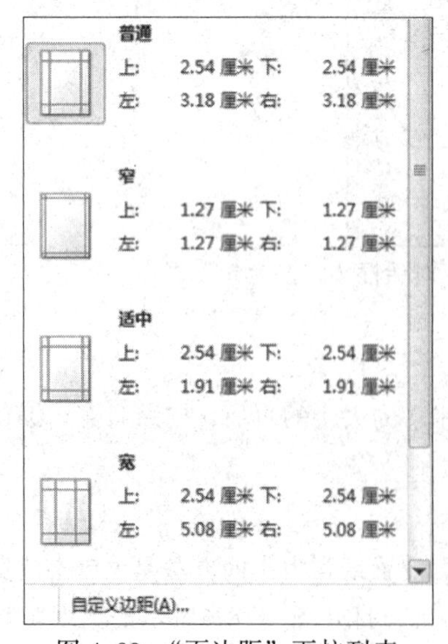

图 4-89 “页边距”下拉列表

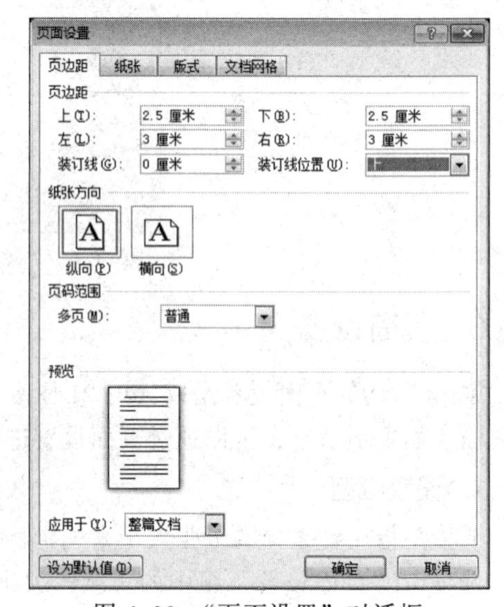

图 4-90 “页面设置”对话框

【实操】设置"'计算机应用能力'竞赛邀请函"文档的页边距上下为 2.5、左右为 3、装订线位置为上、纸张大小为 A4。

① 单击"页边距"下拉列表中的"自定义边距"按钮，弹出"页面设置"对话框。

② 在"页边距"选项卡中设置上下边距为 2.5 厘米，左右边距为 3 厘米，装订线位置为"上"，单击"确定"按钮。

③ 在"页面设置"对话框中选择"纸张"选项卡，选择纸张大小为 A4，单击"确定"按钮，完成设置。

4.6.4　打印预览及打印

1．打印预览

通过"打印预览"功能查看文档的打印效果，以便及时调整页边距、分栏等设置。操作步骤如下：

① 选择"文件"→"打印"命令，打开"打印"面板，如图 4-91 所示。

② 在"打印"面板右侧预览区域可以查看打印预览效果，如纸张方向、页边距等，还可以通过调整预览区下方的滑块改变预览视图的大小。

③ 若需要调整页面设置，可到"页面设置"组中调整至合适效果。

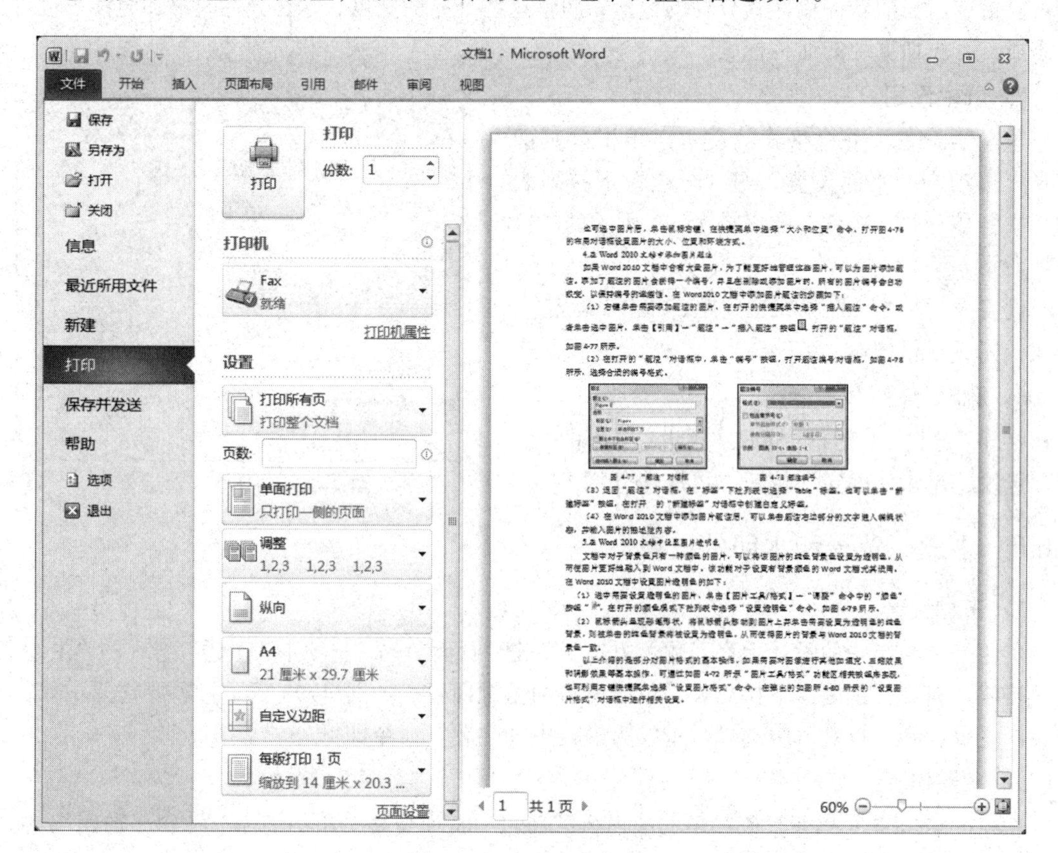

图 4-91　"打印"面板

2. 打印文档

在“打印”面板中设置完打印机、打印页面范围、单双面等选项后，单击“打印”按钮即可打印文档。

技巧：

- 如果要双面打印，可选择手动双面打印，一面打印完成后提示打印另一面。
- 若仅想打印部分内容，在“设置”项选择打印范围，在“页数”文本框中输入页码范围，用逗号分隔不连续的页码，用连字符连接连续的页码。例如，要打印1、3、6、7、11、12、13、14、15可以在文本框中输入“1,3,6－7,11－15”。

4.6.5 分栏设置

许多出版物为了方便读者，往往采用多栏的文本排版方式，使用Word创建多栏文档非常容易。

1. 新闻稿样式分栏

新闻稿样式分栏就是在给定的纸张页面内以两栏或多栏的方式重新对文章或给定的一些段落进行排版，使分栏中的文字从一个分栏的底排列至下一个分栏的顶部的排版方式。在分栏中可以指定所需的新闻稿样式分栏的数量，调整这些分栏的宽度，并在分栏间添加竖线，也可以添加具有页面宽度的通栏标题。

2. 分栏设定

选定要设置为分栏格式的文本，单击“页面布局”选项卡“页面设置”组“分栏”下拉列表中的“更多分栏”按钮，弹出图4-92所示的“分栏”对话框。

设置分栏栏数、栏宽和栏间距，单击“确定”按钮，完成分栏操作。

3. 删除分栏

打开“分栏”对话框，选取“预设”下方的“一栏”选项，单击“确定”按钮，可取消分栏。

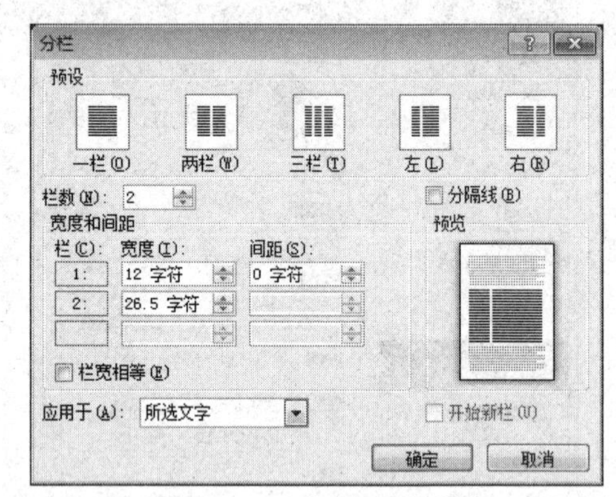

图4-92 “分栏”对话框

4.6.6 主题、背景和水印的设置

1. 主题设置

主题是一套统一的设计元素和颜色方案。单击“页面布局”选项卡“主题”组中的“主题”下拉按钮，打开“主题”下拉列表，单击所需的主题即可，如图4-93所示。若要清除文档中应用的主题，在下拉列表中选择“重设为模板中的主题”命令即可。

2. 背景设置

新建的Word文档背景都是单调的白色，通过“页面背景”组中的命令按钮，如图4-94所示，可以对文档进行水印、页面颜色和页面边框背景的设置。

图 4-93 “主题”下拉列表

图 4-94 “页面背景”组

（1）页面背景的设置

单击“页面背景”组中的“页面颜色”下拉按钮，打开图 4-95 所示的下拉列表，设置页面背景。

- 单色“页面颜色”下拉按钮：单击所需的页面颜色即可。若不符合要求，可单击“其他颜色”命令进行其他颜色的设置。
- 填充效果：选择“填充效果”命令，弹出图 4-96 所示的“填充效果”对话框，在这里可添加渐变、纹理、图案或图片作为页面背景。
- 删除设置：在“页面颜色”下拉列表中选择“无颜色”命令即可删除页面颜色。

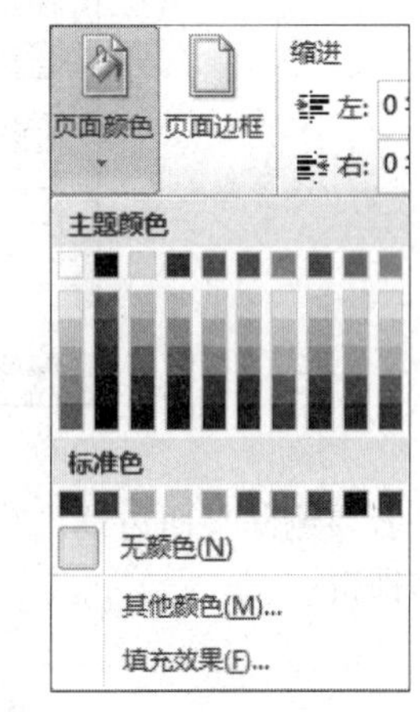

图 4-95 “页面颜色”下拉列表

（2）水印效果设置

水印用来在文档文本的后面打印文字或图形。水印是透明的，因此任何打印在水印上的文字或插入对象都是清晰可见的。

- 添加文字水印。在“页面背景”组中单击“水印”下拉按钮，在出现的下拉列表中选择“自定义水印”命令，弹出图 4-97 所示的“水印”对话框。选择“文字水印”单选按钮，在“文字”列表框选择或输入相关信息，再设置字体、字号、颜色等内容，单击“确定”按钮创建文字水印。
- 添加图片水印。在“水印”对话框中，选中“图片水印”单选按钮，单击“选择图片”按钮，选择水印图片，设置缩放、冲蚀效果，单击“确定”按钮添加图片水印。

- 删除水印。在“水印”对话框中，选择“无水印”单选按钮；或在“水印”下拉列表中选择“删除水印”选项，即可删除文档页上创建的水印。

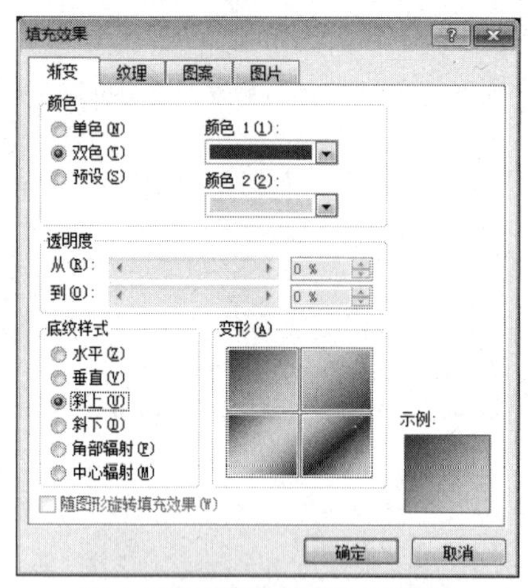

图 4-96 “填充效果”对话框

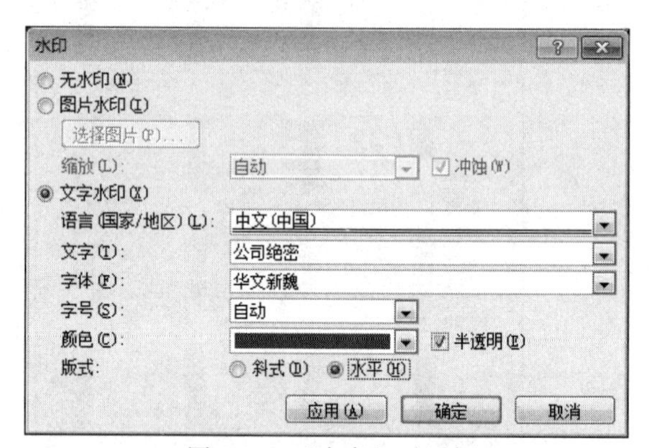

图 4-97 “水印”对话框

（3）页面边框的设置

单击“页面背景”组中的“页面边框”按钮，弹出图 4-98 所示的“边框和底纹”对话框。在“页面边框”选项卡中选择边框类型、线的样式、颜色、大小、艺术型，单击“确定”按钮即可。

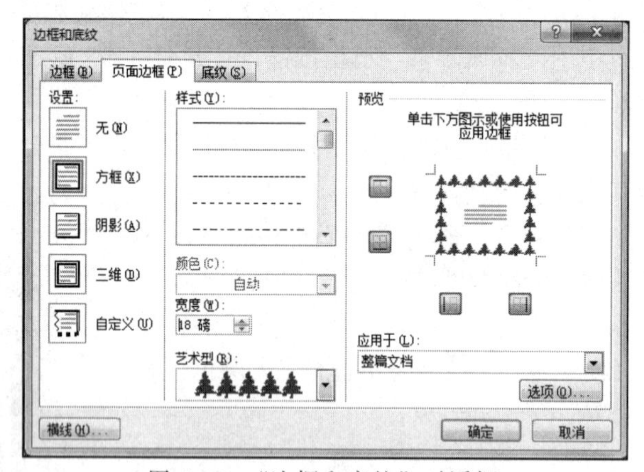

图 4-98 “边框和底纹”对话框

若要删除页面边框，在“边框和底纹”对话框的“设置”选项中选择“无”，单击“确定”按钮即可。

4.7 Word 2010 的其他应用

4.7.1 邮件合并

当需要打印许多格式、内容相似，只是具体数据有差别的文档时，就可以使用 Word 提供的邮件合并功能，如某公司自制的信封、借书证、考试证等。使用邮件合并功能来制作会减少工作量，提高速度。

1. 基本概念

邮件合并需要两个文档，一个是主文档，一个是数据源。

① 主文档。在 Word 的邮件合并操作中，所含文本和图形对合并文档的每个版本都相同的文档（即信函文档，仅包含公共内容），例如套用信函中寄信人的地址和称呼等。

② 数据源。包含要合并到文档中信息的文档（通常是一个表格，一行表示一个实体，如在邮件合并中使用的名称和地址列表）。必须连接到数据源，才能使用它的信息。

③ 数据记录。对应于数据源中一行信息的一组完整的相关信息。例如，客户邮件列表中的有关某位客户的所有信息为一条数据记录。

④ 合并域。可插入主文档中的一个占位符。例如，插入合并域“城市”，让 Word 插入“城市”数据字段中存储的城市名称，如“北京”。

⑤ 套用。根据合并域的名称用相应数据记录取代，以实现成批信函、信封制作。

例如，要生成邀请函信函，先建立数据源，保存文档名称为“名单.docx”，内容如表 4-4 所示。再建立主文档，文档名称为“邀请函信函.docx”，内容如图 4-99 所示。

表 4-4　数据源文档

学校名称
财经学院
石油学院
综合中专
技工学校

（学校名称）：

请于 2019 年 11 月 8 日上午来我中心参加竞赛。具体安排及事宜，详见竞赛邀请函。

××市职业教育研究中心

2019 年 10 月 10 日

图 4-99　信函主文档

2. 合并邮件的方法

使用“邮件”选项卡的“邮件合并向导”完成信函、电子邮件、信封、标签或目录的邮件合并工作，采用分步完成的方式进行，因此更适用于邮件合并功能的普通使用者。

【实操】“邀请函”文档制作完成后，需要发给每个学校，要求用最简单的方法为各个学校制作一份信函，把“邀请函信函”寄发给他们，便于学校组织报名，合并后以“邀请信.docx”保存。

视频 4-4　邮件合并

方法如下：

① 打开建立的文档“邀请函信函.docx”。

② 单击“邮件”选项卡“开始邮件合并”组中的“开始邮件合并”下拉按钮，打开图 4-100 的下拉列表，选择类型中“信函”项。

③ 单击“邮件”选项卡“开始邮件合并”组“选择收件人”下拉列表中的“使用现有列表”按钮，弹出“选取数据源”的对话框，如图 4-101 所示。

④ 数据源选择好后，单击“邮件”选项卡“编写和插入域”组中的“插入合并域”按钮，在主文档的适当位置分别插入各个合并域。

⑤ 最后，单击“邮件”选项卡“完成”组“完成并合并”下拉列表中的“编辑单个文档”按钮，按要求保存完成邮件合并。

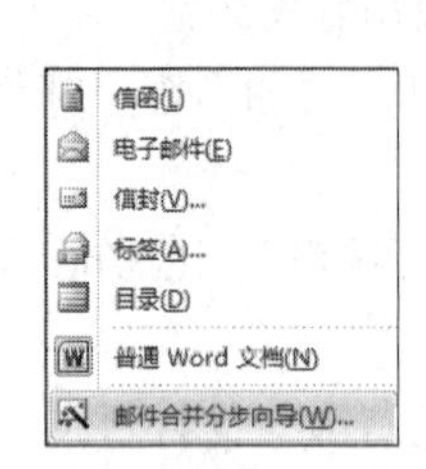

图 4-100　邮件合并下拉菜单

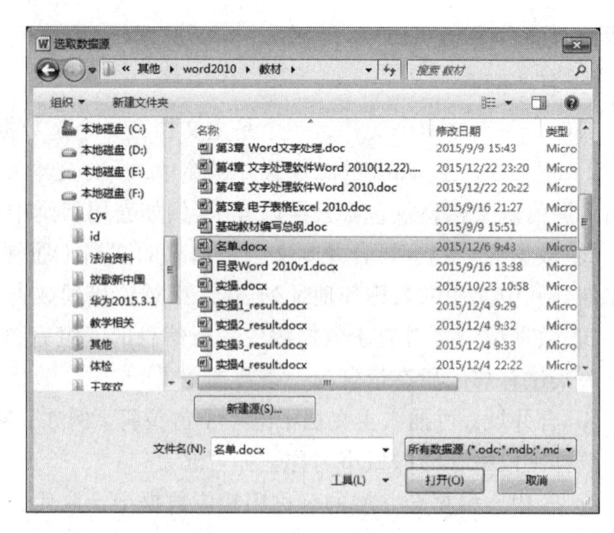

图 4-101　“选取数据源”对话框

4.7.2　样式

1. 样式的基本概念

样式是应用于文本的一系列格式特征，利用它可以快速地改变文本的外观。Word 自带许多内置样式，用于文档的编辑排版工作，但如果在实际应用中需要其他样式，可自行定义或修改。

单击“开始”选项卡“样式”组右下角的按钮，打开图 4-102 所示的“样式”窗格，利用此窗格可以浏览、应用、编辑、定义和管理样式。

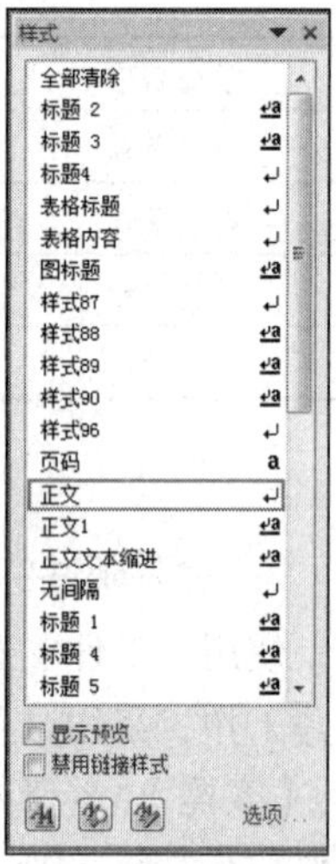

图 4-102　“样式”窗格

2. 样式的分类

样式分为“段落样式”和“字符样式”。

段落样式：以集合形式命名并保存的具有字符和段落格式特征的组合。段落样式控制段落外观的所有方面，如文本对齐、制表位、行间距、边框等，也可包括字符格式。

字符样式：影响段落内选定文字的外观，例如文字的字体、字号、加粗及倾斜的格式设置等。即使某段落已整体应用了某种段落样式，该段中的字符仍可以有自己的样式。

3. 样式应用

选定段落，单击“样式”窗格中的样式名，或者单击“开始”选项卡“样式”组中的“样式”按钮，即可将该样式的格式集一次应用到选定段落上。

4. 样式管理

若需要段落包括特殊格式，而现有样式中又不满足需要，可新建样式或修改已有样式。

- 创建新样式：单击“样式”窗格左下角的“新建样式”按钮，弹出图 4-103 所示的“根据格式设置创建新样式”对话框。在“名称”文本框中输入新样式名，在“样式类型”

文本框的“字符”或“段落”中选择所需选项，通过“格式”按钮设置样式格式，单击“确定”按钮即可创建一个新的样式。

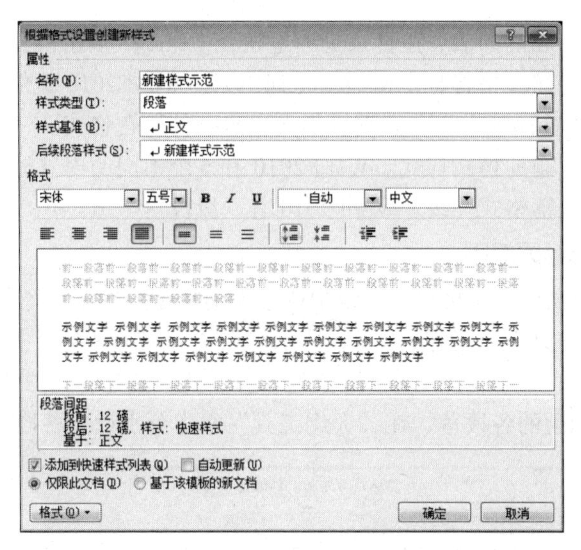

图 4-103　“根据格式设置创建新样式”对话框

- 修改样式：在“样式”窗格中，右击样式列表中的某一样式，在弹出的快捷菜单中选择“修改”命令，弹出图 4-104 所示的“修改样式”对话框，然后单击“格式”按钮设置、修改样式中的格式。

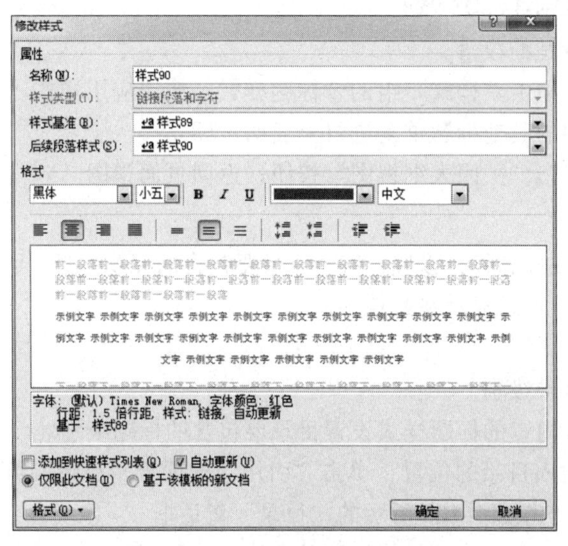

图 4-104　“修改样式”对话框

- 删除样式：在“样式”窗格中右击样式列表的某一样式，在弹出的快捷菜单中选择“删除”命令，即可将选定的样式删除。

提示：“正文”样式和“默认段落”样式不能被删除，如“开始”选项卡的“样式”组中的“样式”按钮不能删除。

4.7.3 编制目录

1. 目录概述

目录是文档中各级标题的列表，在目录页通过按住【Ctrl】，单击链接到目录所指向的章节位置，也可以打开视图导航窗格将整个文档结构列出来。Word 2010 提供了目录编制与浏览功能，可使用 Word 中的内置标题样式和大纲级别设置自己的标题格式。

标题样式：应用于标题的格式样式。Word 2010 有 6 个不同的内置标题样式。

大纲级别：应用于段落格式等级。Word 2010 有 9 级段落等级。

2. 用大纲级别创建标题级别

① 单击“视图”选项卡“文档视图”组中的“大纲视图”按钮，将文档显示为大纲视图。

② 切换到“大纲”选项卡，如图 4-105 所示。在“大纲工具”组中选择目录中显示的标题级别数。

③ 选择要设置为标题的各段落，在“大纲工具”组中分别设置各段落级别。

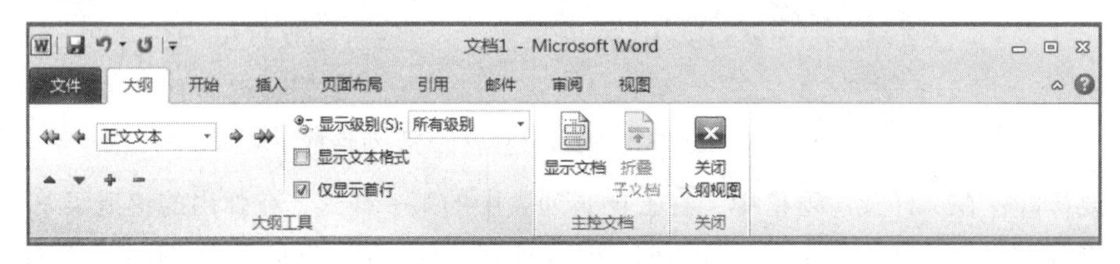

图 4-105 “大纲工具”组

3. 用内置标题样式创建标题级别

① 选择要设置为标题的段落。

② 单击“开始”选项卡“样式”组的“标题样式”按钮应用样式。

③ 对包含在目录中的其他标题重复进行上面两步骤。

④ 设置完成后，单击“关闭大纲视图”按钮，返回页面视图。

4. 编制目录

通过使用大纲级别或标题样式设置，指定目录要包含的标题之后，可以选择一种设计好的目录样式生成目录，并将目录显示在文档中。

操作步骤如下：

① 确定需要制作目录级别。

② 使用大纲级别或内置的标题样式设置目录要包含的标题级别。

③ 将光标定位到插入目录的位置，单击“引用”选项卡“目录”组“目录”下拉列表中的“插入目录”按钮，弹出图 4-106 所示的“目录”对话框。

④ 选择“目录”选项卡，在“格式”下拉列表框中选择目录格式，根据需要，设置其他选项。

⑤ 单击“确定”按钮即可生成目录。

5. 更新目录

在页面视图中，右击目录中的任意位置，从弹出的快捷菜单中选择“更新域”命令，弹出“更新目录”对话框，选择更新类型，单击“确定”按钮更新目录。

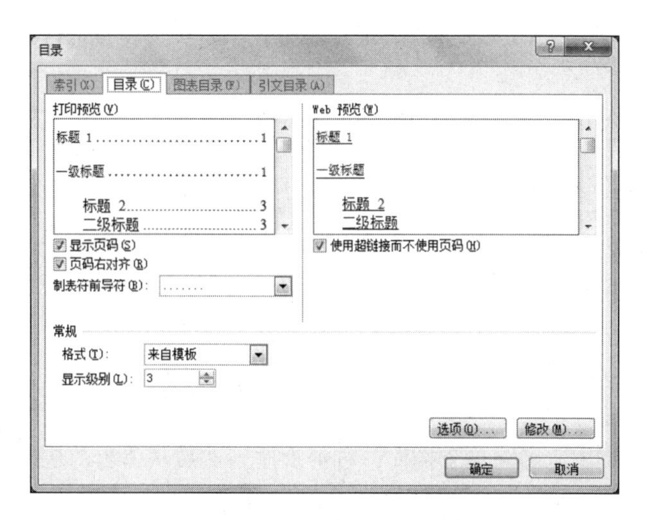

图 4-106　“目录”对话框

4.7.4　文档修订的应用

当对一篇文档进行阅读以及审阅后发现一些问题后，常常不想直接对其进行修改，为此 Word 中的审阅功能就会起到一定作用，可以通过批注和修订功能对文中需要修改及批注的内容进行详细的描述，使其一目了然。

1. 修订和批注的意义

为了便于联机审阅，Word 允许在文档中快速创建修订与批注。

① 修订。显示文档中所做的诸如删除、插入或其他编辑、更改位置的标记，启动“修订”功能后，对删除的文字会以一横线在字体中间，字体为红色，添加文字也会以红色字体呈现；用户可以修改成自己喜欢的颜色。

② 批注。指作者或审阅者为文档添加的注释。为保留文档的版式，Word 2010 在文档的文本中显示一些标记元素，而其他元素则显示在边距上的批注框中，在文档的页边距或“审阅窗格”中显示批注，如图 4-107 所示。

图 4-107　修订与批注示意图

2. 修订操作

（1）标注修订

① 单击“审阅”选项卡“修订”组中的“修订”下拉按钮。

② 在打开的下拉列表中选择“修订选项”命令，弹出“修订选项”对话框，可根据自己的习惯和要求进行设置后，单击“确定”按钮即可。

（2）取消修订

启动修订功能后，再次在“修订”组中单击“修订”下拉按钮，在打开的下拉列表中选择“修订”命令（或按【Ctrl + Shift + E】组合键）可关闭修订功能。

（3）接收或拒绝修订

用户可对修订的内容选择接收或拒绝修订，单击“审阅”选项卡“更改”组中的“接收”或“拒绝”按钮即可完成相关操作。

（4）修订操作有 4 种不同的显示方式，选择其中一项，在文档修订过程中将显示该选项的修订显示状态：

① 最终显示标记：显示标记的最终状态，在文档中显示已修改完成的，带有修订标记的文稿。

② 最终状态：显示已完成修订编辑的，不带标记的文稿。

③ 原始显示标记：显示标记的原始状态，即显示带有修订标记的文档。

④ 原始状态：显示还没有做过任何修订编辑的，不带标记的文档。

3. 批注操作

① 插入批注。选中要插入批注的文字，单击“审阅”选项卡“批注”组中的“新建批注”按钮，并输入批注内容。

② 删除批注。若要快速删除单个批注，右击批注，然后从弹出的快捷菜单中选择“删除批注”命令即可。

5. 文档字数统计

在“审阅”选项卡的“校对”组中单击“字数统计”按钮，弹出“字数统计”对话框，显示正在编辑的文稿的页数、字数、字符数和行数等信息；也可以选择“文件”→“信息”命令，在信息窗口右方可看到该文稿的大小、字数、页数和编辑实践总计等信息。

习　　题

1. Word 是办公自动化套装软件（　　）的重要组成部分。

　A. DOS　　B. WPS　　C. Office　　D. Windows

2. Word 编辑区也称为工作区，主要用来（　　）。

　A. 输入各种操作命令　　B. 存放各种命令、工具

　C. 输入各种程序语句　　D. 输入、编辑文本

3. 在 Word 编辑区中，用（　　）表示当前输入字符的位置。

　A. 左箭头光标　　B. 右箭头光标

　C. I 形光标　　D. 十字光标

4. 拖动 Word 滚动条中的滚动块，主要是用来（　　）。

　A. 显示命令工具按钮　　B. 弹出菜单命令

　C. 滚动显示编辑窗口中的内容　　D. 得到帮助信息

5. 在 Word 编辑状态下，当前正在编辑一个新建的文档“文档 1”，当选择“文件”→“保存”命令后，Word 将会（　　）。

　A. 弹出“另存为”对话框　　B. 该文档被存盘

　C. 自动以“文档 1”为文件名保存　　D. 不能以“文档 1”为名存盘

6. 在 Word 中，当前输入的文字将被显示在（　　）。

　A. 鼠标指针位置　　B. 文档的尾部

　C. 插入点位置　　D. 当前行的行尾

7. 在 Word 的“字体”对话框中，不可设定文字的（　　）。

A. 字符间距　　B. 字号　　C. 删除线　　D. 行距

8. 在 Word 编辑状态下，打开一个文档，对文档进行修改后，执行关闭文档操作时，(　　)。

A. 文档将被直接关闭

B. 文档被关闭，并自动保存修改后的内容

C. 文档被关闭，修改后的内容不能保存

D. 弹出对话框，并询问是否保存对文档的修改

9. 在 Word 编辑状态下，将复制的内容粘贴到当前光标处，使用的快捷键是(　　)。

A.【Ctrl+C】　　B.【Ctrl+A】

C.【Ctrl+V】　　D.【Ctrl+X】

10. 在 Word 中，查找、替换这两个功能的快捷键分别是(　　)。

A.【Ctrl+F】、【Ctrl+H】　　B.【Ctrl+H】、【Ctrl+F】

C.【Ctrl+C】、【Ctrl+V】　　D.【Ctrl+V】、【Ctrl+C】

11. 在 Word 中，如果要执行“矩形”选取命令，则需要按住(　　)键。

A.【Ctrl】　　B.【Shift】　　C.【Alt】　　D. 直接拖动鼠标

12. 在 Word 中，对已输入的文档进行分栏操作，需要使用的功能区选项卡是(　　)。

A. 开始　　B. 插入　　C. 引用　　D. 页面布局

13. 在 Word 文档中插入图片后，不可以进行的操作是(　　)。

A. 剪裁　　B. 编辑　　C. 缩放　　D. 删除

14. 在 Word 中，删除一个段落标记后，前后两段的文字将合并成一段，原段落的格式将(　　)。

A. 前一段将采用后一段文档的格式　　B. 后一段将采用前一端文档的格式

C. 前一端将变成无格式　　D. 没有任何变化

15. 在 Word 中，如果要重复使用“格式刷”工具，应该(　　)。

A. 右击工具栏中的“格式刷”按钮　　B. 拖动工具栏中的“格式刷”按钮

C. 单击“格式刷”按钮　　D. 双击“格式刷”按钮

16. 在 Word 中，(　　)视图方式可以看到页眉和页脚。

A. 普通　　B. 大纲

C. 页面　　D. 全屏幕显示

17. 在编辑 Word 文档时，下列叙述正确的是(　　)。

A. 不能同时选定多个图形对象　　B. 不能选定竖排的文本框

C. 不能同时选定多个不连续的段落　　D. 不能调整“字体”文本框的大小

18. 在 Word 编辑状态下，要使插入点快速移动到行尾，应该按(　　)键。

A.【PageUp】　　B.【PageDown】　　C.【Home】　　D.【End】

19. 在 Word 中，如果要使文档内容横向打印，在“页面设置”中应该选择的选项卡是(　　)。

A. 纸张大小　　B. 版面　　C. 纸张来源　　D. 页边距

20. 在 Word 编辑状态下，在“打印”对话框的“页面范围”组中，选择“页面范围”为“当前页”是指(　　)。

A. 打印文档的“第一页”　　B. 打印文档的“最后页”

C. 打印光标所在页　　D. 打印当前窗口显示页

21. 在 Word 的页眉、页脚中，不能插入（　　）。

A. 图片　　B. 分节符　　C. 中文标题符号　　D. 制表符

22. 要在 Word 中创建一个表格式简历表，最简单的方法是（　　）。

A. 在“插入”菜单中绘制表格

B. 在新建中选择简历模板中适用的表格型简历表

C. 用绘图工具进行绘制

D. 用插入快速表格的方法

23. 在 Word 中，选定文档的某行内容后，使用拖动鼠标的方法将其移动时，需配合的键盘操作是（　　）。

A. 按住【Esc】键　　B. 按住【Ctrl】键

C. 按住【Alt】键　　D. 不按任何键，直接拖动选定内容

24. 在 Word 文档中，如果要把整篇文章选定，先将光标移动到文档左侧的选定栏，然后（　　）。

A. 双击鼠标左键　　B. 单击鼠标左键

C. 单击鼠标右键　　D. 连续三击鼠标左键

25. 利用（　　）可以使文本快速进行格式复制。

A. “段落”命令　　B. 格式刷

C. “格式”菜单　　D. “复制”命令

第5章 电子表格处理软件 Excel 2010

Excel 2010 是 Microsoft Office 2010 的重要组成部分，是目前流行的电子表格处理软件。它除具有数据处理、快速计算、图表绘制等功能外，还可以实现数据库管理。

5.1 认识 Excel 2010

5.1.1 Excel 2010 的启动与退出

1. 启动

① 从“开始”菜单启动 Excel。

② 通过 Excel 程序快捷方式启动 Excel。

③ 打开已存在的 Excel 文档启动 Excel。

2. 退出

① 单击窗口右上角的“关闭”按钮。

② 选择“文件”→“退出”命令。

③ 双击 Excel 窗口左上角的控制菜单图标。

④ 按【Alt+F4】组合键。

5.1.2 Excel 2010 的操作界面

Excel 2010 窗口与 Word 2010 窗口基本相同，由快速访问工具栏、标题栏、选项卡、功能区面板、文档编辑区、状态栏等部分组成，如图 5-1 所示。下面主要介绍 Excel 2010 特有的部分。

1. 选项卡

Excel 2010 提供 7 个选项卡：开始、插入、页面布局、公式、数据、审阅和视图。

①“开始”选项卡：由剪贴板、字体、对齐方式、数字、样式、单元格和编辑 7 个组组成，如图 5-2 所示，主要用于数据的快速操作和单元格格式设置。

②“插入”选项卡：由表格、插图、图表、迷你图、筛选器、链接、文本和符号 8 个组组成，如图 5-3 所示，主要用于插入表格、图片、图表、符号等对象。

③“页面布局”选项卡：由主题、页面设置、调整为合适大小、工作表选项和排列 5 个组组成，如图 5-4 所示，主要用于页面布局和打印设置等。

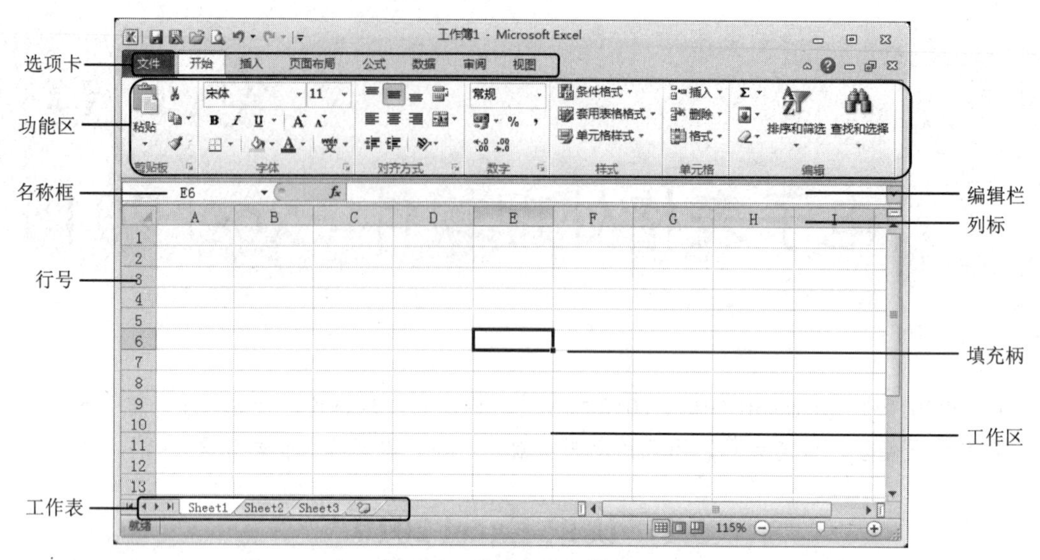

图 5-1　Excel 2010 窗口

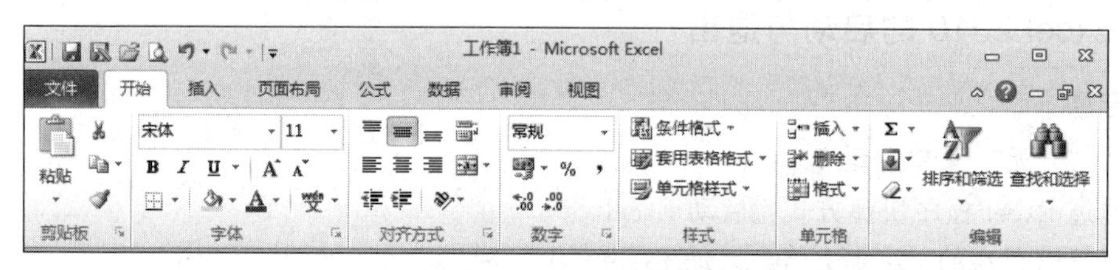

图 5-2　“开始”选项卡

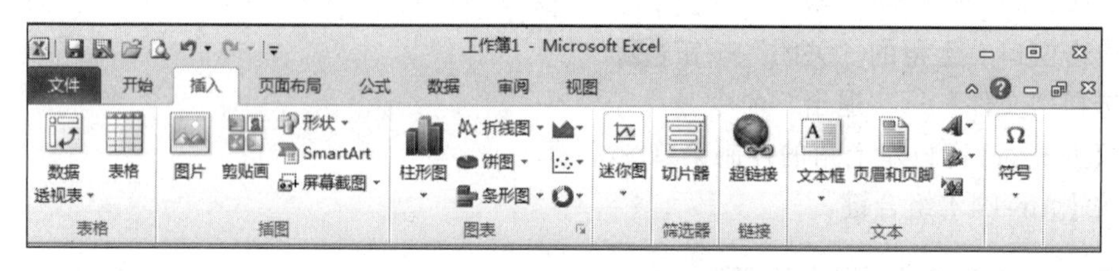

图 5-3　“插入”选项卡

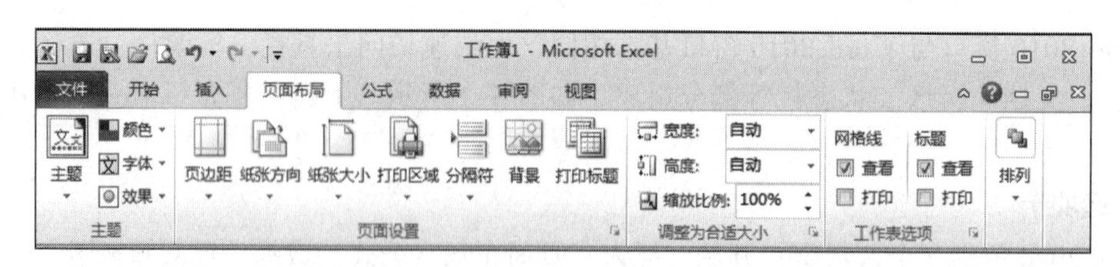

图 5-4　“页面布局”选项卡

④“公式”选项卡：由函数库、定义的名称、公式审核和计算 4 个组组成，如图 5-5 所示，主要用于公式和函数应用等。

⑤“数据”选项卡：由获取外部数据、连接、排序和筛选、数据工具和分级显示 5 个组组成，如图 5-6 所示，主要用于数据导入、管理、统计分析等。

⑥“审阅”选项卡：由校对、中文简繁转换、语言、批注和更改 5 个组组成，如图 5-7 所示，主要用于文档校对和修订等方面操作。

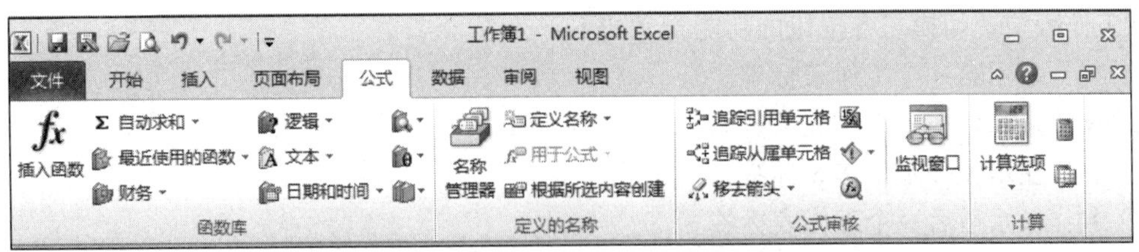

图 5-5　“公式”选项卡

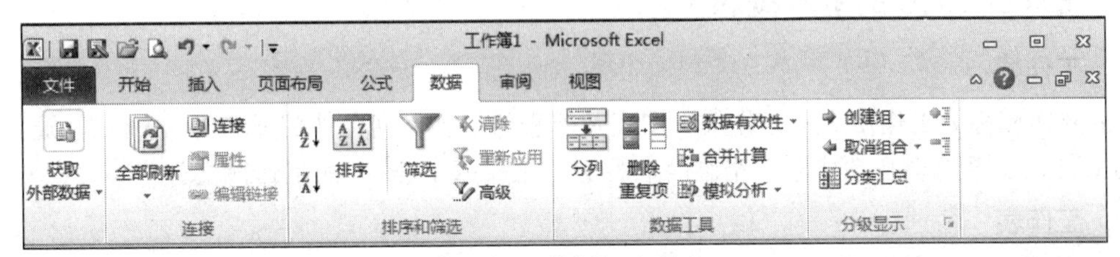

图 5-6　“数据”选项卡

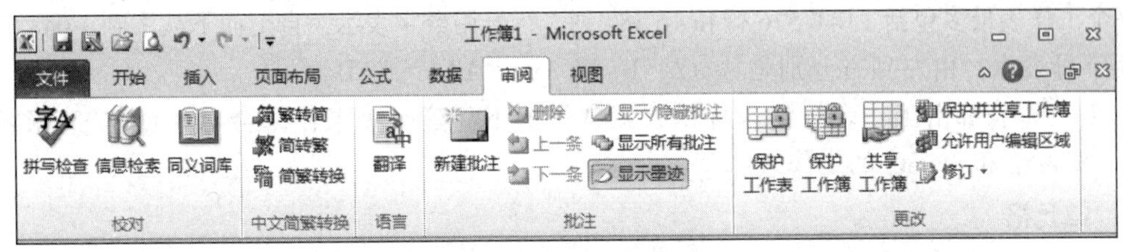

图 5-7　“审阅”选项卡

⑦“视图”选项卡：由工作簿视图、显示、显示比例、窗口和宏 5 个组组成，如图 5-8 所示，主要用于控制工作簿的显示方式。

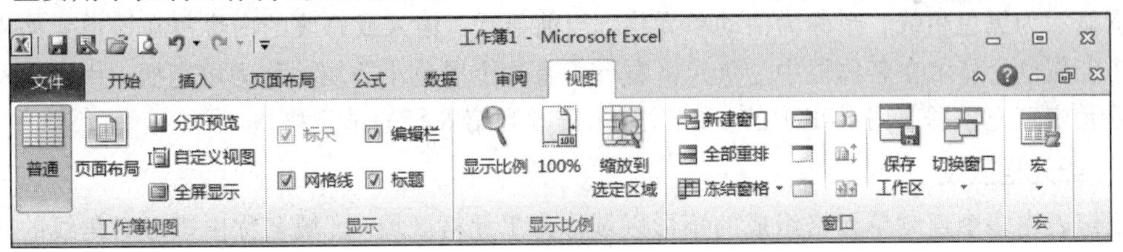

图 5-8　“视图”选项卡

2. **数据编辑栏**

“数据编辑栏”是 Excel 2010 一个重要的工具栏，由名称框和编辑栏组成，如图 5-1 所示。

① 名称框：用于显示、定位单元格或单元格区域。单击“名称框”下拉按钮将显示用户自定义的单元格名称，快速选中已定义的区域。

② 编辑栏：用于输入、显示和编辑活动单元格的内容。当活动单元格处于编辑状态时，数据编辑栏将出现 3 个数据编辑按钮。

- “取消”按钮：取消编辑内容并退出编辑状态。
- “输入”按钮：确定编辑内容并退出编辑状态。
- “插入函数”按钮：打开“插入函数”对话框。

3. **工作区**

工作区是显示和编辑数据的区域，由工作表和单元格构成。通过工作区底端的工作表标签“Sheet1”“Sheet2”等可以了解当前工作簿文件的工作表构成情况，利用左侧的“工作表按钮”

可实现工作表快速切换。各按钮的功能含义如下：

① ⏮：显示第一个工作表标签。

② ◀：显示前一个工作表标签。

③ ▶：显示下一个工作表标签。

④ ⏭：显示最后一个工作表标签。

5.1.3 Excel 2010 的基本概念

1. 工作簿

Excel 文档称为工作簿，是工作表、图表及宏表的集合，其文件扩展名为“.xlsx”。通常在启动 Excel 后，系统会自动建立一个临时名称为“工作簿 1.xlsx”的工作簿文件。

2. 工作表

工作表是用于存储和处理数据的一个二维表格，由行、列和单元格组成，纵向为列，横向为行，一个工作表最多包括 1 048 576 行和 16 384 列。行号用数字表示，自上而下从 1 到 1 048 576；列标用字母表示，由左到右分别是 A～Z，B～Z，…，AAA～XFD。

每个工作表都由工作表标签来标识，默认情况下新建一个工作簿会自动创建 3 张名为 Sheet1、Sheet2 和 Sheet3 的工作表。

3. 单元格

工作表行与列交叉形成的区域为单元格，是 Excel 用于数据存储或公式计算的基本单位。一个工作表有 1 048 576 x 16 384 个单元格。

在 Excel 中，通常用“列标行号”来标识单元格，即单元格地址或单元格名称。若某单元格周围显示为黑色粗线，则称为活动单元格。当前显示、输入或修改的内容都在该单元格中进行，其名称也会显示在名称框中。单元格右下角有一个黑色小方块，称为填充柄，用于快速向邻近单元格填充数据。图 5-1 中的“E6”表示第 5 列第 6 行的单元格。

4. 单元格区域

工作表中多个连续单元格组成的矩形区域称为单元格区域。区域名称由矩形对角线的两个单元格（即左上角和右下角的单元格）组成，中间用“:”号连接。图 5-9 所示的“A1:K22”表示以 A1 为左上角 K22 为右下角的单元格区域，共 242 个单元格。

单元格地址的表示有如下 3 种模式：

① 相对地址：直接用列号和行号组成，如 B5、A10:E20 等。

② 绝对地址：在列号和行号前面都加上“$”符号，如$B$5、$A$10: $E$20 等。

③ 混合地址：在部分列号或行号前面加上“$”符号，如 B$5、$A10:E$20 等。

5. 地址

一个完整的地址由工作簿、工作表和单元格组成。其中工作簿包含在方括号“[ ]”中，工作表与单元格地址之间用“!”号隔开，其格式为：

[工作簿]工作表!单元格地址

图 5-1 中单元格 E6 的完整表示地址为：[工作簿 1.xlsx]Sheet1! E6。

图 5-9 中单元格区域 A1:K22 的完整表示地址为：[学生成绩表.xlsx]成绩表! A1:K22。

若在同一工作簿或工作表中操作，由于不会引起误解，可以省略工作簿或工作表名称。

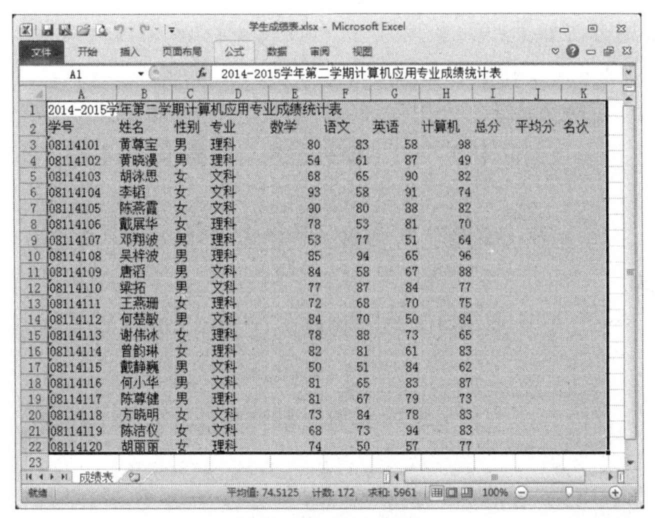

2014-2015学年第二学期计算机应用专业成绩统计表										
学号	姓名	性别	专业	数学	语文	英语	计算机	总分	平均分	名次
08114101	黄尊宝	男	理科	80	83	58	98			
08114102	黄晓漫	男	理科	54	61	87	49			
08114103	胡泳思	女	文科	68	65	90	82			
08114104	李韬	女	文科	93	58	91	74			
08114105	陈燕霞	女	文科	90	80	88	82			
08114106	戴展华	女	理科	78	53	81	70			
08114107	邓翔波	男	理科	53	77	51	64			
08114108	吴梓波	男	理科	85	94	65	96			
08114109	唐滔	男	文科	84	58	67	88			
08114110	梁拓	男	文科	77	87	84	77			
08114111	王燕珊	女	理科	72	68	70	75			
08114112	何楚敏	男	文科	84	70	50	84			
08114113	谢伟冰	女	理科	78	88	73	65			
08114114	曾韵琳	女	理科	82	81	61	83			
08114115	戴静巍	男	文科	50	51	84	62			
08114116	何小华	男	文科	81	65	83	87			
08114117	陈尊健	男	理科	81	67	79	73			
08114118	方晓明	女	文科	73	84	78	83			
08114119	陈洁仪	女	文科	68	73	94	83			
08114120	胡丽丽	女	理科	74	50	57	77			

图 5-9　地址表示

5.2　Excel 2010 的基本操作

Excel 2010 的基本操作包括工作簿、工作表、单元格的常用操作，以及数据的输入和编辑。

5.2.1　工作簿的操作

Excel 2010 的工作簿包括创建、打开、保存和关闭等基本操作，与 Word 文档类似，不再赘述。

值得一提的是，Excel 提供“可用模板”和“Office.com 模板”等丰富的样式模板，可以快速创建专业的 Excel 文档，选择“文件”→“新建”命令，在“样本模板”中实现，如图 5-10 所示。

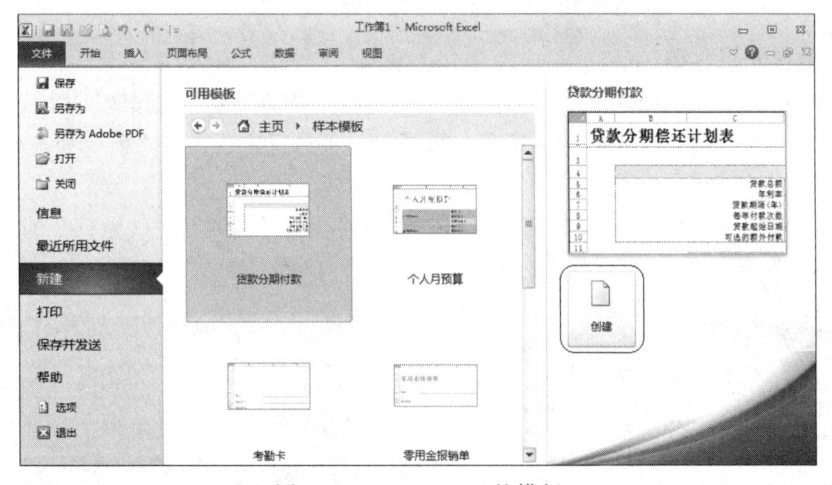

图 5-10　Excel 2010 的模板

5.2.2　工作表的操作

1. 选择工作表

要对工作表进行操作，必须先选定工作表，被选中工作表的标签将以高亮状态显示。

选定工作表的常用方法如下：

① 单个工作表：单击该工作表标签。

② 多个相邻工作表：先单击第一个工作表，按住【Shift】键的同时单击最后一个工作表标签。

③ 多个不相邻工作表：先单击第一个工作表，然后按住【Ctrl】键，依次单击要选择的工作表标签。

④ 全部工作表：右击工作表标签，从弹出的快捷菜单中选择“选定全部工作表”命令。

2. 重命名工作表

双击工作表标签，进入名称编辑状态，直接输入新名称后按【Enter】键。

3. 插入工作表

插入新工作表最快捷的方法是单击工作表列表最右侧的“新建工作表”按钮。

4. 删除工作表

选中要删除的一个或多个工作表，单击“开始”选项卡“单元格”组“删除”下拉列表中的“删除工作表”按钮，如图 5-11 所示。

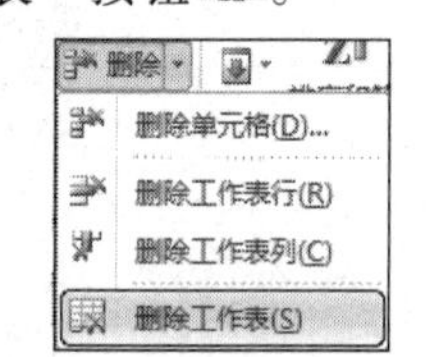

图 5-11 “删除”下拉列表

注意：

工作表删除是永久性、不可恢复操作，要慎重。删除含数据的工作表时，将弹出确认对话框，如图 5-12 所示。

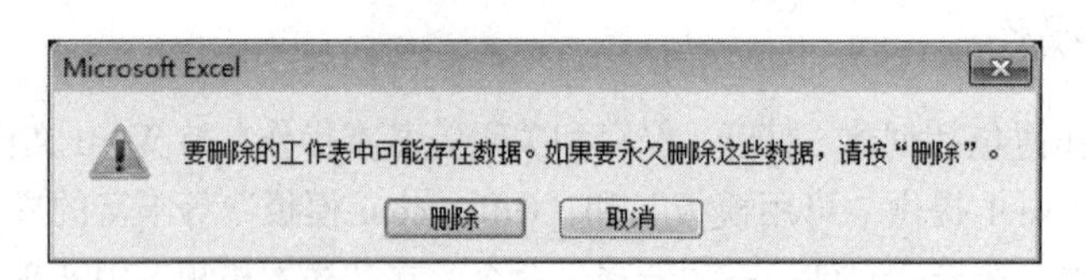

图 5-12 删除工作表时的确认对话框

5. 移动或复制工作表

右击选中的工作表标签，从弹出的快捷菜单中选择“移动或复制工作表”命令，弹出“移动或复制工作表”对话框，如图 5-13 所示。可通过“下列选定工作表之前”列表框中的工作表名称定位工作表位置。

通过“工作簿”下拉列表框中的选项可将工作表移动或复制到其他已经打开的工作簿中，选中“建立副本”复选框，则为“复制”操作，如图 5-14 所示。

图 5-13 “移动或复制工作表”对话框

图 5-14 在不同工作簿间复制工作表

技巧：

若在同一工作簿中移动工作表，可通过鼠标拖动的方法进行；按住【Ctrl】键的同时拖动工作表则可实现“复制”操作。

6. 更改工作表标签颜色

除用名称区分不同的工作表外，还可以为工作表标签设置不同的颜色，使工作表的识别更加容易。单击“开始”选项卡“单元格”组“格式”下拉列表中“工作表标签颜色”下拉按钮，弹出图 5-15 所示的下拉列表。

技巧：

工作表的常用操作如删除、插入、重命名等均可从工作表的右键快捷菜单中找到相应的操作方法，如图 5-16 所示。

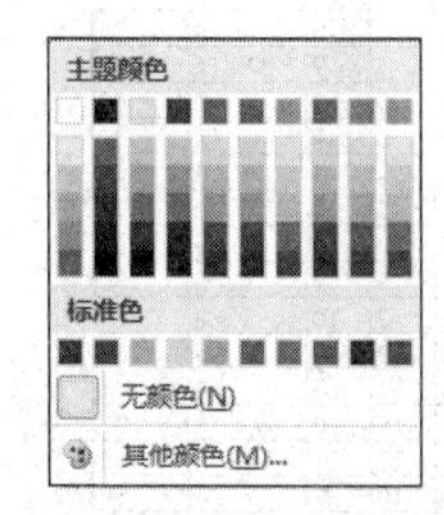

图 5-15　“工作表标签颜色”下拉列表

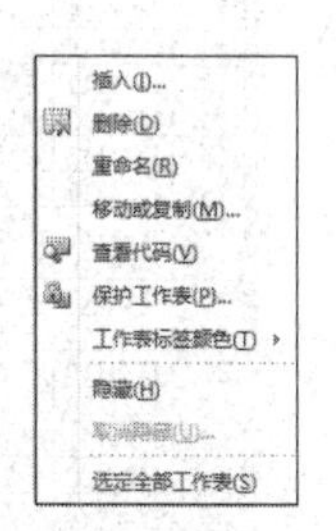

图 5-16　工作表的右键快捷菜单

7. 多窗口操作

（1）拆分窗口

拆分窗口把当前工作表分成 4 个小窗口，每个小窗口都可独立显示工作表内容。适当选择拆分窗口的分隔点，可有效、完整地查看工作表中的内容；通过更改分隔栏位置可随时调整查看效果。

单击“视图”选项卡“窗口”组中的“拆分”按钮实现“拆分窗口”操作，如图 5-17 所示。要取消拆分，只需再次选择“拆分”按钮。

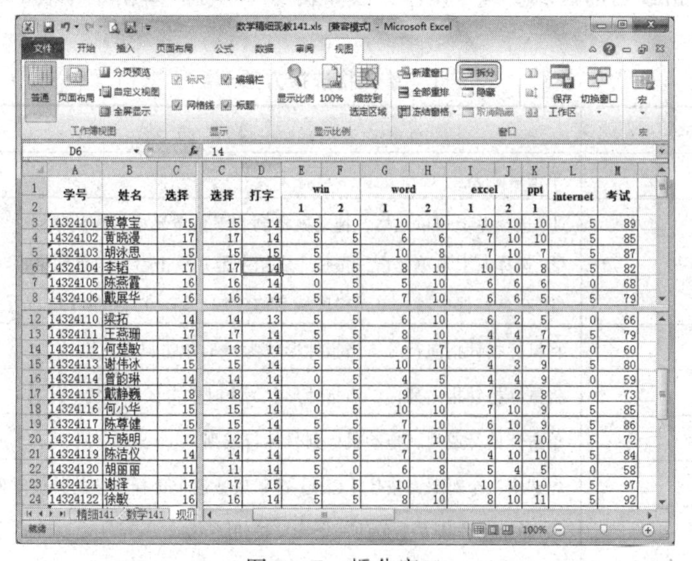

图 5-17　拆分窗口

（2）冻结窗格

冻结窗格可锁定工作表中部分行、列位置，不随滚动条的变化而滚动，始终在前端显示。单击“视图”选项卡“窗口”组“冻结窗格”下拉列表中的“冻结拆分窗格”按钮，如图 5-18 所示。图中选中 C3 单元格后进行“冻结窗格”操作，则学号（A 列）、姓名（B 列）两列和成绩标题（第 1-2 行）的位置将固化显示在左侧和上方，方便学生成绩的浏览。

图 5-18　冻结窗格

5.2.3　单元格及单元格区域的操作

1. 选择

在执行操作前，必须先选中单元格或单元格区域，被选中单元格或单元格区域的边框线变粗，称为当前单元格或当前区域。具体操作方法如表 5-1 所示。单击工作表的任意单元格可取消选择。

表 5-1　单元格选择方法

选 择 对 象	操 作 方 法
单个单元格	单击单元格
连续单元格区域	① 选择左上角单元格，拖动鼠标到右下角单元格后释放鼠标； ② 选择左上角单元格，按住【Shift】键并单击右下角单元格； ③ 在名称框中输入单元格区域名称（如 B5:D10）后按【Enter】键
一整行	将鼠标指针指向行号，当指针形状为➡时单击鼠标左键
一整列	将鼠标指针指向列标，当指针形状为⬇时单击鼠标左键
多行或多列	单击开始行或列，拖动鼠标到目标行或列
不连续区域	先选中一个对象，按住【Ctrl】键不放，逐个选择待选的其他对象
整个工作表	① 单击工作表左上角的“全选”按钮； ② 使用【Ctr+A】组合键

2. 单元格区域的命名

为单元格区域赋予一个有意义的名称可以方便用户进行数据管理。选中待命名区域，在“名称框”中输入名称后按【Enter】键。如图 5-9 中，已经选择 A1:K22 区域，在名称框中输入 score1 后按【Enter】键，则可为该区域定义个性化名称 score1。

当用户想要访问已定义的区域时，单击名称框右侧的下拉按钮从中选择已定义的名称即可。

3. 复制与移动

Excel 具备传统的移动与复制方法：“剪切”(【Ctrl+X】) → “粘贴”(【Ctrl+V】) 实现移动操作；“复制”(【Ctrl+C】) → “粘贴”(【Ctrl+V】) 实现复制操作。另外，Excel 还提供很多特殊的操作方法。

（1）移动

① 鼠标拖动：将鼠标指针指向选择区域的边缘，当鼠标指针形状变为✥时，拖动到目标位置。

② 插入剪切的单元格：先执行“剪切”操作，选择目标位置左上角的单元格，单击“开始”选项卡“单元格”组“插入”下拉列表中的“插入剪切的单元格”按钮。在图 5-19 中，先剪切计算机数据列 H2:H22，然后选中单元格 F2，执行“插入剪切的单元格”命令后，可以将“计算机”数据列移动到“语文”数据列前面，结果如图 5-20 所示。

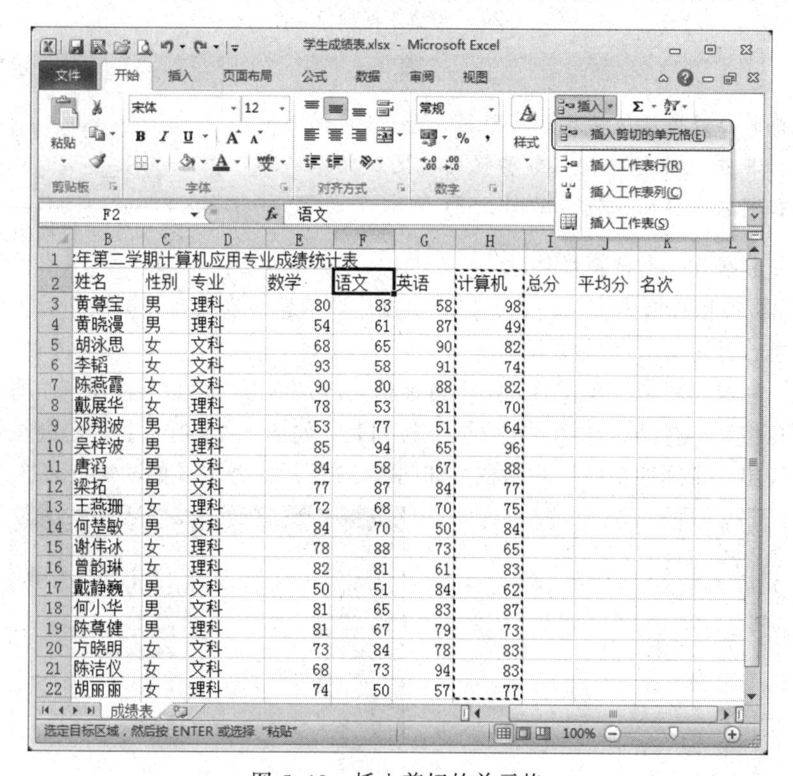

图 5-19　插入剪切的单元格

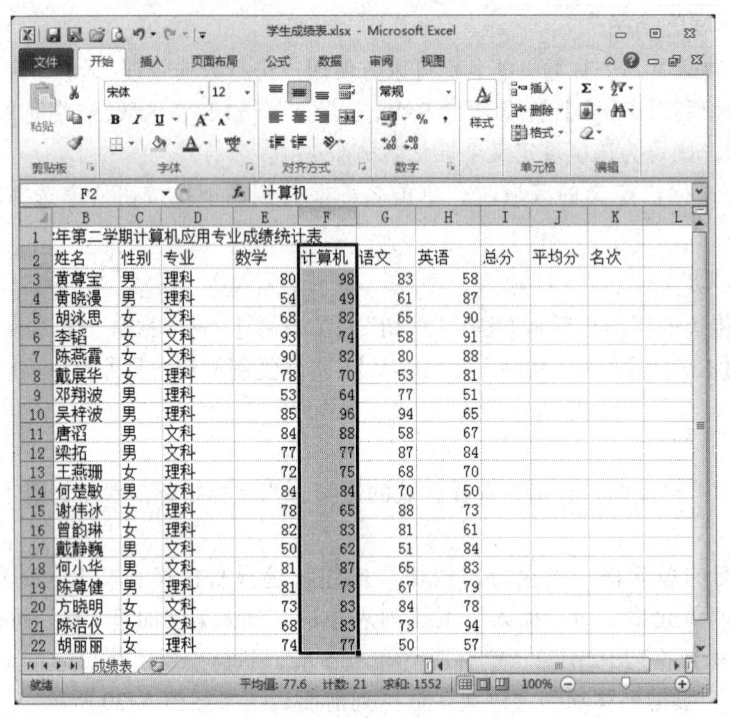

	B	C	D	E	F	G	H	I	J	K
1	年第二学期计算机应用专业成绩统计表									
2	姓名	性别	专业	数学	计算机	语文	英语	总分	平均分	名次
3	黄尊宝	男	理科	80	98	83	58			
4	黄晓漫	男	理科	54	49	61	87			
5	胡泳思	女	文科	68	82	65	90			
6	李韬	女	文科	93	74	58	91			
7	陈燕霞	女	文科	90	82	80	88			
8	戴展华	女	理科	78	70	53	81			
9	邓翔波	男	理科	53	64	77	51			
10	吴梓波	男	理科	85	96	94	65			
11	唐滔	男	文科	84	88	58	67			
12	梁拓	男	文科	77	77	87	84			
13	王燕珊	女	理科	72	75	68	70			
14	何楚敏	男	文科	84	84	70	50			
15	谢伟冰	女	理科	78	65	88	73			
16	曾韵琳	女	理科	82	83	81	61			
17	戴静巍	男	文科	50	62	51	84			
18	何小华	男	文科	81	87	65	83			
19	陈尊健	男	理科	81	73	67	79			
20	方晓明	女	文科	73	83	84	78			
21	陈洁仪	女	文科	68	83	73	94			
22	胡丽丽	女	理科	74	77	50	57			

图 5-20　调整数据列位置

注意：

移动单元格时，若目标区域已经有数据，Excel 将弹出替换确认对话框，单击“确定”按钮则替换目标区域数据；单击“取消”按钮则放弃移动操作，如图 5-21 所示。

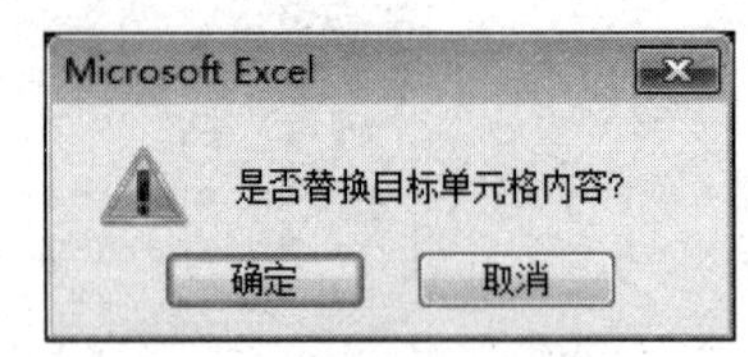

图 5-21　替换确认对话框

（2）特殊复制操作——选择性粘贴

Excel 单元格包括数据内容、公式、格式、批注等信息，当执行复制操作后，可根据需要选择粘贴的信息，并可进行相应的运算。

操作方法：完成“复制”操作后，选中目标单元格，单击“开始”选项卡“剪贴板”组中的“粘贴”下拉按钮，打开“选择性粘贴”下拉列表，如图 5-22 所示。单击底端的“选择性粘贴”按钮，弹出“选择性粘贴”对话框，如图 5-23 所示。各选项的功能如表 5-2 所示。

图 5-22　“粘贴”下拉列表

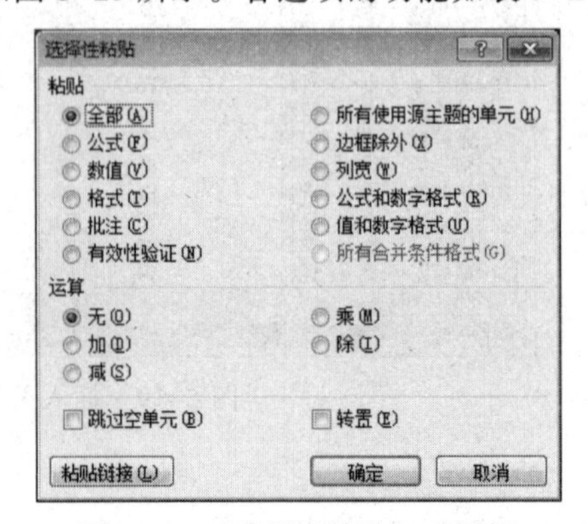

图 5-23　“选择性粘贴”对话框

表 5-2 “选择性粘贴”对话框中各选项的功能

粘 贴 选 项	意　　义
全部	粘贴单元格的所有内容和格式
公式	只粘贴单元格的公式
数值	只粘贴单元格的数值，若为公式计算，则仅粘贴公式计算的结果
格式	只粘贴单元格的格式
批注	只粘贴单元格附加的批注
有效性验证	将复制区域的数据有效性规则到目标区域
边框除外	除了边框，粘贴单元格的所有内容和格式
列宽	只粘贴复制区域的列宽格式到目标区域
公式和数字格式	只粘贴单元格的公式和数字格式
值和数字格式	只粘贴单元格的值和数字格式
运算	将复制的数据与目标区域数据进行运算后，运算结果粘贴到目标位置
转置	将复制区域的行变为列，列变为行

4. 清除单元格

在 Excel 中，清除可有选择地删除单元格包含的信息，包括数据内容、格式、批注等。

操作方法：选中待清除的区域，单击“开始”选项卡“编辑”组中的“清除”下拉按钮，从弹出的下拉列表中选择清除类型即可，如图 5-24 所示。

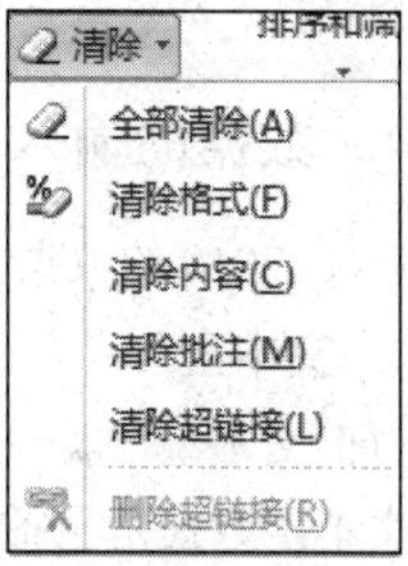

图 5-24 “清除”下拉列表

技巧：

若只想清除单元格内容，可直接按【Delete】键；或右击，从弹出的快捷菜单中选择“清除内容”命令。

5. 插入与删除

与 Word 表格一样，在包含有数据的区域中进行插入与删除操作，将对周围的单元格结构造成改变，包括整行、整列、单元格。

（1）插入

操作方法：选中待插入区域，单击“开始”选项卡“单元格”组中的“插入”下拉按钮，从弹出的下拉列表中选择插入类型即可，如图 5-25 所示。选择“插入单元格”命令，弹出“插入”对话框，如图 5-26 所示。

图 5-25 “插入”下拉列表

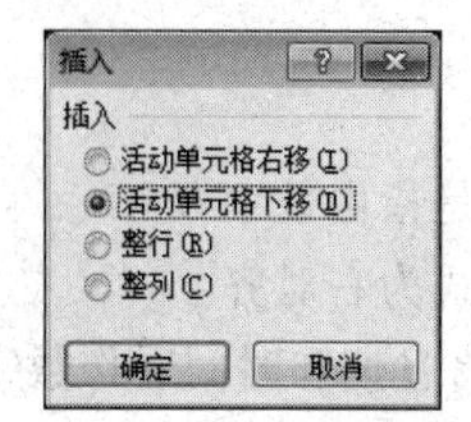

图 5-26 “插入”对话框

注意：

新插入的行、列、单元格将出现在选中区域上方或左侧；若想一次性插入 n 行或 n 列（如 3 行或 3 列），可先选中 n 行或 n 列后，再执行插入操作。

（2）删除

操作方法：选中待删除区域，单击“开始”选项卡“单元格”组中的“删除”下拉按钮，从弹出的下拉列表中选择删除对象即可，如图 5-27 所示。选择“删除单元格”命令，弹出“删除”对话框，如图 5-28 所示。

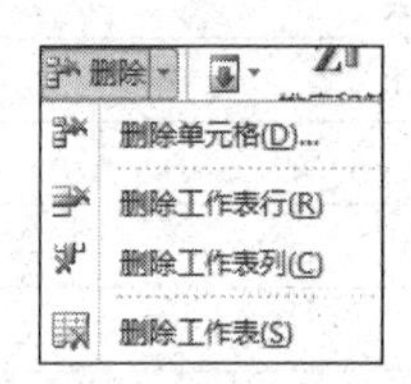

图 5-27 “删除”下拉列表

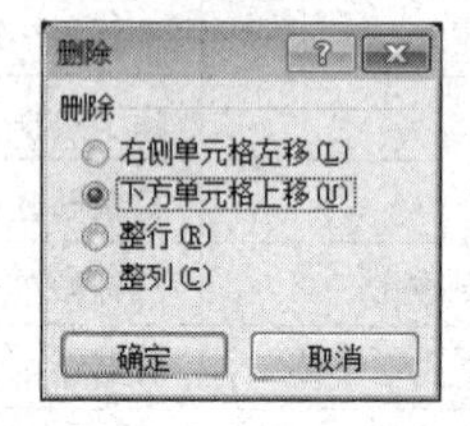

图 5-28 “删除”对话框

注意：

删除行、列、单元格后，原区域下方或右侧的行、列、单元格将上移或左移补充删除区域。

5.2.4 数据的输入

Excel 2010 的数据类型有 3 种：文本型、数字型和逻辑型。

1. 文本型

（1）文本型

文本型数据是包括包含汉字、英文字母、数字、空格及其他符号的组合。文本型数据默认单元格对齐方式为左对齐。

对于由纯数字组成又不需要参与算术运算的字符串（如学号、邮政编码、电话号码、身份证号码、银行账户等），为避免 Excel 以数字型数据处理，必须以“文本”类型对待：在输入项前加入一个英文单撇号“'”，以区别“数字字符串”而非“数值”数据。如输入电话号码“06638859892”时，必须在编辑栏输入“'06638859892”。

（2）输入方法

对于一般字符数据，直接输入即可。

技巧：

设置“单元格格式”的“数字”属性为“文本”，可直接输入数字，省略英文单撇号“'”。

2. 数字型

（1）数字型

数字型数据是指由数字 0～9、.、+、-、%、( )、$、E 等组成的数字组合。数字型数据默认单元格对齐方式为右对齐。

Excel 2010 将日期和时间看作数字型数据。

（2）输入数字型数据

对于简单数字，可直接输入，但必须注意一些特殊的表示方法，如表 5-3 所示。

表 5-3　数字输入方法

数字类型	输入方法	目标值	输入值
负数	负号“-”或将数字放在括号“( )”中	-15	“-15”或“(15)”
科学计数法	由字母“e”或“E”、正号“+”和负号“-”组成	1.25×10^3	“1.25E+03”
带分数	由一个空格和“/”号组成	$1\frac{1}{2}$	“1 1/2”
千位分隔符	由数字和“,”组成	123,456,000	“123,456,000”
金额表示法	由数字和金额符号（如“$”）组成	$123.456	“$123.456”
百分数	由数字和百分号“%”	56%	“56%”
日期	输入“yyyy-mm-dd”或“yyyy/mm/dd”	2019 年 09 月 01 日	“2019-9-1”或“2019/9/1”
时间	输入“hh:mm”或“hh:mm AM/PM”	15:30	“15:30”或“3:30 PM”
日期时间	在日期和时间中间加入一个空格	2019-9-1 15:30	“2019-9-1 15:30”

技巧：

① 输入当前日期，则按【Ctrl+;】组合键；输入当前时间，则按【Ctrl+Shift+;】组合键。

② 对于日期统一输入“yyyy-mm-dd”，再通过“单元格格式”修改最终显示格式。

3. **逻辑型**

（1）逻辑型

逻辑型数据仅有 TRUE（真）和 FALSE（假）两个值，常由公式产生，用于条件判断。逻辑型数据默认单元格对齐方式为居中对齐。

（2）输入方法

直接输入 TRUE 和 FALSE 两个值。

4. **其他信息**

（1）批注

单击“审阅”选项卡“批注”组中的“新建批注”按钮（或按【Shift+F2】组合键），可为当前单元格添加批注。若某单元格含有批注信息，其右上角将出现一个红色小方块，当鼠标指针指向该单元格时，其右边则显示批注内容。

（2）插入其他对象

Excel 2010 可与 Word 2010 一样，插入图片、剪贴画、形状等对象的操作方法一样，不再赘述。

5.2.5　数据的快速填充和编辑

1. **填充柄**

填充柄是指位于当前单元格或区域右下角的小黑方块。将鼠标指针指向填充柄时，指针的形状变为**+**。通过拖动或双击填充柄，可以将选定区域中的内容按某种规律填充至相邻单元格区域，实现数据的快速填充。

填充柄常用的功能如下：

（1）复制文本数据

拖动填充柄可以将单元格的文本数据复制到目标区域。例如，若单元格 B3 的内容为“男”，拖动 B3 的填充柄到 B17，可快速填充性别列的数据为“男”，如图 5-29 所示。

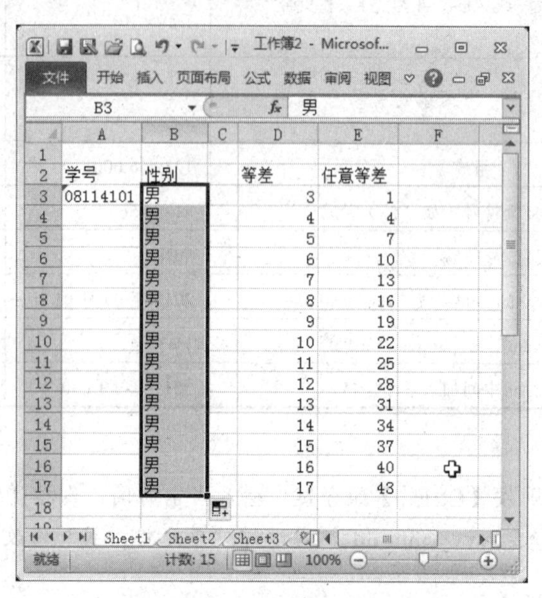

图 5-29　利用“填充柄”填充数据

（2）等差数列

若单元格数据中包含有阿拉伯数字内容或是日期数据，利用填充柄可以实现等差数列填充。常用的填充方法有 2 种：

① 步长为 1 的等差序列。按住【Ctrl】键，拖动填充柄到填充区域的最后一个单元格。例如，单元格 D3 的数据为 3，按住【Ctrl】键，拖动填充柄到 D17，则 D3: D17 的内容为 3、4、……、17，如图 5-29 的 D 列所示。

② 任意步长的等差序列。在填充区域的前两个单元格输入初始值，选中前两个单元格，拖动填充柄到填充区域的最后一个单元格，则可按前两个单元格的数据趋势自动填充。

例如，单元格 E3 的内容为“1”，E4 的内容为“4”，拖动 E3:E4 区域的填充柄到 E17，则 E3:E17 区域将填充公差为 3（4–1=3）的等差数列，如图 5-29 的 E 列所示。

注意：

如果从上向下或从左到右拖动填充柄，则按升序填充数据；如果从下向上或从右到左拖动填充柄，则按降序填充数据。

（3）填充自定义序列

若起始单元格内容为“自定义序列”数据的值，则拖动填充柄后将按照“自定义序列”数据规律进行填充。“自定义序列”的应用方法见后续介绍。

（4）复制公式

如果当前单元格中的数据是公式，拖动填充柄时将把该单元格的公式复制到目标区域。关于公式的复制操作将在 5.4 中详细介绍。

（5）基于相邻单元格的自动填充

双击填充柄，可按相邻数据区域位置自动填充数据。例如，双击图 5-29 单元格 A3 的填充柄，则可根据 B 列数据的位置自动填充学号数据到 A17，结果如图 5-30 所示。

	A	B	C	D	E	F
1						
2	学号	性别		等差	任意等差	
3	08114101	男		3	1	
4	08114102	男		4	4	
5	08114103	男		5	7	
6	08114104	男		6	10	
7	08114105	男		7	13	
8	08114106	男		8	16	
9	08114107	男		9	19	
10	08114108	男		10	22	
11	08114109	男		11	25	
12	08114110	男		12	28	
13	08114111	男		13	31	
14	08114112	男		14	34	
15	08114113	男		15	37	
16	08114114	男		16	40	
17	08114115	男		17	43	
18						

图 5-30　基于相邻单元格的填充

2. **序列填充**

填充柄只能实现等差数列功能，对于等比数列、日期快速填充则必须使用“序列”填充。在“开始”选项卡中，单击“编辑”组“填充”下拉列表中的“系列”按钮，弹出“序列”对话框，如图 5-31 所示。

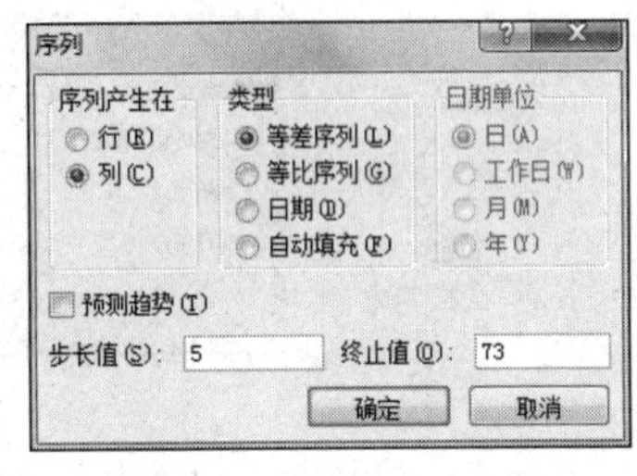

图 5-31　“序列”对话框

“序列”对话框中各选项的功能如下：

①“序列产生在”选项：指定序列的填充方向是按行还是按列填充。

②“类型”选项：选择填充的数据类型，包括等差数列、等比数列、日期和自动填充 4 种类型。当选择“日期”类型时，右侧的“日期单位”选项变为可用，包括 4 种日期单位。

③“步长值”：公差值或公比值。

④“终止值”：序列填充的最大值。

例如，若要填充图 5-32 所示的 A 列数据，则在 A3 输入起始值 3，打开“序列”对话框，按图 5-31 设置“步长值”（公差）5 及“终止值”73，单击“确定”按钮即可得到结果。对于 C 列日期填充，先在 C3 中输入起始日期值，打开“序列”对话框，按图 5-33 所示设置“步长值”及“终止值”，单击“确定”按钮得到结果。

3. **自定义序列**

对于经常使用的特殊数据系列，可将其定义为一个序列，在数据输入时，只需输入其中的某个值，利用填充柄或“序列”对话框便可按序列规律填充其他结果。Excel 2010 默认提供了星期、月份、季度、天干、地支等一些固定的序列。

	A	B	C	D
1	序列填充			
2	等差	等比	日期	
3	3	1	2月16日	
4	8	2	2月18日	
5	13	4	2月20日	
6	18	8	2月22日	
7	23	16	2月24日	
8	28	32	2月26日	
9	33	64	2月28日	
10	38	128	3月2日	
11	43	256	3月4日	
12	48	512	3月6日	
13	53	1024	3月8日	
14	58	2048	3月10日	
15	63	4096	3月12日	
16	68	8192	3月14日	
17	73	16384	3月16日	

图 5-32　序列填充结果

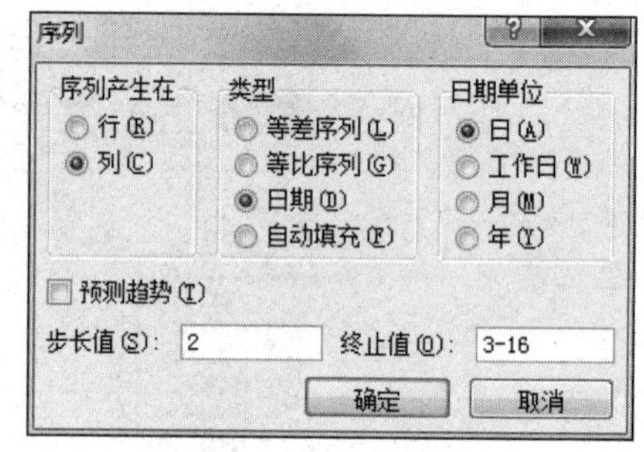

图 5-33　日期填充

用户也可以添加自定义的序列，方法如下：

① 选择“文件”→“选项”命令，弹出“Excel 选项”对话框，如图 5-34 所示，单击“高级”选项卡中的“编辑自定义列表”按钮，弹出“自定义序列”对话框，如图 5-35 所示。

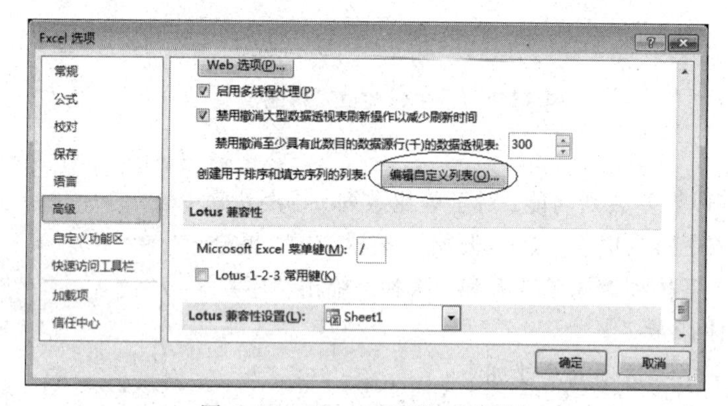

图 5-34　“Excel 选项”对话框

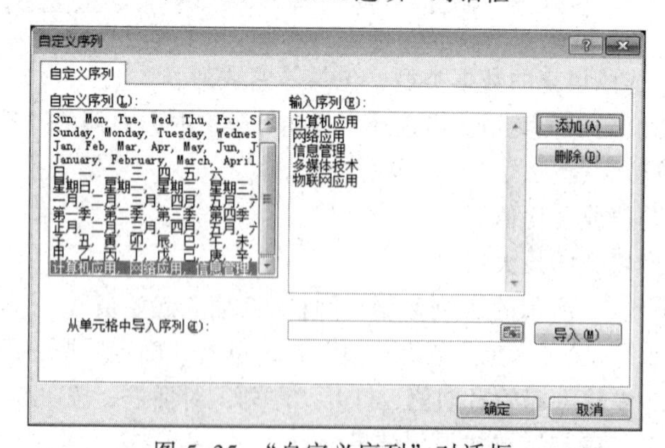

图 5-35　“自定义序列”对话框

② 在“自定义序列”列表框中单击“新序列”选项，输入“计算机应用”，然后按【Enter】键，再输入“网络应用”，按【Enter】键，重复该操作输入序列全部内容，最后单击“添加”按钮完成新序列添加操作。

4. 查找与替换

为提高数据定位及编辑效率，Excel 2010 提供了“查找和替换”功能，其使用方法与 Word 2010 类似，不再赘述。单击“开始”选项卡“编辑”组中的“查找和替换”按钮，弹出“查找和替换”对话框，如图 5-36 所示。

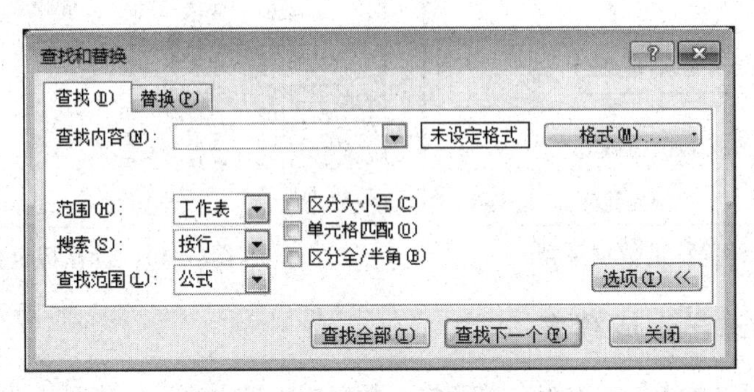

图 5-36 “查找和替换”对话框

5. 数据有效性

为防止数据录入出错，Excel 利用“数据有效性”设置录入规则、增加提示信息、出错警告等功能。在“数据”选项卡中，单击“数据工具”组“数据有效性”下拉列表中的“数据有效性”按钮，弹出“数据有效性”对话框，如图 5-37 所示。

选择图 5-38 中的 E3:H22 区域，按图 5-37 进行设置，可控制成绩输入范围为 0～100。通过“输入信息”和“出错警告”选项卡设置输入提示信息及输入错误时的警告内容。

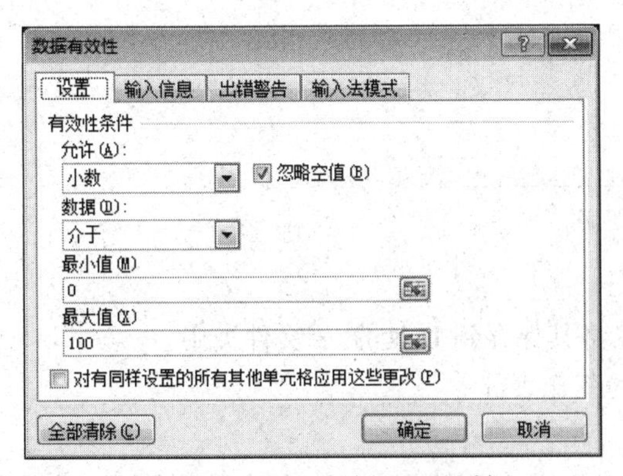

图 5-37 “数据有效性”对话框

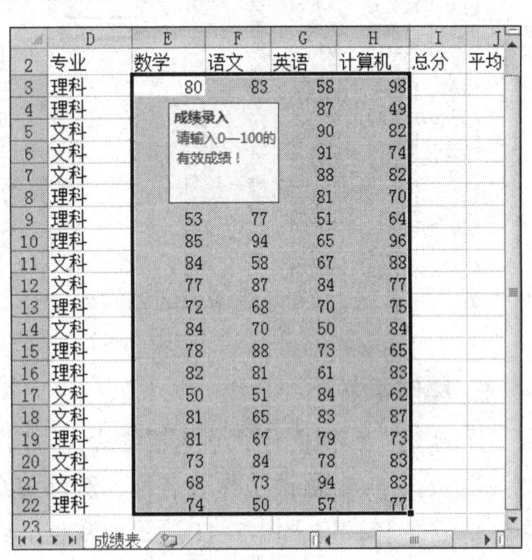

	D	E	F	G	H	I	J
2	专业	数学	语文	英语	计算机	总分	平均
3	理科	80	83	58	98		
4	理科			87	49		
5	文科			90	82		
6	文科			91	74		
7	文科			88	82		
8	理科			81	70		
9	理科	53	77	51	64		
10	理科	85	94	65	96		
11	文科	84	58	67	88		
12	文科	77	87	84	77		
13	理科	72	68	70	75		
14	文科	84	70	50	84		
15	理科	78	88	73	65		
16	理科	82	81	61	83		
17	文科	50	51	84	62		
18	文科	81	65	83	87		
19	理科	81	67	79	73		
20	文科	73	84	78	83		
21	文科	68	73	94	83		
22	理科	74	50	57	77		
23							

图 5-38 设置成绩有效性

利用“数据有效性”还可设置特定的数据系列。按照图 5-39 进行设置后，可通过下拉列表选择专业信息，如图 5-40 所示。

注意：

在图 5-39 所示的“来源”文本框中输入“计算机应用,多媒体技术,电子应用,信息管理”时，注意各选项之间要用英文逗号分隔。

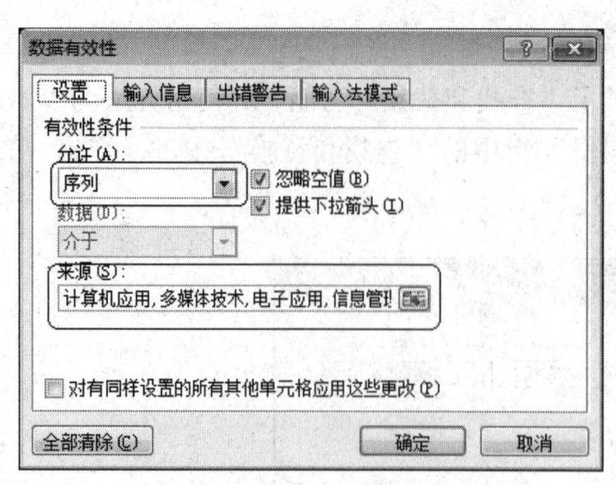

图 5-39　设置特定数据系列

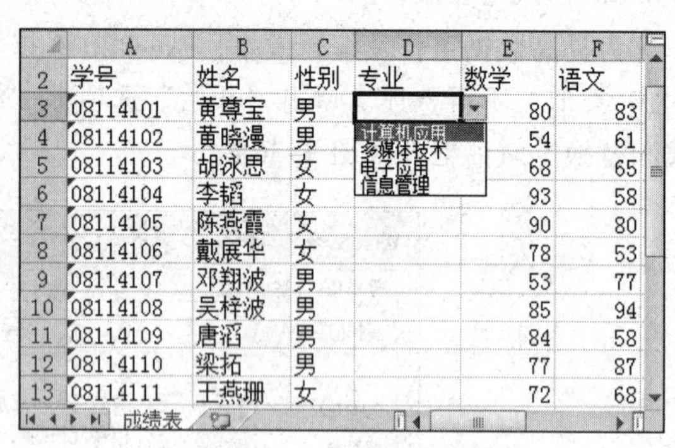

	A	B	C	D	E	F
2	学号	姓名	性别	专业	数学	语文
3	08114101	黄萆宝	男		80	83
4	08114102	黄晓漫	男	计算机应用 多媒体技术 电子应用 信息管理	54	61
5	08114103	胡泳思	女		68	65
6	08114104	李韬	女		93	58
7	08114105	陈燕霞	女		90	80
8	08114106	戴展华	女		78	53
9	08114107	邓翔波	男		53	77
10	08114108	吴梓波	男		85	94
11	08114109	唐滔	男		84	58
12	08114110	梁拓	男		77	87
13	08114111	王燕珊	女		72	68

成绩表

图 5-40　选择特定数据

5.2.6　实例：创建学生成绩表

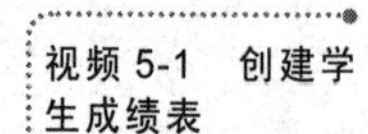

本节将综合运用工作簿、工作表、单元格、数据输入等方法，创建图 5-41 所示的“学生成绩表.xlsx”文件，将结果保存到 D 盘。

	A	B	C	D	E	F	G	H	I	J	K
1	2014-2015学年第二学期计算机应用专业成绩统计表										
2	学号	姓名	性别	专业	数学	语文	英语	计算机	总分	平均分	名次
3	08114101	黄萆宝	男	理科	80	83	58	98			
4	08114102	黄晓漫	男	理科	54	61	87	49			
5	08114103	胡泳思	女	文科	68	65	90	82			
6	08114104	李韬	女	文科	93	58	91	74			
7	08114105	陈燕霞	女	文科	90	80	88	82			
8	08114106	戴展华	女	理科	78	53	81	70			
9	08114107	邓翔波	男	理科	53	77	51	64			
10	08114108	吴梓波	男	理科	85	94	65	96			
11	08114109	唐滔	男	文科	84	58	67	88			
12	08114110	梁拓	男	文科	77	87	84	77			
13	08114111	王燕珊	女	理科	72	68	70	75			
14	08114112	何楚敏	男	文科	84	70	50	84			
15	08114113	谢伟冰	女	理科	78	88	73	65			
16	08114114	曾韵琳	女	理科	82	81	61	83			
17	08114115	戴静巍	男	文科	50	51	84	62			
18	08114116	何小华	男	文科	81	65	83	87			
19	08114117	陈萆健	男	理科	81	67	79	73			
20	08114118	方晓明	女	文科	73	84	78	83			
21	08114119	陈洁仪	女	文科	68	73	94	83			
22	08114120	胡丽丽	女	理科	74	50	57	77			

成绩表

图 5-41　学生成绩表

1. 操作要求

① 新建工作簿文件“学生成绩表.xlsx”，并将其保存到 D 盘的 ex 文件夹中。

② 按图 5-41 修改工作表名称，删除多余的工作表。

③ 在工作表输入图 5-41 所示的数据。

④ 设置 4 科成绩输入范围为 0～100，输入提示为“请输入 0-100 的有效成绩!”，出错警告为“成绩有效范围：0-100!”。

2. 操作步骤

① 打开 Excel 2010，单击“保存”按钮，以“学生成绩表.xlsx”为文件名保存到 D 盘的 ex 文件夹中，如图 5-42 所示。

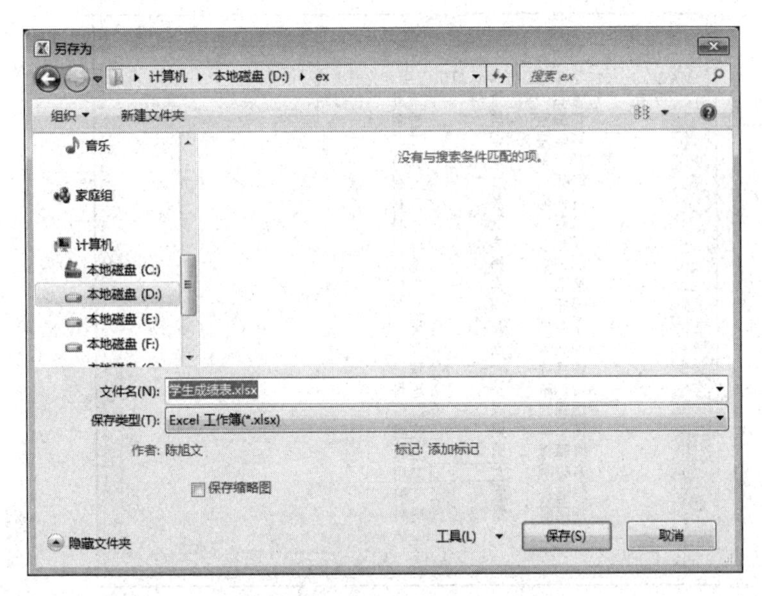

图 5-42　保存文件

② 双击工作表 Sheet1 标签，输入“成绩表”后按【Enter】键修改工作表名称。

③ 右击工作表 Sheet2，从弹出的快捷菜单中选择“删除”命令，如图 5-43 所示。用相同的方法删除工作表 Sheet3。

图 5-43　删除工作表

④ 选中单元格 A1，输入“2014—2015 学年第二学期计算机应用专业成绩统计表”，按【Enter】键确认。用相同的方法输入第 2 行、B 列、C 列、D 列的文本数据。

技巧：

在输入性别数据时，可在 C3 中输入“男”，使用填充柄将所有性别均填充为“男”。使用【Ctrl】键依次选择要修改为“女”的单元格，在编辑栏输入“女”后按【Ctrl+Enter】组合键，可将选中单元格全部修改为“女”，如图 5-44 所示。可用相同方法输入 D 列的“专业”数据。

	A	B	C	D	E	F	G
1	2014-2015学年第二学期计算机应用专业成绩统计表						
2	学号	姓名	性别	专业	数学	语文	英语
3		黄尊宝	男	理科			
4		黄晓漫	男	理科			
5		胡泳思	女	文科			
6		李韬	女	文科			
7		陈燕霞	女	文科			
8		戴展华	女	理科			
9		邓翔波	男	理科			
10		吴梓波	男	理科			
11		唐滔	男	文科			
12		梁拓	男	文科			
13		王燕珊	女	理科			
14		何楚敏	男	文科			
15		谢伟冰	女	理科			
16		曾韵琳	女	理科			
17		戴静巍	男	文科			
18		何小华	男	文科			
19		陈尊健	男	理科			
20		方晓明	女	文科			
21		陈洁仪	女	文科			
22		胡丽丽	女	理科			

图 5-44　快速输入数据

⑤ 在 A3 单元格输入“'08114101”，然后拖动填充柄到 A22 完成“学号”数据输入。

⑥ 选中 E3:H22，按图 5-37 所示设置成绩数据有效性，并根据图 5-45 和图 5-46 分别设置输入提示和出错警告信息。

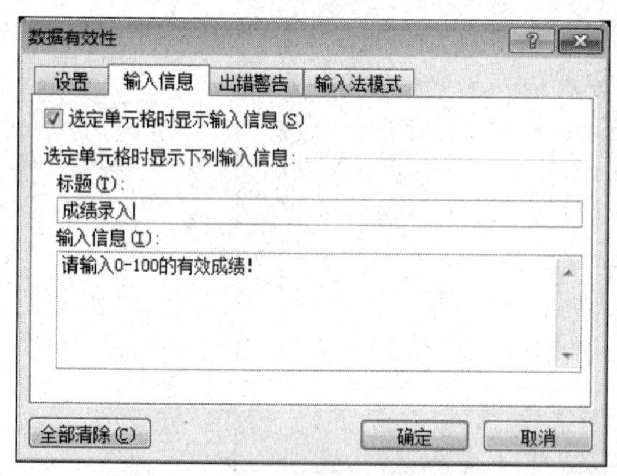

图 5-45　输入提示信息

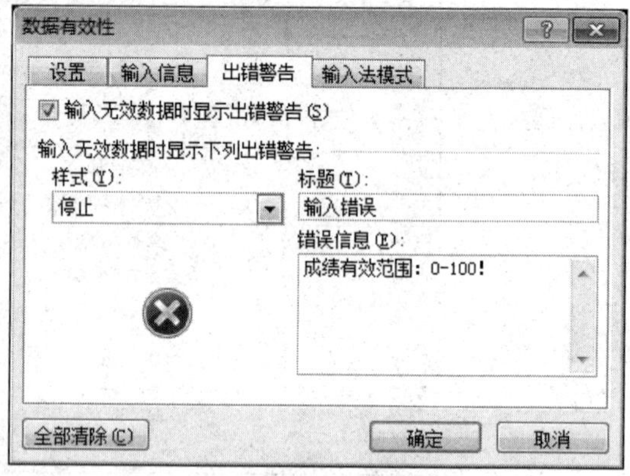

图 5-46　出错警告信息

⑦ 保持 E3:H22 的选择状态，在 E3 单元格输入“80”，按【Tab】键在 F3 输入“83”，依此类推，输入各单元格成绩数值，如图 5-47 所示。

技巧：

先选中输入区域，使用【Tab】键在单元格间切换，可保证输入范围为选中的区域，如当输入 H3 单元格数据后，将跳转到下一行的 E4 单元格。此时，只能使用【Enter】（向下）、【Shift+Enter】（向上）、【Tab】（向右）、【Shift+Tab】（向左）进行单元格切换，而不能使用方向键或鼠标单击的方式，否则将破坏选择区域。

⑧ 按【Ctrl+S】组合键保存文件。

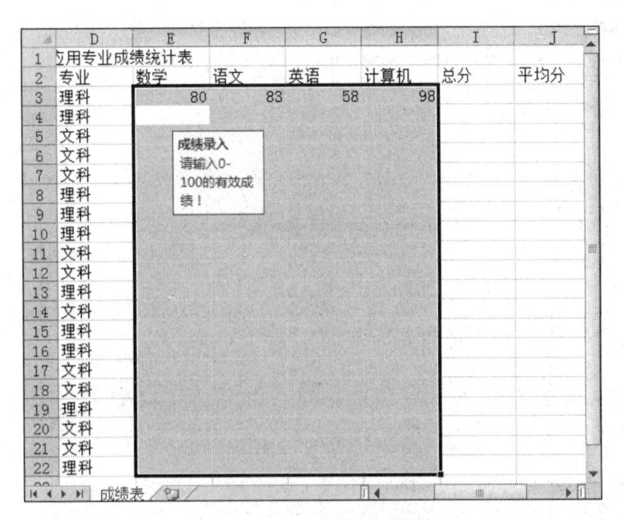

图 5-47　快速录入成绩

5.3　工作表的格式化

为提高数据可读性，突出重点，美化输出结果，Excel 2010 提供丰富的格式修饰功能，帮助用户修饰工作表，包括单元格格式、条件格式、自动套用格式等。

5.3.1　格式化单元格

对于简单的单元格格式修饰如字体、字号、字形、对齐方式等，可以直接使用“开始”选项卡中“字体”、“对齐方式”、“数字”和“样式”组中的对应命令实现，如图 5-48 所示，当鼠标指针指向某个选项时，将出现该选项的功能提示。

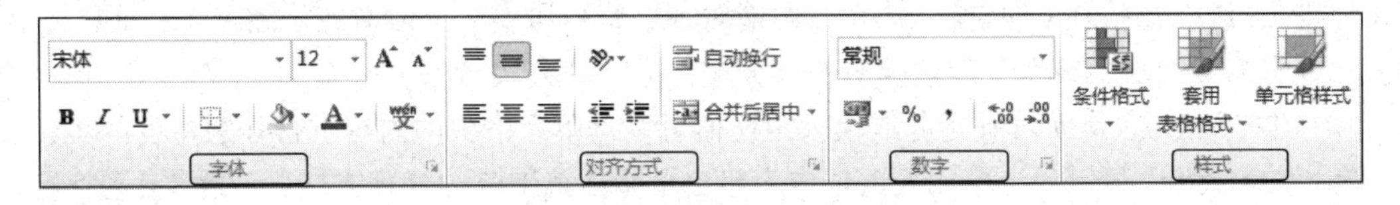

图 5-48　快速格式设置

选中待格式化的单元格或区域，单击 “字体”、“对齐方式”和“数字”组右下角的按钮，均弹出“设置单元格格式”对话框，可进行详细的格式修饰。

1. **数字**

“设置单元格格式”对话框打开时，默认显示“数字”选项卡。Excel 2010 提供丰富的数字格式：数值、货币、会计专用、日期、时间、百分比、分数、科学记数、文本、特殊等，用户还可以自定义数据格式。单击“分类”列表框的数据格式，在右侧的“示例”选项中查看并设置对应的数值样式，如图 5-49 所示。

2. **对齐**

Excel 2010 为 3 种数据类型设置默认的对齐方式：文本型为左对齐、数字型为右对齐和逻辑型为居中对齐。用户也可使用“对齐”选项卡进行修改，如图 5-50 所示。

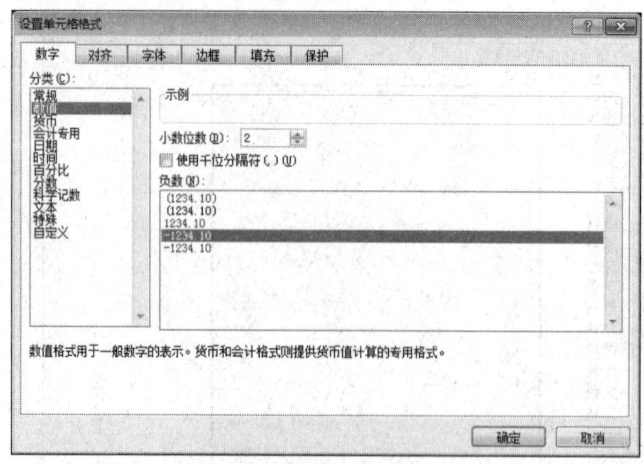

图 5-49 “数字”选项卡

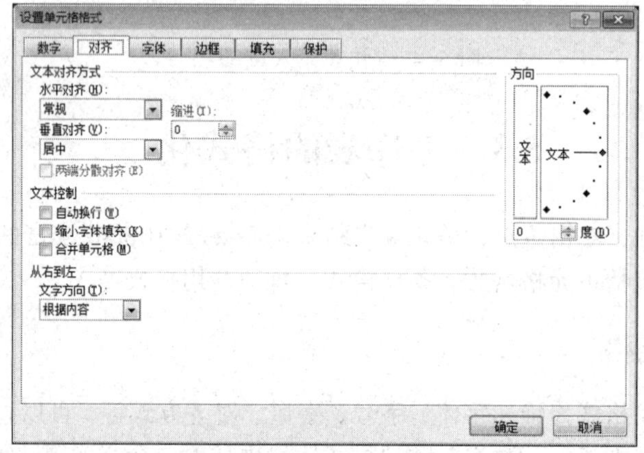

图 5-50 “对齐”选项卡

①“文本对齐方式”区域：设置数据的水平和垂直方向的对齐方式。水平对齐有常规、靠左（缩进）、居中、靠右（缩进）、填充、两端对齐、跨列居中、分散对齐（缩进）8 种方式，垂直对齐有靠上、居中、靠下、两端对齐、分散对齐 5 种方式。

②“方向”区域：拖动对齐指针或填入角度值可以对单元格中的内容进行任意角度的旋转。

③“文本控制”区域：当单元格数据内容超出单元格范围时的处理方式，包括“自动换行”“缩小字体填充”和“合并单元格”3 种方式。

④“从右到左”区域：单击“文字方向”下拉列表可以改变文字方向模式。

技巧：

水平对齐方式“跨列居中”与“合并居中”按钮的差别：“跨列居中”仅将单元格内容在选取单元格区域中居中显示，而“合并居中”则将单元格区域合并为一个单元格后，使内容居中显示，包括垂直方向的居中方式。

3. 字体

利用“字体”选项卡可以设置“字体”“字形”“字号”“下划线”“颜色”“特殊效果”等效果，其使用方法与 Word 2010 一样，如图 5-51 所示。

4. 边框

利用“边框”选项卡可以为选定的单元格设置边框效果。对于单元格区域，则有外边框和内边框之分。在“线条”选项中选择边框样式和颜色，单击“预置”及“边框”选项中的按钮即可设置对应边框效果，如图 5-52 所示。

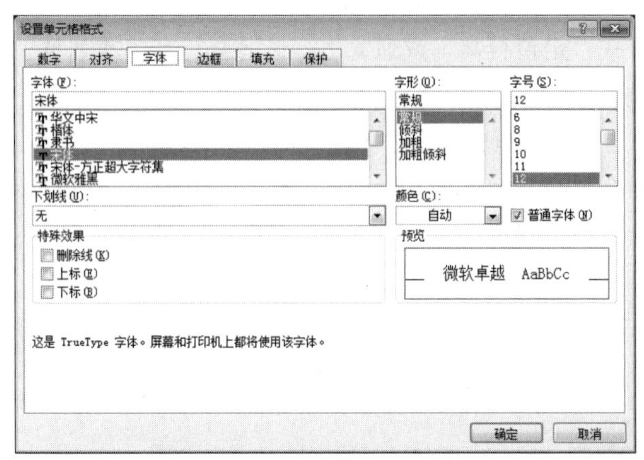

图 5-51　“字体”选项卡

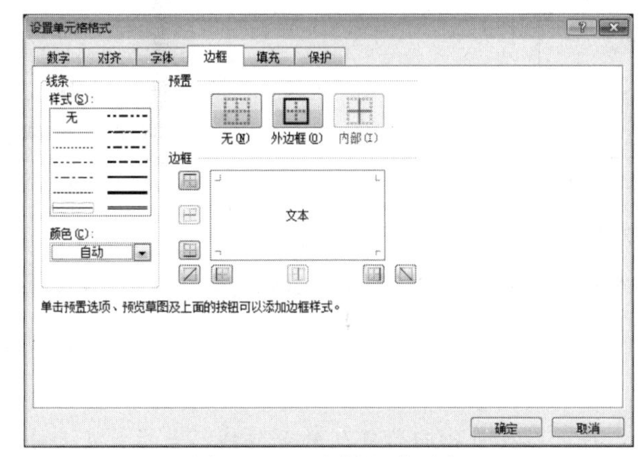

图 5-52　“边框”选项卡

5. **填充**

利用“填充”选项卡可以设置单元格的底纹颜色及图案。在“背景色”区域可选择颜色块修改单元格底纹颜色，单击“填充效果”和“其他颜色”按钮将弹出对应的对话框，提供更丰富的效果选项；通过“图案颜色”和“图案样式”下拉列表框设置填充图案的样式和颜色，如图 5-53 所示。

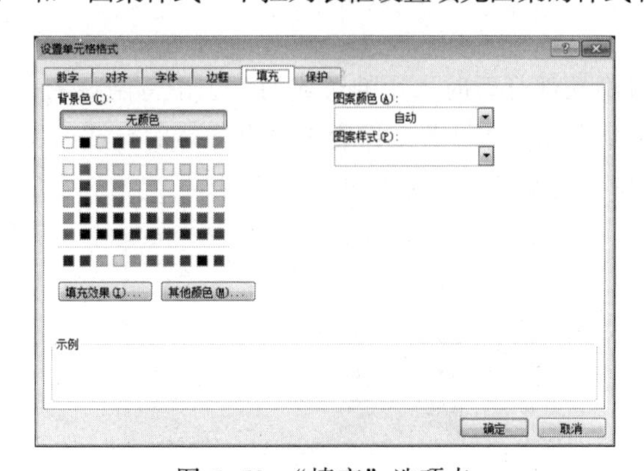

图 5-53　“填充”选项卡

5.3.2 行高和列宽的调整

一般地，Excel 的行高会根据单元格内容自动调整，而列宽则需要用户手动调整。行高和列宽通常有 2 种调整形式：定值行高（或列宽）、最适合行高（或列宽）。

1. 定值行高或列宽

在“开始”选项卡中单击“单元格”组中的“格式”下拉按钮，弹出下拉列表，如图 5-54 所示。选择“行高”命令，弹出“行高”对话框，输入行高数值完成行高设置，如图 5-55 所示。选择“列宽”命令可调整列宽。

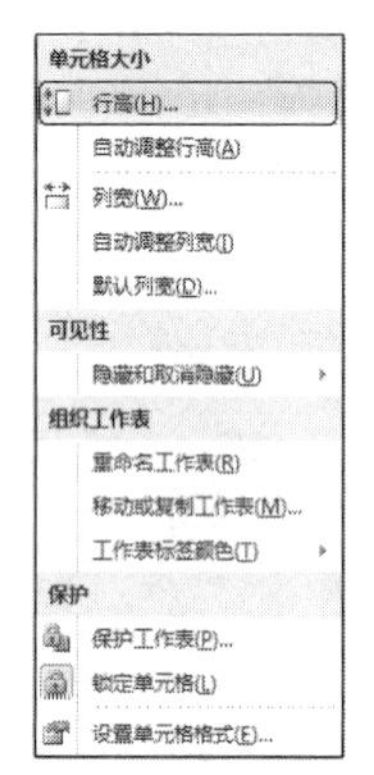

图 5-54 “格式”下拉列表

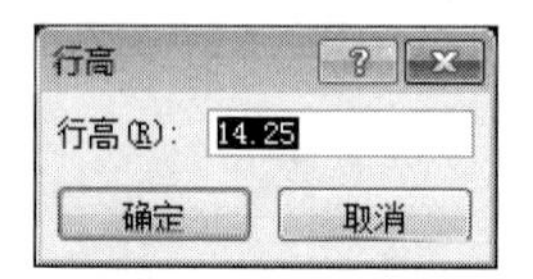

图 5-55 “行高”对话框

2. 最适合行高或列宽

选择图 5-54 中的“自动调整行高”或“自动调整列宽”命令，Excel 将根据单元格内容调整最适合的行高或列宽。

技巧：

选中整行或整列后，将鼠标指针指向行或列的分隔线，当指针变为↔或↕时，拖动鼠标可直接调整行高或列宽；双击则可调整行高或列宽为最适合的数值。

注意：

若某单元格内容显示为####，并非操作错误，而是因为该列宽度太小，无法完整显示内容，适当增加列宽即可显示数据。

3. 行、列的隐藏

为方便数据查看，可隐藏部分暂时不用的行或列。选中待隐藏的行或列，通过图 5-54 中的“隐藏和取消隐藏”命令完成操作。若工作表中含有隐藏的行或列，则相邻的行号或列标将不是连续的，在图 5-56 中，隐藏了 6～16 行和 E～H 列。

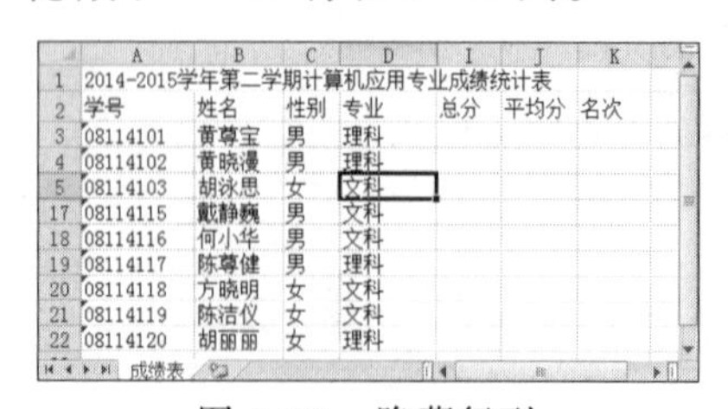

	A	B	C	D	I	J	K
1	2014-2015学年第二学期计算机应用专业成绩统计表						
2	学号	姓名	性别	专业	总分	平均分	名次
3	08114101	黄蓉宝	男	理科			
4	08114102	黄晓漫	男	理科			
5	08114103	胡泳思	女	文科			
17	08114115	戴静巍	男	文科			
18	08114116	何小华	男	文科			
19	08114117	陈尊健	男	理科			
20	08114118	方晓明	女	文科			
21	08114119	陈洁仪	女	文科			
22	08114120	胡丽丽	女	理科			

成绩表

图 5-56 隐藏行列

如果要显示隐藏的行或列，则选中行号或列标不连贯的相邻两行或两列，通过图 5-54 中的“隐藏和取消隐藏”命令完成操作。也可从快捷菜单中选择“取消隐藏”命令。

5.3.3　复制格式

1. 格式刷

与 Word 2010 一样，Excel 2010 可以使用“开始”选项卡的“格式刷”按钮进行格式复制。选中提供格式的单元格，单击“格式刷”按钮，再选择目标单元格区域，即可将该单元格格式复制到目标区域。

技巧：双击“格式刷”按钮，可重复使用格式刷，直到再次单击该按钮才取消操作。

2. 选择性粘贴

复制格式提供区域，再选中目标区域并右击，在弹出的快捷菜单中，选择“选择性粘贴”→“格式”命令即可。

5.3.4　条件格式

利用条件格式，可以将符合条件的数据用特定格式显示出来，使用户可以便利地了解重要的信息。

例如，若用户想了解“学生成绩表.xlsx”中优秀和不及格学生情况，可以利用条件格式来实现。

实现过程如下：

① 选择成绩区域 E3:H22，在“开始”选项卡“样式”组中单击“条件格式”下拉列表中的“管理规则”按钮，如图 5-57 所示，弹出“条件格式规则管理器”对话框，如图 5-58 所示。

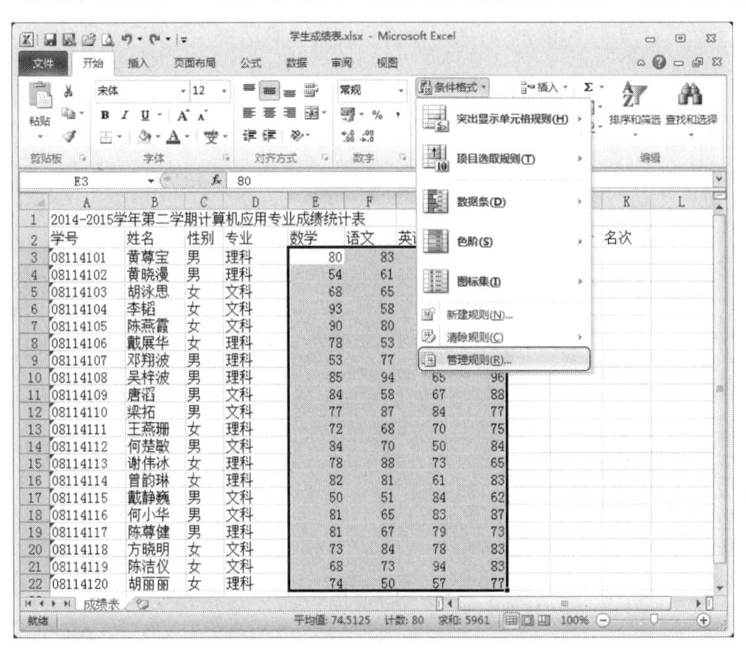

图 5-57　“条件格式”下拉列表

图 5-58 “条件格式规则管理器”对话框

② 单击“新建规则”按钮，弹出“新建格式规则”对话框，按图 5-59 所示设置单元格数值“>=85”的单元格，字体格式为红色、加粗、倾斜，突出显示优秀成绩。

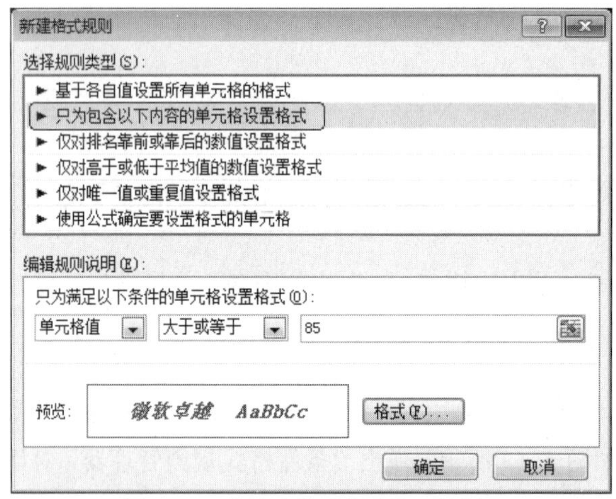

图 5-59 “新建格式规则”对话框

③ 再次单击“新建规则”按钮，用类似的方法添加格式规则，设置单元格数值“<60”的格式为蓝色字体、80%淡红色底纹，效果如图 5-60 所示。

	A	B	C	D	E	F	G	H	I	J	K
1	2014-2015学年第二学期计算机应用专业成绩统计表										
2	学号	姓名	性别	专业	数学	语文	英语	计算机	总分	平均分	名次
3	08114101	黄尊宝	男	理科	80	83	58	***98***			
4	08114102	黄晓漫	男	理科	54	61	***87***	49			
5	08114103	胡泳思	女	文科	68	65	***90***	82			
6	08114104	李韬	女	文科	***93***	58	***91***	74			
7	08114105	陈燕霞	女	文科	***90***	80	***88***	82			
8	08114106	戴展华	女	理科	78	53	81	70			
9	08114107	邓翔波	男	理科	53	77	51	64			
10	08114108	吴梓波	男	理科	***85***	***94***	65	***96***			
11	08114109	唐滔	男	文科	84	58	67	***88***			
12	08114110	梁拓	男	文科	77	***87***	84	77			
13	08114111	王燕珊	女	理科	72	68	70	75			
14	08114112	何楚敏	男	文科	84	70	50	84			
15	08114113	谢伟冰	女	理科	78	***88***	73	65			
16	08114114	曾韵琳	女	理科	82	81	61	83			
17	08114115	戴静巍	男	文科	50	51	84	62			
18	08114116	何小华	男	文科	81	65	83	***87***			
19	08114117	陈尊健	男	理科	81	67	79	73			
20	08114118	方晓明	女	文科	73	84	78	83			
21	08114119	陈洁仪	女	文科	68	73	***94***	83			
22	08114120	胡丽丽	女	理科	74	50	57	77			

成绩表

图 5-60 “条件格式”效果图

5.3.5　套用表格格式

利用 Excel 提供的“套用表格格式”功能可快速完成工作表修饰。在“开始”选项卡中单击“样式”组中的“套用表格格式”下拉按钮，弹出图 5-61 所示的样式列表。

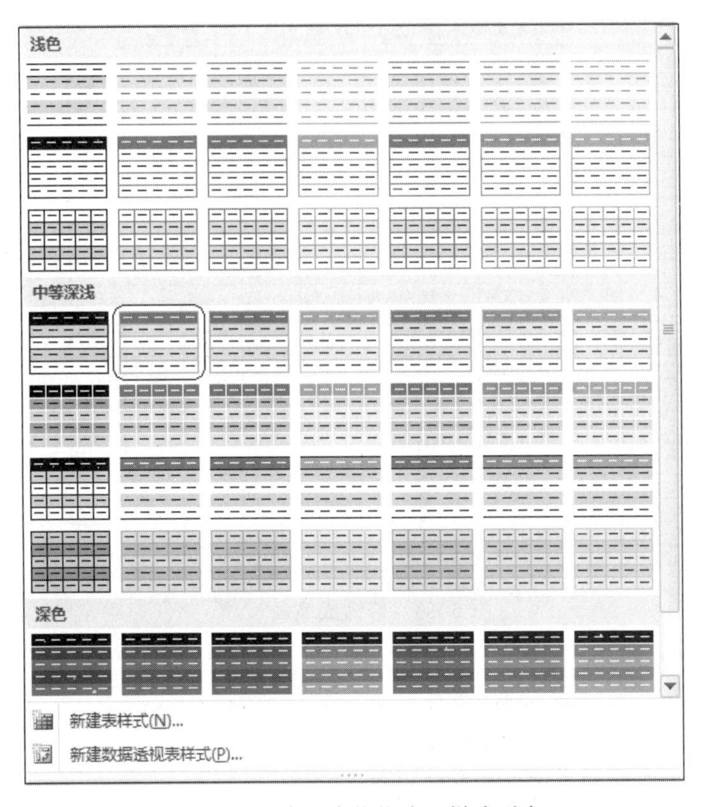

图 5-61　“套用表格格式”样式列表

选中学生成绩表的 A2:K22 区域，选择样式列表中的“表样式中等深浅 2”，效果如图 5-62 所示。

	A	B	C	D	E	F	G	H	I	J	K
1	2014-2015学年第二学期计算机应用专业成绩统计表										
2	学号	姓名	性别	专业	数学	语文	英语	计算机	总分	平均分	名次
3	08114101	黄尊宝	男	理科	80	83	58	98			
4	08114102	黄晓漫	男	理科	54	61	87	49			
5	08114103	胡泳思	女	文科	68	65	90	82			
6	08114104	李韬	女	文科	93	58	91	74			
7	08114105	陈燕霞	女	文科	90	80	88	82			
8	08114106	戴展华	女	理科	78	53	81	70			
9	08114107	邓翔波	男	理科	53	77	51	64			
10	08114108	吴梓波	男	理科	85	94	65	96			
11	08114109	唐滔	男	文科	84	58	67	88			
12	08114110	梁拓	男	文科	77	87	84	77			
13	08114111	王燕珊	女	理科	72	68	70	75			
14	08114112	何楚敏	男	文科	84	70	50	84			
15	08114113	谢伟冰	女	理科	78	88	73	65			
16	08114114	曾韵琳	女	理科	82	81	61	83			
17	08114115	戴静巍	男	文科	50	51	84	62			
18	08114116	何小华	男	文科	81	65	83	87			
19	08114117	陈尊健	男	理科	81	67	79	73			
20	08114118	方晓明	女	文科	73	84	78	83			
21	08114119	陈洁仪	女	文科	68	73	94	83			
22	08114120	胡丽丽	女	理科	74	50	57	77			
23											

成绩表　套用表格格式

图 5-62　“套用表格格式”效果

5.3.6 实例：修饰学生成绩表

打开“学生成绩表.xlsx”，综合运用上述方法修饰成绩表，效果如图 5-63 所示。

2014-2015学年第二学期计算机应用专业成绩统计表

学号	姓名	性别	专业	数学	语文	英语	计算机	总分	平均分	名次
08114101	黄尊宝	男	理科	80	83	58	98			
08114102	黄晓漫	男	理科	54	61	87	49			
08114103	胡泳思	女	文科	68	65	90	82			
08114104	李 韬	女	文科	93	58	91	74			
08114105	陈燕霞	女	文科	90	80	88	82			
08114106	戴展华	女	理科	78	53	81	70			
08114107	邓翔波	男	理科	53	77	51	64			
08114108	吴梓波	男	理科	85	94	65	96			
08114109	唐 滔	男	文科	84	58	67	88			
08114110	梁 拓	男	文科	77	87	84	77			
08114111	王燕珊	女	理科	72	68	70	75			
08114112	何楚敏	男	文科	84	70	50	84			
08114113	谢伟冰	女	理科	78	88	73	65			
08114114	曾韵琳	女	理科	82	81	61	83			
08114115	戴静巍	男	文科	50	51	84	62			
08114116	何小华	男	文科	81	65	83	87			
08114117	陈尊健	男	理科	81	67	79	73			
08114118	方晓明	女	文科	73	84	78	83			
08114119	陈洁仪	女	文科	68	73	94	83			
08114120	胡丽丽	女	理科	74	50	57	77			

成绩表

视频 5-2 修饰学生成绩表

图 5-63 修饰成绩表

1. 操作要求

① 成绩表标题：合并居中及修改字体格式。

② 数据项标题：修改字体及填充效果。

③ 为 A、B、C、D 四列应用最适合的列宽。

④ 统一调整 E～K 列列宽。

⑤ 突出显示优秀和不及格成绩。

⑥ 为成绩表添加边框。

2. 操作步骤

① 选中单元格区域 A1:K1，单击“合并居中”按钮，将 A1:K1 共 11 个单元格合并为 1 个，A1 内容居中显示。通过“字体”组的字体、颜色、字号选项设置字体为华文新魏、红色、18 磅。打开“行高”对话框，设置行高为 30 磅。

② 选择单元格区域 A2:K2，设置字体格式为楷体、蓝色、12 磅。单击“颜色填充”按钮，设置填充颜色为浅绿色。

③ 选中 A、B、C、D 四列，将鼠标指针指向列分隔线，当指针变为✛时，双击分隔线，调整 4 列为最适合列宽。选中 B3:B22 区域，打开“对齐”对话框，修改姓名数据水平对齐方式为“分散对齐”。

④ 选择 E～K 列，打开“列宽”对话框，设置列宽为 7 磅。

⑤ 选择 E3:H22 区域，打开“条件格式规则管理器”对话框，参考图 5-58 和图 5-59 所示的设置条件格式，突出显示两类学生成绩。

⑥ 选择 A2:K22 区域，打开“边框”对话框。选择“样式”列表中的“细实线”，单击“内部”按钮设置内部线型。选择“样式”列表中的“粗实线”，从“颜色”下拉列表框中选择蓝色，单击“外边框”按钮，设置外边框格式，如图 5-64 所示，最后单击“确定”按钮完成操作。

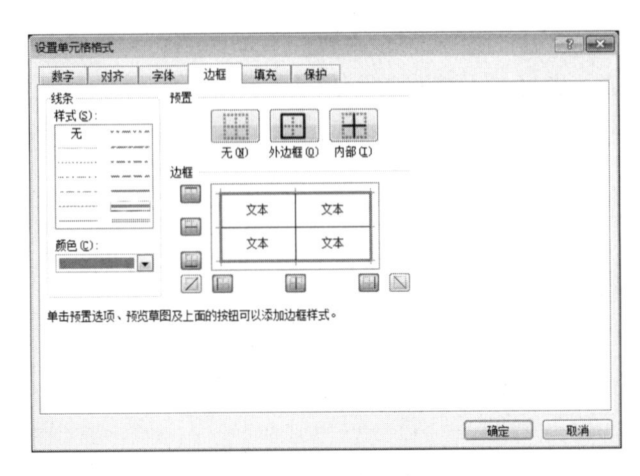

图 5-64　设置边框

5.4　公式和函数的使用

使用公式和函数对数据进行快速的计算、统计、分析，是 Excel 强大功能的体现。

5.4.1　单元格引用

引用单元格进行计算是 Excel 最常用的方式。随着被引用单元格内容的改变，Excel 公式将自动更新计算结果。

单元格引用有相对引用、绝对引用和混合引用 3 种形式。

1. 相对引用

相对引用的格式为“列标行号”，如 A7、B6 等。在复制含公式或函数单元格时，单元格地址参数会随着结果单元格地址的改变而产生相应调整。

相对引用公式的调整规则为：

新行地址 = 原行地址+行地址偏移量

新列地址 = 原列地址+列地址偏移量

例如，单元格 B3 的公式为“=A1+B1”，将公式复制到 D4 后将变为“=C2+D2”。因为公式由原地址 B3 复制到 D4，其行地址偏移量为 1（4-3），列地址偏移量为 2（D-B），将这两个偏移量值加到 B3 公式上，便得到 D4 的公式。

2. 绝对引用

绝对地址的格式为“$列标$行号”，如$A$7、$B$6 等。在复制含公式或函数单元格时，单元格绝对地址参数不会随着结果单元格地址的改变而产生变化。例如，单元格 B3 的公式“=$A$1+$B$1”，将公式复制到 D4 后仍然为“=$A$1+$B$1”。

3. **混合引用**

混合引用的格式为“列标$行号”或“$列标行号”，如 A$7、$B6 等。在单元格复制过程中，单元格引用的地址部分固定，部分变化。变化部分地址按相对引用的变化规则进行调整。例如，单元格 B3 的公式为“=A$1+$B1”，将公式复制到 D4 单元格后变为“=C$1+$B2”。

技巧：

在引用单元格地址时，按【F4】键可实现地址转换：相对地址→绝对地址→混合地址 1→混合地址 2，如 A3→$A$3→A$3→$A3。

5.4.2 公式

公式是以等号“=”开始，由操作数和运算符组成的式子，它可以对工作表中的数据进行加、减、乘、除、比较和合并等运算。公式的操作数可以是各种数据、单元格地址、函数等。

1. **运算符**

Excel 的运算符有 3 类：算术运算符、文本运算符和比较运算符。常用的运算符如表 5-4 所示。

表 5-4　Excel 2010 的公式运算符

类　型	运 算 符	含　义	示　例
算术运算符	+	加	5+6
	-	减	A1 - C2
	*	乘	2*3.14*A1
	/	除	A1 / 5
	%	百分比	80%
	∧	乘幂	9^2
比较运算符	=	等于	A1 = B1
	>	大于	A1>B1
	<	小于	A1<B1
	> =	大于等于	A1>=B1
	< =	小于等于	A1<=B1
	< >	不等于	5<>9
文本运算符	&	连接两个或多个字符串	"广东"&"××"

如果公式中同时应用多种运算符，则按如下的优先级由高到低依次进行运算：引用运算符→-（负号）→%（百分比）→ ^（幂指数）→ *、/（乘、除）→ +、-（加、减）→ &（连接符）→ 比较运算符。比较运算符的运算结果为逻辑值 TRUE（真）和 FALSE（假），常作为条件判断用。

如果在公式中同时包含了多个相同优先级的运算符，则 Excel 将按从左到右的顺序进行计算。若要改变低级运算符的运算顺序，则可以用圆括号将其括起来。

2. **公式的输入和编辑**

公式的输入和编辑操作与文本数据类似，唯一不同的是输入公式时要先输入等号“=”，然后再输入公式内容。

（1）输入公式

选择单元格，在编辑栏或单元格中输入以等号“=”开始的公式表达式，如“=E3+F3+G3+H3”，按【Enter】键或单击“输入”按钮✓完成操作。

若公式的运算对象是单元格地址，可在输入运算符后单击待引用的单元格，直接将该单元格地址引用到公式中。

公式输入后，默认情况下，单元格显示公式的计算结果，编辑栏则显示公式表达式的内容。

（2）编辑公式

双击待编辑的单元格，或单击编辑栏，可进行公式表达式的编辑操作，按【Enter】键或单击“输入”按钮✓确认编辑操作；按【Esc】键或单击“取消”按钮✕则放弃编辑操作。

3. **使用填充柄快速复制公式**

在 Excel 中，拖动或双击包含公式单元格的填充柄可实现公式的快速复制。

5.4.3　实例：公式应用

视频 5-3　公式应用

1. **操作要求**

使用公式计算“学生成绩表.xlsx”的总分和平均分。

2. **操作步骤**

① 选中 I3 单元格，输入公式“=E3+F3+G3+H3”，单击“输入”按钮✓完成第一个学生总分的计算，如图 5-65 所示。

学生成绩表.xlsx - Microsoft Excel

COUNTIF　=E3+F3+G3+H3

2014-2015学年第二学期计算机应用专业成绩统计表

学号	姓名	数学	语文	英语	计算机	总分	平均分	名次
08114101	黄尊宝	80	83	58	98	G3+H3		
08114102	黄晓漫	54	61	87	49			
08114103	胡泳思	68	65	90	82			
08114104	李　韬	93	58	91	74			
08114105	陈燕霞	90	80	88	82			
08114106	戴展华	78	53	81	70			
08114107	邓翔波	53	77	51	64			
08114108	吴梓波	85	94	65	96			
08114109	唐　滔	84	58	67	88			
08114110	梁　拓	77	87	84	77			
08114111	王燕珊	72	68	70	75			
08114112	何楚敏	84	70	50	84			
08114113	谢伟冰	78	88	73	65			
08114114	曾韵琳	82	81	61	83			
08114115	戴静巍	50	51	84	62			
08114116	何小华	81	65	83	87			
08114117	陈尊健	81	67	79	73			
08114118	方晓明	73	84	78	83			
08114119	陈洁仪	68	73	94	83			
08114120	胡丽丽	74	50	57	77			

图 5-65　计算总分

② 双击 I3 单元格的填充柄，将公式复制到 I22 单元格，完成所有学生总分成绩的计算，结果如图 5-66 所示。

③ 使用类似的方法在 J3 单元格中输入平均分计算公式“= (E3+F3+G3+H3)/4”，并使用填充柄将公式复制到 J22 单元格，完成计算。

学生成绩表.xlsx - Microsoft Excel

I3 =E3+F3+G3+H3

	A	B	E	F	G	H	I	J	K
1	2014-2015学年第二学期计算机应用专业成绩统计表								
2	学号	姓名	数学	语文	英语	计算机	总分	平均分	名次
3	08114101	黄尊宝	80	83	58	98	319		
4	08114102	黄晓漫	54	61	87	49	251		
5	08114103	胡泳思	68	65	90	82	305		
6	08114104	李　韬	93	58	91	74	316		
7	08114105	陈燕霞	90	80	88	82	340		
8	08114106	戴展华	78	53	81	70	282		
9	08114107	邓翔波	53	77	51	64	245		
10	08114108	吴梓波	85	94	65	96	340		
11	08114109	唐　滔	84	58	67	88	297		
12	08114110	梁　拓	77	87	84	77	325		
13	08114111	王燕珊	72	68	70	75	285		
14	08114112	何楚敏	84	70	50	84	288		
15	08114113	谢伟冰	78	88	73	65	304		
16	08114114	曾韵琳	82	81	61	83	307		
17	08114115	戴静巍	50	51	84	62	247		
18	08114116	何小华	81	65	83	87	316		
19	08114117	陈尊健	81	67	79	73	300		
20	08114118	方晓明	73	84	78	83	318		
21	08114119	陈洁仪	68	73	94	83	318		
22	08114120	胡丽丽	74	50	57	77	258		

成绩表　就绪　平均值: 298.05　计数: 20　求和: 5961　100%

图 5-66　总分计算结果

④ 使用“数字”组的“增加小数点”按钮或“减少小数点”按钮修改平均分小数位数为 2，结果如图 5-67 所示。

学生成绩表.xlsx - Microsoft Excel

J3 =(E3+F3+G3+H3)/4

	A	B	E	F	G	H	I	J	K
1	2014-2015学年第二学期计算机应用专业成绩统计表								
2	学号	姓名	数学	语文	英语	计算机	总分	平均分	名次
3	08114101	黄尊宝	80	83	58	98	319	79.75	
4	08114102	黄晓漫	54	61	87	49	251	62.75	
5	08114103	胡泳思	68	65	90	82	305	76.25	
6	08114104	李　韬	93	58	91	74	316	79.00	
7	08114105	陈燕霞	90	80	88	82	340	85.00	
8	08114106	戴展华	78	53	81	70	282	70.50	
9	08114107	邓翔波	53	77	51	64	245	61.25	
10	08114108	吴梓波	85	94	65	96	340	85.00	
11	08114109	唐　滔	84	58	67	88	297	74.25	
12	08114110	梁　拓	77	87	84	77	325	81.25	
13	08114111	王燕珊	72	68	70	75	285	71.25	
14	08114112	何楚敏	84	70	50	84	288	72.00	
15	08114113	谢伟冰	78	88	73	65	304	76.00	
16	08114114	曾韵琳	82	81	61	83	307	76.75	
17	08114115	戴静巍	50	51	84	62	247	61.75	
18	08114116	何小华	81	65	83	87	316	79.00	
19	08114117	陈尊健	81	67	79	73	300	75.00	
20	08114118	方晓明	73	84	78	83	318	79.50	
21	08114119	陈洁仪	68	73	94	83	318	79.50	
22	08114120	胡丽丽	74	50	57	77	258	64.50	

成绩表　就绪　平均值: 74.51　计数: 20　求和: 1490.25　100%

图 5-67　公式计算结果

5.4.4　函数

为方便数据的计算、统计、汇总等处理操作，Excel 2010 提供大量的函数，包括财务、日期和时间、数学与三角函数、统计、查找与引用、数据库、文本、逻辑、信息、工程、多维数据集和兼容性共十二大类别。

1. 函数格式

函数由函数名和参数组成，其格式如下：

函数名(参数 1，参数 2，……)

函数名是函数的标志，定义该函数的功能；参数可以是数字、文本、逻辑值、单元格引用、名称甚至其他公式或函数等；函数参数放置在函数名后面的括号中。

2. 函数的调用

函数的使用与公式的使用类似，都必须以“=”开头。如果用户熟悉所用函数的格式，可以直接在单元格或编辑栏中输入函数。但更常用的方法是 Excel 提供的“插入函数”功能，在系统引导下逐步完成函数调用。

插入函数的操作方法为：

① 选定目标单元格。

② 在“公式”选项卡中，单击“函数库”组中的“插入函数”按钮，弹出“插入函数”对话框，如图 5-68 所示。

③ 从“或选择类别”下拉列表框中选择函数类别，在“选择函数”列表框中选择函数后，单击“确定”按钮，弹出“函数参数”对话框，按提示选择或输入参数后，单击“确定”按钮完成操作。

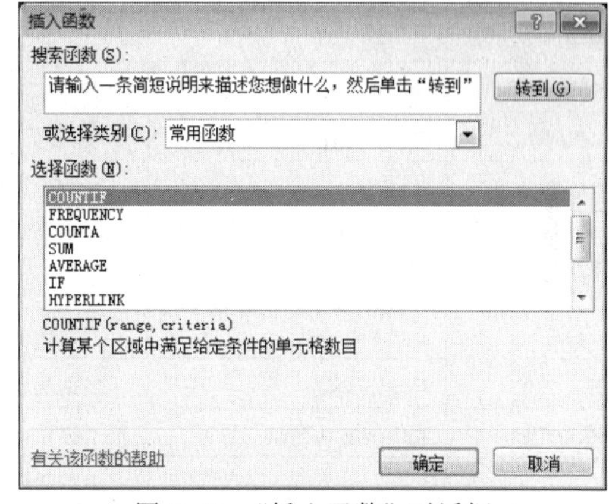

图 5-68　“插入函数”对话框

技巧：

图 5-68 所示的“或选择类别”中，“常用函数”列出了最近使用的函数名称；“全部”则按函数名称排序，显示 Excel 2010 的所有函数。

3. 常见错误信息

当公式或函数出错时，Excel 会显示一个出错值，错误可能是由公式或函数本身的错误引起，也可能是由其他因素引起。表 5-5 列出了常见的公式错误信息。

表 5-5　常见的公式错误信息

错误信息	出错原因	解决方法
#VALUE!	公式或函数中使用了错误的参数或运算对象类型	确认参数、运算符或引用地址的正确性
#DIV/0!	公式或函数中使用 0 作为除数	采取方法避免 0 作为除数
#NAME?	公式或函数中包含 Excel 不能识别的文本或引用名称不正确	检查使用的文本或名称的正确性
#N/A	公式或函数中没有可用数值	检查引用参数的正确性

续表

错误信息	出错原因	解决方法
#REF!	公式或函数中引用的单元格无效	引用有效的单元格
#NUM!	公式或函数中引用的某个数字无效	确保参加运算的参数为数字型数据
#NULL!	指定的数据区域为空集	检查引用的数据区域

4. 常用函数

熟练掌握各种常用函数的应用，可以使用户快速完成各种复杂的计算。表 5-6 列出了 Excel 常用函数。

表 5-6 常用函数

函数	函数	功能
SUM	SUM(n1,n2,…)	返回所有有效参数之和
AVERAGE	AVERAGE(n1,n2,…)	返回所有有效参数的算术平均值
COUNT	COUNT(n1,n2,…)	返回包含数字的单元格以及参数列表中的数字的个数
COUNTA	COUNTA(n1,n2,…)	返回所有参数中非空单元格的个数
MAX	MAX(n1,n2,…)	返回所有有效参数的最大值
MIN	MIN(n1,n2,…)	返回所有有效参数的最小值
ABS	ABS(n)	返回数 n 的绝对值
MOD	MOD(n,d)	返回数 n 除以数 d 的余数
SQRT	SQRT(n)	返回数 n 的平方根
ROUND	ROUND(n1, n2)	按 n2 数值对 n1 进行四舍五入，n2=0，则保留整数
RAND	RAND( )	函数不带任何参数，返回 0 至 1 之间的随机数
COUNTIF	COUNTIF(n1,r)	返回参数 n1 中满足条件 r 的单元格个数，表达式 r 放于英文双引号中
COUNTIFS	COUNTIFS(r1,c1,r2,c2,…)	统计一组给定条件所指定的单元格数，r1、r2 为范围，c1、c2 为条件
RANK	RANK(n,r,o)	返回数 n 在区域 r 中的排位名次，o 为排序方式
IF	IF(n1,n2,n3)	根据逻辑条件 n1 判断返回结果，n1 为“真”，返回 n2，否则返回 n3
FREQUENCY	FREQUENCY(n1, n2)	根据数据接收区域 n2 统计数据区域 n1 的频率分布
VLOOKUP	VLOOKUP(n, t,c,r)	根据参数 n 在区域 t 第 1 列数据中进行查询，返回指定列 c 中满足条件的数值，r 为逻辑值，定义匹配模式
PMT	PMT(r,n,p,f,t)	在固定利率下，贷款的等额分期偿还额。r 为各期利率，n 为总期数，p 为当前存款额，f 为目标存款值
FV	FV(r,n,p,pv,t)	在固定利率和等额分期付款方式下，计算投资未来值。r 为各期利率，n 为总期数，p 为各期支出额，pv 为现值
NOW	NOW()	返回当前日期时间
TODAY	TODAY()	返回当天日期
DAY	DAY(d)	返回日期 d 的日号
MONTH	MONTH(d)	返回日期 d 的月份
YEAR	YEAR(d)	返回日期 d 的年份
DATE	DATE(y,m,d)	返回由年份 y、月份 m 和日号 d 设置的日期

5.4.5　实例：统计学生成绩表

1. 操作要求

使用函数完成“学生成绩表.xlsx”名次及各统计项的计算，效果如图 5-69 所示（注：为方便展示，本例隐藏了 5～15 行的数据）。

2014-2015学年第二学期计算机应用专业成绩统计表

学号	姓名	性别	专业	数学	语文	英语	计算机	总分	平均分	名次
08114101	黄尊宝	男	理科	80	83	58	98	319	79.75	4
08114102	黄晓漫	男	理科	54	61	87	49	251	62.75	18
08114114	曾韵琳	女	理科	82	81	61	83	307	76.75	9
08114115	戴静巍	男	文科	50	51	84	62	247	61.75	19
08114116	何小华	男	文科	81	65	83	87	316	79.00	7
08114117	陈尊健	男	理科	81	67	79	73	300	75.00	12
08114118	方晓明	女	文科	73	84	78	83	318	79.50	5
08114119	陈洁仪	女	文科	68	73	94	83	318	79.50	5
08114120	胡丽丽	女	理科	74	50	57	77	258	64.50	17

统计项	数学	语文	英语	计算机
各科平均分	75.25	70.65	74.55	77.60
各科最高分	93	94	94	98
各科最低分	50	50	50	49
优秀(>=85)	3	3	5	4
80~89	7	6	6	8
70~79	6	3	4	6
60~69	2	5	3	3
不及格(<60)	3	5	4	1
各科优秀率	15.00%	15.00%	25.00%	20.00%
各科及格率	85.00%	75.00%	80.00%	95.00%

图 5-69　函数计算效果图

2. 操作步骤

（1）各科平均分

① 单击 E24 单元格，在“公式”选项卡中单击“函数库”组“自动求和”下拉列表中的“平均值”按钮，如图 5-70 所示。此时 Excel 将自动选择附近的单元格区域，如图 5-71 中的 E3:E23 区域，由于 E23 不是成绩区域，必须将成绩统计区域改为 E3:E22，再确定输入。

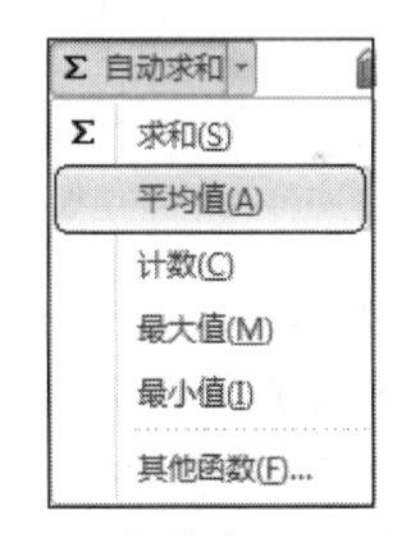

图 5-70　“自动求和”下拉列表

② 拖动 E24 单元格的填充柄到 H24 单元格，完成各科平均分的计算，结果如图 5-72 所示。

图 5-71　修正计算区域

技巧：

对于求和 SUM、平均值 AVERAGE、计数 COUNT、最大值 MAX 和最小值 MIN 函数可以通过“自动求和”选项快速进行调用，不过一定要注意计算区域的正确性。

性别	专业	数学	语文	英语	计算机
男	理科	80	83	58	98
男	理科	54	61	87	49
女	理科	82	81	61	83
男	文科	50	51	84	62
男	文科	81	65	83	87
男	理科	81	67	79	73
女	文科	73	84	78	83
女	文科	68	73	94	83
女	理科	74	50	57	77
各科平均分		75.25	70.65	74.55	77.60
各科最高分					
各科最低分					

图 5-72　各科平均计算结果

（2）各科最高分

在 E25 单元格中直接输入“=MAX(E3:E22)”，确定输入，并拖动 E25 单元格的填充柄到 H25 完成计算。

（3）各科最低分

选择 E26 单元格，单击“插入函数”按钮 f_x，在“插入函数”对话框中选择 MIN，按图 5-73 所示设置函数参数，单击“确定”按钮，并拖动 E26 单元格的填充柄到 H26 单元格完成计算。

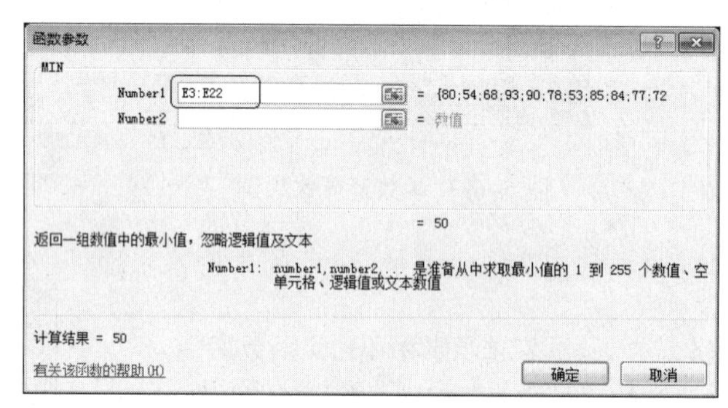

图 5-73　计算各科最低分

（4）优秀（>=85）

选择 E27 单元格，单击“插入函数”按钮 f_x，在“插入函数”对话框中选择 COUNTIF，按图 5-74 所示设置函数参数，单击“确定”按钮，并拖动 E27 单元格的填充柄到 H27 单元格完成计算。参数 Range 为待统计的成绩区域，Criteria 为计算条件，包含在英文引号中。E27 单元格的完整公式为“=COUNTIF(E3:E22,">=85")”。

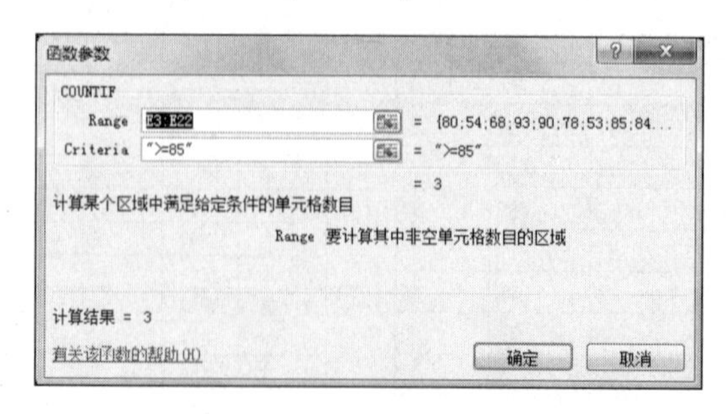

图 5-74　计算优秀人数

（5）80 分段人数（80~89）

方法：使用 COUNTIF 函数计算“>=80”人数（即 COUNTIF(E3:E22,">=80")），再减去“>=90”

人数（即 COUNTIF(E3:E22,">=90")）。E28 单元格完整的公式为“=COUNTIF(E3:E22,">=80")-COUNTIF(E3:E22,">=90")”，如图 5-75 所示。拖动 E28 单元格的填充柄到 H28 单元格完成计算。

=COUNTIF(E3:E22,">=80")-COUNTIF(E3:E22,">=90")

C	D	E	F	G	H	I	J
男	文科	81	65	83	87	316	79.00
男	理科	81	67	79	73	300	75.00
女	文科	73	84	78	83	318	79.50
女	文科	68	73	94	83	318	79.50
女	理科	74	50	57	77	258	64.50
各科平均分		75.25	70.65	74.55	77.60		
各科最高分		93	94	94	98		
各科最低分		50	50	50	49		
优秀(>=85)		3	3	5	4		
80~89		=COUNTIF	6	6	8		

图 5-75　计算 80 分段人数

（6）70 分段人数（70~79）

除使用（5）方法计算 70 分段人数外，也可通过多重条件统计函数 COUNTIFS 来实现。选中 E29 单元格，插入函数 COUNTIFS，按图 5-76 所示填写函数参数，其中统计区域 Criteria_range1 和 Criteria_range2 均为成绩区域 E3:E22，条件 Criteria1 和 Criteria2 规定统计区域为“<80”及“>=70”（即 80>成绩>=70）。完整的公式为“=COUNTIFS(E3:E22,"<80",E3:E22,">=70")”。拖动 E29 单元格的填充柄到 H29 单元格完成计算。

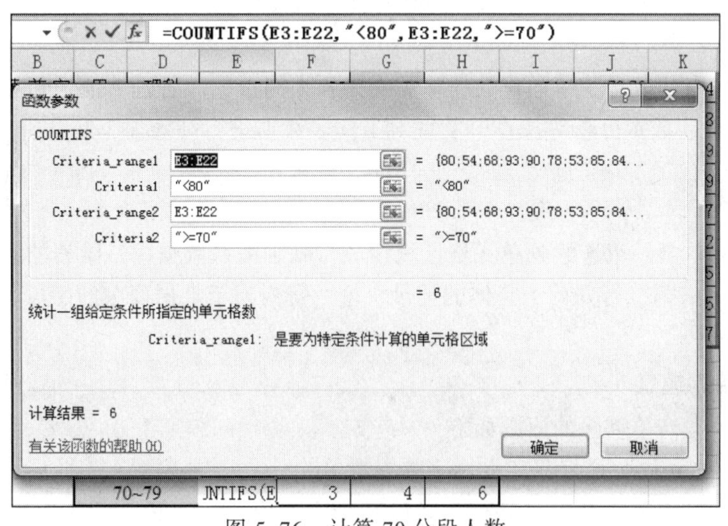

图 5-76　计算 70 分段人数

（7）60 分段人数（60~69）

使用（5）或（6）方法均可计算 60 分段人数。使用 COUNTIF 计算的完整公式为“=COUNTIF(E3:E22,">=60")-COUNTIF(E3:E22,">=70")”；使用 COUNTIFS 计算的完整公式为“=COUNTIFS(E3:E22,"<70",E3:E22,">=60")”。拖动 E30 单元格的填充柄到 H30 单元格完成计算。

（8）不及格（<60）

使用 COUNTIF 函数在 E31 单元格完成不及格（小于 60）人数统计，其函数表达式为“=COUNTIF(E3:E22,"<60")”，条件参数为“<60”。拖动 E31 单元格的填充柄到 H31 单元格完成计算。

（9）各科优秀率

优秀率的计算方法为：优秀率=优秀人数÷总人数。其中，优秀人数已经计算出来，总人数用“COUNT(E3:E22)”进行统计。所以，单元格 E32 完整的计算公式是“=E27/COUNT(E3:E22)”，拖动 E32 单元格的填充柄到 H32 单元格完成计算。

（10）各科及格率

及格率的计算方法为：及格率=及格人数÷总人数。其中，不及格人数已经计算出来，则及格人数为：及格人数=总人数−不及格人数，即“COUNT(E3:E22)−E31”。完整的计算公式是“=(COUNT (E3:E22)−E31)/COUNT(E3:E22)”，结果显示在单元格 E33 中，使用填充柄完成其余科目的统计。

技巧：

选中 E32:H33，利用“设置单元格格式”对话框，直接调整显示结果为“百分比”。

（11）名次

选中 K3 单元格，输入公式“=RANK(I3,$I$3:$I$22)”后按【Enter】键，即可得到第一个学生的名次（按总分成绩），其中 I3 为个人成绩，$I$3:$I$22 为全班成绩。因全班的“总分”成绩区域是固定不变的，因此，必须采用绝对地址“$I$3:$I$22”。双击 K3 单元格的填充柄将公式复制到 K4:K22 区域，完成所有学生的名次统计。

5.5 数据库管理

Excel 把工作表的数据清单当作数据库，提供强大的数据库管理功能，包括排序、分类汇总、筛选、透视表、数据分析等操作，实现对工作表数据进行高效加工和分析管理。

5.5.1 数据清单

Excel 数据清单由一组连续的单元格区域构成，满足关系数据库二维表的各种特点，第一行定义表的结构，从第二行开始为具体的记录，每一列相当于数据表中的字段，列的第一行为字段名。

1. 数据清单的建立

Excel 2010 数据清单创建的原则如下：

① 在一个工作表中，最好只建立一个数据清单。

② 在一个数据清单区域内，某行记录的某个字段值可以空白，但不能出现空白行或空白列。

③ 若一个工作表内包含除数据清单以外的数据，必须以空白行或空白列分隔，以示区分。

④ 字段名必须位于数据清单区域的第一行。

⑤ 同一列数据的类型应相同。

⑥ 若要突出显示列标题，必须采用单元格格式，不能使用空行。

前面建立的工作簿“学生成绩表.xlsx”中，工作表“成绩表”的区域 A2:K22 就是一个数据清单。其中 A2:K2 区域为数据清单标题行，第 3 行至第 22 行为数据记录。

2. **数据清单的编辑**

数据清单可以使用工作表通用的操作方法进行数据编辑，也可利用 Excel 2010 的“记录单”功能以记录为单位进行编辑。

记录单不在 Excel 的功能区中，需自行添加：选择“文件”→“选项”命令，在“Excel 选项”对话框中按图 5-77 所示添加“记录单”到快速访问工具栏，单击快速工具栏中的“记录单”按钮，弹出记录单对话框，如图 5-78 所示。

图 5-77 添加“记录单”按钮

使用记录单对话框可实现数据清单记录的添加、删除、还原、浏览、查询等操作：

①“新建”按钮：添加一条新记录。

②“删除”按钮：删除当前记录。

③“还原”按钮：当用户修改某项记录内容后，可以单击“还原”按钮还原数据。

④“上一条”和“下一条”按钮：实现记录的切换浏览。

⑤“条件”按钮：查询符合条件的记录。

⑥“关闭”按钮：关闭记录单对话框。

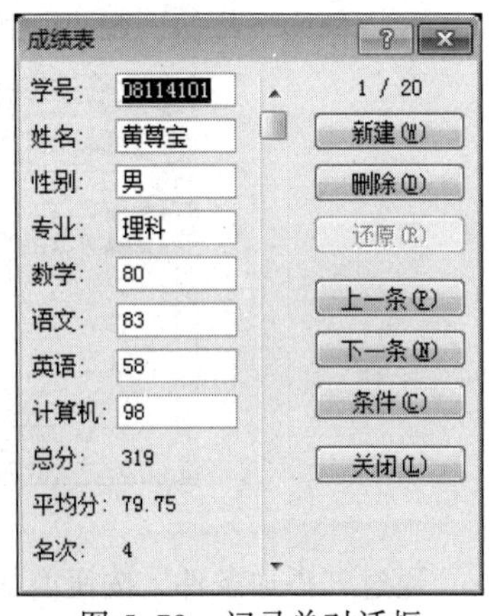

图 5-78 记录单对话框

5.5.2 数据排序

使用 Excel 2010 的“排序”功能可重新显示数据，以满足不同数据分析的需要。

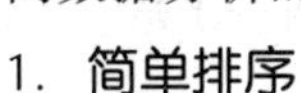

1. **简单排序**

如果仅按单个字段进行排序，可以选中该列中任一单元格后，单击“数据”选项卡“排序和筛选”组中的“升序”（或“降序”）按钮，实现排序操作。图 5-79 显示按“计算机”成绩“降序”排列的效果图。

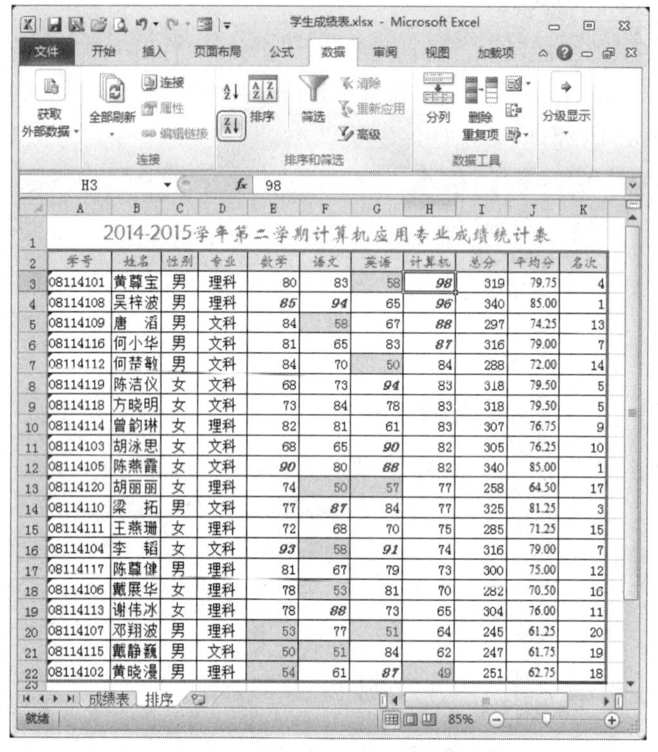

2014-2015学年第二学期计算机应用专业成绩统计表

学号	姓名	性别	专业	数学	语文	英语	计算机	总分	平均分	名次
08114101	黄蕈宝	男	理科	80	83	58	98	319	79.75	4
08114108	吴梓波	男	理科	85	94	65	96	340	85.00	1
08114109	唐　滔	男	文科	84	58	67	88	297	74.25	13
08114116	何小华	男	文科	81	65	83	87	316	79.00	7
08114112	何禁敏	男	文科	84	70	50	84	288	72.00	14
08114119	陈洁仪	女	文科	68	73	94	83	318	79.50	5
08114118	方晓明	女	文科	73	84	78	83	318	79.50	5
08114114	曾韵琳	女	理科	82	81	61	83	307	76.75	9
08114103	胡泳思	女	文科	68	65	90	82	305	76.25	10
08114105	陈燕霞	女	文科	90	80	88	82	340	85.00	1
08114120	胡丽丽	女	理科	74	50	57	77	258	64.50	17
08114110	梁　拓	男	文科	77	87	84	77	325	81.25	3
08114111	王燕珊	女	理科	72	68	70	75	285	71.25	15
08114104	李　韬	女	文科	93	58	91	74	316	79.00	7
08114117	陈蕈健	男	理科	81	67	79	73	300	75.00	12
08114106	戴展华	女	理科	78	53	81	70	282	70.50	16
08114113	谢伟冰	女	理科	78	88	73	65	304	76.00	11
08114107	邓翔波	男	理科	53	77	51	64	245	61.25	20
08114115	戴静巍	男	文科	50	51	84	62	247	61.75	19
08114102	黄晓漫	男	理科	54	61	87	49	251	62.75	18

图 5-79　按“计算机”成绩降序排列结果

视频 5-5　排序应用

2. 复杂排序

若通过数据清单的多个字段进行排序，就需要使用“排序”对话框。单击“排序和筛选”组中的“排序”按钮，弹出“排序”对话框，如图 5-80 所示。

图 5-80　“排序”对话框

通过“添加条件”按钮增加排序条件，利用每个条件的“列”“排序依据”“次序”下方的下拉按钮设置排序参数。

图 5-80 以“专业”（降序）为“主要关键字”，“计算机”（降序）为“次要关键字”进行排序，结果如图 5-81 所示。排序结果先将数据按“专业”分为文科、理科两大类型，在各种类型中再按“计算机”成绩降序排列。

学号	姓名	性别	专业	数学	语文	英语	计算机	总分	平均分	名次
2014-2015学年第二学期计算机应用专业成绩统计表										
08114109	唐　滔	男	文科	84	58	67	88	297	74.25	13
08114116	何小华	男	文科	81	65	83	87	316	79.00	7
08114112	何楚敏	男	文科	84	70	50	84	288	72.00	14
08114119	陈洁仪	女	文科	68	73	94	83	318	79.50	5
08114118	方晓明	女	文科	73	84	78	83	318	79.50	5
08114103	胡泳思	女	文科	68	65	90	82	305	76.25	10
08114105	陈燕霞	女	文科	90	80	88	82	340	85.00	1
08114110	梁　拓	男	文科	77	87	84	77	325	81.25	3
08114104	李　韬	女	文科	93	58	91	74	316	79.00	7
08114115	戴静巍	男	文科	50	51	84	62	247	61.75	19
08114101	黄尊宝	男	理科	80	83	58	98	319	79.75	4
08114108	吴梓波	男	理科	85	94	65	96	340	85.00	1
08114114	曾韵琳	女	理科	82	81	61	83	307	76.75	9
08114120	胡丽丽	女	理科	74	50	57	77	258	64.50	17
08114111	王燕珊	女	理科	72	68	70	75	285	71.25	15
08114117	陈尊健	男	理科	81	67	79	73	300	75.00	12
08114106	戴展华	女	理科	78	53	81	70	282	70.50	16
08114113	谢伟冰	女	理科	78	88	73	65	304	76.00	11
08114107	邓翔波	男	理科	53	77	51	64	245	61.25	20
08114102	黄晓漫	男	理科	54	61	87	49	251	62.75	18

成绩表　排序

图 5-81　复杂排序结果

技巧：

① 数据排序后将改变各记录的次序，如果发现排序错误，可用“撤销”按钮撤销排序操作，恢复数据原样。

② 默认情况下，Excel 按字母顺序排序，若要更改排序方法，可单击“排序”对话框中的“选项”按钮，在“排序选项”中进行设置，如图 5-82 所示。

图 5-82　“排序选项”对话框

5.5.3　分类汇总

1. 概述

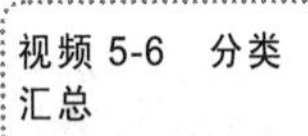

分类汇总是在数据清单中快速汇总统计各项数据的方法。分类汇总按以下步骤操作：

① 排序分类：对数据按指定列（分类字段）排序，完成分类操作。

② 汇总统计：对同类别的数据进行汇总统计（包括求和、平均值、计数、最大或最小值等）。

2. 应用实例

（1）操作要求

在工作簿“学生成绩表.xlsx”中，使用分类汇总统计显示不同专业（降序）学生各科平均分。

（2）操作步骤

① 打开工作簿“学生成绩表.xlsx”，将数据清单按“专业”字段降序排列。

② 单击“数据”选项卡“分级显示”组中的“分类汇总”按钮，弹出“分类汇总”对话框，分别设置“分类字段”为“专业”、“汇总方式”为“平均值”，在选定汇总项中选择“数学”、“语文”、“英语”和“计算机”字段，如图 5-83 所示。

③ 单击“确定”按钮完成操作，效果如图 5-84 所示。

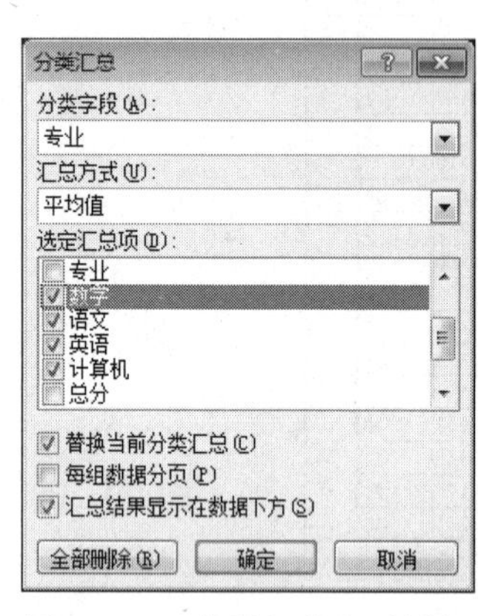

图 5-83 “分类汇总”对话框

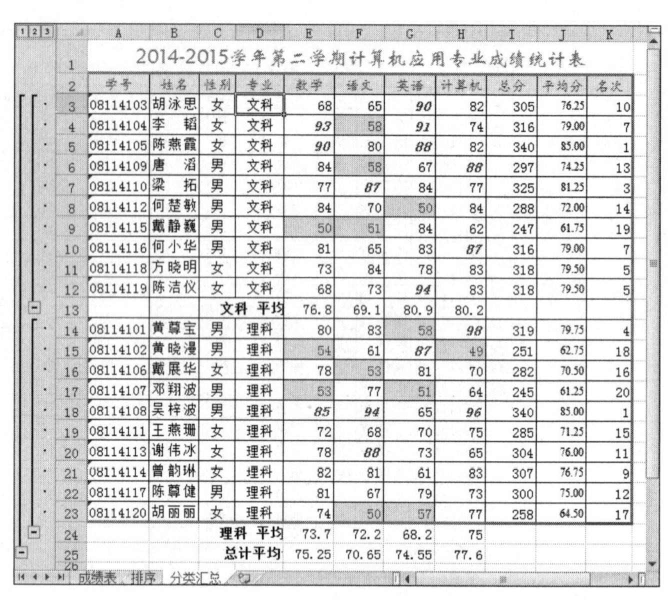

	A	B	C	D	E	F	G	H	I	J	K
1	2014-2015学年第二学期计算机应用专业成绩统计表										
2	学号	姓名	性别	专业	数学	语文	英语	计算机	总分	平均分	名次
3	08114103	胡泳思	女	文科	68	65	90	82	305	76.25	10
4	08114104	李　韬	女	文科	93	58	91	74	316	79.00	7
5	08114105	陈燕霞	女	文科	90	80	88	82	340	85.00	1
6	08114109	唐　滔	男	文科	84	58	67	88	297	74.25	13
7	08114110	梁　拓	男	文科	77	87	84	77	325	81.25	3
8	08114112	何楚敏	男	文科	84	70	50	84	288	72.00	14
9	08114115	戴静巍	男	文科	50	51	84	62	247	61.75	19
10	08114116	何小华	男	文科	81	65	83	87	316	79.00	7
11	08114118	方晓明	女	文科	73	84	78	83	318	79.50	5
12	08114119	陈洁仪	女	文科	68	73	94	83	318	79.50	5
13				文科 平均	76.8	69.1	80.9	80.2			
14	08114101	黄尊宝	男	理科	80	83	58	98	319	79.75	4
15	08114102	黄晓漫	男	理科	54	61	87	49	251	62.75	18
16	08114106	戴展华	女	理科	78	53	81	70	282	70.50	16
17	08114107	邓翔波	男	理科	53	77	51	64	245	61.25	20
18	08114108	吴梓波	男	理科	85	94	65	96	340	85.00	1
19	08114111	王燕珊	女	理科	72	68	70	75	285	71.25	15
20	08114113	谢伟冰	女	理科	78	88	73	65	304	76.00	11
21	08114114	曾韵琳	女	理科	82	81	61	83	307	76.75	9
22	08114117	陈尊健	男	理科	81	67	79	73	300	75.00	12
23	08114120	胡丽丽	女	理科	74	50	57	77	258	64.50	17
24				理科 平均	73.7	72.2	68.2	75			
25				总计平均	75.25	70.65	74.55	77.6			

图 5-84 分类汇总结果

技巧：

① “分类字段”必须与数据清单的排序字段一致。

② 分类汇总结果的数据分成三级，单击工作表左上角的“1”“2”“3”按钮，可以显示不同层次的数据。单击左侧的“+”“-”标记显示或隐藏数据清单的分类数据。

③ 单击“分类汇总”对话框中的“全部删除”按钮可取消分类汇总。

分类汇总的数据更新方式为自动更新，也就是说，如果修改原始数据，则汇总结果将会自动随之更新。

5.5.4 数据筛选

数据筛选是一种快速查找数据的方法，仅显示数据清单中满足条件的记录，不满足条件的数据行则被暂时隐藏，突出显示要查看的数据内容。数据筛选有两种方式：“自动筛选”和“高级筛选”。

1. 自动筛选

自动筛选是通过筛选按钮进行简单条件设置的数据筛选。其操作步骤如下：

① 选中数据清单中的任一单元格。

② 单击“数据”选项卡“排序和筛选”组中的“筛选”按钮，进入“自动筛选”模式，每个字段名右侧会出现一个筛选按钮。

③ 单击相应的字段按钮，从设置对话框中设置筛选条件，完成筛选操作，如图 5-85 所示。

视频 5-7 自动筛选

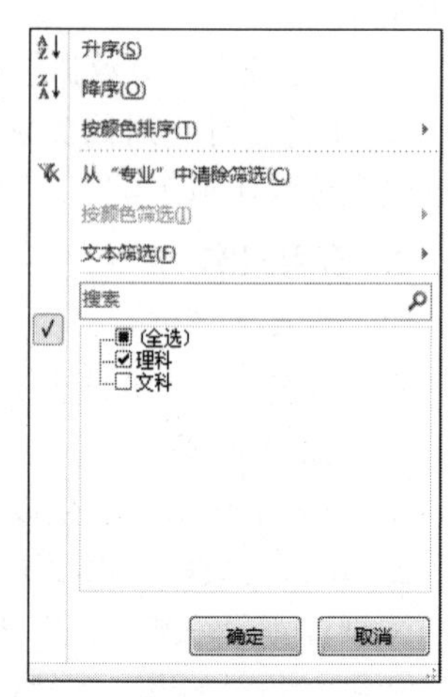

图 5-85 “自动筛选”字段设置

（1）简单的自动筛选

单击“性别”字段，设置筛选条件为“男”，再设置“专业”为“理科”，如图 5-85 所示，则可筛选出“理科男生”的数据记录，结果如图 5-86 所示。

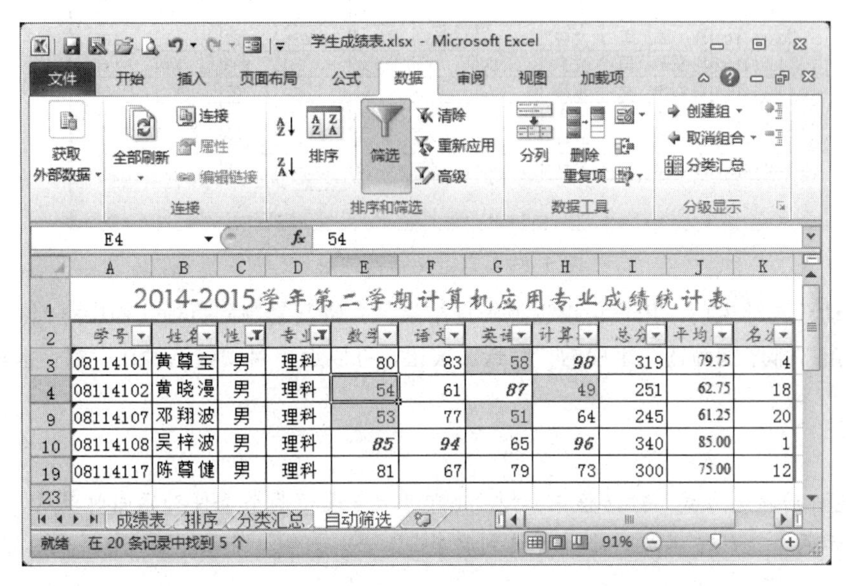

图 5-86　自动筛选结果

（2）自定义自动筛选

利用“自定义筛选”可以构建更加灵活、丰富的筛选条件，满足更多筛选要求。

从“自动筛选”字段设置中，通过“数字筛选”或“文本筛选”下级菜单中选择相应的菜单命令，如图 5-87 所示，弹出“自定义自动筛选方式”对话框，可以设定自定义筛选的条件，如图 5-88 所示。

图 5-88 以“计算机”字段为设置对象，构造了“计算机大于等于 80 且小于 90”的条件，筛选出“80<=计算机 < 90”的记录，显示 80 分段的所有学生记录，如图 5-89 所示。

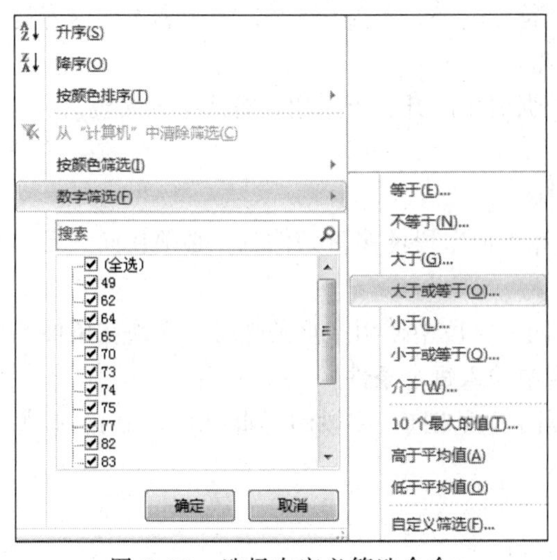

图 5-87　选择自定义筛选命令

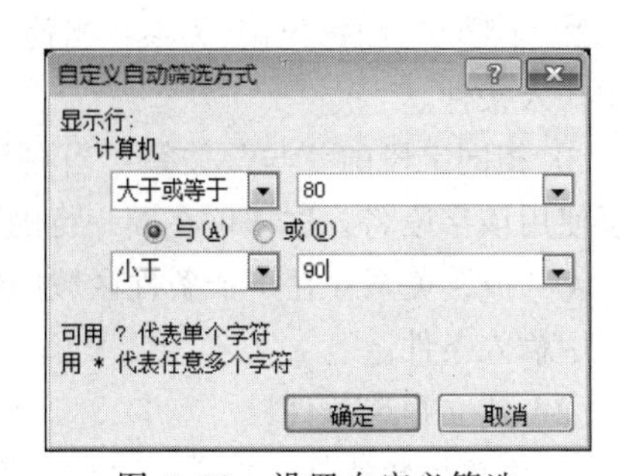

图 5-88　设置自定义筛选

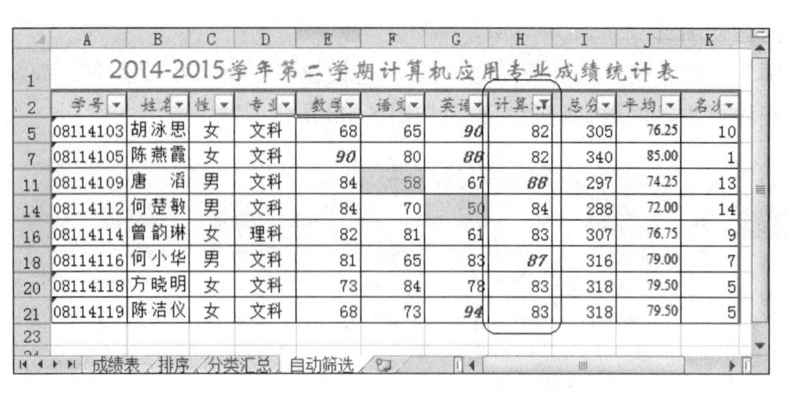

	A	B	C	D	E	F	G	H	I	J	K
1	2014-2015学年第二学期计算机应用专业成绩统计表										
2	学号	姓名	性	专业	数学	语文	英语	计算	总分	平均	名次
5	08114103	胡泳思	女	文科	68	65	90	82	305	76.25	10
7	08114105	陈燕霞	女	文科	90	80	88	82	340	85.00	1
11	08114109	唐　滔	男	文科	84	58	67	88	297	74.25	13
14	08114112	何楚敏	男	文科	84	70	50	84	288	72.00	14
16	08114114	曾韵琳	女	理科	82	81	61	83	307	76.75	9
18	08114116	何小华	男	文科	81	65	83	87	316	79.00	7
20	08114118	方晓明	女	文科	73	84	78	83	318	79.50	5
21	08114119	陈洁仪	女	文科	68	73	94	83	318	79.50	5
23											

图 5-89　自定义筛选结果

得到自动筛选结果后，用户可以选择筛选结果，并将其复制到目标文档中存档。

再次单击“排序和筛选”组中的“筛选”按钮，可以退出自动筛选操作，数据清单将恢复原始状态。

技巧：

“自定义自动筛选方式”对话框中，“与”（即并且）表示两个条件必须同时满足，“或”（即或者）则表示两个条件中满足一个即可达到要求。

2. 高级筛选

对于复杂的筛选，必须使用高级筛选。高级筛选的操作步骤如下：

① 建立筛选条件区域。

② 单击“数据”选项卡“排序和筛选”组中的“高级”按钮，弹出“高级筛选”对话框。

③ 设置筛选参数，单击“确定”按钮完成筛选操作。

其中，筛选条件区域的建立是实现高级筛选的关键。

（1）筛选条件区域

条件区域包括两个部分：标题行和条件行。标题行通常使用字段名，也可以是用户定义的条件名。条件行位于标题行下方，由比较运算符（=，>，<，>=，<=，<>）和条件内容构成的条件，当条件是等于关系时，等号“=”可省略。

为避免干扰数据清单，条件区域必须跟数据清单隔开，可采用空行或空列实现。

建立条件区域必须遵循以下规则：

① 条件区域中不可出现空行。

② 不同字段的“与”关系：当使用数据库不同字段的多重条件时，必须在同一行的不同列中输入条件。

③ 相同字段的“与”关系：当在数据库同一字段中使用多重条件时，必须在条件区域中重复使用该字段名，这样可在同一行的不同列中输入每个条件。

④“或”关系：在一个条件区域中使用不同字段或同一字段的逻辑 OR 关系时，必须在不同行中输入条件。

（2）建立筛选条件

① 简单比较条件：由单个字段名构成的条件。

例如，“性别为男”和“英语不及格”两个条件分别如下：

性别
男

英语
<60

② 组合条件：由多个字段名构成的条件。

例如，“英语成绩大于 90 或英语不及格”（英语>90 or 英语<60）的条件区域如下：

英语	英语
>90	
	<60

“数学成绩在 80 和 90 之间”（90>数学>=80）的条件区域如下：

数学	数学
>=80	<90

“数学成绩在 80 和 90 之间的男生”的条件区域如下：

性别	数学	数学
男	>=80	<90

“数学大于 95 或英语>95”的条件区域如下：

英语	数学
>95	
	>95

③ 计算条件。除使用单个字段名直接比较构建条件外，用户也可使用多个字段名进行运算来建立条件。此时，在条件区域的第一行中输入一个与数据清单中任何字段名不同的条件名，在条件名正下方的单元格中输入计算条件的公式。在公式中通过相对地址引用字段的第一条记录的单元格地址来引用数据库字段。公式计算后的结果必须是逻辑值 TRUE 或 FALSE。

例如，假设语文在 G 列，数学在 H 列，第一条记录均在第二行，则“语文和数学两科成绩之和小于 100”的条件区域如下：

语数
=G2+H2<100

（3）应用高级筛选

建立条件区域后，选择数据清单区域中的任一单元格，单击“数据”选项卡“筛选”组中的“高级筛选”按钮，弹出“高级筛选”对话框。

① 方式：包括“在原有区域显示筛选结果”“将筛选结果复制到其他位置”2 种方式。

② 列表区域：即数据清单区域，Excel 2010 一般会自动选中，选中区域将以蚁行线显示。用户也可以直接在文本框中输入或修改区域地址。

③ 条件区域：条件区域地址。

④ 复制到：当选择“将筛选结果复制到其他位置”项时，必须在文本框中输入数据输出

区域的单元格地址。

⑤ 选择不重复的记录：重复记录在数据输出时仅显示一个。

Excel 2010 默认输出所有字段内容，若只想显示部分字段，必须先定义一个提取区域，限制输出字段的列表及顺序。例如，若定义了如下的输出区域，则在“复制到”文本框中必须填入输出区域地址为“A21:E21”，输出结果将只显示设定的 5 列数据。

	A	B	C	D	E
21	姓名	数学	语文	英语	计算机

（4）应用实例

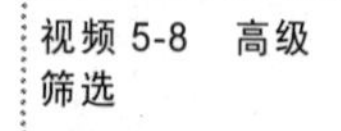

使用高级筛选筛选出“计算机成绩不及格或计算机成绩在 90 分以上的理科生”记录，结果复制到以 A25 为左上角的区域，要求只输出学号、姓名、专业、语文、数学、英语、计算机字段。

① 构建条件区域。在单元格 M3:N5 中构建条件区域，如图 5-90 所示。

② 设置输出区域。在 A25:G25 建立输出单元格字段列表，如图 5-91 所示。

图 5-90 条件区域

图 5-91 输出区域

③ 选择数据清单中的任一单元格，打开“高级筛选”对话框，按图 5-92 设置参数，单击“确定”按钮完成操作，结果如图 5-93 所示。

图 5-92 设置高级筛选

	A	B	C	D	E	F	G	H	I	J	K	L
20	08114118	方晓明	女	文科	73	84	78	83	318	79.50	5	
21	08114119	陈洁仪	女	文科	68	73	94	83	318	79.50	5	
22	08114120	胡丽丽	女	理科	74	50	57	77	258	64.50	17	
23												
24												
25	学号	姓名	专业	数学	语文	英语	计算机					
26	08114101	黄蕈宝	理科	80	83	58	98					
27	08114102	黄晓漫	理科	54	61	87	49					
28	08114108	吴梓波	理科	85	94	65	96					
29												
30												

图 5-93　高级筛选结果

5.5.5　数据库统计函数

1. 概述

数据库统计函数是 Excel 2010 为数据清单提供的一类专门函数，利用数据库统计函数可以对数据清单中符合设定条件的数据进行统计。在“插入函数”对话框中选择“数据库”类别，可以查看数据库函数。

数据库统计函数具有统一的格式：

```
函数名(Database,Field,Criteria)
```

各参数含义如下：

- Database：包含字段的数据库区域地址。
- Field：待统计的数据列，可以是带引号的字段名或字段名所在的单元格地址，也可以是代表数据库中数据列位置的序号。
- Criteria：条件区域地址。

在使用数据库统计函数时，必须先建立一个条件区域，其方法与高级筛选一样，不再赘述。

常用数据库统计函数如下：

- DAVERAGE：计算满足给定条件的列表或数据库的列中数值的平均值。
- DCOUNT：从满足给定条件的数据库记录的字段（列）中，计算数值单元格数目。
- DCOUNTA：对满足指定条件的数据库中记录字段（列）的非空单元格进行计数。
- DMAX：返回满足给定条件的数据库记录的字段（列）中数据的最大值。
- DMIN：返回满足给定条件的数据库记录的字段（列）中数据的最小值。
- DSUM：求满足给定条件的数据库中记录的字段（列）数据的和。

2. 应用实例

（1）操作要求

利用数据库统计函数 DAVERAGE 统计“理科男生”的计算机平均成绩，结果显示在单元格 M6 中。

视频 5-9　数据库统计函数

（2）操作过程

① 在单元格 M3:N4 中创建条件区域。

② 选中 M6 单元格，打开“插入函数”对话框，在“函数类别”中选择“数据库”，选择 DAVERAGE 函数。

③ 按图 5-94 设置函数，单击“确定”按钮得到结果。其中 Database 指定数据清单区域 A2:K22，Field 引用计算机列字段名所在单元格 H2，Criteria 为统计条件所在的单元格地址 M3:N4。

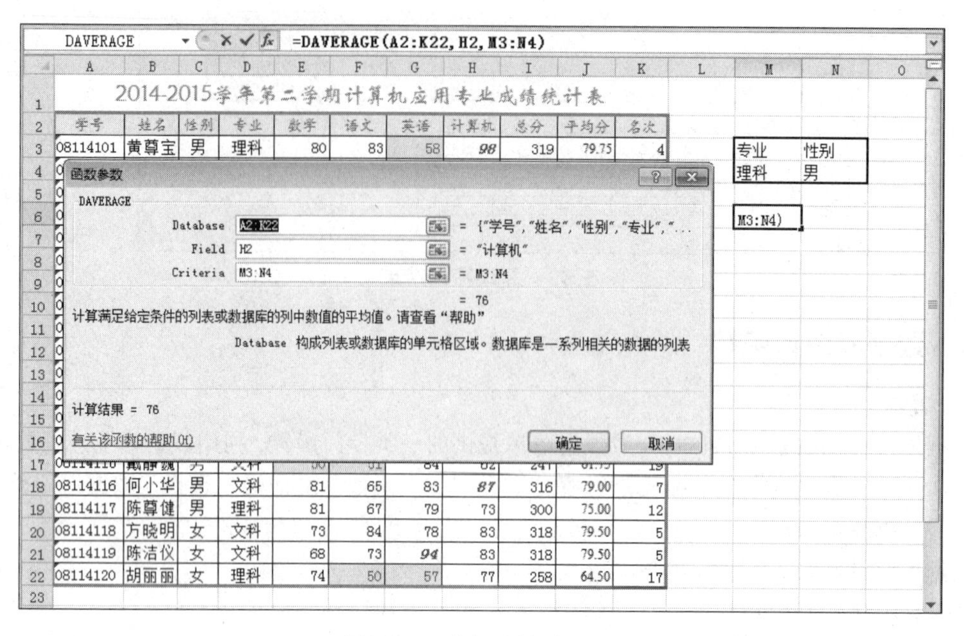

图 5-94　数据库统计函数

5.5.6　数据透视表

数据透视表是一个功能强大的数据汇总工具，可以按多个字段对数据进行分类汇总，建立行列交叉列表。另外，还可以通过行列转换以不同方式显示分类汇总的结果。

视频 5-10　数据透视表

应用实例

（1）操作要求

利用数据透视表，在工作簿“学生成绩表.xlsx”中统计不同专业男、女生各科成绩的平均分情况。

（2）操作过程

① 打开工作簿“学生成绩表.xlsx”，单击数据清单中的任一单元格。

② 单击“插入”选项卡“表格”组“数据透视表”下拉列表中的“数据透视表”按钮。

③ 按图 5-95 设置数据区域和数据透视表输出位置，单击“确定”按钮进入数据透视表设置模式。

④ 在右侧的“数据透视表字段列表”中将统计字段拖动到对应区域，即可构建数据透视表。

⑤ 默认情况下，字段统计方式为“求和”，单击“数值”区域的统计字段，从快捷菜单中选择“值字段设置”命令，弹出“值字段设置”对话框，按图 5-96 修改计算类型为平均值，最终结果如图 5-97 所示。

技巧：

- 直接交换“行标签”和“列标签”的字段内容，可实现数据透视表内容的转置。
- 利用“数据透视表工具”的“选项”和“设计”选项卡可进行数据透视表编辑。
- 右击数据透视表区域，在弹出的快捷菜单中选择“数据透视表选项”命令，可进行选项设置。

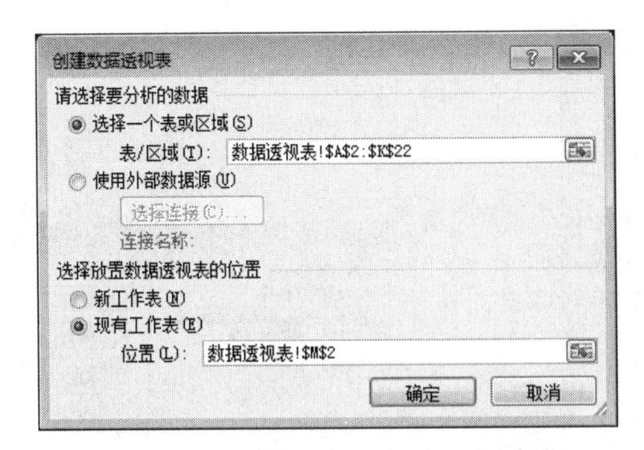

图 5-95　“创建数据透视表”对话框

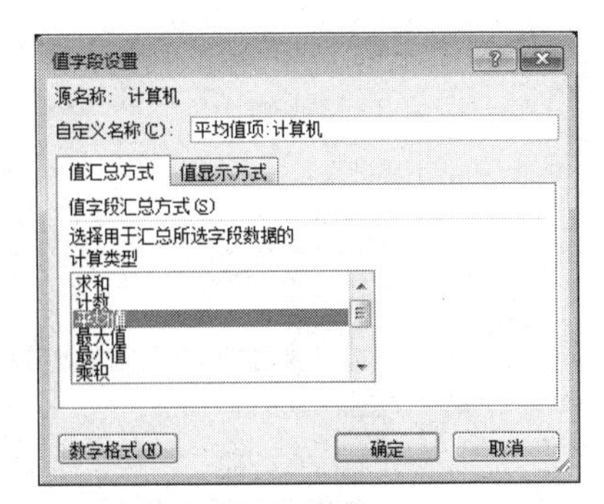

图 5-96　修改汇总方式

图 5-97　数据透视表结果

5.5.7　数据统计分析

Excel 通过数据分析工具库可以完成统计学中各种常用操作，包括方差分析、傅里叶分析、直方图等。

选择“数据”→“分析”→“数据分析”命令，即可进行数据统计分析。

注意：

如果在“数据”选项卡中找不到“分析”组，必须先加载“分析工具库”。选择“文件”→“选项”命令，在“Excel 选项”对话框的“加载项”列表框中选中“分析工具库”，如图 5-98 所示；单击“转到”按钮，在“加载宏”对话框选中“分析工具库”，单击“确定”按钮即可完成加载操作，如图 5-99 所示。

图 5-98 “Excel 选项”对话框

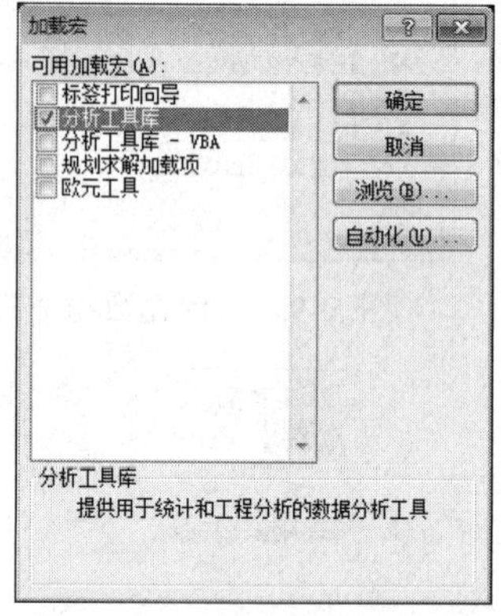

图 5-99 “加载宏”对话框

应用实例

（1）操作要求

视频 5-11 数据统计分析

使用分析工具库，在工作簿“学生成绩表.xlsx”中统计各分数段人数（包括 90 分以上、80 分段、70 分段、60 分段和不及格）情况。

（2）操作过程

① 在 M4:M8 区域中输入分段数值：59、69、79、89。

② 单击“数据分析”按钮，在弹出的“数据分析”对话框中选择“直方图”，单击“确定”按钮，如图 5-100 所示。

③ 在弹出的“直方图”对话框中，按图 5-101 设置输入区域、接收区域、输出选项等参数，单击“确定”按钮，结果如图 5-102 所示。

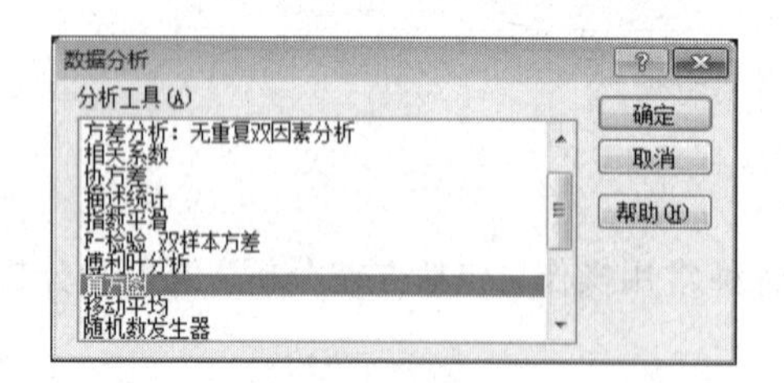

图 5-100 “数据分析”对话框

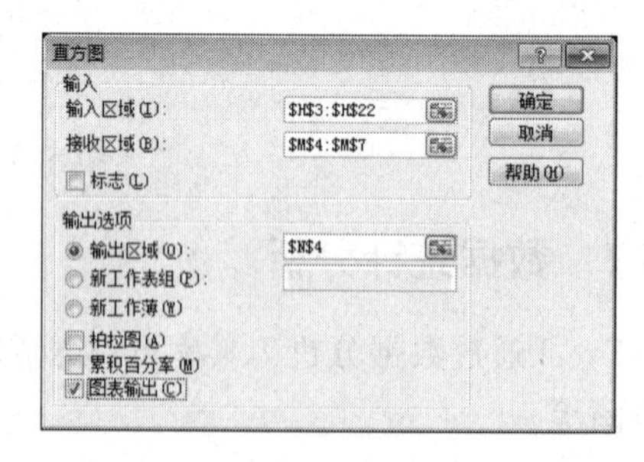

图 5-101 “直方图”对话框

“直方图”对话框中各参数的含义如下：

- 输入区域：待分析数据源。
- 接收区域：用于分段的数据点，如 0 ~ 59、60 ~ 69、70 ~ 79、80 ~ 89、>=90。
- 输出选项：数据输出区域左上角的单元格。
- 图表输出：在输出结果的同时绘制图表。

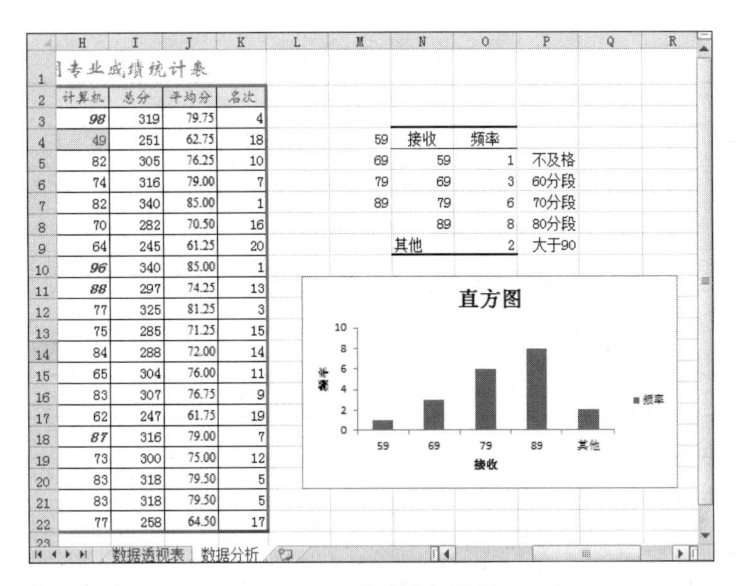

图 5-102　数据分析结果

5.6　图　　表

图表是 Excel 常用的对象之一，依据选定的工作表数据系列，将抽象的数据形象化，用简洁、直观的图表反映数据的对比关系及趋势。图表结构源于工作表数据源，两者一一对应，当数据源发生变化时，图表也将自动更新。

5.6.1　图表概述

1. 图表类型

Excel 提供 11 种基本图表类型，如图 5-103 所示。

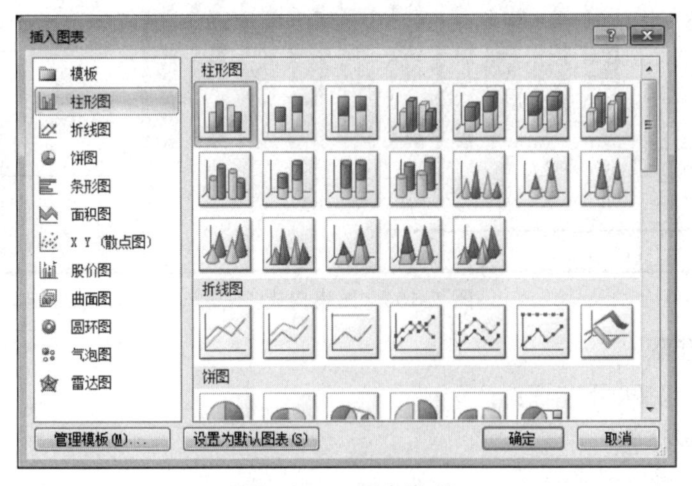

图 5-103　图表类型

各种不同图表类型的用途如表 5-7 所示。

表 5-7　图 表 类 型

图 表 类 型	用　　途
柱形图	用于一个或多个数据系列中的各项值的比较
折线图	按类别显示一段时间内数据的变化趋势
饼图	在单组中描述部分与整体的关系，没有 X 轴、Y 轴
条形图	在水平方向上比较不同类别的数据，实际上是翻转了的柱形图
面积图	显示数据在某一段时间内的累计变化
X Y 散点图	描述两种相关数据的关系，一般用于科学计算
股价图	用于描绘股票走势，也可以用于科学计算
曲面图	用于寻找两组数据间的最佳组合
圆环图	也用来显示部分与整体的关系，但可以包含多个数据系列
气泡图	突出显示值的聚合，可看作一种特殊的 X Y 散点图
雷达图	表明数据或数据频率相对于中心点的变化

2. **图表的组成**

图表由多个对象组成，不同类型的图表，其组成对象会有所差异，但基本都会包括以下几个组成部分：图表区、图表标题、分类轴、数值轴、绘图区等，如图 5-104 所示。单击图表中对应的位置可以选中图表对象，在“布局”选项卡的“当前所选内容”组中，利用“图表元素”下拉列表框可精确选中图表对象。

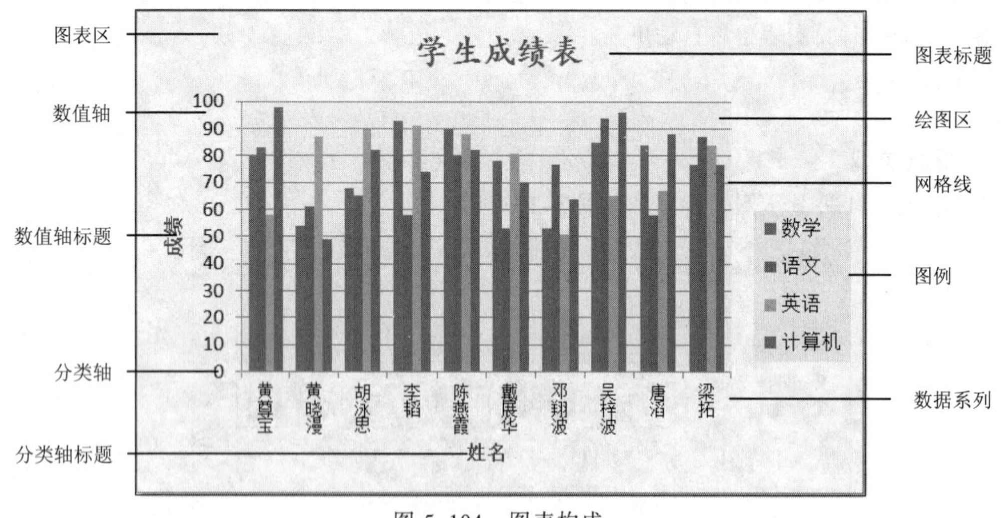

图 5-104　图表构成

3. **创建图表步骤**

建立图表一般包括以下步骤：

① 选择图表数据源。

② 分析数据，确定图表类型。

③ 通过“插入”选项卡的“图表”组选择对应的图表类型，创建图表。

④ 编辑、格式化图表。

5.6.2　实例：图表的创建

1. 操作要求

在工作簿“成绩统计表.xlsx”中按下列要求完成图表制作：

① 以数据清单前 10 位同学的数学、语文、英语、计算机为数据源，创建成绩簇状柱形图。

② 利用数据分析工具得到的分数段人数制作计算机成绩分布饼图。

2. 操作步骤

① 选择“B2:B12，E2:H12”数据区域，以数据清单的“姓名”“数学”“语文”“英语”和“计算机”5 列数据为图表数据源。

② 单击“插入”选项卡“图表”组“柱形图”下拉列表中的“簇状柱形图”按钮，得到图 5-105 所示的图表。

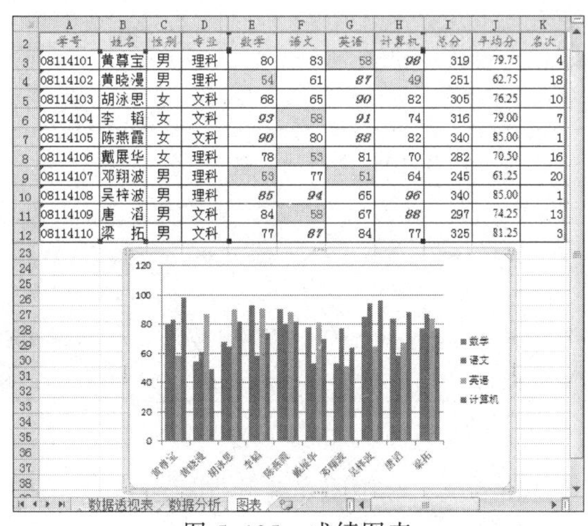

学号	姓名	性别	专业	数学	语文	英语	计算机	总分	平均分	名次
08114101	黄尊宝	男	理科	80	83	58	98	319	79.75	4
08114102	黄晓漫	男	理科	54	61	87	49	251	62.75	18
08114103	胡泳思	女	文科	68	65	90	82	305	76.25	10
08114104	李　韬	女	文科	93	58	91	74	316	79.00	7
08114105	陈燕霞	女	文科	90	80	88	82	340	85.00	1
08114106	戴展华	女	理科	78	53	81	70	282	70.50	16
08114107	邓翔波	男	理科	53	77	51	64	245	61.25	20
08114108	吴梓波	男	理科	85	94	65	96	340	85.00	1
08114109	唐　滔	男	文科	84	58	67	88	297	74.25	13
08114110	梁　拓	男	文科	77	87	84	77	325	81.25	3

图 5-105　成绩图表

为方便展示，本例隐藏了部分数据。

③ 选择“数据分析”工作表中的单元格区域 N4:O9，单击“插入”选项卡“图表”组“饼图”下拉列表中的“三维饼图”按钮，得到图 5-106 所示的图表。

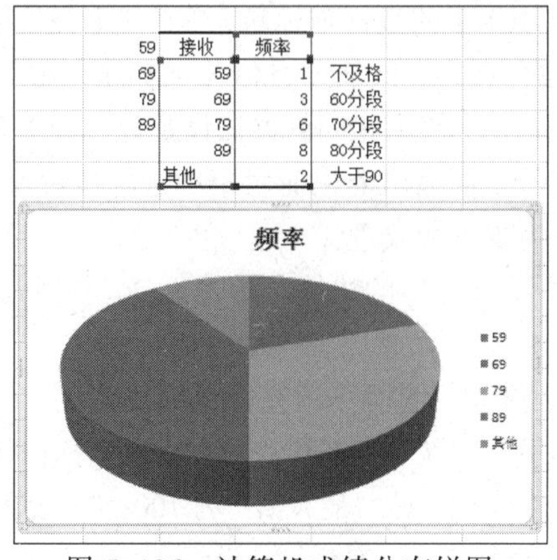

	接收	频率	
69	59	1	不及格
79	69	3	60分段
89	79	6	70分段
	89	8	80分段
	其他	2	大于90

图 5-106　计算机成绩分布饼图

5.6.3　图表的编辑

图表创建后，可以根据实际需要使用“图表工具”对其进行编辑和修改。“图表工具”包括设计、布局和格式 3 个选项卡，其构成如图 5-107～图 5-109 所示。

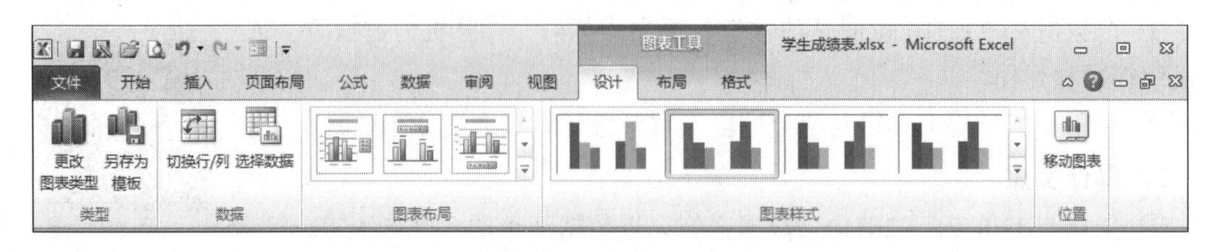

图 5-107　“设计”选项卡

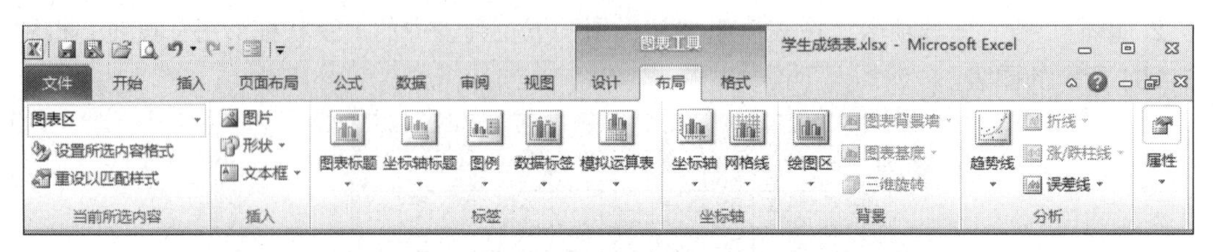

图 5-108　“布局”选项卡

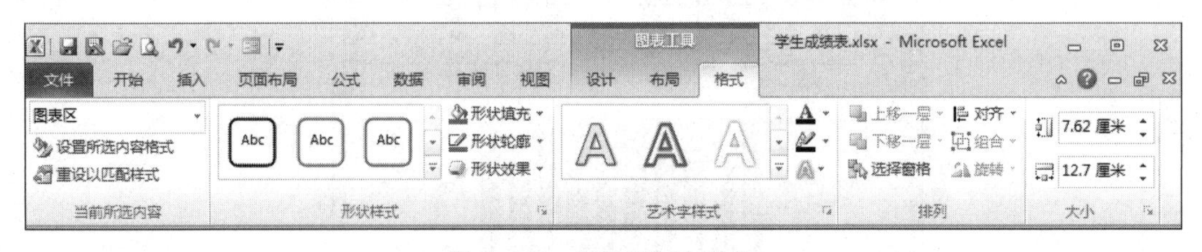

图 5-109　“格式”选项卡

下面以图 5-105 和图 5-106 为例，介绍图表编辑功能。

1. **编辑成绩图表**

① 图表标题：在“图表工具”→“布局”选项卡“标签”组中单击“图表标题”下拉列表中的“图表上方”按钮，输入图表标题“学生成绩表”，并设置字体格式为华文楷体、蓝色、16 号。

视频 5-13　编辑图表

② 坐标轴标题：单击图 5-105 中的坐标轴标题，单击“主要坐标轴标题”下拉列表中的“坐标轴下方标题”按钮，添加分类轴 X 轴标题，输入“姓名”，设置字体格式为宋体、紫色、12 号；使用相同的方法设置数值轴 Y 轴标题。

③ 图表区：右击“图表区”，从弹出的快捷菜单中选择“设置图表区格式”命令，修改“填充”效果为羊皮纸纹理。

④ 绘图区：右击“绘图区”，从弹出的快捷菜单中选择“设置绘图区格式”命令，修改“填充”颜色为浅绿色。

⑤ 图例：使用类似的方法修改“图例”填充颜色为浅蓝色。

⑥ 坐标轴：右击 Y 轴，从弹出的快捷菜单中选择“设置坐标轴格式”命令，弹出“设置坐标轴格式”对话框，在“坐标轴选项”中修改“最大值”为 100，“主要刻度单位”为 10，如图 5-110 所示。右击 X 轴，打开“设置坐标轴格式”对话框，设置“对齐方式”中“文字方向”为“竖排”。

图 5-110　设置 Y 坐标轴

编辑后的图表效果如图 5-111 所示。

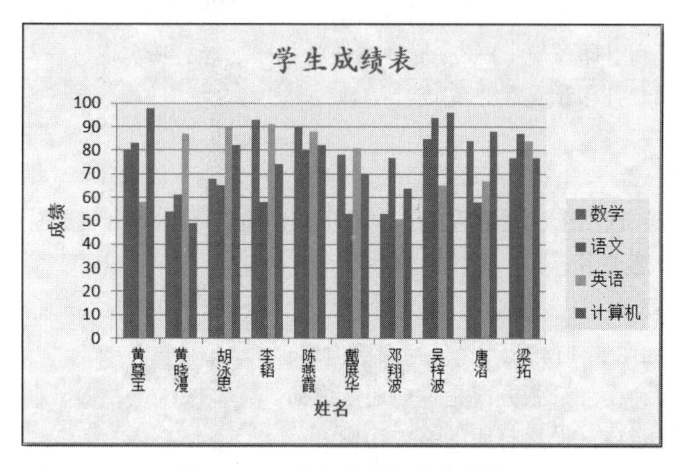

图 5-111　学生成绩表编辑效果

2. **编辑计算机成绩饼图**

① 图表标题：单击“图表标题”按图 5-112 所示修改文字内容及格式。

② 图表区：修改“图表区”的填充为“蓝色面巾纸”纹理。

③ 图例：单击“布局”选项卡“标签”组“图例”下拉列表中的“在底部显示图例”按钮，修改“图例位置”为底部，填充颜色为橙色。

④ 数据标签：单击“布局”选项卡“标签”组“数据标签”下拉列表中的“其他数据标签选项”按钮，按图 5-112 设置标签选项显示内容：值、百分比和显示引导线。

最终效果如图 5-113 所示。

图 5-112　设置数据标签格式

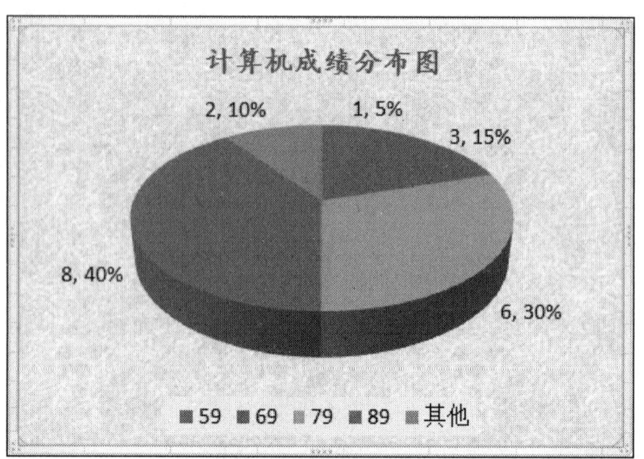

图 5-113　计算机成绩编辑效果

5.7　打　　印

工作表编辑完成后，可以通过打印机打印输出。为了得到完整、清晰的打印效果，在打印前必须进行打印设置和打印预览。Excel 提供方便的打印功能，其实现过程与 Word 相似，都是通过“页面设置”和“打印预览”来完成。

5.7.1　页面设置

单击“页面布局”选项卡“页面设置”组右下角的按钮，弹出“页面设置”对话框。该对话框包括以下 4 个选项卡：

1. “页面”选项卡

“页面”选项卡如图 5-114 所示，包括以下内容：

①“方向”选项：设置纸张方向是横向还是纵向。

②“缩放比例”选项：设置打印的缩放比例。

③“纸张大小”选项：选择纸张类型。

④“打印质量”选项：单击下拉列表框设置打印分辨率。

⑤“起始页码”选项：设置打印时的起始页码。

2. “页边距”选项卡

“页边距”选项卡如图 5-115 所示，包括以下内容：

①“上”“下”“左”“右”选项：设置对应的页边距大小。

②“页眉”“页脚”选项：设置页眉和页脚大小。

③“居中方式”选项：设置数据的“水平”或“垂直”居中对齐方式。

图 5-114　“页面”选项卡

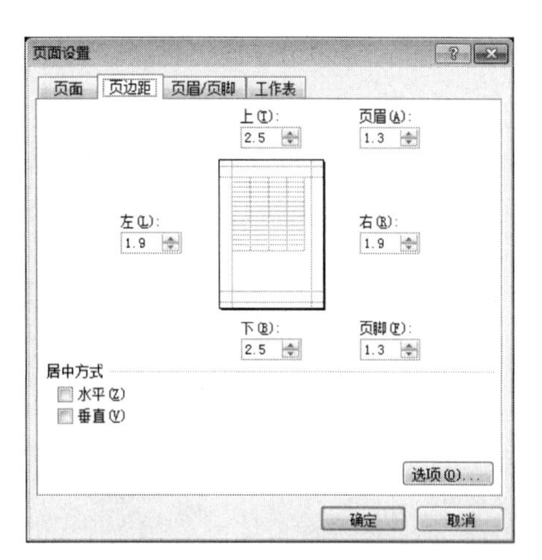

图 5-115　“页边距”选项卡

3. “页眉/页脚”选项卡

“页眉/页脚”选项卡如图 5-116 所示，包括以下内容：

①“页眉”选项：从下拉列表框选择页眉的内容。

②“页脚”选项：从下拉列表框选择页脚的内容。

③“自定义页眉”按钮：单击该按钮可以设置自定义的页眉内容，以及页眉的对齐方式。

④“自定义页脚”按钮：单击该按钮可以设置自定义的页脚内容，以及页脚的对齐方式。

4. “工作表”选项卡

“工作表”选项卡如图 5-117 所示，包括以下内容：

①“打印区域”选项：设置工作表中的某个区域为打印区域，而不是打印整个工作表的内容。

②“打印标题”选项：设置顶端标题行和左端标题列内容。

③“打印”选项：设置打印时是否添加网格线、行号列标等元素。

④“打印顺序”选项：设置打印的顺序为“先列后行”或“先行后列”。

图 5-116　“页眉/页脚”选项卡

图 5-117　“工作表”选项卡

5.7.2 打印

选择“文件”→“打印”命令，打开“打印”面板。

单击右下角的“显示边距”按钮可以显示边距控制线，利用鼠标拖动控制线，可直观调节页边距、页眉、页脚和列宽度，如图 5-118 所示。

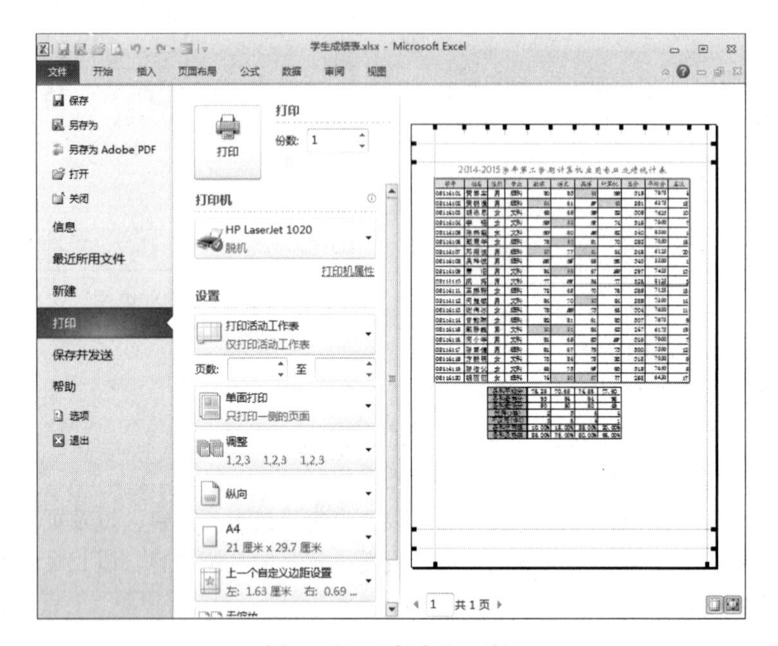

图 5-118 “打印”面板

利用打印预览框左侧设置打印机对象、打印范围、单双面、打印方向等选项后，单击“打印”按钮，即可通过打印机完成打印操作。

习 题

一、思考题

1. 简述 Excel 2010 的主要功能。
2. 简述 Excel 2010 的数据类型。
3. 如何使用公式和函数统计数据？举例说明。
4. Excel 2010 的数据清单有什么特点？利用数据清单能够进行哪些数据统计？
5. 什么是填充柄？填充柄有哪些功能？
6. 如何修改图表的数据源、格式化图表？

二、选择题

1. 下列操作中，不能在 Excel 工作表的选定单元格中输入公式的是（　　）。

   A. 使用“开始”选项卡中的“自动求和”按钮

   B. 单击“插入”选项卡中的“插入函数”按钮

   C. 单击“编辑栏”中的“插入函数”按钮

D. 单击“公式”选项卡中的“自动求和”按钮

2. 在 Excel 工作表中已输入的数据如下：

	A	B	C	D	E
1	10		10%	=$A$1*C1	
2	20		20%		

如将 D1 单元格中的公式复制到 D2 单元格中，则 D2 单元格的值为（　　）。

A. ####　　B. 2　　C. 4　　D. 1

3. 当向 Excel 工作表单元格输入公式时，使用单元格地址 D$2 引用 D 列 2 行单元格，该单元格的引用称为（　　）。

A. 交叉地址引用　　B. 混合地址引用

C. 相对地址引用　　D. 绝对地址引用

4. Excel 广泛应用于（　　）。

A. 统计分析、财务管理分析、数据库统计、数据图表制作等各个方面

B. 工业设计、机械制造、建筑工程

C. 多媒体制作

D. 美术设计、图片制作等各个方面

5. 在 Excel 中，图表是（　　）。

A. 用户通过“绘图”工具栏的工具绘制的特殊图形

B. 由数据透视表派生的特殊表格

C. 由数据清单生成的用于形象表现数据的图形

D. 一种将表格与图形混排的对象

6. “工作表”是用行和列组成的表格，分别用（　　）进行标识。

A. 数字和数字　　B. 数字和字母

C. 字母和字母　　D. 字母和数字

7. 在 Excel 中，单元格 D6 的具体位置是（　　）。

A. 第 4 行第 6 列　　B. 第 6 行第 4 列

C. 第 4 行第 4 列　　D. 第 6 行第 6 列

8. 在 Excel 中按（　　）组合键可以在所选的多个单元格中输入相同的数据。

A. 【Alt+Shift】　　B. 【Shift+Enter】　　C. 【Ctrl+Enter】　　D. 【Alt+Enter】

9. 在 Excel 中，已知工作表 B3 单元格与 B4 单元格的值分别为“奥运”“北京”，要在 C4 单元格中显示“奥运北京”，正确的公式为（　　）。

A. = B3+B4　　B. = B3/B4　　C. = B3&B4　　D. = B3；B4

10. 在 Excel 中，若一个单元格显示的信息是######，表示该单元格（　　）。

A. 列宽度不够　　B. 公式出错

C. 数据类型不匹配　　D. 引用的函数名不存在

11. 把单元格指针移到 Y100 的最简单的方法是（　　）：

A. 拖动滚动条

B. 在名称框中输入 Y100 后按【Enter】键

C. 按【Ctrl+Y100】键

D. 先用【Ctrl+→】组合键移到 Y 列，再用【Ctrl+↓】组合键移到 100 行

12. 下列图表类型中，（　　）只能画出一个数据系列。

A. 饼图　　B. 直方图　　C. 折线图　　D. 面积图

13. 在 Excel 中，使用分类汇总前必须先（　　）。

A. 把数据清单按某个字段进行排序　　B. 进行自动筛选

C. 进行高级筛选　　D. 进行数据频度分析

14. 下列（　　）不可以对数据表进行排序。

A. 单击数据区中任一单元格，然后单击“排序和筛选”组中的“升序”或“降序”按钮

B. 选择要排序的数据区域，然后单击“排序和筛选”组中的“自定义排序”按钮

C. 选择要排序的数据区域，在“审阅”选项卡的“编辑”组中单击“排序”按钮

D. 选择要排序的数据区域，然后使用“数据”选项卡的“排序”按钮

15. 在 Excel 中，当在某个单元格中输入公式后出现“#REF”提示信息，则表示（　　）。

A. 公式被零除　　B. 没有可用的数值

C. 数字有问题　　D. 公式应用了无效的单元格

第6章 演示文稿制作软件 PowerPoint 2010

PowerPoint 2010 是 Microsoft 公司开发的办公自动化软件 Office 2010 的组件之一，用来设计、制作多媒体演示文稿。该版本最大的亮点是采用功能区和选项卡的形式直接在操作界面上展示各项功能，同时，增强了视频和图片的编辑功能，丰富了切换效果和动画。另外，还新增加了 SmartArt 图形版式功能。PowerPoint 2010 简单易学，功能丰富，广泛应用于教学培训、学术交流、会议报告、广告宣传等领域。

本章先介绍 PowerPoint 2010 的界面、功能区域，然后以案例的方式详细介绍演示文稿的基本操作方法、格式化操作、动画设计、超链接以及放映控制等内容。

6.1 PowerPoint 2010 概述

本节通过对 PowerPoint 2010 的常用术语、界面、视图模式的介绍，让读者了解和掌握 PowerPoint 2010 的新窗口界面，尤其是熟悉功能区。最后通过一个案例，让读者了解演示文稿的基本制作过程，掌握基本操作方法。

6.1.1 PowerPoint 2010 常用术语

1. 演示文稿

由 PowerPoint 创建的文档称为演示文稿，由幻灯片、演讲者备注和讲义等内容构成，其文件扩展名为“.pptx”。

2. 幻灯片

演示文稿中的每一张单页称为幻灯片。制作一个演示文稿的过程就是依次制作一张张幻灯片的过程。

3. 演讲者备注

演讲者备注是指在演示时，演示者所需要的文章内容、提示注解和备用信息等。在每一张幻灯片中都有一个备注区，用户可在此区域中输入备注内容供演讲时参考。

4. 讲义

讲义是幻灯片打印材料，可以把一张或多张幻灯片打印在一张纸上，幻灯片张数有 1、2、3、4、6、9 等选择。

5. 母版

母版是定义演示文稿中出现在每一张幻灯片上的显示元素，如文本占位符、字体、背景、标记等信息。幻灯片母版上的对象将出现在每张幻灯片的相同位置上，改变母版上的信息可统一改变演示文稿的外观。所以，通常使用母版来方便地设置幻灯片统一的风格。

6. **模板**

模板是指预先定义好格式、版式和配色方案的演示文稿。模板可以包含版式、主题颜色、主题字体、主题效果和背景样式，甚至可以包含内容等。PowerPoint 2010 提供了多种模板，用户也可自行创建、定义模板，还可以通过网站获取各种各样的免费模板。

7. **版式**

幻灯片版式是指幻灯片上标题、文本、内容等元素的排版布局形式。新建幻灯片时，可以从 PowerPoint 2010 提供的版式中选择一种，每种版式预定义了新建幻灯片中各种占位符的布局情况。

8. **占位符**

占位符是指创建新幻灯片时出现的虚线方框。它是版式中的“容器”，可容纳文本（包括标题、副标题、正文文本、项目符号列表等）、表格、图表、SmartArt 图形、图片、剪贴画和媒体剪辑（包括影片和声音）等内容。

6.1.2 PowerPoint 2010 界面

选择“开始”→“所有程序”→“Microsoft Office”→“Microsoft PowerPoint 2010”命令，打开 PowerPoint 2010 工作界面，如图 6-1 所示。

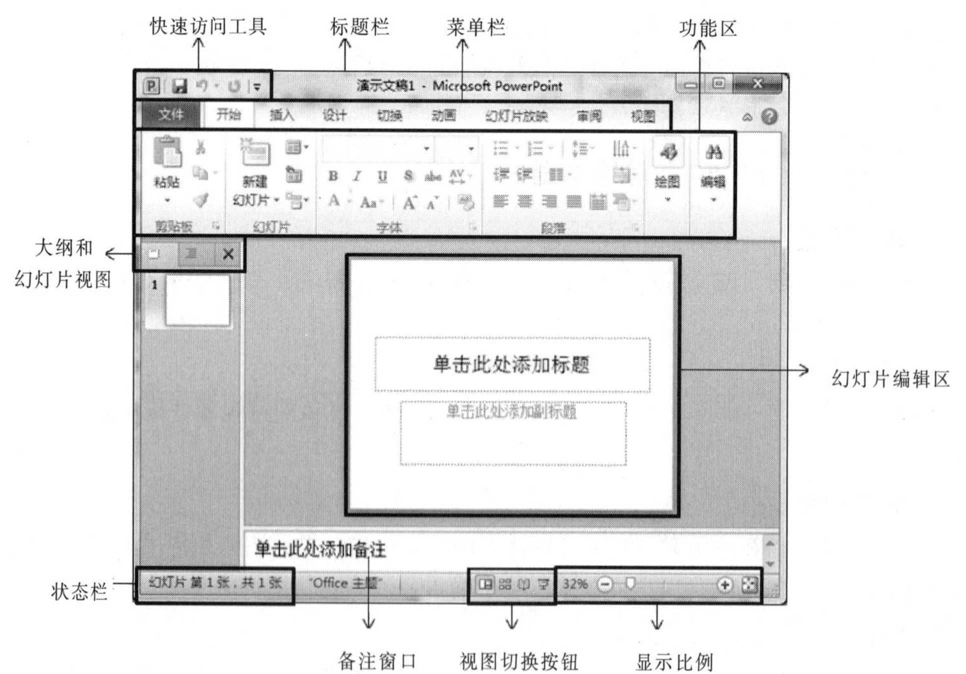

图 6-1　PowerPoint 2010 工作界面

PowerPoint 2010 界面主要由快速访问工具栏、标题栏、菜单栏、功能区、大纲和幻灯片视图窗口、幻灯片编辑区、状态栏、备注窗口等几个部分组成。

1. **快速访问工具栏**

快速访问工具栏是 PowerPoint 2010 常用的功能按钮，可通过其最右边的下拉菜单自定义快速访问工具栏的功能按钮。

2. **菜单栏和功能区**

菜单栏和功能区是融为一体的，菜单下面即是其功能区，列举了对应选项卡的功能按钮。

3. **大纲和幻灯片视图窗口**

大纲和幻灯片视图窗口提供幻灯片视图模式的选择，列举了当前演示文稿中的所有幻灯片，供用户查看、操作。

4. **幻灯片编辑区**

幻灯片编辑区用来制作、编辑当前幻灯片。

6.1.3　PowerPoint 2010 视图模式

PowerPoint 2010 提供了 6 种视图模式：普通视图、幻灯片浏览视图、阅读视图、幻灯片放映视图（包括演示者视图）、备注页视图和母版视图。在 PowerPoint 2010 工作界面下方的“视图切换按钮”上，可以方便地切换前面 4 种常用视图。

1. **普通视图**

普通视图是主要的编辑视图，在该视图模式下进行演示文稿的编辑和设计。普通视图有“幻灯片”和“大纲”两个选项卡，分别如图 6-2 和图 6-3 所示。

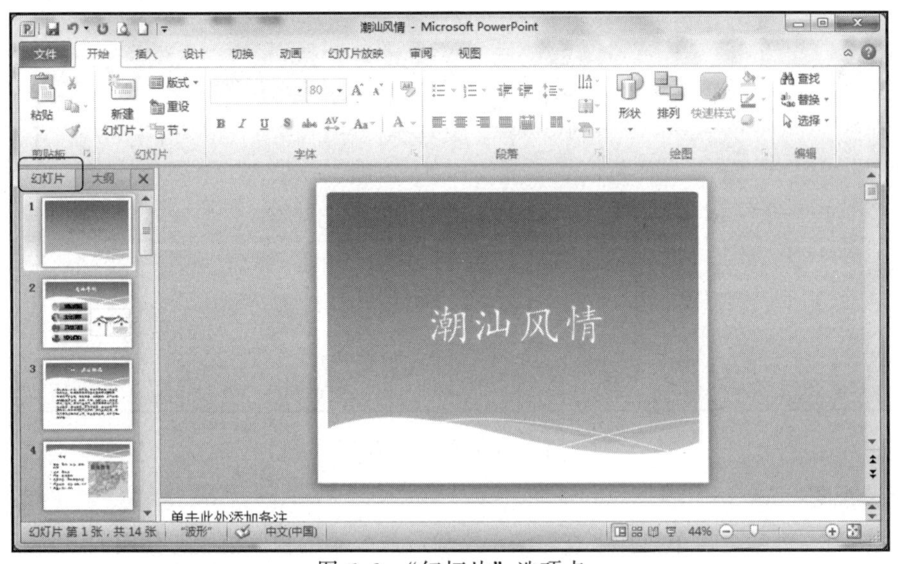

图 6-2　“幻灯片”选项卡

2. **幻灯片浏览视图**

幻灯片浏览视图是从整体上浏览演示文稿所有幻灯片的缩略图效果，如图 6-4 所示。该模式可以轻松地对演示文稿中的幻灯片顺序进行排列和组织，且可方便地进行幻灯片的复制、移动、删除等操作。不过此种视图不能编辑和修改幻灯片的内容，若要进行编辑修改，应切换到普通视图模式下。

图 6-3 “大纲”选项卡

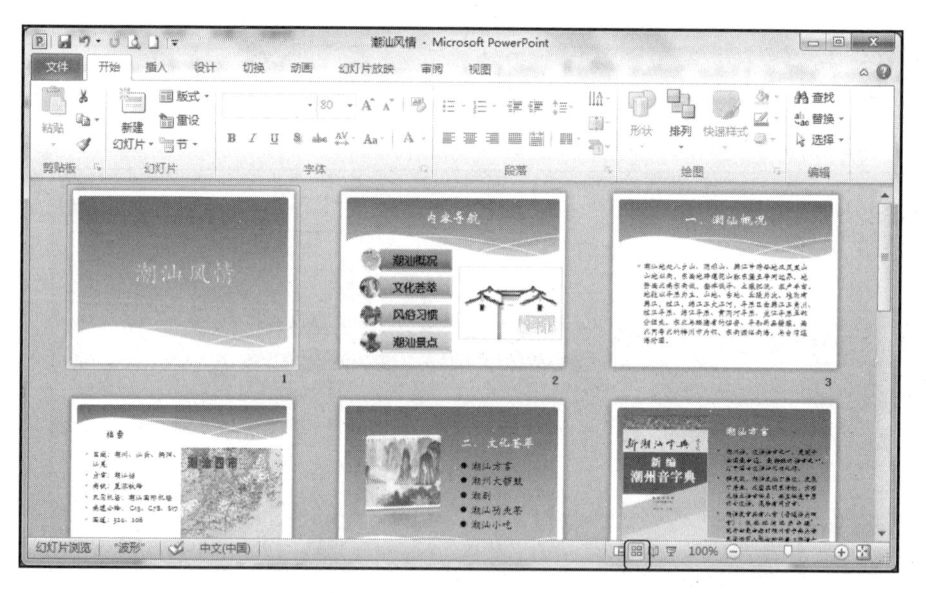

图 6-4 幻灯片浏览视图

3. 阅读视图

阅读视图是一种带着简单控件来查看演示文稿放映效果的视图模式，如图 6-5 所示。

4. 幻灯片放映视图

幻灯片放映视图用于演示文稿的放映，幻灯片占据整个计算机屏幕，如图 6-6 所示。放映是从当前幻灯片开始放映，单击或按【Space】键，即可切换到下一张幻灯片的放映；按【Esc】键可退出放映视图。

5. 演示者视图

演示者视图是在演示期间，借助两台监视器，运行其他程序并查看演示者备注，而这些观众是无法看到的。若要使用这种视图，必须确保计算机具有多监视器功能。勾选“使用演示者视图”复选框可打开演示者视图，如图 6-7 所示。

图 6-5　阅读视图

图 6-6　幻灯片放映视图

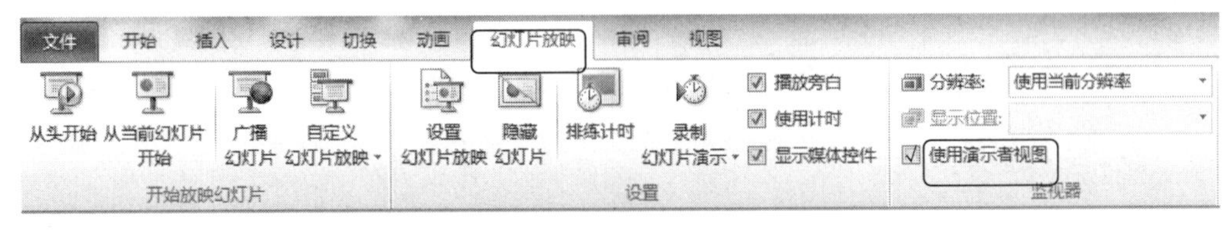

图 6-7　勾选“演示者视图”复选框

6.2　创建 PowerPoint 2010 演示文稿

6.2.1　“文件”菜单

选择“文件”菜单，可新建、打开、保存文件，打印演示文稿等，如图 6-8 所示。

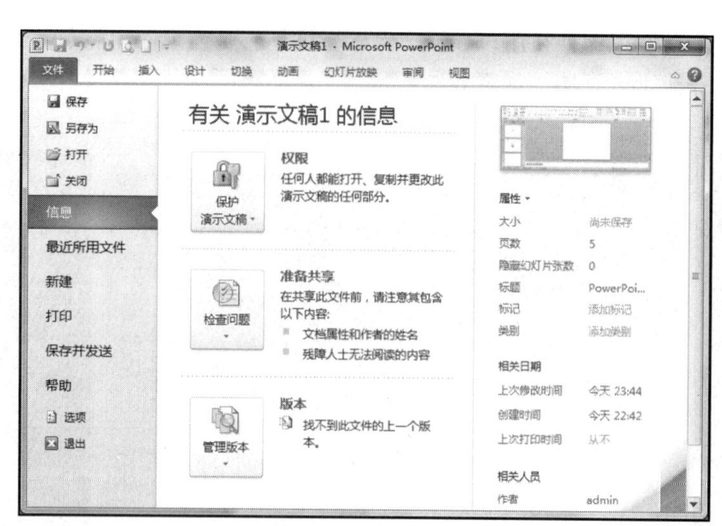

图 6-8 “文件”菜单

6.2.2 “开始”选项卡

“开始”选项卡如图 6-9 所示。

①“剪贴板”组：提供粘贴、剪切、复制、格式刷等工具按钮。

②“幻灯片”组：提供新建幻灯片、设置幻灯片版式、“节”操作等工具按钮。

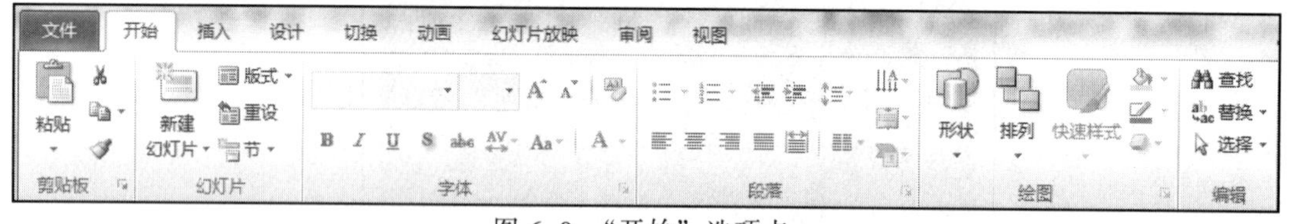

图 6-9 “开始”选项卡

③“字体”组：提供字体、字号、字形、字体颜色、字符间距等字体样式工具按钮。

④“段落”组：提供项目符号、编号、行距、文字方向、对齐方式、分栏等段落样式工具按钮。

⑤“绘图”组：提供绘制图形形状、排列方式、形状填充、形状轮廓、形状效果、图形快速样式等工具按钮。

⑥“编辑”组：提供查找、替换、选择等工具按钮。

6.2.3 “设计”选项卡

“设计”选项卡如图 6-10 所示。

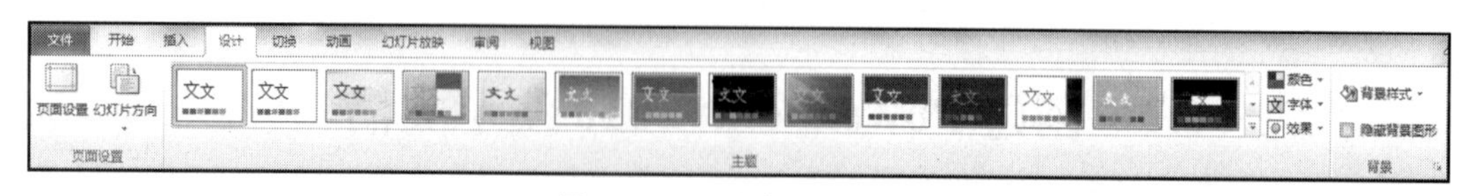

图 6-10 “设计”选项卡

①“页面设置”组：提供页面设置和幻灯片方向工具按钮。单击“页面设置”按钮，弹出“页面设置”对话框，如图 6-11 所示，可设置幻灯片的大小、宽高度、方向等。

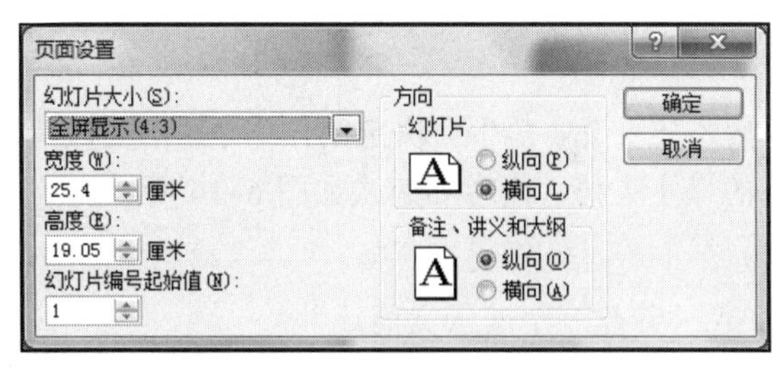

图 6-11　“页面设置”对话框

②“主题”组：提供 PowerPoint 2010 内置主题。将鼠标指针移到某个主题上方，下方会显示该主题的名字，演示文稿会显示该主题的效果。单击某个主题，可应用于演示文稿，也可浏览本机主题，还可保存当前主题，如图 6-12 所示。另外，“颜色”选项提供主题的配色方案，“字体”选项提供字体配置方案，“效果”选项提供主题效果配置方案。

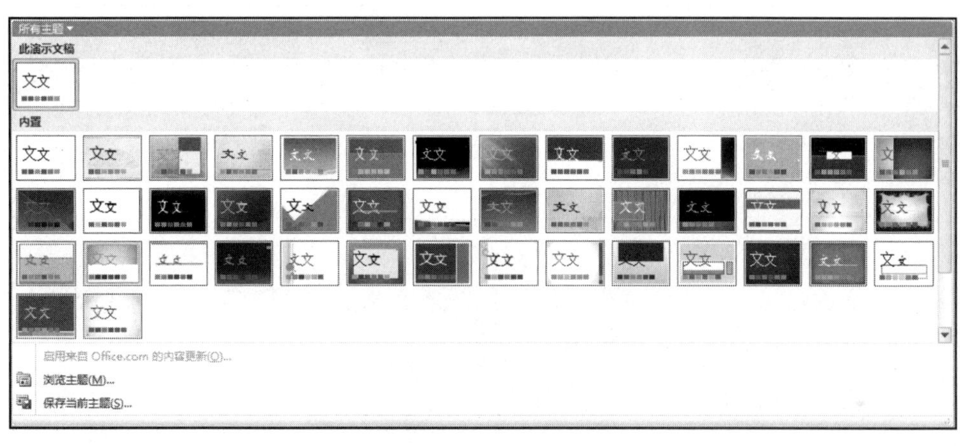

图 6-12　所有主题

③“背景”组：提供背景样式设置。单击“背景样式”按钮，打开“背景样式”下拉列表，单击“设置背景格式”按钮，单击“设置背景格式”对话框，可设置背景填充、图片、艺术效果等，如图 6-13 所示。

图 6-13　“设置背景格式”对话框

6.2.4 实例：创建演示文稿

视频 6-1 创建演示文稿

为了让学生更好地了解本土文化，学生会决定制作一个“潮汕风情”演示文稿，向同学们介绍粤东的风土人情。内容和版式如图 6-14 所示。

1. **操作要求**

① 启动 PowerPoint 2010，新建一个演示文稿。

② 选择幻灯片主题。

③ 新建幻灯片，选择幻灯片版式。

④ 幻灯片上的文字编辑和排版。

⑤ 设置文字超链接。

⑥ 保存演示文稿。

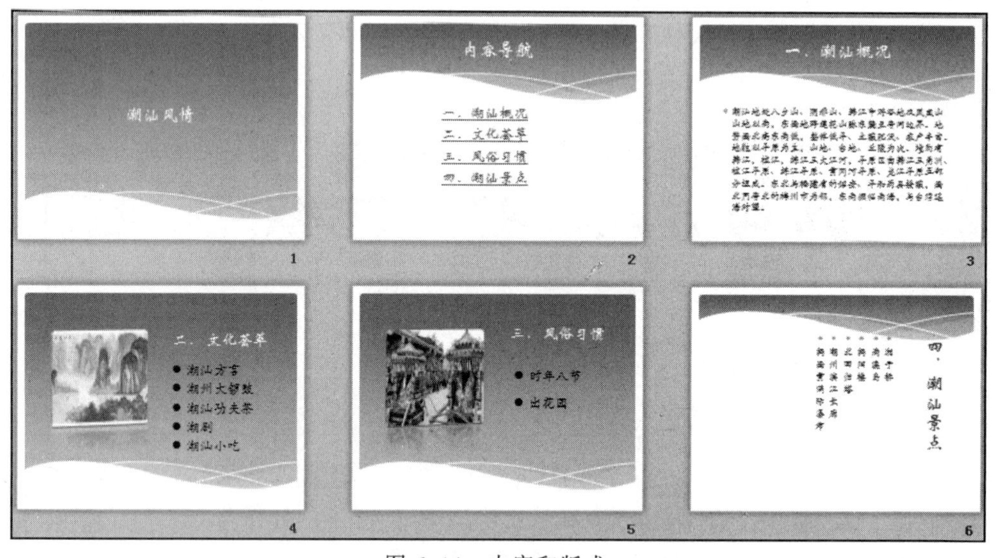

图 6-14 内容和版式

2. **操作步骤**

1）新建演示文稿

双击桌面上的 PowerPoint 2010 快捷图标，或选择“开始”→“所有程序”→“Microsoft Office”→“Microsoft PowerPoint 2010”命令，启动 PowerPoint 2010。

2）选择主题

在“设计”选项卡的“主题”下拉列表中选择“波形”选项，如图 6-15 所示。

3）编辑幻灯片

（1）编辑第 1 张幻灯片

在“单击此处添加标题”文本框中单击，输入“潮汕风情”。

（2）新建幻灯片，选择幻灯片版式

单击“开始”选项卡“幻灯片”组中的“新建幻灯片”按钮，新建一张幻灯片。如果在“标题幻灯片”后面新建，则默认版式为“标题和内容”；否则，则按前一张幻灯片的版式进行新建。如果单击“新建幻灯片”下拉按钮，则会弹出幻灯片版式列表供选择，如图 6-16（a）所示。一旦选择某种版式，则新建一张该版式的幻灯片。若要更改幻灯片版式，则先在“幻灯片”窗口列表中选中该幻灯片，然后单击“开始”选项卡“幻灯片”组中的“版式”下拉按钮，在弹出的版式列表中选择想要的版式，如图 6-16（b）所示。

图 6-15　选择“波形”主题

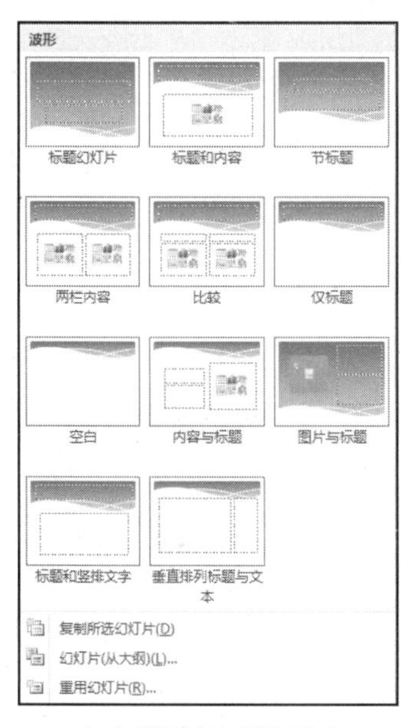

（a）“新建幻灯片”列表

（b）“版式”列表

图 6-16　选择幻灯片版式

根据需要，新建 5 张幻灯片，其中，第 2、3 张幻灯片的版式为“标题和内容”，第 4、5 张幻灯片的版式为“图片与标题”，第 6 张幻灯片的版式为“垂直排列标题与文本”。

（3）编辑其余幻灯片

① 在第 2 张幻灯片上单击“单击此处添加标题”文本框，输入“内容导航”；单击“单击此处添加文本”文本框，输入以下文字：

一、潮汕概况

二、文化荟萃

三、风俗习惯

四、潮汕景点

将鼠标指针移到“文本”文本框的虚线边框处，指针变成 形状时单击，选中该文本框，设置字体为“华文新魏”，字号为“36”。在文本框虚线边框处拖动，调整文字在幻灯片中合适的位置。

② 按照以上操作方法，完成第 3、第 6 张幻灯片的文字编辑和排版。

③ 在第 4 张幻灯片的“标题”文本框和“文本”文本框中输入相应的内容，并设置好字体效果，调整好文本框位置和大小。

④ 在第 4 张幻灯片上单击“单击图标添加图片”按钮，弹出“插入图片”对话框，在对话框中选择要插入的图片文件，然后单击“插入”按钮，如图 6-17 所示。

图 6-17 “插入图片”对话框

⑤ 按照以上操作方法，完成第 5 张幻灯片的标题、文本和图片的编辑和插入。

4）设置超链接

① 在第 2 张幻灯片“内容导航”上，选择文字“潮汕概况”，右击，在弹出的快捷菜单中选择“超链接”命令，如图 6-18 所示，弹出“插入超链接”对话框。

② 在“插入超链接”对话框中，左侧“链接到”选择“本文档中的位置”按钮，然后在中间“请选择文档中的位置”列表框中选择“潮汕概况”，如图 6-19 所示，最后单击“确定”按钮。

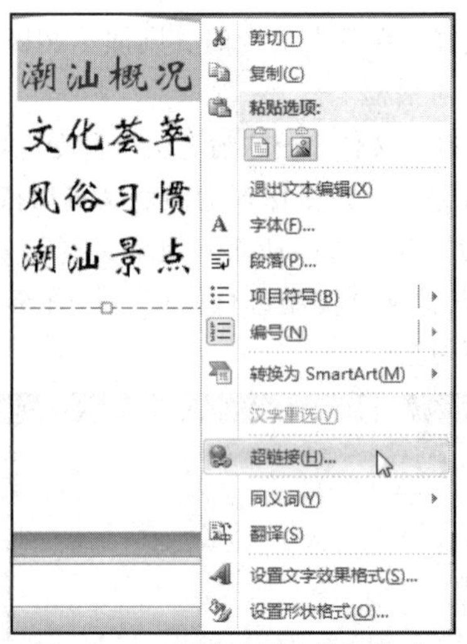

图 6-18　选择“超链接”命令

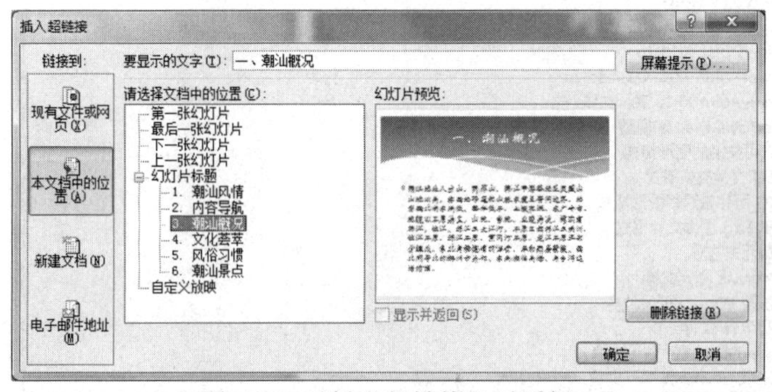

图 6-19　“插入超链接”对话框

③ 按照以上操作方法，完成其他文字的超链接设置。

5）保存演示文稿

选择“文件”→“保存”命令，弹出“另存为”对话框，选择演示文稿保存的路径和文件名，最后单击“保存”按钮，如图 6-20 所示。

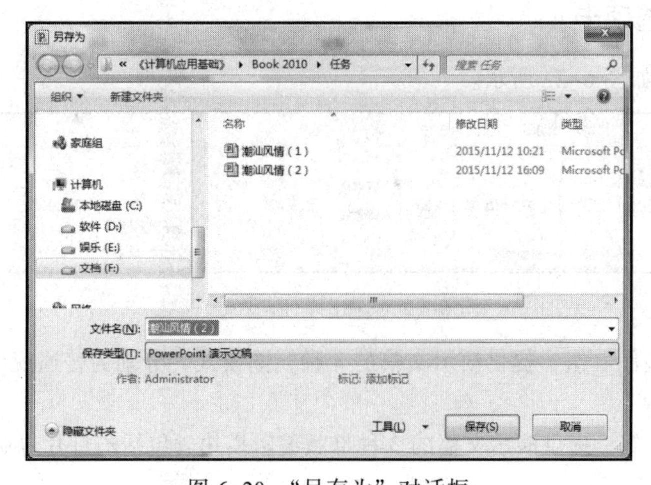

图 6-20　“另存为”对话框

若演示文稿已经保存过，选择“保存”命令时，则演示文稿自动按照原来的路径和文件名进行保存，不再弹出“另存为”对话框。

若演示文稿已经保存过，选择“文件”→“另存为”命令，可再次弹出“另存为”对话框，重新设置路径和更改文件名进行保存，原来保存的演示文稿保持不变。

演示文稿默认的“保存类型”为“PowerPoint 演示文稿”，文件扩展名为“*.pptx”。可在“保存类型”下拉列表框中选择其他文件类型进行保存，如图 6-21 所示。

读者必须养成随时保存的好习惯。

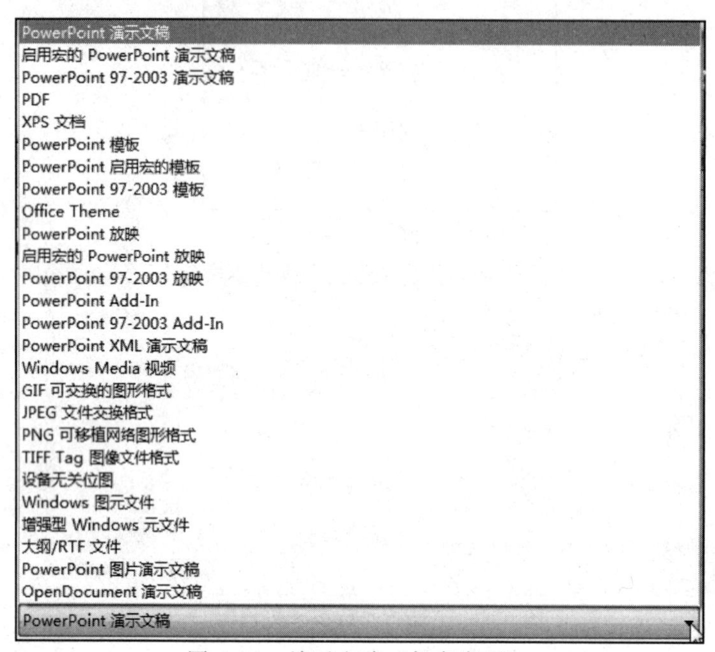

图 6-21　演示文稿“保存类型”

6.3　幻灯片的美化

6.3.1 “视图”选项卡

“视图”选项卡如图 6-22 所示。

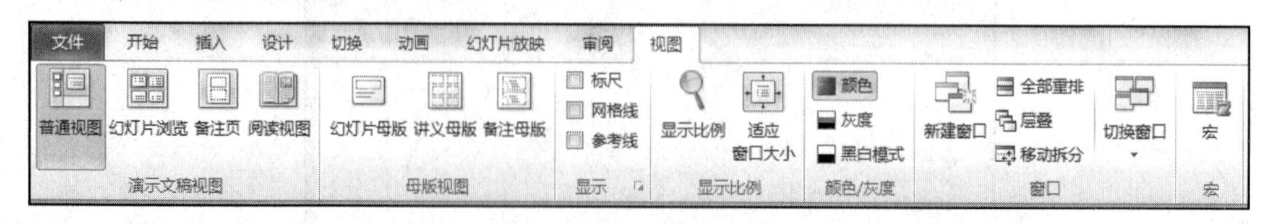

图 6-22　“视图”选项卡

①“演示文稿视图”组：提供演示文稿的 4 种视图模式，分别为普通视图、幻灯片浏览、备注页和阅读视图。

②“母版视图”组：提供演示文稿的 3 种母版编辑模块，包括幻灯片母版、讲义母版和备注母版。

③“显示”组：设置是否显示标尺、网格线、参考线，设置显示比例，设置色彩模式等。其中，单击“显示”右下角的按钮，可弹出“网格线和参考线”对话框，可进行更详细的设置，如图 6-23 所示。

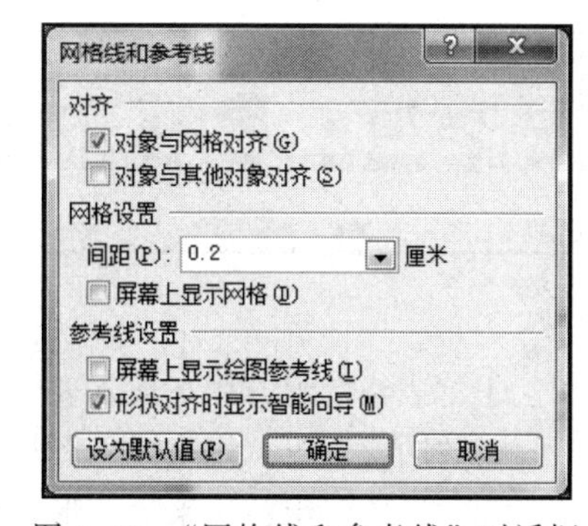

图 6-23　“网格线和参考线”对话框

④“窗口”组：提供演示文稿工作窗口的新建、排列形式、切换等功能。

1. **幻灯片母版**

单击“母版视图”组中的“幻灯片母版”按钮，出现“幻灯片母版”选项卡，如图 6-24 所示。在该选项卡中，可以编辑母版、设置母版版式、编辑主题、设置背景等。

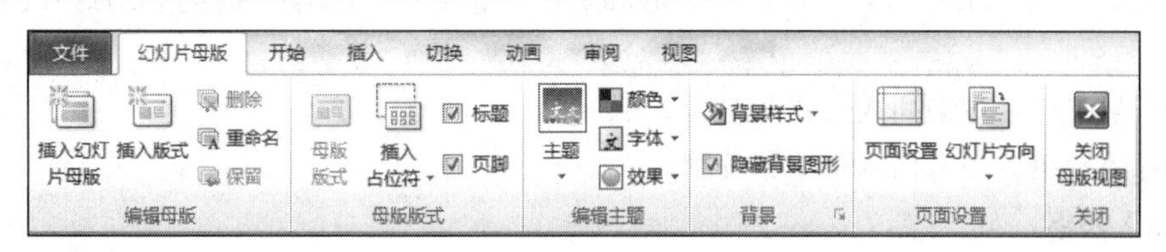

图 6-24　“幻灯片母版”选项卡

2. **讲义母版**

单击“母版视图”组中的“讲义母版”按钮，出现“讲义母版”选项卡，如图 6-25 所示。在该选项卡中，可以进行页面设置、选择占位符、编辑主题、设置背景等。

图 6-25　“讲义母版”选项卡

3. **备注母版**

单击“母版视图”组中的“备注母版”按钮，出现“备注母版”选项卡，如图 6-26 所示。在该选项卡中，可以进行页面设置、选择占位符、编辑主题、设置背景等。

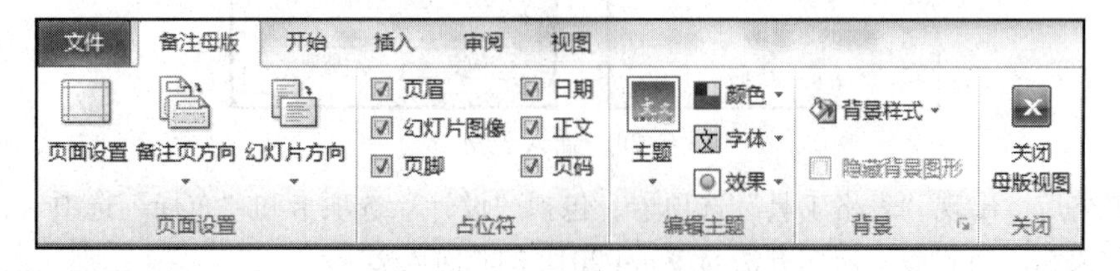

图 6-26　“备注母版”选项卡

6.3.2 “插入”选项卡

“插入”选项卡如图 6-27 所示。PowerPoint 2010 丰富的对象插入与编辑操作，均在此选项卡中。

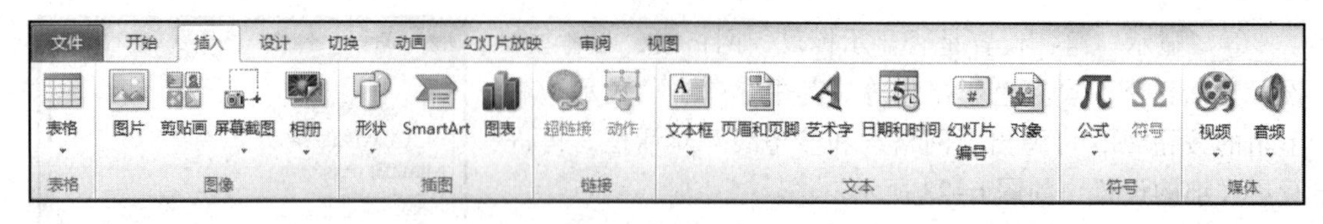

图 6-27 “插入”选项卡

①“表格”组：用来插入表格。

②“图像”组：用来插入图片、剪贴画、屏幕截图和相册。

③“插图”组：用来插入形状、SmartArt 和图表。

④“链接”组：用来插入超链接。

⑤“文本”组：用来插入文本框、页眉和页脚、艺术字、日期和时间、幻灯片编号和对象等。

⑥“符号”组：用来插入公式和符号。

⑦“媒体”组：用来插入视频和音频。

1. 插入表格

（1）插入普通表格

单击“插入”选项卡“表格”组中的“表格”下拉按钮，打开其下拉列表，如图 6-28 左图所示。拖动鼠标到某一方格上，即可在当前幻灯片中创建相应规格的表格。也可直接单击“插入表格”按钮，在“插入表格”对话框中设置表格的列数和行数，如图 6-28 右图所示。

若单击“绘制表格”按钮，则鼠标指针变成 ✎ 形状，拖动可以绘制一个表格。

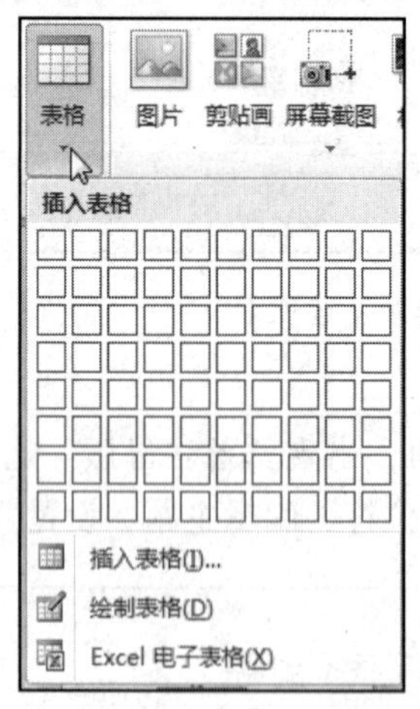

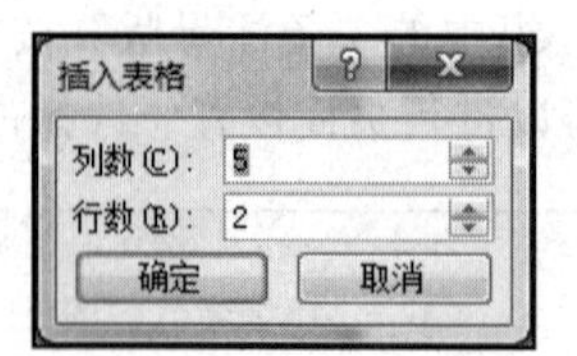

图 6-28 插入表格

插入表格后，出现“表格工具”选项卡，包括“设计”选项卡和“布局”选项卡，可进一步对插入的表格进行设置。操作方法与 Word 2010 的“插入表格”相同。

（2）插入 Excel 电子表格

单击“表格”下拉列表中的“Excel 电子表格”按钮，则在当前幻灯片嵌入一个空白的 Excel 电子表格，如图 6-29 所

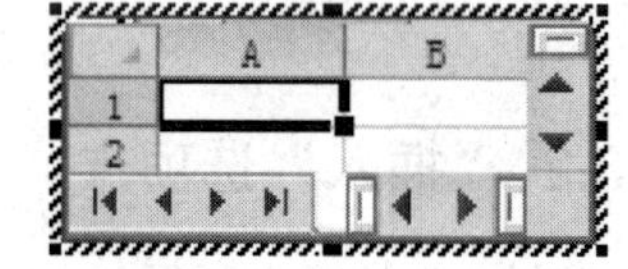

图 6-29 插入“Excel 电子表格”

示。将鼠标指针移到 Excel 表格编辑点上拖动，可以进行表格放大或缩小。操作方法与 Word 2010 的“插入 Excel 电子表格”相同。

2. 插入图像

(1) 插入图片、剪贴画和屏幕截图

单击“图像”组中的“图片”按钮，可在当前幻灯片中插入一张图片。

单击“图像”组中的“剪贴画”按钮，打开“剪贴画”任务窗格，搜索媒体库中的素材，在素材列表中单击某个素材，可以在当前幻灯片中插入该剪贴画。

单击“图像”组中的“屏幕截图”按钮，在“可用视窗”列表中选择一个当前打开窗口的缩略图，可插入该窗口屏幕。若单击“屏幕剪辑”按钮，则可对“可用视窗”中的第一个窗口屏幕进行屏幕区域截图。

无论是“图片”“剪贴画”，还是“屏幕截图”插入的图片，选择图片，均会出现“图片工具”的“格式”选项卡，如图 6-30 所示，可以对插入的图片进行格式设置。

图 6-30 “格式”选项卡

以上操作方法均与 Word 2010 对应的操作类似。

(2) 插入相册

插入相册是 PowerPoint 2010 新增的功能。单击“图像”组“相册”下拉列表中的“新建相册”按钮，弹出“相册”对话框，插入图片和文本，“相册中的图片”列表中就会显示所选对象，可以改变各对象之间的顺序，也可以删除某个对象。还可以设置“图片选项”和“相册版式”等操作，如图 6-31 所示。操作完毕后单击“创建”按钮，则新建一个相册演示文稿。

在相册演示文稿中，可单击“相册”下拉列表中的“编辑相册”按钮，再次弹出“相册”对话框，对相册进行编辑修改。

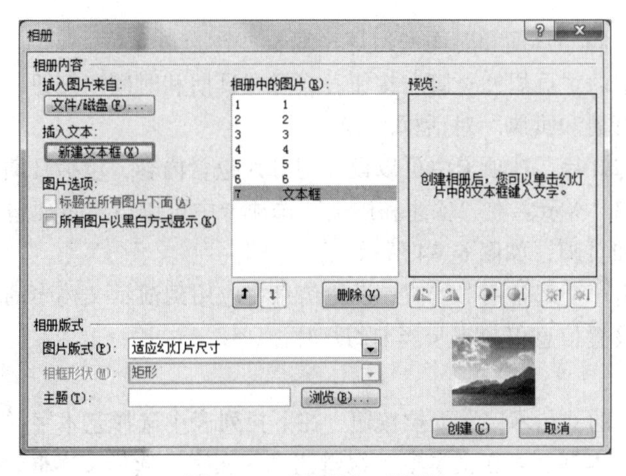

图 6-31 “相册”对话框

3. 插入插图

单击“插图”组中的“形状”下拉按钮，可以插入自选图形。

选择“插图”组中的“SmartArt”按钮，可以插入图像列表、流程图、组织结构图等更为复杂的图形。

单击“插图”组中的“图表”按钮，可插入用于演示和比较数据的图表，包括条形图、饼图、折线图、面积图和曲面图等。

以上 3 种插图的插入和编辑操作方法均与 Word 2010 对应的操作类似。

4. 插入链接

（1）插入超链接

选择要插入超链接的文本或对象，然后单击“链接”组中的“超链接”按钮，弹出“插入超链接”对话框，进行超链接设置。操作方法与 Word 2010 对应的操作类似。

（2）插入动作

选择要插入超链接的文本或对象，然后选择“链接”组中的“动作”按钮，弹出“动作设置”对话框，如图 6-32 所示。

在此对话框中，可以设置选定对象“单击鼠标”时的动作和“鼠标移过”时的动作，还有播放声音和突出显示可供选择设置。

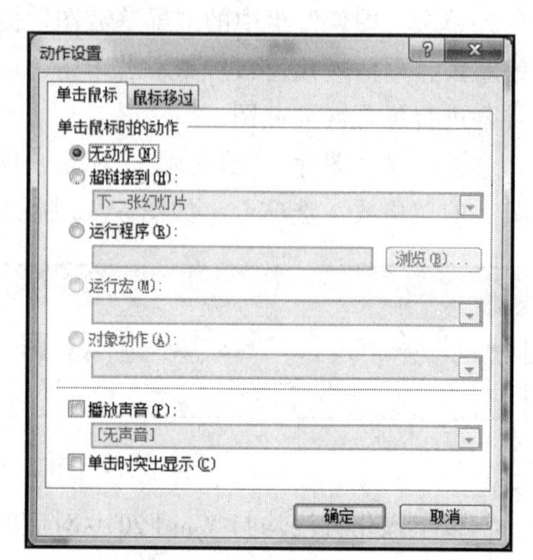

图 6-32 “动作设置”对话框

5. 插入文本

（1）插入文本框

单击“文本”组中的“文本框”下拉按钮，可以选择插入横排或垂直文本框，然后在幻灯片上单击，即可在单击位置插入一个相应的文本框，用于文字输入。

对于文本框的设置，操作方法与 Word 2010 文本框的设置类似，也是在“格式”选项卡中进行设置。

（2）插入页眉和页脚、日期和时间和幻灯片编号

单击“文本”组中的“页眉和页脚”按钮，或者“日期和时间”按钮，又或者“幻灯片编号”按钮，均弹出“页眉和页脚”对话框。

在该对话框的“幻灯片”选项卡中可以设置幻灯片包含内容，包括日期和时间、幻灯片编号、页脚等，如图 6-33 所示。在“备注和讲义”选项卡中可以设置页面包含的内容，如日期和时间、页眉、页码和页脚，如图 6-34 所示。

设置完毕后，单击“全部备用”按钮，设置信息将应用到演示文稿中的所有幻灯片上。若单击“应用”按钮，设置信息仅应用于当前幻灯片。

（3）插入艺术字

单击“文本”组中的“艺术字”下拉按钮，在下拉列表中选择艺术字样式，即可在当前幻灯片中插入一艺术字文本框，可在文本框中编辑艺术字文字。选择文本框，会出现“格式”选项卡，可以对艺术字样式进行设置。操作方法与 Word 2010 的“插入艺术字”类似。

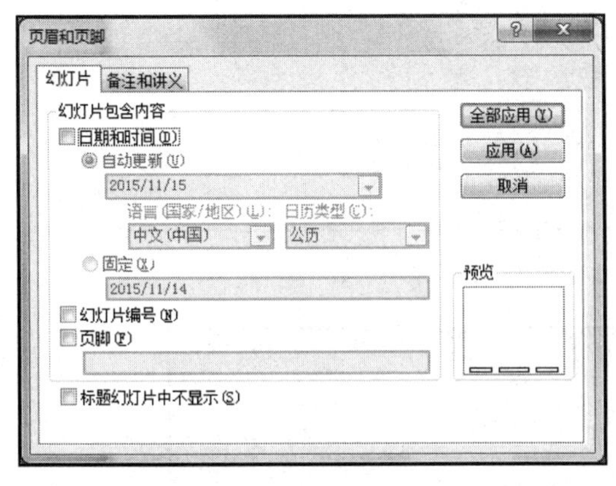

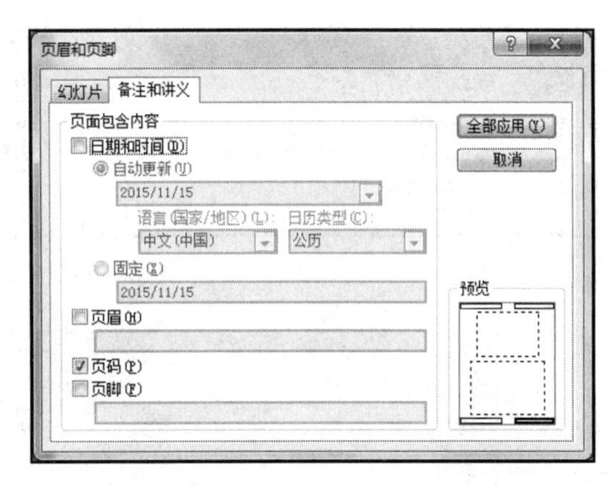

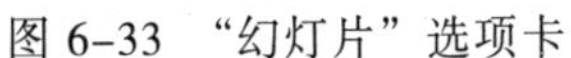

图 6-33 “幻灯片”选项卡　　　　图 6-34 “备注和讲义”选项卡

6. 插入符号

PowerPoint 2010 插入的符号有“公式”和“符号”，操作方法与 Word 2010 对应的操作类似，只是“符号”只能在文本框中进行插入。

7. 插入媒体

（1）插入视频

单击“媒体”组中的“视频”下拉按钮，在下拉列表中选择视频来源，有“文件中的视频”、“来自网站的视频”和“剪贴画视频”3 种来源选择。

以“文件中的视频”为例，选择后，弹出“插入视频文件”对话框，如图 6-35 所示。选择磁盘中准备好的视频文件之后，单击“插入”按钮，即可在当前幻灯片中插入该视频。

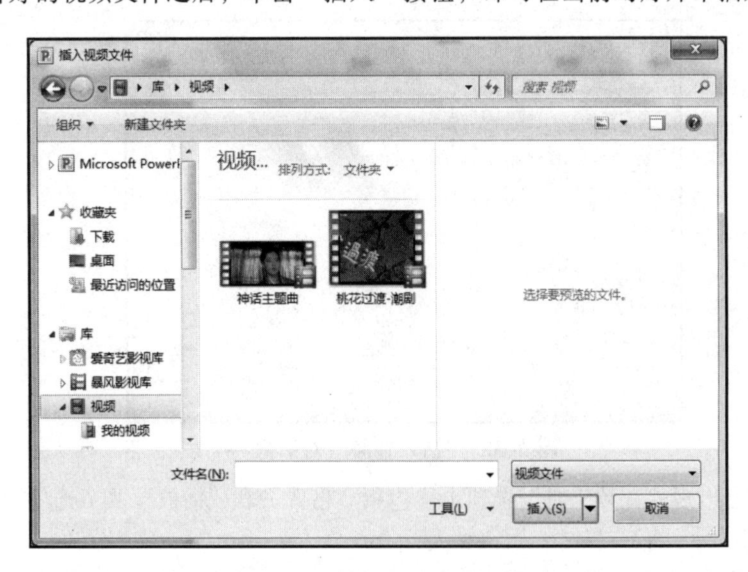

图 6-35 “插入视频文件”对话框

选择视频，会出现“视频工具”选项卡，包括“格式”和“播放”两个选项卡，如图 6-36 和图 6-37 所示。

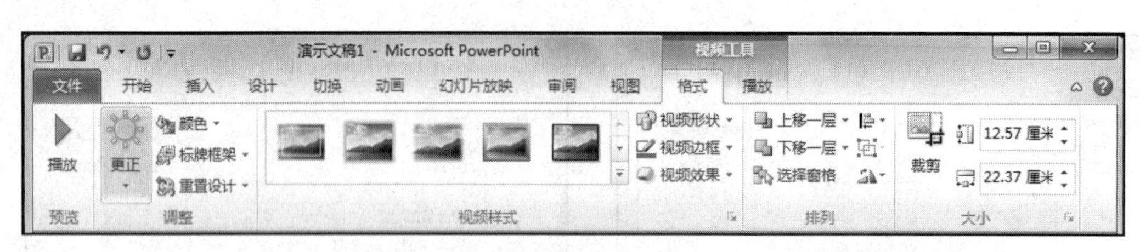

图 6-36 “格式”选项卡

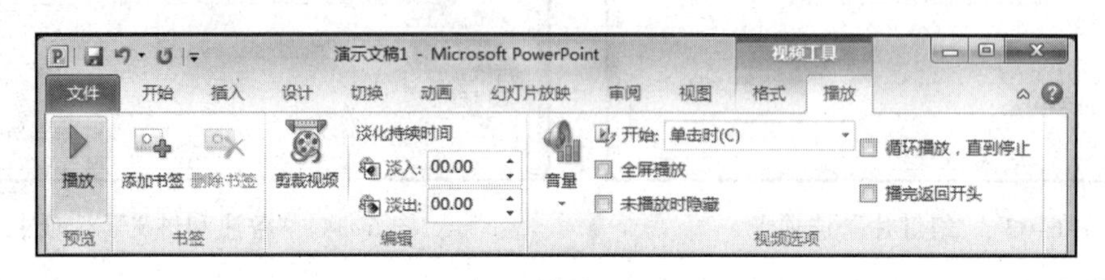

图 6-37 “播放”选项卡

① 视频工具的“格式”选项卡：用来预览，调整视频亮度、颜色、框架，设置视频样式、排列、大小等。

② 视频工具的“播放”选项卡：用来预览、编辑视频和设置视频选项等。

（2）插入音频

单击“媒体”组中的“音频”下拉按钮，在下拉列表中选择视频来源，有“文件中的音频”、“剪贴画音频”和“录制音频”3 种来源选择。

以“文件中的音频”为例，选择后，弹出“插入音频”对话框，如图 6-38 所示。选择磁盘中准备好的音频文件之后，单击“插入”按钮，即可在当前幻灯片中插入该音频。

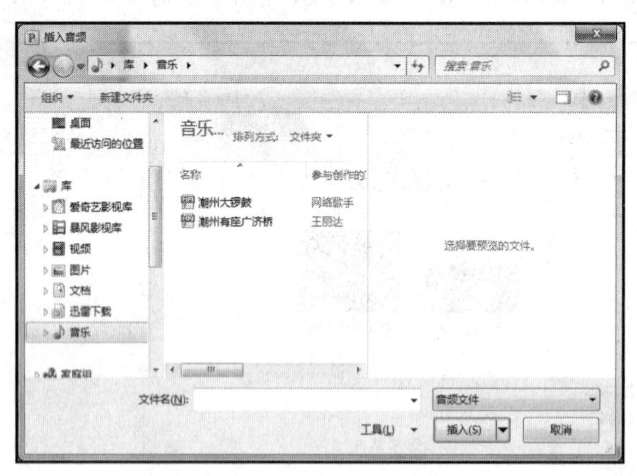

图 6-38 “插入音频”对话框

选择音频，会出现“音频工具”选项卡，包括“格式”和“播放”两个选项卡，如图 6-39 和图 6-40 所示。

图 6-39 “格式”选项卡

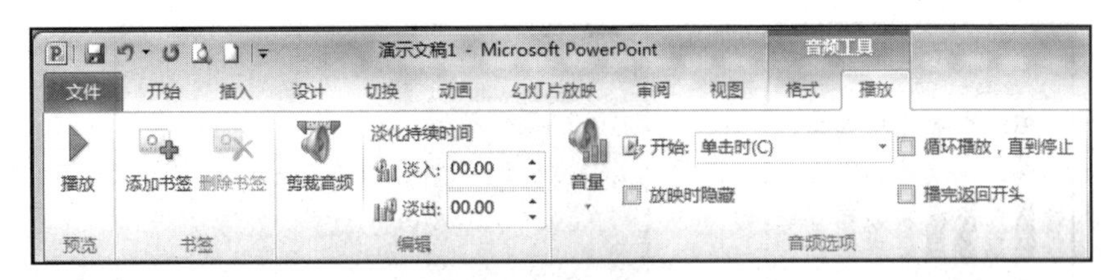

图 6-40　“播放”选项卡

① 音频工具的“格式”选项卡：用来调整音频图标的显示效果，设置图片样式、排列、大小等。

② 音频工具的“播放”选项卡：用来预览、编辑音频和设置音频选项等。

视频工具和音频工具的操作有些类似。

6.3.3　实例：美化、完善演示文稿

1. 操作要求

① 编辑幻灯片母版，设置封面版式。

② 用 SmartArt 图形设计导航版式。

③ 标题文字设置为艺术字。

④ 添加背景音乐“潮州音乐”。

⑤ 增加潮汕档案资料。

⑥ 分别增加导航内容各部分的图文介绍。

⑦ 添加“潮剧”视频。

⑧ 用表格排版以介绍“时年八节”。

视频 6-2.1　美化、完善演示文稿 1

2. 操作步骤

1）编辑幻灯片母版

（1）设置标题幻灯片版式

① 单击“视图”选项卡中的“幻灯片母版”按钮，切换到“幻灯片母版”视图。在工作区左侧幻灯片版式列表中，选择“标题幻灯片 版式”，如图 6-41 所示。

② 在幻灯片工作区上，删除标题和副标题样式文本框，删除背景图形，使用空白页面。

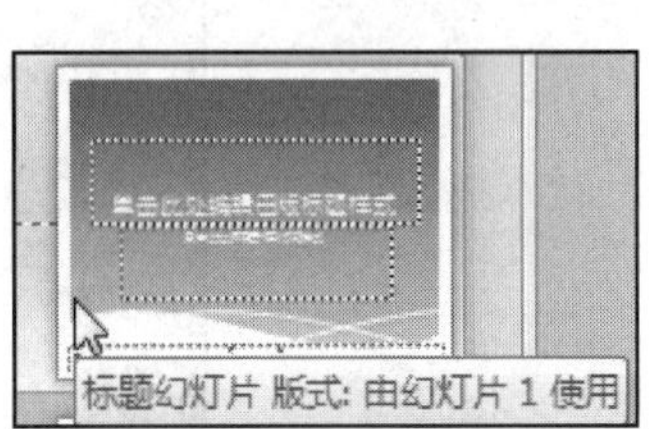

图 6-41　标题幻灯片版式

③ 单击“插入”选项卡“插图”组“形状”下拉列表中的“矩形”按钮，在幻灯片上从左上角到右侧距上方 1/3 处画出一个矩形框。同样的方法再在此矩形框下方画一个矩形框。

④ 单击一个矩形框，激活“格式”选项卡。单击“形状样式”组“形状填充”下拉按钮，设置主题颜色为“蓝色”，渐变为“线性向下”。单击“形状轮廓”下拉列表中的“无轮廓”按钮。再单击“排列”组“下移一层”下拉列表中的“置于底层”按钮。以上操作过程如图 6-42 所示。

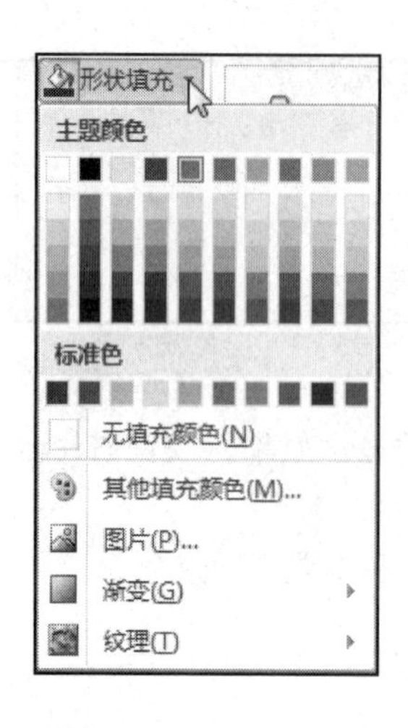

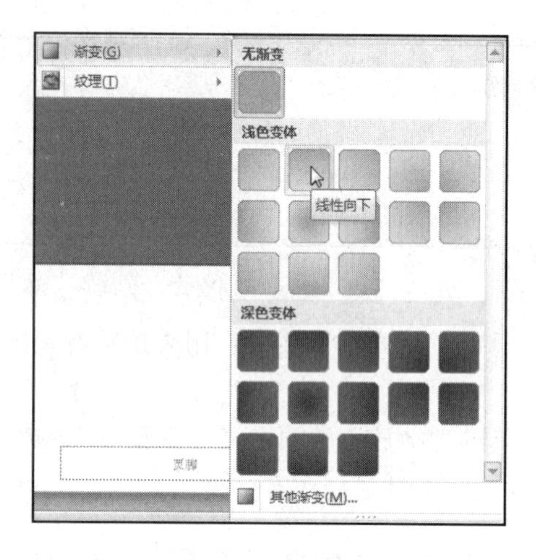

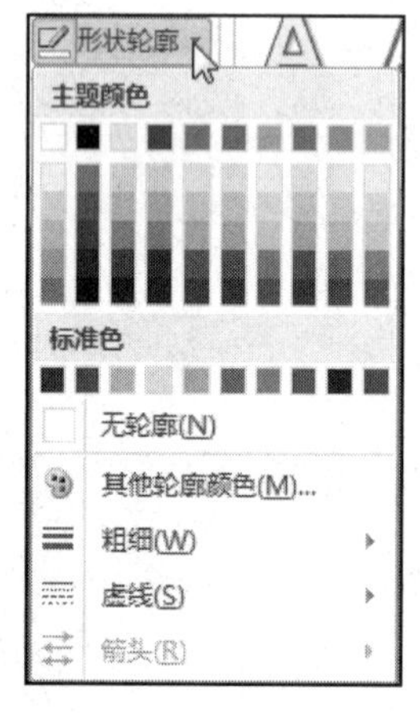

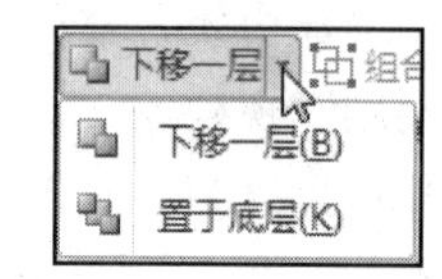

图 6-42　设置“形状”图形格式

⑤ 单击“插入”选项卡“图像”组中的“图片”按钮，弹出“插入图片”对话框，选择素材文件夹中的“封面 1”图片，单击“插入”按钮，如图 6-43 所示。调整图片位置和大小，使其位于第一个矩形形状中。

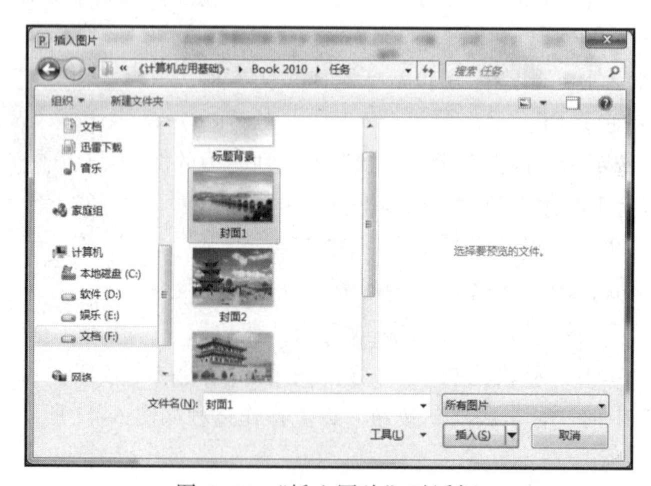

图 6-43　“插入图片”对话框

⑥ 按照以上操作方法，使用插入图片功能，分别插入“封面 2”、“封面 3”和“封面 4”，并调整图片位置和大小。插入后的效果如图 6-44 所示。

图 6-44　插入图片后的效果

⑦ 单击“幻灯片母版”选项卡“编辑母版”组中的“重命名”按钮，将该幻灯片版式名称重命名为“封面”。

（2）应用幻灯片母版版式

选择第 1 张幻灯片，单击“开始”选项卡“幻灯片”组“版式”下拉列表中的“封面”版式。选择标题文本框，在“开始”选项卡中设置字号 66；在“格式”选项卡“艺术字样式”组的列表中，选择“应用于形状中的所有文字”中的第 2 行第 3 列。调整文本框到幻灯片下方 1/3 空白处居中位置。设置之后的首页幻灯片效果如图 6-45 所示。

图 6-45　首页幻灯片效果图

视频 6-2.2　美化、完善演示文稿 2

2）用 SmartArt 图形设计“导航”版式

① 选择第 2 张幻灯片，删除原来幻灯片中的文本框。单击“插入”选项卡“插图”组中的“SmartArt”按钮，弹出“选择 SmartArt 图形”对话框，选择“列表”类别中的“垂直图片重点列表”图形，如图 6-46 所示。单击“确定”按钮，在幻灯片中插入该 SmartArt 图形，如图 6-47 所示。此时，“SmartArt

工具”选项卡被激活，分别有“设计”选项卡和“格式”选项卡，如图 6-48 所示。

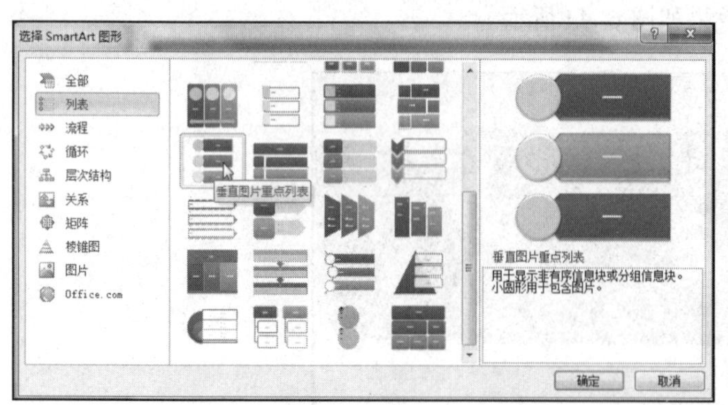

图 6-46 “选择 SmartArt 图形”对话框

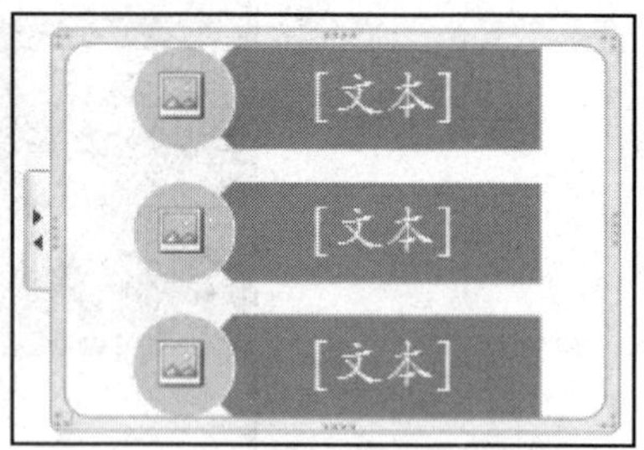

图 6-47 插入“垂直图片重点列表”图形

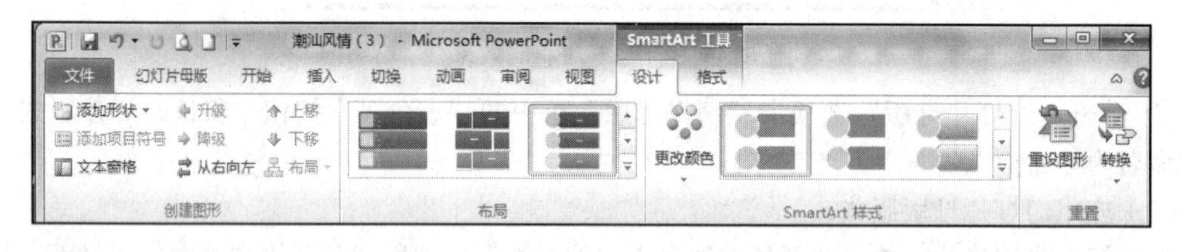

图 6-48 “设计”选项卡和“格式”选项卡

② 选择该图形，单击“设计”选项卡“创建图形”组“添加形状”下拉列表中的“在后面添加形状”按钮，添加一个形状。

③ 在各个文本框中输入相应的导航内容，或者单击“设计”选项卡“创建图形”→“文本窗格”按钮，打开“在此处键入文字”窗格，在该窗格中输入文本内容，如图 6-49 所示。

④ 单击“潮汕概况”文本框左侧的圆圈，或者在“在此处键入文字”窗格中单击“潮汕概况”文本左侧的方框，弹出“插入图片”对话框。选择素材文件夹中的“概况”图片，单击“插入”按钮。按照此方法，对其余 3 个文本框进行插入图片。

图 6-49 “在此处键入文字”窗格

⑤ 为图形设置“SmartArt 样式”——“优雅”。

⑥ 更改图形颜色：单击“SmartArt 样式”组中的“更改颜色”下拉按钮，在下拉列表中选择“彩色”，如图 6-50 所示。

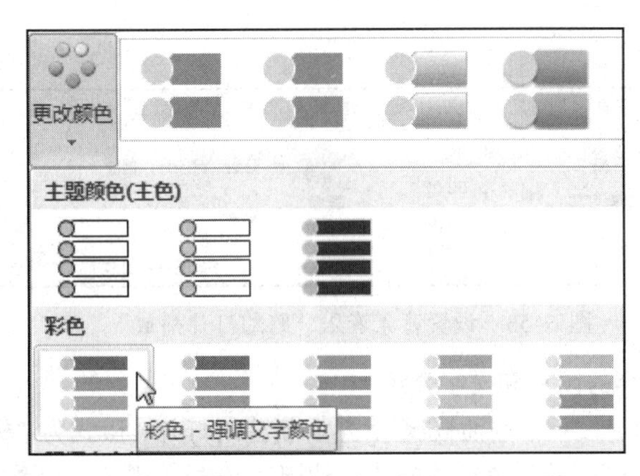

图 6-50　设置图形“彩色”颜色

⑦ 单击“格式”选项卡“艺术字样式”组“文本效果”下拉列表中的“映像”→“紧密映像，接触”按钮，如图 6-51 所示。

⑧ 在“开始”选项卡中，设置图形中的文本字体为“幼圆”，字形为“加粗”，字体颜色为“黑色”。调整图形大小和位置。

⑨ 单击“插入”选项卡“图像”组中的“图片”按钮，在弹出的“插入图片”对话框中选择一张图片插入到该幻灯片中，用来平衡版面。

⑩ 为 4 个文本框分别设置超链接，设计后的效果如图 6-52 所示。

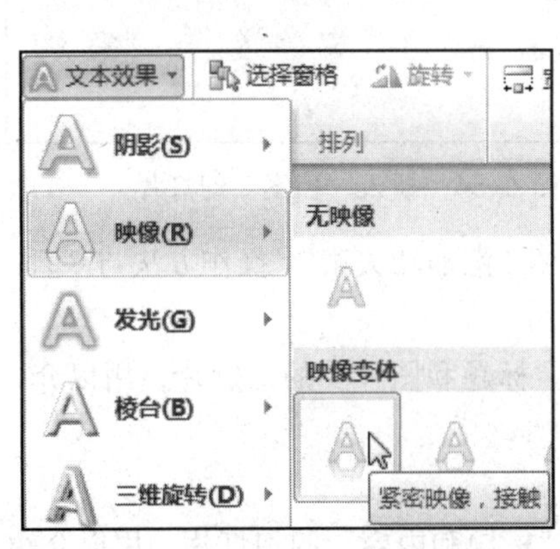

图 6-51　设置图形中的文本效果

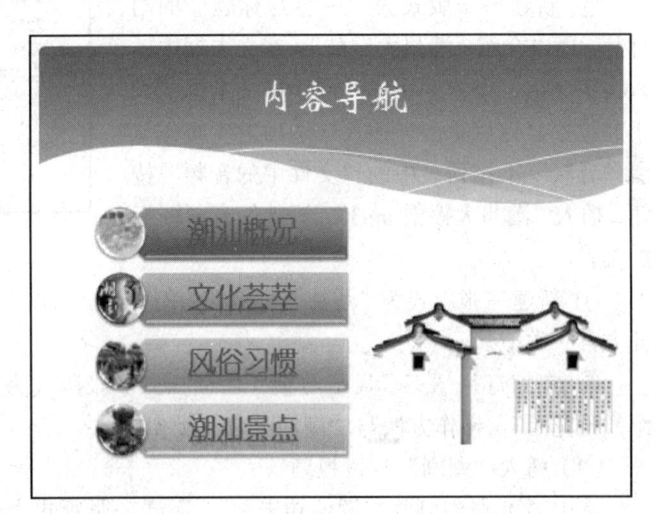

图 6-52　“导航”版式效果图

3）增加演示文稿内容，丰富幻灯片的表现力

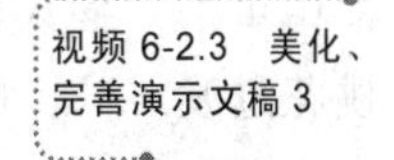

（1）为演示文稿添加背景音乐

① 在第 1 张幻灯片上，单击“插入”选项卡“媒体”组“音频”下拉列表中的“文件中的音频”按钮，弹出“插入音频”对话框，选择准备好的音频文件“潮州音乐.mp3”。

② 拖动音频图标到幻灯片右下角，选择“播放”选项卡“音频选项”组“开始:”下拉列表框中的“跨幻灯片播放”选项，如图 6-53 所示，勾选“放

映时隐藏图标”复选框。

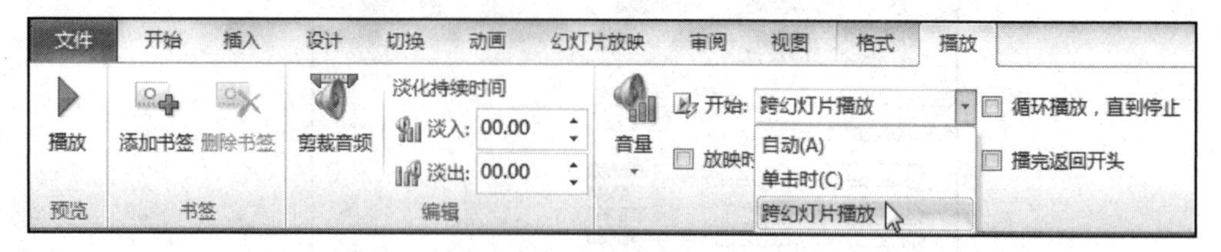

图 6-53　设置背景音乐“跨幻灯片播放”

（2）插入各部分内容的图片和文字介绍

① 选中第 3 张幻灯片“一、潮汕概况”，然后新建幻灯片，版式为“标题和内容”。在“标题”文本框中输入“档案”，并设置字体格式：幼圆、40 号、黑色，调整标题框大小和摆放位置。在“文本”文本框中添加介绍内容，并设置字体格式：幼圆、24 号，调整文本框大小和摆放位置。在“内容”文本框中单击“插入来自文件的图片”按钮，在弹出的“插入图片”对话框中选择要插入的图片，效果如图 6-54 所示。

② 选中第 5 张幻灯片“二、文化荟萃”，新建一张版式为“图片与标题”的幻灯片，用以介绍“潮汕方言”。在图片和文本框中分别插入相应的内容，并调整好大小和位置。

③ 新建一张版式为“内容与标题”的幻灯片，用以介绍“潮州大锣鼓”。在文本框中插入文字介绍，设置好字体并调整好文本框的大小和位置。然后单击“插入”选项卡“媒体”组“音频”下拉列表中的“文件中的音频”按钮，插入“潮州大锣鼓.mp3”，调整好音频图标的位置。

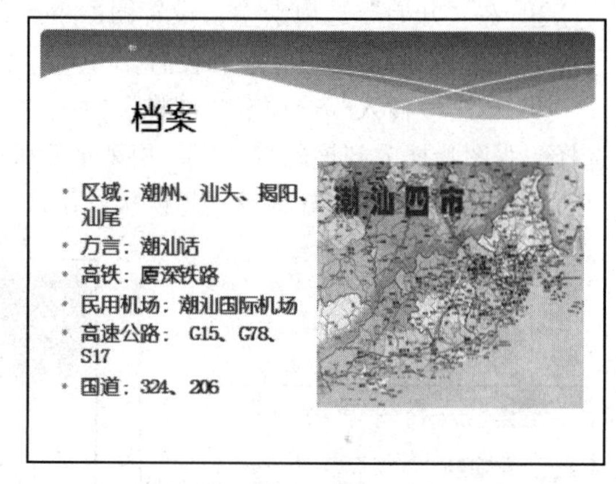

图 6-54　插入“档案”幻灯片

④ 新建一张版式为“图片与标题”的幻灯片，用以介绍“潮汕功夫茶”。操作方法与“潮汕方言”类似。

⑤ 在幻灯片“三、风俗习惯”后面插入一张版式为“标题和图片”的幻灯片，用以介绍“出花园”。操作方法与“潮汕方言”类似。

（3）插入“潮剧”片段视频

选中第 8 张幻灯片“潮汕功夫茶”，新建一张版式为“标题和内容”的幻灯片，用以介绍“潮剧”。在文本框中插入相应的文字介绍，设置好字体并调整好大小和位置。在“内容”文本框中单击“插入媒体剪辑”按钮，在弹出的“插入视频文件”对话框中，选择素材“潮剧-桃花过渡.avi”。插入后的效果如图 6-55 所示。

（4）用“SmartArt 图形”来编排“潮汕小吃”

① 选中第 9 张幻灯片“潮剧”，新建一张版式为“空白”的幻灯片，插入一个文本框，输入“潮汕小吃”，设置字体华文新魏、36 号、黑色，并调整文本框到上方居中位置。

② 单击“插入”选项卡“插图”组中的“SmartArt”按钮，在弹出的“选择 SmartArt 图形”对话框中选择“图片”类别中的“图片框”，如图 6-56 所示。

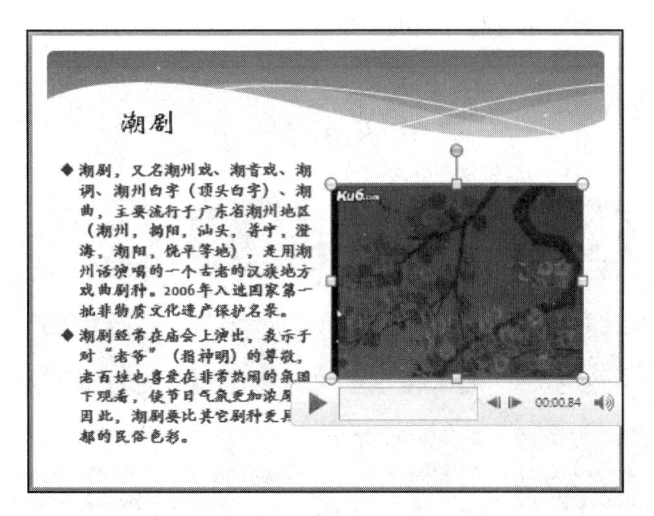

图 6-55　插入视频文件后的效果

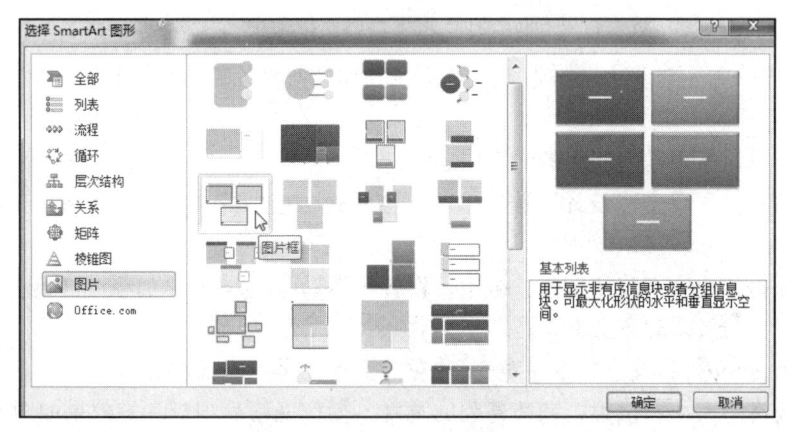

图 6-56　“选择 SmartArt 图形”对话框

③ 幻灯片上默认插入 3 个图片框。单击“设计”选项卡“创建图形”组“添加形状”下拉列表中的“在后面添加形状”按钮，再添加 9 个形状，共 12 个形状。调整图片框的位置和大小，使占据标题下方空白区域。

④ 单击“设计”选项卡“创建图形”组中的“文本窗格”按钮，打开“在此处键入文字”窗格，如图 6-57 所示。

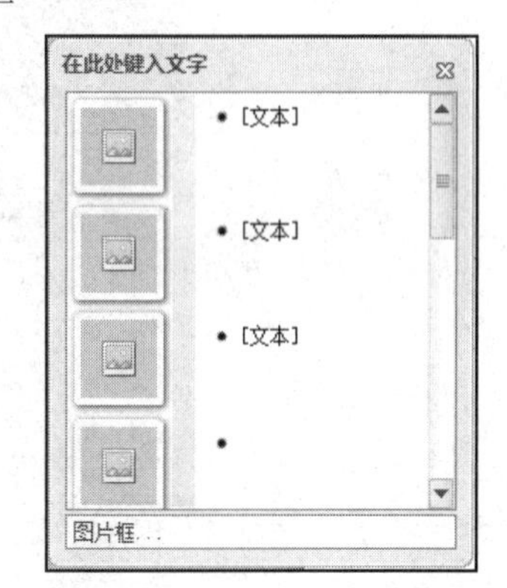

图 6-57　“在此处键入文字”窗格

⑤ 单击“插入图片”按钮，在弹出的“插入图片”对话框中选择要插入的图片。单击其右侧的“[文本]”，输入该图片的说明文字。完成所有的图片和文字说明。操作完毕后幻灯片的效果如图 6-58 所示。

（5）用表格来编排“时年八节”

① 选中第 11 张幻灯片“三、风俗习惯”，新建一张版式为“标题和内容”的幻灯片，用以介绍“时年八节”。

② 在“内容”文本框中单击“插入表格”按钮，在弹出的“插入表格”对话框中，输入

列数为 3，行数为 9，插入一个 9 行 3 列的表格。

图 6-58　利用 SmartArt 图形编排的“潮汕小吃”效果图

③ 选择表格，单击“设计”选项卡“表格样式”组“边框”下拉列表中的“所有框线”按钮，设置表格框线。

④ 在各个单元格中输入相应的文字内容。

⑤ 选择第一行，单击“设计”选项卡“表格样式”组中的“底纹”按钮，选择底纹颜色“黄色”。

⑥ 在“开始”选项卡的“字体”组中，设置字体幼圆、24 号、加粗、红色；在“段落”组中，设置居中对齐，“对齐文本”是“中部对齐”。

⑦ 选择第 2～9 行，设置文本左对齐，“对齐文本”是“中部对齐”。

⑧ 调整表格的大小和位置，调整各列的宽度。操作完毕后幻灯片的效果如图 6-59 所示。

时年八节

节名	时间	风俗
春节	农历正月初一	带一对“大吉”到亲友家拜年
元宵节	农历正月十五	门楣上插上榕叶、竹枝；营老爷、赏花灯、添灯、猜灯谜、抛钱掷弥勒佛等
清明节	清明	扫墓，也叫“过纸”
端午节	农历五月初五	包粽子，赛龙舟
中元节	农历七月十五	俗称“七月半”“施孤”，为孤魂野鬼布施
中秋节	农历八月十五	芋头祭祖，拜月娘，烧塔
冬节	冬至	祭祀神明和祖先，吃甜糯米圆（吃上“冬节丸”便长一岁）
除夕	大年三十	祭祖，贴春联，“围炉”吃团年饭、给压岁钱，守岁

图 6-59　用表格编排的“时年八节”效果图

（6）增加“潮汕景点”图片介绍

① 选中第 14 张幻灯片“四、潮汕景点”，新建一张版式为“空白”的幻灯片。

② 单击“插入”选项卡“图像”组中的“图片”按钮，在弹出的“插入图片”对话框中

选择景点图片进行插入。重复多次，可在幻灯片上插入多张图片。调整好各图片的大小、位置以及叠放次序。插入多张图片后的效果如图 6-60 所示。

图 6-60　插入景点图片

至此，演示文稿制作完毕，最终效果如图 6-61 所示。

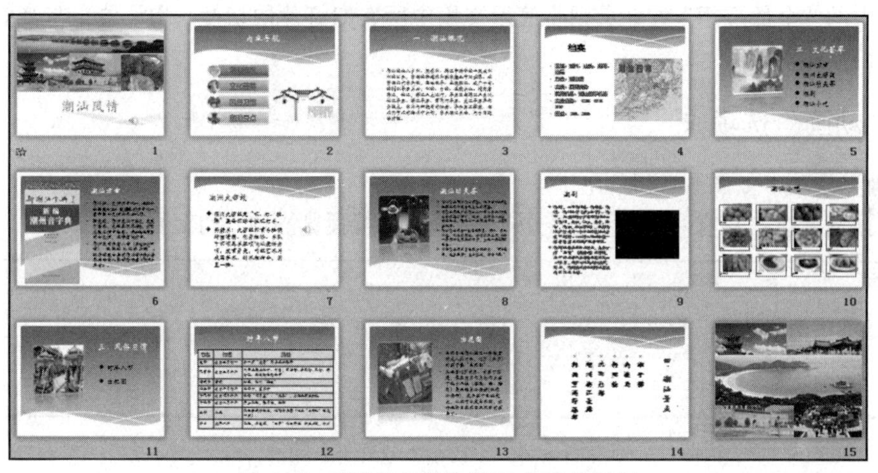

图 6-61　“潮汕风情”演示文稿效果图

6.4　幻灯片的放映

6.4.1 “切换”选项卡

“切换”选项卡如图 6-62 所示。

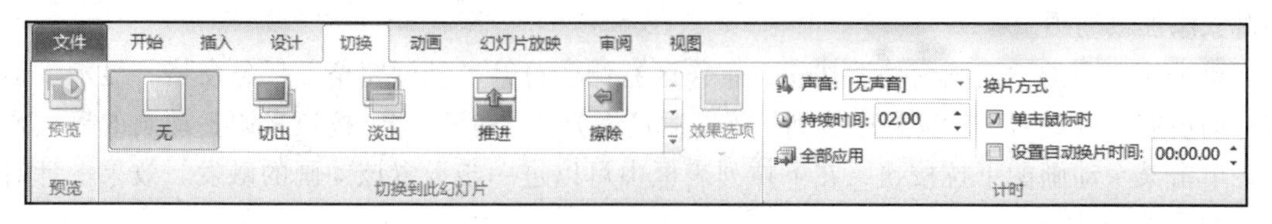

图 6-62　“切换”选项卡

①“预览”组：只有一个“预览”按钮，单击它可预览当前幻灯片的切换效果。

②“切换到此幻灯片”组：提供当前幻灯片的切换方式列表。单击列表框右侧的“其他”按钮 ，可查看 PowerPoint 2010 提供的所有幻灯片切换方式，如图 6-63 所示。单击某个切换效果，可应用到此幻灯片上。应用切换方式之后，该组中的“效果选项”按钮被激活，单击它可进一步设置该切换方式的效果。

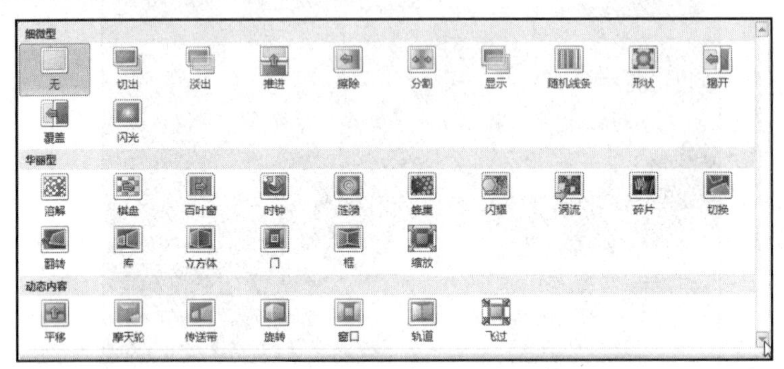

图 6-63　所有幻灯片切换方式

③“计时”组：设置幻灯片切换的声音、持续时间、换片方式和时间等。设置完毕后，若单击该组中的“全部应用”按钮，则将演示文稿中所有幻灯片的切换，均设置为与当前幻灯片所设置的切换相同。

6.4.2 “动画”选项卡

“动画”选项卡如图 6-64 所示。

①“预览”组：只有一个“预览”按钮，单击它可预览当前幻灯片的动画效果。

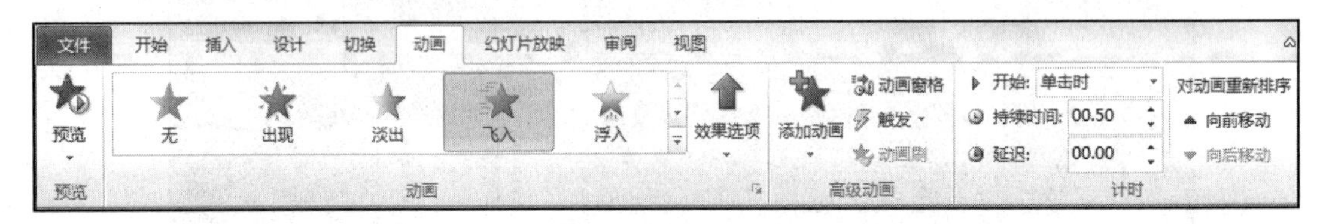

图 6-64　“动画”选项卡

②“动画”组：在幻灯片中选中某个对象，然后单击“动画”组列表中的某个动画，可设置该对象相应的动画效果。PowerPoint 2010 提供的所有动画如图 6-65 所示。设置了动画效果之后，该组中的“效果选项”按钮被激活，单击它可进一步设置该动画的效果。

③“高级动画”组：为幻灯片上的对象“添加动画”，设置动画的“触发”方式，打开“动画”窗格做进一步的设置操作，还提供“动画刷”功能（类似于“格式刷”功能）。

单击“添加动画”按钮，则弹出动画效果列表供选择，单击某个效果，可为幻灯片上选定的对象添加该动画。

单击该组中的“动画窗格”按钮，工作区右侧会打开“动画窗格”任务窗格，显示该幻灯片的所有动画设置，并按顺序排列。可以通过下方的 和 按钮来调整动画的播放顺序。单击某个动画的下拉按钮，在下拉列表框中可以进一步设置该动画的触发、效果、计时等，如图 6-66 所示。

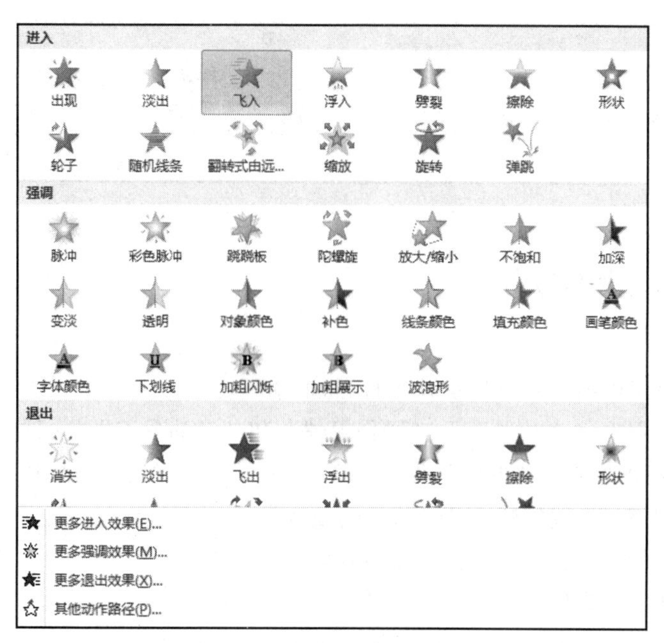

图 6-65　所有“动画”效果

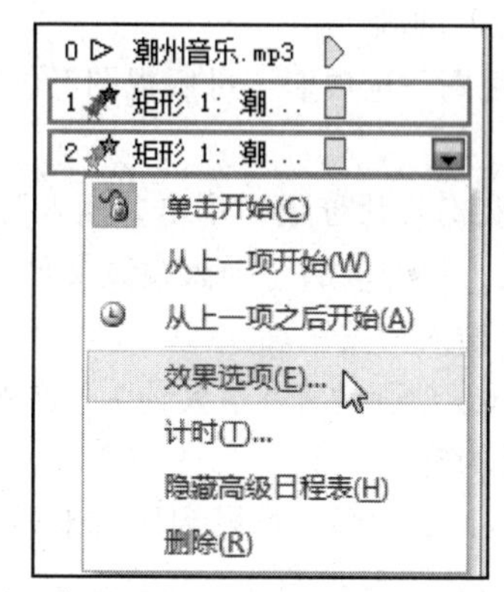

图 6-66　“动画窗格”任务窗格

如选择“效果选项”选项，弹出“效果选项”对话框，该对话框还提供“效果”、“计时”和“正文文本动画”3 个选项卡，如图 6-67 所示。

④“计时”组：设置对象动画“开始”播放的时间、持续时间、延迟等，还可以对幻灯片各对象的动画进行“重新排序”，或“向前移动”，或“向后移动”。

图 6-67　“效果选项”对话框

6.4.3 “幻灯片放映”选项卡

“幻灯片放映”选项卡如图 6-68 所示。

①“开始放映幻灯片”组：设置幻灯片的放映方式。

②“设置”组：幻灯片放映选项设置。

③“监视器”组：设置幻灯片放映的显示监视器。

图 6-68 “幻灯片放映”选项卡

6.4.4 实例：幻灯片放映设置

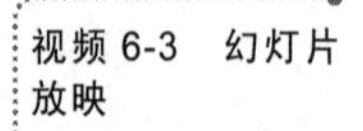

1. 操作要求

① 在幻灯片母版中插入一个显示时间的 Flash 动画。

② 在“潮汕概况”、“文化荟萃”、“风俗习惯”和“潮汕景点”栏目的最后一张幻灯片中，添加一个“返回”动作按钮，返回“内容导航”幻灯片。

③ 为每一张幻灯片设置幻灯片切换或者动画效果。

④ 在演示文稿最后一页新建一张“谢谢观看”幻灯片。

⑤ 打包、打印演示文稿。

2. 操作步骤

1）插入 Flash 动画

① 单击“视图”选项卡“母版视图”组中的“幻灯片母版”按钮，切换到“幻灯片母版”视图。

② 选定一张幻灯片母版，单击“插入”选项卡“媒体”组“视频”下拉列表中的“文件中的视频”按钮，在弹出的“插入视频文件”对话框中，选定要插入的显示时间 Flash 动画素材文件，单击“插入”按钮。

③ 调整 Flash 动画的大小，大约为一颗按钮大小，并把它拖动到幻灯片左下角位置，以不遮住幻灯片内容为宜。

④ 复制该 Flash 动画，粘贴到所有未插入该 Flash 的幻灯片母版中。

⑤ 关闭幻灯片母版视图。

2）添加“返回”动作按钮

① 选定第 4 张幻灯片（“潮汕概况”栏目的最后一张幻灯片），单击“插入”选项卡“插图”组“形状”下拉列表中的“动作按钮：自定义”按钮，这时，鼠标指针变成十字箭头形状。

② 在幻灯片右下角处单击并拖动鼠标，在该处绘制出一个矩形按钮图形。释放鼠标，弹出“动作设置”对话框，如图 6-69 所示。

③ 在“单击鼠标”选项卡中选择“超链接到”，在下方的下拉列表框中选择“幻灯片”选项，如图 6-70 所示。

④ 弹出“超链接到幻灯片”对话框，在“幻灯片标题”列表中，选择“2. 内容导航”，然后单击“确定”按钮，如图 6-71 所示。回到“动作设置”对话框，继续单击“确定”按钮，关闭设置对话框。

⑤ 选定按钮并右击，在弹出的快捷菜单中选择“编辑文字”命令，在按钮光标处输入“返回”。

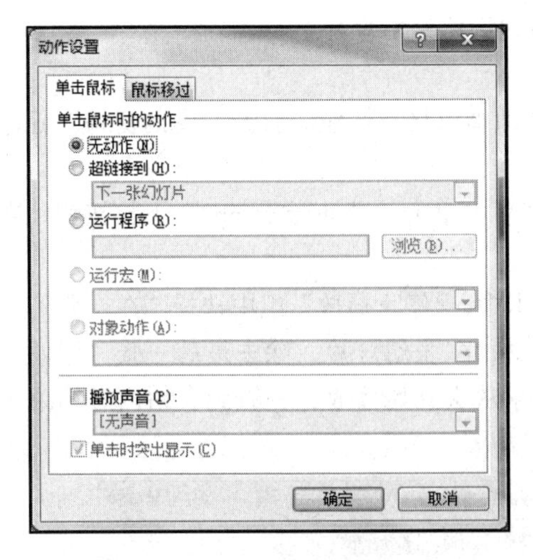

图 6-69　“动作设置”对话框

图 6-70　选择“幻灯片”选项

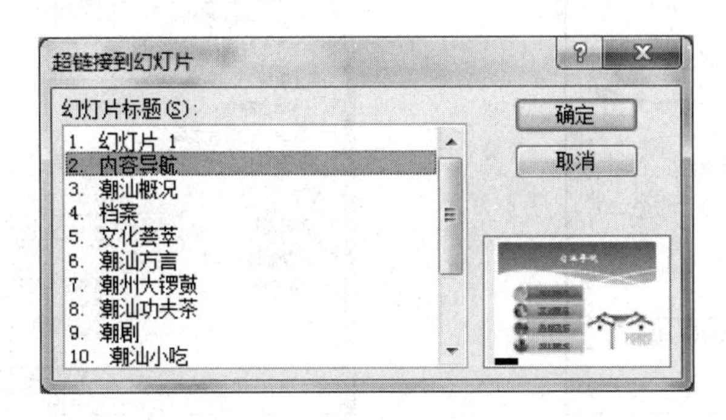

图 6-71　设置超链接到幻灯片

⑥ 选定按钮，单击“格式”选项卡“形状样式”组“形状效果”下拉列表中的“预设 4”按钮。

⑦ 按照以上操作方法，制作第 10、13、15 三张幻灯片的“返回”按钮。

注意： 可以复制第一个制作好的按钮，然后分别粘贴到其他 3 张幻灯片中。因为此处“返回”的幻灯片都是“2. 内容导航”，故直接粘贴即可。若动作不一样，则粘贴后在按钮右键菜单中选择“编辑超链接”命令，在弹出的“动作设置”对话框中再重新设置合适的动作即可。

3）增加结束幻灯片

① 选择第 15 张幻灯片，新建一张“空白”版式幻灯片。

② 单击“插入”选项卡“文本”组中的“艺术字”下拉按钮，再选择第 4 行第 5 列样式，在艺术字文本框中删除原来的文字，输入“谢谢观赏!”。

4）设置幻灯片放映效果

（1）设置幻灯片切换效果

① 单击“切换”选项卡“切换到此幻灯片”组的列表框中的“摩天轮”切换方式；单击右侧的“效果选项”按钮，选择“自右侧”。

② 在“计时”组中，设置“持续时间”为“3 秒”；设置换片方式为“单击鼠标时”；其他按照默认设置。

③ 单击“全部应用”按钮，把以上切换设置应用到所有幻灯片上。

（2）设置幻灯片动画效果

① 单击“动画”选项卡“高级动画”组中的“动画窗格”按钮，打开“动画窗格”任务窗格。

② 选择第 1 张幻灯片，在“动画窗格”动画列表中单击“潮汕音乐.mp3”下拉按钮，在下拉列表中选择“效果选项”选项，如图 6-72 所示。

③ 弹出“播放音频”对话框，在“效果”选项卡中，“停止播放”组中选择“在 张幻灯片后”，并在中间文本框中输入“15”（本演示文稿共 16 张幻灯片，除去最后一张“谢谢观赏！”结束页面，实际内容是 15 张幻灯片，背景音乐从头开始播放，一直到介绍内容结束），如图 6-73 所示。

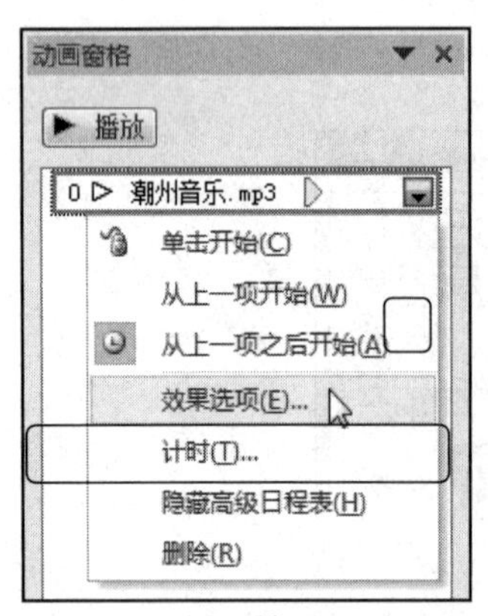

图 6-72 选择“效果选项”选项

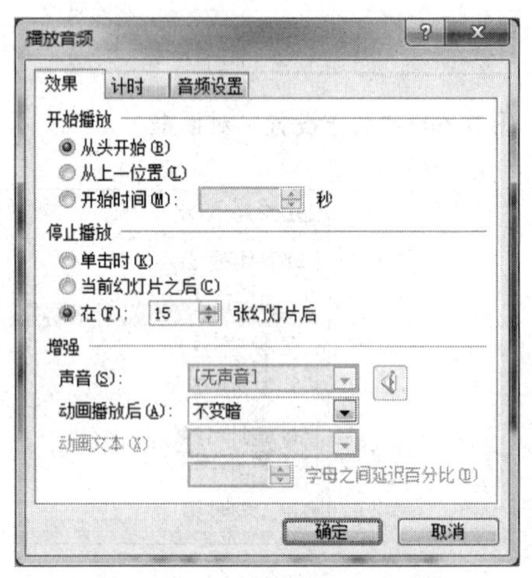

图 6-73 “播放音频”对话框

④ 选择第 4 张幻灯片，选定图片，在“动画”组的列表框中选择“进入”→“形状”动画效果；效果选项选择“形状”→“方框”；在“动画窗格”任务窗格的列表框中，单击“1 内容占位符”下拉按钮，在下拉列表中选择“从上一项之后开始”选项，如图 6-74 所示。

⑤ 选择第 6 张幻灯片，选定图片 1，设置动画进入效果为“浮入”；在“计时”组中，设置“开始”→“上一动画之后”，“持续时间”→“1 秒”，“延迟”→“2 秒”，如图 6-75 所示。

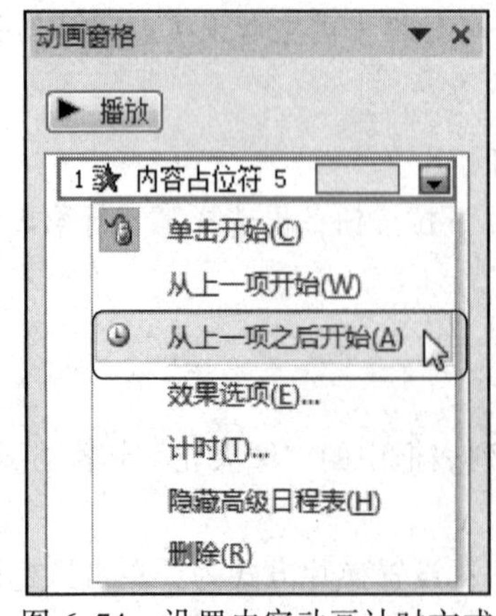

图 6-74 设置内容动画计时方式

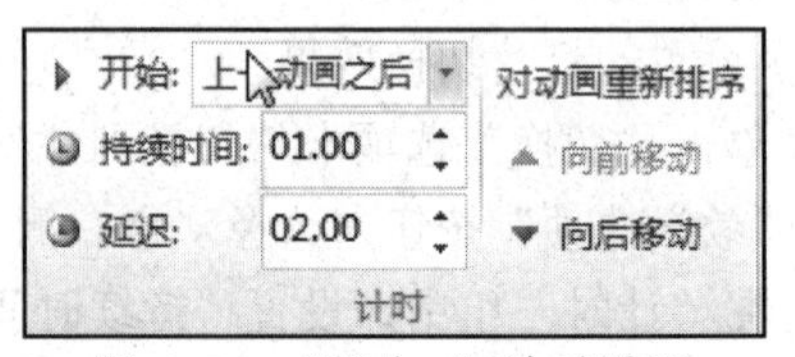

图 6-75 “图片 1”计时设置

⑥ 单击“高级动画”组中的“动画刷”按钮，接着单击图片 2，把图片 1 的动画设置应用到图片 2 上。

⑦ 选择第 10 张幻灯片，选定 SmartArt 图形，设置动画进入效果为“轮子”，效果选项选择“4 轮辐图案”；计时开始“与上一动画同时”，持续时间“1 秒”。

⑧ 单击“高级动画”组中的“添加动画”按钮，选择“强调”效果“放大/缩小”；在“动画窗格”任务窗格列表框中，单击强调效果的“内容占位符”下拉按钮，在下拉列表中选择“从上一项之后开始”选项（见图 6-76）；再选择“效果选项”选项，弹出“放大/缩小”对话框，在“计时”选项卡中，设置“延迟”→“1 秒”，“期间”→“快速（1 秒）”；在“SmartArt 动画”选项卡上，设置“组合图形”→“逐个”。

图 6-76　设置添加强调动画选项

⑨ 选择第 15 张幻灯片，选定左上角的图片，设置动画进入效果为“缩放”，计时开始为“上一动画之后”，持续时间“2 秒”，延迟“1 秒”。然后双击“动画刷”按钮，分别单击右上角、左下角、右下角以及中间的图片。最后再次单击“动画刷”按钮，取消鼠标动画刷功能。

⑩ 选择第 16 张幻灯片，选定艺术字，设置动画强调效果“跷跷板”，计时开始为“上一动画之后”，持续时间为“3 秒”；打开“效果选项”对话框，在“效果”选项卡中，设置“增强”→“声音”→“鼓掌”。

（3）幻灯片放映设置

① 单击“幻灯片放映”选项卡“开始放映幻灯片”组“自定义幻灯片放映”下拉列表中的“自定义放映”按钮，弹出“自定义放映”对话框，如图 6-77 所示。单击“新建”按钮，弹出“定义自定义放映”对话框，如图 6-78 所示。

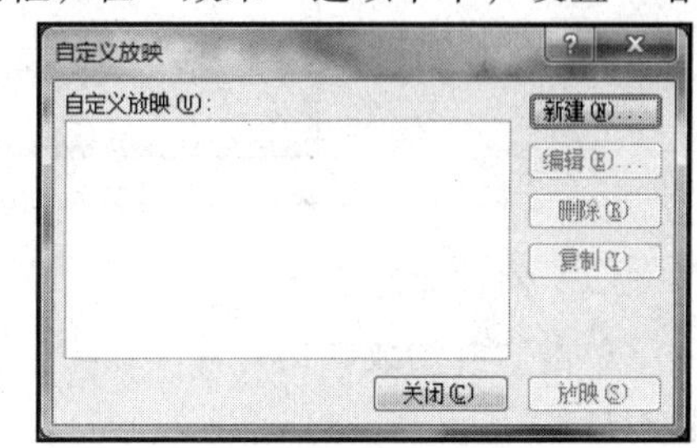

图 6-77　“自定义放映”对话框

② 在“定义自定义放映”对话框中，在“幻灯片放映名称”后面的文本框中输入名称，默认是“自定义放映 1”。左侧列表框中显示的是本演示文稿所有的幻灯片，右侧显示的自定义放映的幻灯片。单击左侧列表框中的某一张幻灯片，然后单击中间的“添加”按钮，把该幻灯片添加到“自定义放映中的幻灯片”中。在右侧列表框中，单击某一张幻灯片，可通过中间的“删除”按钮把它移出列表；可通过右侧向上、或者向下的箭头按钮，来改变该幻灯片的播放次序。

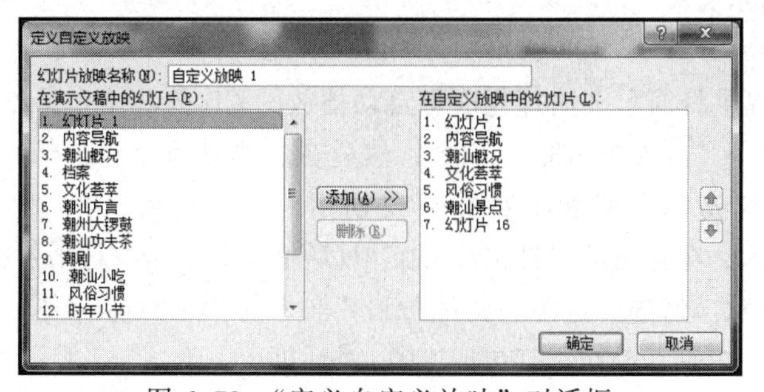

图 6-78　“定义自定义放映”对话框

③ 设置完毕后，单击“确定”按钮，回到“自定义放映”对话框。这时，列表框中会出现刚才定义的自定义放映，如图 6-79 所示。单击“新建”按钮，可再次定义一个自定义放映；选定某一个自定义放映，单击“编辑”按钮，可对该自定义放映进行编辑；单击“放映”按钮，则按照选定的自定义放映进行幻灯片放映；单击“关闭”按钮，完成设置。

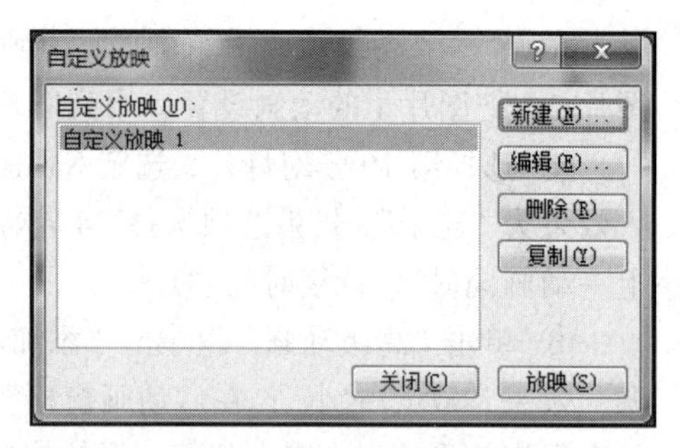

图 6-79　设置后的“自定义放映”对话框

④ 单击“设置”组中的“设置幻灯片放映”按钮，弹出“设置放映方式”对话框，如图 6-80 所示，根据需要进行相应选项的设置。

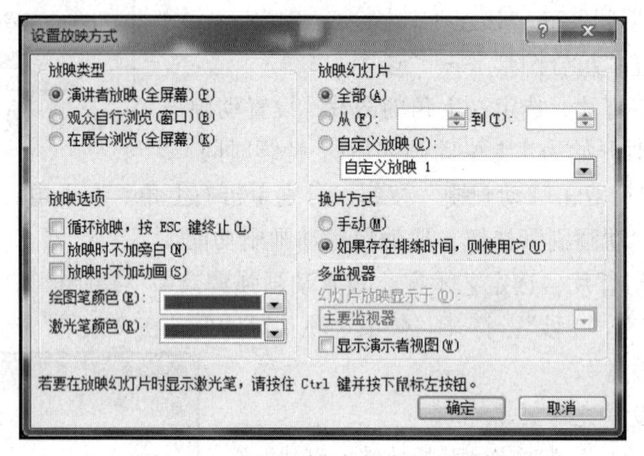

图 6-80　“设置放映方式”对话框

（4）幻灯片放映

单击“开始放映幻灯片”组中的“从头开始”按钮，或者按【F5】键，可以从头开始放映幻灯片。

单击“从当前幻灯片开始”按钮，或者按【Shift+F5】组合键，可以从当前幻灯片开始放映幻灯片。

单击“设置”组中的“排练计时”按钮，则是从头开始放映幻灯片，并且在屏幕左上角弹出“录制”工具条，如图 6-81 所示。该工具条显示了演示过程所用的时间。

图 6-81　“录制”工具条

5）打包、打印演示文稿

（1）打包演示文稿

PowerPoint 2010 提供将演示文稿打包成可自动播放的 CD 的功能。具体操作步骤如下：

① 选择“文件”→“保存并发送”命令，然后在右侧界面中，选择“将演示文稿打包成 CD”选项，单击“打包成 CD”按钮，如图 6-82 所示。

② 如图 6-83 所示，在弹出的“打包成 CD”对话框中，单击“选项”按钮，弹出“选项”对话框，如图 6-84 所示。勾选“链接的文件”和“嵌入的 TrueType 字体”复选框，不设置密码，最后单击“确定”按钮，返回“打包成 CD”对话框。

图 6-82　“保存并发送”界面

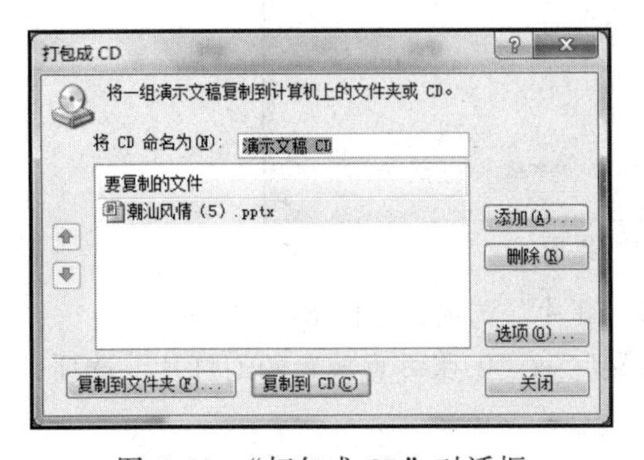

图 6-83　“打包成 CD”对话框

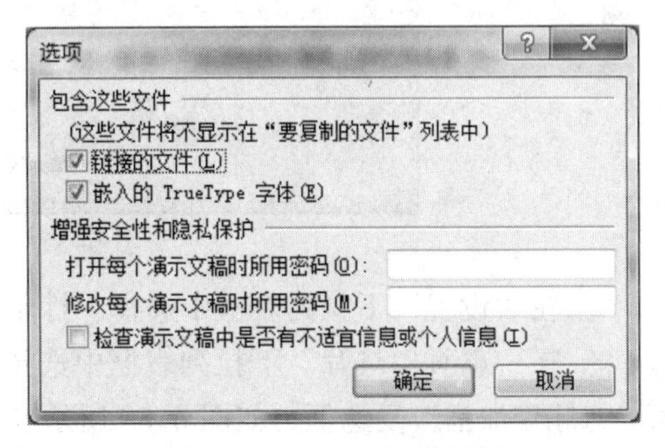

图 6-84　“选项”对话框

③ 在“打包成 CD”对话框中，单击“复制到文件夹”按钮，弹出“复制到文件夹”对话框，如图 6-85 所示。输入文件夹名称，设置位置（即路径，可单击“浏览”按钮来选择路径），勾选“完成后打开文件夹”复选框，最后单击“确定”按钮。

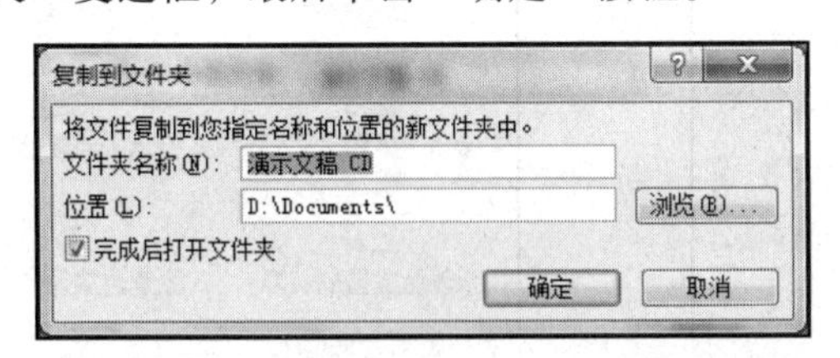

图 6-85　“复制到文件夹”对话框

④ 因为演示文稿包含链接文件，所以确定打包后会弹出一个确认对话框，单击“是”按钮，即可开始打包，如图 6-86 所示。

图 6-86　正在打包演示文稿中

⑤ 在“打包成 CD”对话框中，单击“关闭”按钮，完成打包操作。

（2）打印演示文稿

① 选择“文件”→“打印”命令，打开“打印”界面，如图 6-87 所示。

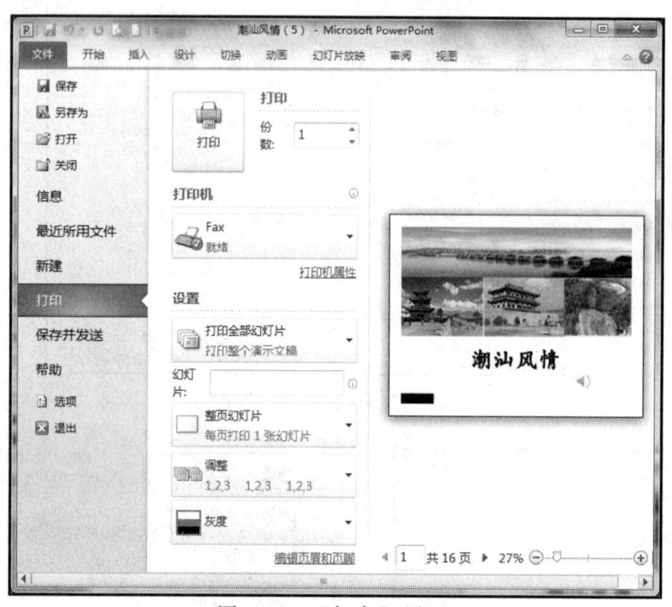

图 6-87 “打印”界面

② 在“设置”下拉列表框中选择“打印全部幻灯片”选项，如图 6-88 所示。

③ 在“整页幻灯片”下拉列表框中选择“讲义”→“9 张垂直放置的幻灯片”选项，勾选“幻灯片加框”复选框，如图 6-89 所示。

④ 最后单击“打印”按钮，完成打印。

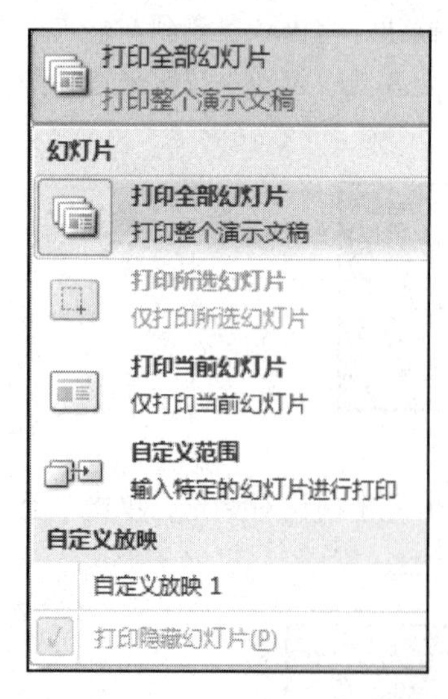

图 6-88 设置打印幻灯片范围

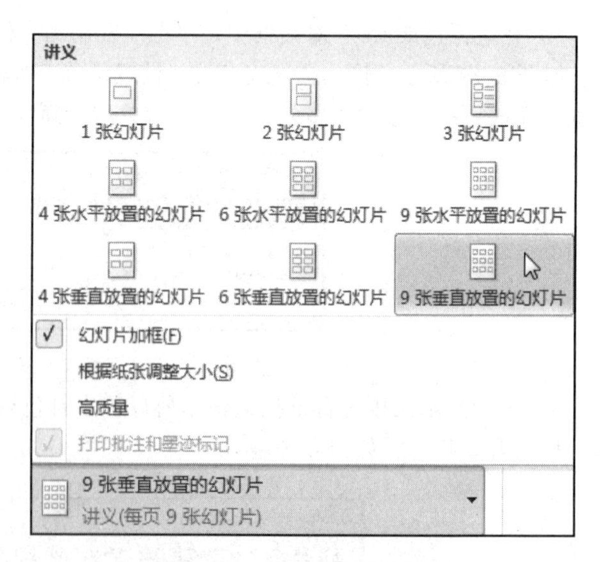

图 6-89 设置打印版面形式

6.5　PowerPoint 2010 制作常见误区及使用技巧

PowerPoint 2010 演示文稿大多数是用于投影展示，如演讲、会议、培训、课件制作等，所以，投影后的展示效果非常重要。如果制作的幻灯片杂乱无章、堆叠文本、色彩搭配不合理，是不能达到好的投影效果的。所以，在演示文稿制作过程中，要避开误区，掌握一些设计技巧。

6.5.1　文字排版方面

1. 精简

文字尽可能地简练。比如，像原因性、解释性、重复性、辅助性、铺垫性等文字，一般由演讲者口头表述即可，不要堆叠在幻灯片中，占用篇幅。幻灯片中只保留最核心的关键词、关键句，或者结果性文字。

2. 字号字体

字号尽可能大一点；字体在多样化的基础上，尽量选取容易阅读、较为规范、辨认较清晰的字体。一般来说，字号通常不要小于 24 号，宋体、仿宋、楷体、黑体、华文新魏、幼圆等字体是效果不错的字体选择。给字体加粗，也是一种常用的用法。

3. 表格图表的应用

一些涉及数字的描述，能用表格或图表就尽量使用表格或图表，增强对比性，使观众印象更加深刻。图 6-90 所示分别是文本、表格、图表 3 种对数字内容的描述形式，可以根据实际需要，选择不同效果的描述形式。

- 木棉公司共有党员15人，其中男：5人，女10人；木棉公司共有团员25人，其中男：20人，女5人；木棉公司共有群众35人，其中男：25人，女10人。

木棉公司职工情况表

政治面貌	男	女
党员	5	10
团员	20	5
群众	25	10

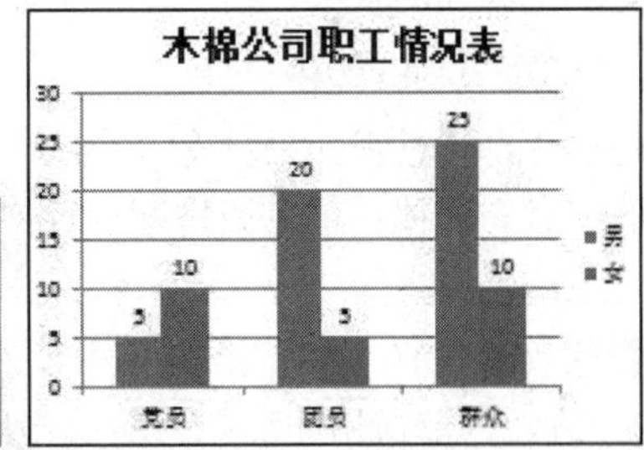

图 6-90　数字描述方式：文本、表格、图表

6.5.2　图片使用方面

1. 画面简洁

尽量不要使用过于复杂、花俏的背景，以免喧宾夺主，盖过内容的风头。背景的设计，要体现画龙点睛、烘托主题的作用。

2. 配图讲究

配图除了要贴近主体文字，还要讲究布局合适，有时主体文字还要借助色块来反衬，达到最佳视觉效果，令人赏心悦目，如图 6-91 所示。

配图随意

随意摆放

大而不当

图片拉伸

无关图片

配图讲究

主体文字借助色块反衬

赏心悦目

图 6-91　配图讲究

6.5.3　颜色搭配方面

颜色搭配的好坏会直接影响到幻灯片的水准与档次的高低。通常来说，都是按个人喜好来搭配色彩。考虑到受众的视觉需求，还要以大众色彩心理为指导，进行合理搭配。

1. 主色和辅助色

幻灯片设计中都存在主色和辅助色之分。主色是视觉冲击的中心点，是整个画面的重心点。辅助色则在整体画面中起到平衡主色冲击的效果，减轻主色对观众产生的视觉疲劳度，起到一定量的视觉分散的效果。

2. 确定页面的颜色基调

幻灯片设计过程如果没有一个统一的色调，就会显得杂乱无章。排版设计中专业配色法最常用的方式有 3 种：单色调搭配、近似色调搭配和对比色调搭配。

（1）单色调搭配

颜色数量只有一种，黑白灰不计入颜色数量。挑选一种颜色作为主色，比如公司自己的 LOGO，或者内部通用的颜色，然后再用黑白灰作为辅色。

（2）近似色调搭配

色轮上彼此相邻的色彩称为近似色。在色调配置中，相邻的两个或两个以上的色调搭配在一起。经典的近似色调搭配有红色与橙红或紫红相配、黄色与草绿色或橙黄色相配等。

（3）对比色调搭配

相隔较远的两个或两个以上的色调搭配在一起。对比色调会造成鲜明的视觉对比，有一种相映或相拒的力量使之平衡，因而产生对比调和感，达到较好的视觉效果。典型的对比色有红与绿、青与橙、蓝与黄、黑与白等。在使用对比色时，最好是其中一种颜色占比大，另一种颜色占比小。

3. 使用技巧

（1）先用主色，再用辅色

选取一种颜色作为主色，再选取一种用于过渡、平衡主色冲击效果的色彩作为辅色。如果有两种或多种对比强烈的色彩作为主色，那么需要找到平衡它们之间关系的一种色彩，如黑色、灰色、白色等，然后在此基础上再选择辅助色。

（2）浅底深字，深底浅字

幻灯片设计时，一定要保持浅色背景用深色文字，深色背景用浅色文字的基本原则。

6.5.4　版面布局方面

好的版面能突出重点，吸引眼球，使人视觉舒服。PowerPoint 提供了若干种版式，这些都是经典版面布局方式。直接套用其中某一种版式，对初学者来说是一种不错的选择。网上也有很多现成的幻灯片模板，可以拿来直接使用，或者用来模仿。

对于自己设计的版面，有一个技巧，就是平衡。平衡是一种排版技巧，也是一种美学原则。在幻灯片的排版中应用平衡原则和技巧，主要有对称和对齐。

（1）对称

对称是最经典的一种设计形式，能给人安定、均匀、细条、稳重、正式的感觉，如图 6-92 所示。

（2）对齐

现实中很多东西不是对称的，但也能给人一种平衡的感觉，那是因为对齐。不对称的排版相比于对称的排版来说，可以有更为丰富的形态，也更加有趣。可以通过调整元素的大小、重量和颜色等性质，改变其视觉吸引力，使不对称的版面也具有平衡感。这样的构图一般而言，更有活力，富有现代感，如图 6-93 所示。

图 6-92　对称

图 6-93　对齐

根据水平和垂直线划分的参考线，将页面划分为多个相似甚至全等的矩形，这些矩形空间就作为安排内容的区域，如经典的九宫格图。这种网格对齐可以帮助用户得到一个比较内聚的页面，使整个版面整体看起来整齐、统一。

正所谓法无定法，PowerPoint 的制作是灵活的，没有特别固定的模式。总体来说，以整体看起来舒适、投影效果清晰为主。在参考使用技巧的基础上，个人的经验很重要，只有在长期使用中，不断积累经验，才能制作出更好的作品。

习　题

1. PowerPoint 演示文稿的扩展名是（　　）。

A. .DOCX　　B. .PPTX　　C. .PPSX　　D. .POTX

2. 关于 PowerPoint 中的视图模式，下列选项中正确的是（　　）。

A. 大纲视图是默认的视图模式

B. 普通视图显示主要的文本信息

C. 幻灯片视图最适合组织和创建演示文稿

D. 幻灯片放映视图用于查看幻灯片的播放效果

3. 在 PowerPoint 中，（　　）用于查看幻灯片的播放效果。

A. 大纲模式　　B. 幻灯片模式

C. 幻灯片浏览模式　　D. 幻灯片放映模式

4. 在 PowerPoint 中，在幻灯片的占位符中添加标题文本的操作在 PowerPoint 窗口的（　　）区域。

A. 幻灯片区　　B. 状态栏　　C. 大纲区　　D. 备注区

5. 在 PowerPoint 中，设置文本的段落格式项目符号和编号时，要使图片作为项目符号，则选择“项目符号和编号”对话框中的（　　）。

A. 编号选项卡　　B. 字符　　C. 图片　　D. 颜色

6. 在 PowerPoint 中，幻灯片背景效果有（　　）。

A. 纹理　　B. 图片　　C. 渐变　　D. 以上都是

7. 如果要在幻灯片上更改对象出现的顺序，应用到“动画”选项卡的（　　）。

A. 动画窗格　　B. 动画样式　　C. 效果选项　　D. 预览

8. 如果要建立一个指向某一个程序的动作按钮，应该使用“动作设置”对话框中的（　　）命令。

A. 无动作　　B. 动作对象　　C. 运行程序　　D. 超链接到

9. 打印演示文稿时，如“打印内容”栏中选择“讲义”，则每页打印纸上最多能输出（　　）张幻灯片。

A. 2　　B. 4　　C. 6　　D. 9

10. 在演示文稿放映过程中，可随时按（　　）键终止放映，返回原来的视图中。

A.【Enter】　　B.【Esc】　　C.【Pause】　　D.【Ctrl】

11. 在 PowerPoint 中，在幻灯片浏览视图下，按住【Ctrl】键并拖动某幻灯片，可以实现（　　）。

A. 删除幻灯片　　B. 复制幻灯片　　C. 移动幻灯片　　D. 选定幻灯片

12. 关于 PowerPoint 2010 演示文稿保存的说法中正确的是（　　）。

A. 不能保存为.gif 格式的图形文件　　B. 能够保存为.ppt 格式的演示文稿

C. 只能保存为.pptx 格式的演示文稿　　D. 能够保存为.docx 格式的文档文件

13. PowerPoint 演示文稿中每张幻灯片都是基于某种（　　）创建的，它预定义了新建幻灯片的各种占位符布局情况。

A. 视图　　B. 模板　　C. 版式　　D. 母版

14. 要使幻灯片在放映时能够自动播放，需要设置（　　）。

A. 预设动画　　B. 排练计时　　C. 动作按钮　　D. 录制旁白

15. 在 PowerPoint 的“打印”对话框中，（　　）不是合法的“打印内容”选项。

A. 备注页　　B. 幻灯片　　C. 讲义　　D. 幻灯片浏览

16. 若要从一张幻灯片“溶解”到下一张，应使用进行（　　）设置。

A. 动作设置　　B. 预设动画　　C. 自定义动画　　D. 幻灯片切换

17. 在 PowerPoint 中按【F7】键，可实现（　　）功能。

A. 打开文件　　B. 拼写检查　　C. 打印预览　　D. 样式检查

18. 如果要从第 2 张幻灯片跳转到第 8 张幻灯片，应使用“幻灯片放映”的（　　）。

A. 动作设置　　B. 预设动画　　C. 自定义动画　　D. 幻灯片切换

19. 在 PowerPoint 中，若要实现多张幻灯片选择、排序、复制、移动等操作，应使用（　　）视图。

A. 大纲　　B. 幻灯片浏览　　C. 普通　　D. 放映

20. 在 PowerPoint 中，超链接中所链接的目标可以是（　　）。

A. 幻灯片中的图片　　B. 幻灯片中的动画

C. 幻灯片中的文字　　D. 同一演示文稿的某一张幻灯片

第 7 章 计算机网络与 Internet

计算机网络是计算机技术与现代通信技术相结合的产物。随着全球信息化进程的迅速发展，计算机网络已成为现代社会的基础设施之一。特别是 Internet 的应用已渗透到社会生活的各个方面，成为计算机应用一个必不可少的重要方面。

7.1 计算机网络基础知识

7.1.1 计算机网络概述

计算机网络是指将分布在不同地理位置上的、具有独立功能的多个计算机系统，通过通信设备和通信线路相互连接起来，并在网络软件的管理下，实现数据通信和网络资源共享的系统。

计算机网络按逻辑功能可分为通信子网和资源子网两部分，其逻辑结构如图 7–1 所示。

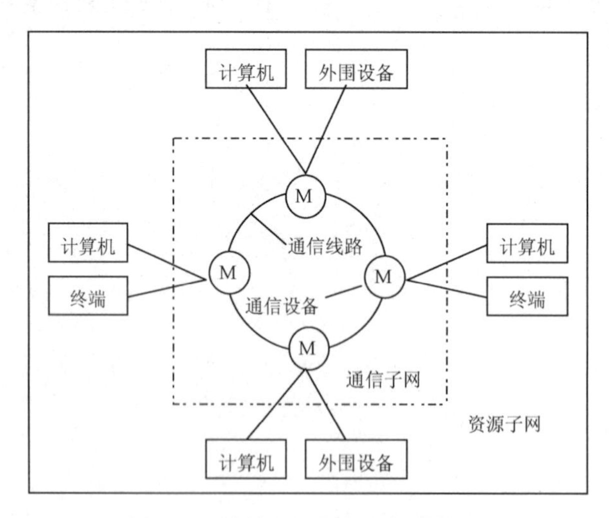

图 7–1 计算机网络的逻辑结构图

通信子网主要负责计算机网络的通信功能，包括通信设备和高速通信线路。

资源子网主要负责数据的处理和访问网络的功能，包括拥有资源的计算机、用户终端、网络接口设备和软件以及一些外围设备等。

7.1.2 计算机网络的分类

从不同的角度看，计算机网络有不同的分类方法，主要有按地理覆盖范围分类、按网络拓扑结构分类、按信息交换方式分类、按传输介质分类、按网络所隶属的机构或团体分类等。一般按网络的地理覆盖范围来分类，可分为局域网、城域网和广域网。

1. **局域网**

局域网（Local Area Network，LAN）的地理覆盖范围从几米到几千米以内，一般建立在某个机构所属的一个建筑群内，如一间办公室或实验室、一栋大楼、一座学校等。在 Windows 操作系统下，可以为局域网内的计算机设置共享计算机软、硬件资源，如共享文件夹、共享打印机等。通过“网络”可以对共享的资源进行访问。

2. **城域网**

城域网（Metropolitan Area Network，MAN）的地理覆盖范围一般在几千米到上百千米之间，一般适用于一个地区、一个城市或一个行业系统。

3. **广域网**

广域网（Wide Area Network，WAN）也称远程网，是由相距较远的局域网或城域网互连而成，覆盖范围可达几千千米甚至上万千米，可以是一个国家或一个洲际网络。例如，中国教育科研网（CERNET）、中国公用计算机互联网（CHINANET）、中国金桥网（CHINAGBN）等。

4. **互联网**

互联网并不是一个具体的物理网络，而是由一个以上的物理网络互连而形成的更大范围的一种网络，其作用范围往往是一个非常广阔的、动态蔓延的区域。Internet 就是互联网的一个特例。

7.1.3　计算机网络的拓扑结构

计算机网络的物理连接形式就是计算机网络拓扑结构。在计算机网络拓扑结构中，网络上所有的计算机以及通信设备统称为工作站或网络结点。主要的拓扑结构有总线结构、星状结构、环状结构、网状结构以及它们的混合型结构等。

总线结构是将所有工作站均接在一条总线上，各工作站的地位平等，工作站之间的数据通信全在总线上进行，其结构如图 7-2 所示。此结构的网络通常采用同轴电缆作为其通信线路。

星状结构是以一台设备作为中央结点，其他工作站都通过通信线路连接到此结点上，工作站之间的数据通信也必须经由中央结点转接，其结构如图 7-3 所示。此结构的网络通常采用双绞线作为其通信线路。

环状结构由网络中若干结点通过点到点的链路首尾相连，形成一个闭合的环，数据在环路中沿着一个方向在各个结点之间传输，其结构如图 7-4 所示。此结构的网络通常采用光缆作为其通信线路。

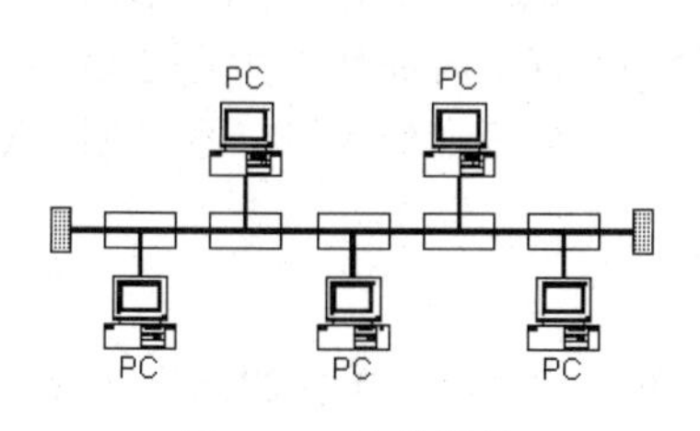

图 7-2　总线结构

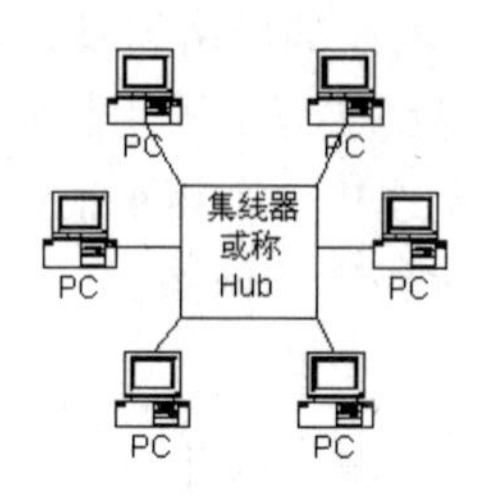

图 7-3　星状结构

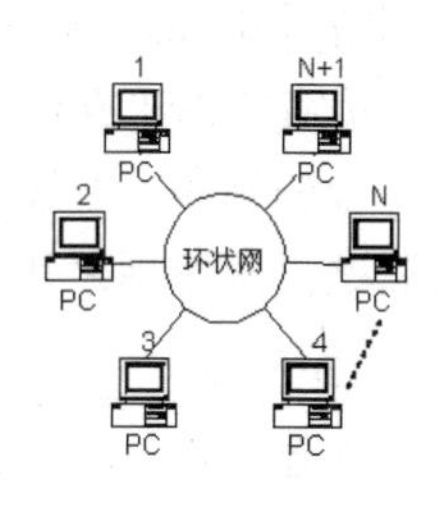

图 7-4　环状结构

网状结构中每一个结点和网中其他结点均有链路连接，其结构如图 7-5 所示。这种结构的网络可靠性非常高，但网络关系复杂，建网不易，成本高，一般只用于大型的网络系统。

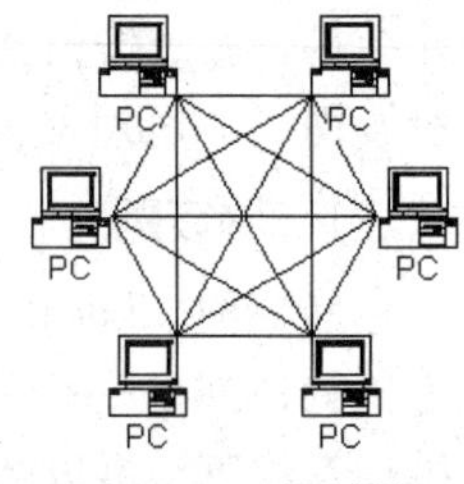

图 7-5 网状结构

7.1.4 计算机网络的硬件设备

要组成一个完整的计算机网络，从逻辑上看，需要资源子网和通信子网；从物理构成上看，需要四要素：

① 连接元件（PC、路由器、交换机等）。

② 连接介质（双绞线、同轴电缆、光纤等）。

③ 连接控制机制（主要是协议，如 TCP/IP、RIP、OSPF 等）。

④ 连接拓扑结构（总线、星状、环状、网状等）。

下面简要介绍构成计算机网络的各类硬件设备。

1. 网络适配器

网络适配器（Network Adapter）一般指网卡（Network Interface Card，NIC），是局域网中连接计算机和传输介质的接口。主要功能是：读入其他网络设备（Router、Hub 等）传输过来的数据包，经过拆包，将其变成客户机或服务器可以识别的数据，通过主机板上的总线将数据传输到所需设备中（CPU、内存等）；将 PC 设备发送的数据，打包后输送到其他网络设备，即数据转换、数据缓存、通信服务。网卡是工作在链路层的网络组件。

2. 中继器

中继器（Repeater，RP）是局域网环境下用来延长网络距离的最简单最廉价的网络互连设备。中继器放大输入信号、重新定时并沿多条运行电缆重新生成该信号。一旦信号通过电缆，将重新定时，有助于避免产生冲突。中继器有传播电子干扰和无效信号的缺点。中继器是网络物理层上面的连接设备。

3. 集线器

集线器（Hub）是一种集中完成多台设备连接的专用设备，提供检错能力和网络管理等有关功能。集线器对接收到的信号进行再生整形放大，以扩大网络的传输距离，同时把所有结点集中在以它为中心的结点上。它工作于网络物理层。

由于集线器会把收到的任何数字信号，经过再生或放大，再从集线器的所有端口提交，这会造成信号之间碰撞的机会很大，而且信号也可能被窃听，并且这代表所有连到集线器的设备，都是属于同一个碰撞域名以及广播域名，因此大部分集线器已被交换机取代。

4. 网桥

网桥（Bridge）是一种连接多个网段的网络设备，它能在数据链路层上实现不同网络的互联。网桥需要两个互联网络在数据链路层以上采用相同或兼容的协议。网桥有两种类型：本地的和远程的网桥。本地的网桥常用于连接两个相距很近的 LAN，并分段划分网络交通，以降低网络瓶颈。远程网桥用来连接两个远距离的网络。

5. 路由器

路由器（Router）用于连接多个逻辑上分开的网络。逻辑网络代表一个单独的网络或者一个子网。当数据从一个子网传输到另一个子网时，可通过路由器的路由功能来完成。因此，路由器具有判断网络地址和选择 IP 路径的功能，它能在多网络互联环境中，建立灵活的连接，可用完全不同的数据分组和介质访问方法连接各种子网，路由器只接受源站或其他路由器的信息，属网络层的一种互连设备。

6. **网关**

网关在网络层以上实现网络互连，是最复杂的网络互连设备，仅用于两个高层协议不同的网络互连。网关既可以用于广域网互连，也可以用于局域网互连。网关是一种充当转换重任的计算机系统或设备，使用在不同的通信协议、数据格式或语言，甚至体系结构完全不同的两种系统之间。网关是一个翻译器，与网桥只是简单地传达信息不同，网关对收到的信息要重新打包，以适应目的系统的需求。

各网络硬件在 OSI（开放系统互连参考模型）各层的情况如图 7-6 所示。

OSI 层	互连设备
应用层	网关
表示层	
会话层	
运输层	
网络层	路由器
数据链路层	网桥
物理层	中继器

图 7-6　路由器、网桥和中继器的互联层次

7. **传输介质**

网络传输介质是网络中发送方与接收方之间的物理通路，它对网络的数据通信具有一定的影响。常用的传输介质有双绞线、同轴电缆、光纤、无线传输介质等。

（1）双绞线

双绞线是由两根绝缘导线相互缠绕而成的，将一对或多对双绞线放置在一个保护套中便成了双绞线电缆，如图 7-7 所示。双绞线采用 RJ-45 或 RJ-11 连接头插接，使网络连接非常方便，适合于短距离通信，是局域网中最常用的传输介质。

（2）同轴电缆

同轴电缆是由绕在同一轴线上的两个导体组成的，如图 7-8 所示。它具有抗干扰能力强，连接简单等特点，信息传输速度可达每秒几百兆位，是中、高档局域网的首选传输介质。

（3）光纤

光纤是由光导纤维纤芯、玻璃网层和能吸收光线的外壳组成的，如图 7-9 所示。它具有不受外界电磁场的影响，无限制的带宽等特点，可以实现每秒几十兆位的数据传送。但其价格昂贵，焊接工艺要求高，适合于骨干网络的高速数据传输。

图 7-7　双绞线

图 7-8　同轴电缆

图 7-9　光纤

（4）无线传输介质

无线传输介质是指在两个通信设备之间不使用任何物理连接，而是通过空间传输的一种技术。无线传输介质主要有蓝牙、红外线、微波、激光、Zigbee 等。

7.1.5 计算机网络的软件体系结构

随着互联网的不断发展，计算机网络软件的体系结构也在不断更新。但目前最主要的是客户端/服务器（Client/Server，C/S）结构和浏览器/服务器（Browser/Server，B/S）结构。

1. C/S 结构

C/S 结构即客户端/服务器结构，是以网络为基础，数据库为后援，把应用分布在客户端和服务器上的分布式处理系统。通过它可以充分利用两端硬件环境的优势，将任务合理分配到 Client 端和 Server 端来实现，降低了系统的通信开销。

传统的 C/S 体系结构虽然采用的是开放模式，但这只是系统开发一级的开放性，在特定的应用中无论是 Client 端还是 Server 端都还需要特定的软件支持。由于没能提供用户真正期望的开放环境，C/S 结构的软件需要针对不同的操作系统开发不同版本的软件，加之产品的更新换代十分快，已经很难适应百台计算机以上的局域网用户同时使用，而且代价高，效率低。

2. B/S 结构

B/S 结构即浏览器/服务器结构，它是随着 Internet 技术的兴起，对 C/S 结构的一种变化或者改进的结构。在这种结构下，用户工作界面是通过 WWW 浏览器来实现的，客户端通常不直接与后台的数据库服务器通信，而是通过相应的 Web 服务器“代理”以间接的形式进行。这样就大大简化了客户端计算机的负载，减轻了系统维护与升级的成本和工作量，降低了用户的总体成本。

以目前的技术看，局域网建立 B/S 结构的网络应用，并通过 Internet/Intranet 模式下数据库的应用，相对易于把握、成本也较低。它是一次性到位的开发，能实现不同的人员，从不同的地点，以不同的接入方式（如 LAN、WAN、Internet/Intranet 等）访问和操作共同的数据库；它能有效地保护数据平台和管理访问权限，服务器数据库也较为安全。特别是在 Java 这样的跨平台语言出现之后，B/S 架构管理软件更是方便、快捷、高效。

7.2 Internet 基础

7.2.1 什么是 Internet

因特网（Internet）是目前全球最大的一个电子计算机互联网，是由美国国防部高级研究计划局（ARPA）建设的“阿帕网（ARPAnet）”发展演变而来的。它是由许多小的网络（子网）互连而成的一个逻辑网，每个子网中连接着若干台计算机（主机）。Internet 以相互交流信息资源为目的，基于一些共同的协议，并通过许多路由器和公共互联网结合而成，它是一组全球信息资源的总汇。

7.2.2 TCP/IP 参考模型与协议

为什么 Internet 可以在如此大范围里实现各种各样计算机的互连？就是因为所有连接到 Internet 上的计算机都统一遵循了一组通信协议：TCP/IP 协议。

TCP/IP 是一个协议簇，由 TCP（Transmission Control Protocol，传输控制协议）协议和 IP（Internet Protocol，网际协议）协议共同构成。TCP 负责数据从端到端的传输，IP 则负责网络互连。

TCP/IP 参考模型分为 4 层：应用层（Application Layer）、传输层（Transport Layer）、网络层（Internet Layer）和链路层（Link Layer）。

① 链路层负责建立电路连接，是整个网络的物理基础，典型的协议包括以太网、ADSL 等。

② 网络层负责分配地址和传送二进制数据，主要协议是 IP 协议。

③ 传输层负责传送文本数据，主要协议是 TCP 协议。

④ 应用层负责传送各种最终形态的数据，是直接与用户打交道的层，典型协议是 HTTP、FTP 等。

7.2.3　IP 地址和域名

1. IP 地址

在 Internet 上，任何一台计算机或网络设备都有一个指定的、唯一可以识别的地址，称为 IP 地址，通过这个地址就可以唯一地确定并访问某一台计算机或网络设备。

IP 地址是一个 32 位二进制数地址，这 32 位二进制数被分为 4 段，每段 8 位，用一个十进制数来表示，这样每段所能表示的十进制数的范围就在 0～255，段与段之间用圆点"."隔开。例如，32 位二进制数 IP 地址"11011011 11011110 01110001 00000100"，用十进制的形式表示为"219.222.113.4"。

IP 地址的 4 段地址又分为网络地址和主机地址两部分，根据网络地址占据的段的不同，IP 地址可分为 5 类：A 类地址、B 类地址、C 类地址、D 类地址和 E 类地址。各类地址的分布范围如表 7-1 所示，其中 A、B、C 这 3 类为常用地址。

表 7-1　IP 地址分类

IP 地址类型	第 1 字节十进制数范围	二进制固定最高位	网络地址	主机地址	备　注
A 类	0～127	0	前 8 位	后 24 位	—
B 类	128～191	10	前 16 位	后 16 位	—
C 类	192～223	110	前 24 位	后 8 位	—
D 类	224～239	1110	—	—	组播地址
E 类	240～255	1111	—	—	保留试验使用

所有的 IP 地址都由 NIC（Internet 网络信息中心）负责统一分配，目前全世界共有 3 个这样的网络信息中心：

① INTERNIC：负责美国及其他地区。

② ENIC：负责欧洲地区。

③ APNIC：负责亚太地区。

因此，我国申请 IP 地址要通过 APNIC。用户在申请时要考虑 IP 地址的类型，然后再通过国内的代理机构提出申请。

2. IPv4 与 IPv6

目前的 Internet 协议被称为 IPv4（IP version 4），即 IP 协议第 4 版，IPv4 的地址位数为 32 位，约有 43 亿个地址可用，近十年来由于互联网的蓬勃发展，IP 地址的需求量越来越大，所以正面临着 IP 资源危机。因此在第二代 Internet 的研究中，着手研发第 6 版 IP 协议，即 IPv6。

IPv6 采用 128 位的地址空间，字段与字段之间用冒号“:”分隔，IPv6 实际可分配的地址，按地球面积平均的话，每平方米面积上仍可分配 1 000 多个地址。在 IPv6 的设计过程中除了一劳永逸地解决了地址短缺问题以外，还考虑了在 IPv4 中解决不好的其他问题，主要有端到端 IP 连接、服务质量（QoS）、安全性、多播、移动性、即插即用等。到今天，IPv6 的技术设计已经完成并应用于实际中，但更换所有基于 IPv4 的网络设备却不是一件容易的事。

3. **域名**

由于 IP 地址是一串数字，不便记忆，也难以理解，为此，Internet 引入了域名系统（Domain Name System，DNS），采用易于记忆的字符代替 IP 数字地址来标识网络上的任何一台计算机，但计算机内部依然以 IP 地址来识别。这样，在 IP 地址和域名之间就建立起一种映射关系，即一个域名对应一个 IP 地址，用域名去访问计算机相当于用该域名所映射的 IP 地址去访问。

域名系统采用分级命名方法，最右边为最高级域名，各级域名之间也用圆点“.”隔开，其通用格式如下：

计算机主机名.机构名.网络名.最高级域名

例如，清华大学的域名为：www.tsinghua.edu.cn 。其中，“www”表示这台主机的名称，“tsinghua”表示清华大学，“edu”表示教育机构，“cn”表示中国。

最高级域名包括机构名和地理域名，也是由 Internet NIC 集中登记和管理的。常见的最高级域名如表 7-2 所示。

表 7-2　常见的最高级域名

域　　名	含　　义	域　　名	含　　义	域　　名	含　　义
com	商业组织	org	非营利性组织	us	美国
edu	教育机构	mil	军队	fr	法国
net	网络组织	int	国际性组织	uk	英国
gov	政府部门	cn	中国	de	德国

7.2.4　统一资源定位器 URL

Internet 上的信息资源是以超媒体的形式呈现出来的，每一个超文本或超媒体文档都用一个唯一的地址来标识，URL 就是完整描述 Internet 上超媒体文档的地址。简单地说，URL 就是 Web 地址，也即通常所说的“网址”。URL 地址的一般格式为：

[访问方式]://[服务器地址]:[端口号]/[路径]

[访问方式]：主要有 http 和 ftp 两种访问方式，“http”表示 WWW 服务，“ftp”表示 FTP 服务，默认是 http 方式。

[服务器地址]：指出 WWW 主页所在的服务器域名。

[端口号]：如果服务器提供的资源是从默认的端口（80）提供，则无须指明端口号；否则，按相应服务器提供的端口号进行访问。

[路径]：指明服务器上某资源的具体位置，采用“目录/子目录/…/文件名”这种结构形式。

例如，“http://www.jyc.edu.cn/xinx/index.asp”就是一个典型的 URL 地址，其中“http”表示 WWW 服务，“www.jyc.edu.cn”表示服务器域名，“/xinx/index.asp”表示路径。

7.2.5 Internet 接入技术

家庭用户或单位用户要接入互联网，可通过某种通信线路连接到 ISP（Internet Service Provider，Internet 服务供应商）。由 ISP 提供互联网的入网连接和信息服务。互联网接入是通过特定的信息采集与共享的传输通道，利用各种传输技术完成用户与 IP 广域网的高带宽、高速度的物理连接。

可以根据当前通信线路状况、带宽要求、服务项目、资费标准等条件，选择合适的 Internet 接入方式。常见的 Internet 接入方式主要有通过电话线拨号接入、通过专线接入、通过局域网接入、通过无线接入等方式。

1. 非对称数字用户线路接入

ADSL（Asymmetric Digital Subscriber Line）是一种高速上网的技术，它充分利用现有的电话线网络，通过在线路两端加装 ADSL 设备为用户提供宽带服务；它可以与普通电话线共存于一条电话线上，接听、拨打电话的同时能进行 ADSL 传输，而又互不影响；进行数据传输时不通过电话交换机，这样上网时就不需要缴付额外的电话费，可节省费用；ADSL 的数据传输速率可根据线路的情况进行自动调整，它以"尽力而为"的方式进行数据传输。目前这种接入方式也逐渐被淘汰。

2. 无源光网络接入

PON（Passive Optical Network，无源光网络）技术是一种点对多点的光纤传输和接入技术，通过光纤接入到小区结点或楼道，再由网线连接到各个共享点上，特点是速率高，抗干扰能力强，适用于家庭、个人或各类企事业团体。可以实现各类高速率的互联网应用（视频服务、高速数据传输、远程交互等）。采用 PON 技术实现光纤入户（FTTP），又被称为光纤到屋（FTTH），是当前主流的宽带电信系统接入模式。

3. 通过电缆调制解调器接入 Internet

目前，我国有线电视网络遍布全国，利用电缆调制解调器（Cable Modem）把这个网络的模拟信号与计算机网络数据信号互相转换，从而可以与电视信号一起通过有线电视网络传输。在用户端，使用电缆分线器将电视信号和数据信号分开。

采用这种方法，连接速率高、成本低，并且提供非对称的连接，这种方法与使用 ADSL 一样，用户上网不需要拨号，提供了一种永久型连接。还有就是不受距离的限制。这种方法的不足之处在于有线电视是一种广播服务，同一信号发向所有用户，从而带来了很多网络安全问题，另外，由于是共享信道，如果一个地方的用户多，数据传输速率就会受到影响。

4. 局域网接入

对于像学校、公司、企业、住宅小区等这样具有一定规模的单位，并且已经建立了自己的局域网，一般都采用局域网接入方式上网。在局域网中，每个用户计算机需安装网卡，通过五类双绞线接入到局域网交换机上，然后再通过专线与 Internet 相连。其优点是平均上网费用低（因为用户数目多），并且理论上用户网速可达 10 Mbit/s 甚至 100 Mbit/s；其缺点是需要重新布线，而且交换机和用户网卡之间的距离不能超过 100 m，否则信号衰减会很厉害。

5. 无线接入

随着无线技术的发展，出现了无线接入方式。作为新兴的 Internet 接入方式，由于无线上网摆脱了有线的束缚，使人们随时随地都能随意上网，特别是笔记本式计算机的发展与普及，无线上网越来越受人们的青睐。

目前，无线上网接入方式主要有 4G（4 Generation）、5G、Wi-Fi 等。

Wi-Fi 是无线局域网（WLAN）的一种技术，Wi-Fi 信号必须通过计算机的路由器发出来，使用时只需要填上密码就可以连接，运用在公司、家庭、学校等小范围地区。

① 4G 网络是指第四代无线蜂窝电话通信协议，集 3G 与 WLAN 于一体并能够传输高质量的视频图像。4G 系统能以 100 Mbit/s 的速度下载，比拨号上网快 2 000 倍，上传的速度也能达到 20 Mbit/s，并能满足几乎所有用户对于无线服务的要求。

② 对于用户而言，2G、3G、4G、5G 网络最大的区别在于传输速度不同。

7.2.6 无线路由器的设置

前面已经介绍过各种无线接入的技术，其中，家庭或公共场合中，笔记本式计算机或手机普遍采用 Wi-Fi 信号连接上网，这样既方便又节省流量。

Wi-Fi 信号的连接必须用到无线路由器。

无线路由器可以看作一个转发器，将家中接出的宽带网络信号通过天线转发给附近的无线网络设备，包括笔记本计算机、支持 Wi-Fi 的手机以及所有带有 Wi-Fi 功能的设备等。

市场上流行的无线路由器一般只能支持 15～20 个以内的设备同时在线使用，通常室内在 50 m 范围内都可以有较好的无线信号，而室外一般来说都只能达到 100～200 m 左右。当然，无线路由器信号强弱受产品质量、环境的影响较大。现在已经有部分无线路由器的信号范围达到了 300 m。

下面简单介绍无线路由器的连接及设置方法。

① 首先连线，如图 7-10 所示，电源接口连接电源；黄色的广域网（WAN）接口连接宽带的网络接口；有线局域网（LAN）接口连接本地计算机的网卡；复位键（RESET）将路由器恢复到厂家出厂设置。

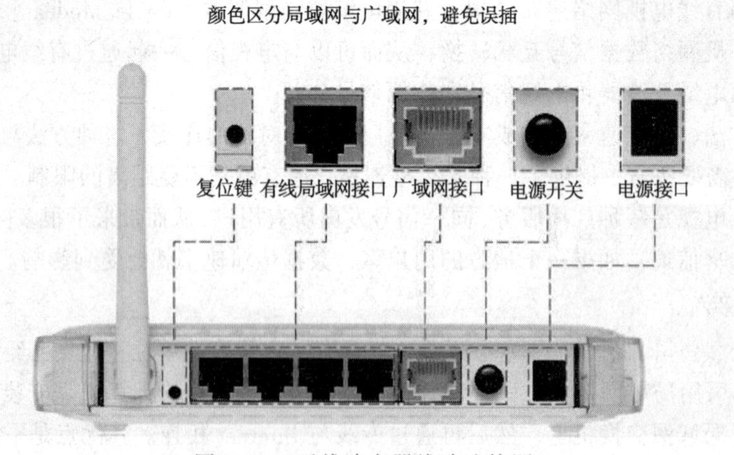

图 7-10　无线路由器线路连接图

② 连线完毕，按下无线路由器的电源开关。然后打开浏览器，在地址栏中输入 192.168.1.1（部分路由器是 192.168.0.1）按【Enter】键，进入无线路由器的设置界面，如图 7-11 所示。

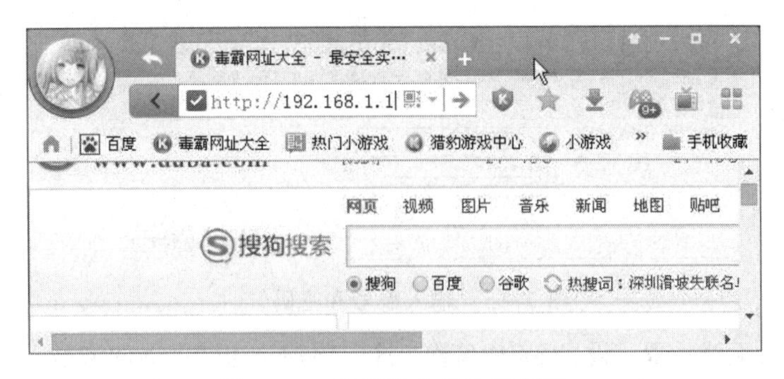

图 7-11　无线路由器设置界面

③ 需要用用户名和密码登录，登录成功之后才能设置参数，默认的用户名和密码都是 admin，可以参考说明书，如图 7-12 所示。

④ 登录成功之后选择设置向导的界面，默认情况下会自动弹出，如图 7-13 所示。

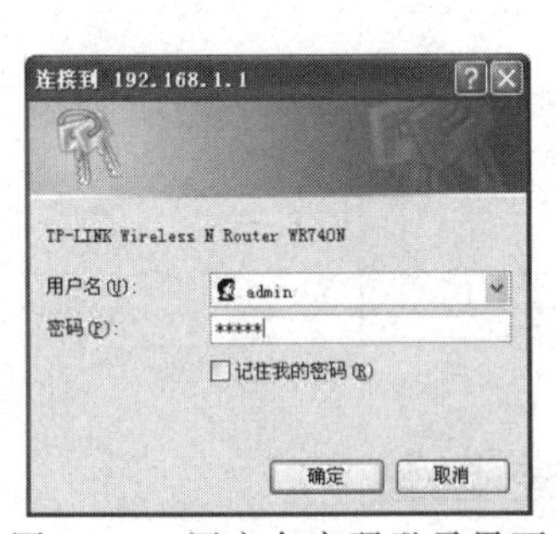

图 7-12　用户名密码登录界面

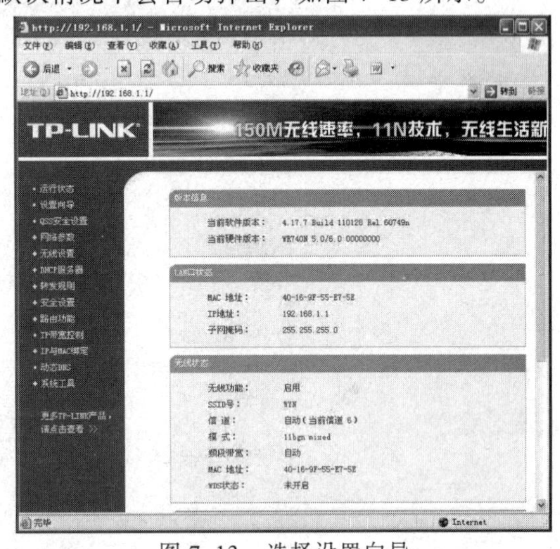

图 7-13　选择设置向导

⑤ 选择设置向导之后会弹出一个窗口说明，直接单击“下一步”按钮，进入上网方式设置，有 3 种上网方式可选择，家庭宽带 ADSL 用户一般选择第一项 PPPoE，如果用的是其他的网络服务提供商则根据实际情况进行选择，如图 7-14 所示。

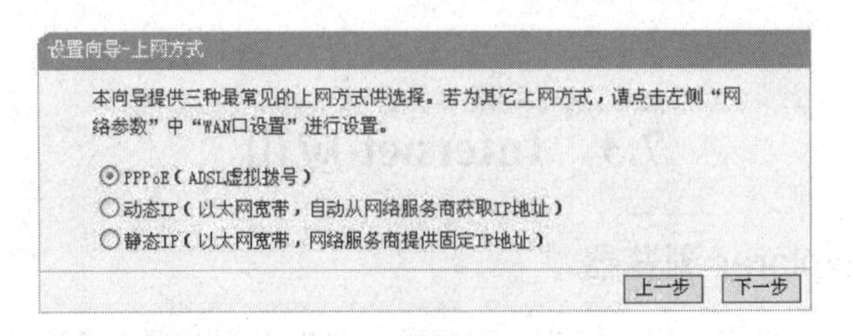

图 7-14　上网方式设置

⑥ 输入从网络服务提供商申请到的账号和密码，输入完成后直接单击“下一步”按钮，如图 7-15 所示。

设置向导
请在下框中填入网络服务商提供的ADSL上网帐号及口令，如遗忘请咨询网络服务商。
上网账号：
jy3266955@163.gd
上网口令：
确认口令：
上一步
下一步

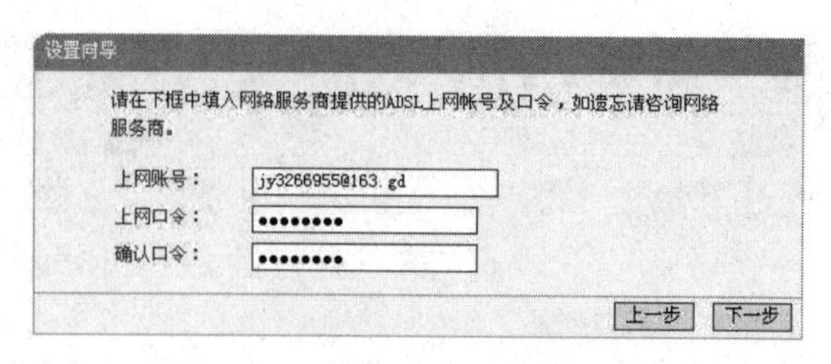

图 7-15　输入账号和密码

⑦ 接下来进入无线设置，设置 SSID 名称，这一项默认为路由器的型号，这是在搜索时显示的设备名称，可以根据自己的喜好更改，方便搜索使用。其余设置选项可以选择系统默认值，无须更改。但是“无线安全选项”一般要选择“WPA-PSK/WPA2-PSK”，以免被别人蹭网，也增强了安全性。设置完成后单击“下一步”按钮，如图 7-16 所示。

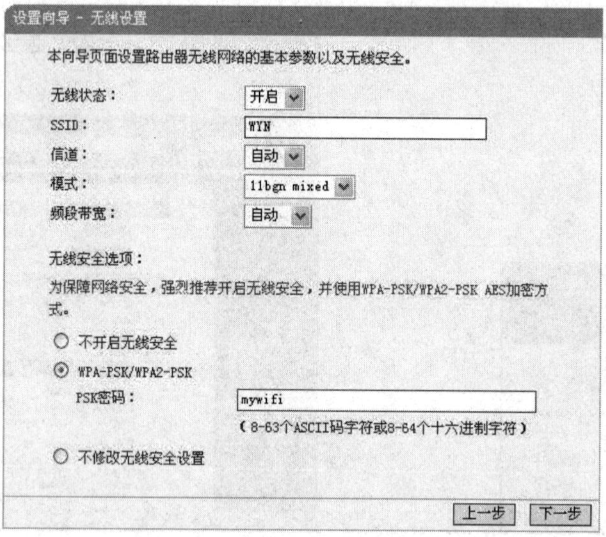

设置向导 - 无线设置
本向导页面设置路由器无线网络的基本参数以及无线安全。
无线状态：
开启
SSID：
WYN
信道：
自动
模式：
11bgn mixed
频段带宽：
自动
无线安全选项：
为保障网络安全，强烈推荐开启无线安全，并使用WPA-PSK/WPA2-PSK AES加密方式。
不开启无线安全
WPA-PSK/WPA2-PSK
PSK密码：
mywifi
（8-63个ASCII码字符或8-64个十六进制字符）
不修改无线安全设置
上一步
下一步

图 7-16　设置路由器的密码

⑧ 在下一步向导中单击“重启”按钮，重新启动路由器即可连接无线上网。重启之后等待 10～30 s 的时间，计算机就可以连接上网络。支持 Wi-Fi 的无线设备可直接打开 WLAN 选项，搜索 Wi-Fi 信号，找到无线路由器的 SSID 名称，双击连接，输入设置的密码即可连接上网。

7.3　Internet 应用

7.3.1　Internet Explorer 浏览器

要访问 Internet 上的超媒体信息资源，需要通过 WWW 浏览器去获取。WWW 浏览器是一种访问 Web 服务器的客户端工具软件，使用时，用户只需在客户端的浏览器上输入一个 URL 网址，服务器接收到请求后，就会按照网址所对应的计算机 IP 地址及路径，在浏览器上为用户打开相关的网页信息，供用户浏览查看。

目前，常用的 WWW 浏览器主要有 Microsoft 公司开发的 Internet Explorer（IE）浏览器、Mazilla 公司的 Firefox（火狐）浏览器、奇虎 360 公司的 360 安全浏览器等。不同的浏览器使用的内核不尽相同，界面、功能也各有千秋，但基本的使用还是一样的。本节以 Internet Explorer 为例，介绍说明 IE 浏览器的使用。

1. IE 的启动

安装了 Windows 7 操作系统，系统就会自动安装 IE 浏览器，并且在桌面上建立其快捷方式。双击桌面上的 IE 快捷图标，即可启动 IE 浏览器。

2. IE 的界面

启动 IE 浏览器之后，可以见到 IE 的窗口界面，如图 7-17 所示。

图 7-17　Internet Explorer 窗口界面

标题栏：显示当前网页的标题。

菜单栏：IE 所有的功能都集中在菜单栏中。

工具栏包含若干工具按钮，各按钮的功能描述如下：

①“”：“刷新”按钮，重新更新当前显示的网页。

②“”：“主页”按钮，打开 IE 浏览器设置的默认主页。

③“”：“停止”按钮，停止当前正在打开的网页。

④“”：“收藏夹”按钮，在浏览窗口左侧显示收藏夹窗格。

3. 设置 IE 浏览器

在 IE 浏览器窗口中，选择“工具”→“Internet 选项”命令，弹出“Internet 选项”对话框，如图 7-18 所示。该对话框中有“常规”、“安全”、“隐私”、“内容”、“连接”、“程序”和“高级”7 个选项卡，在这些选项卡中可以为 IE 浏览器进行各个方面的设置。

【例 7-1】设置 IE 的默认主页为“中国教育和科研计算机网”。

① 打开“Internet 选项”对话框，选择“常规”选项卡。

② 在“主页”选择区的“地址”文本框中，输入“中国教育和科研计算机网”的网址“www.edu.cn”。

③ 单击“应用”按钮，使设置生效，然后单击“确定”按钮或☒按钮关闭该对话框；或者直接单击“确定”按钮使设置生效并关闭该对话框。

用类似的方法可以为 IE 浏览器设置其他选项。

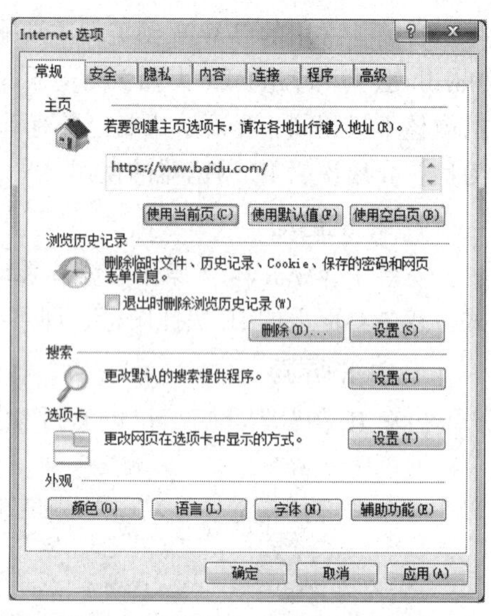

图 7-18 “Internet 选项”对话框

4. 使用 IE 浏览 Web 页

1）打开 Web 页

打开 Web 页的方法主要有 4 种：在 IE 浏览器地址栏中直接输入 Web 页 URL 地址，通过超链接打开相关的 Web 页，利用收藏夹打开 Web 页，在历史记录中打开 Web 页。这里先介绍前两种，后两种留在后面再介绍。

（1）通过在地址栏输入网址打开 Web 页

视频 7-1 设置 IE 主页

启动 IE 浏览器，在地址栏中输入想要浏览的网页的 URL 地址，如“www.sysu.edu.cn”（中山大学网站主页地址），输入完毕后按【Enter】键，IE 将向该地址的服务器进行连接，连接后将显示该网页，如图 7-19 所示。

图 7-19 中山大学网站主页

IE 有自动保存以前输入过的地址的功能，若要浏览的网页是以前输入过的，则可单击地址栏右侧的下拉按钮，这时下拉列表框会出现以前访问过的网页的网址，选择想要浏览的网址即可。

（2）通过超链接打开 Web 页

通常用户访问某个网站，打开的是该网站服务器的主页。为了主页页面既简洁清晰、又能表达更多的内容，通常仅仅在主页上提供所有信息内容的超链接。当鼠标指针移到页面某个对象上时，指针变为时，说明该对象含有超链接，单击即可访问到该超链接所对应的 Web 页。

2）浏览 Web 页

打开 Web 页之后就可以在 IE 浏览窗口中浏览网页，当浏览窗口容纳不下一个页面内容时，可通过拖动窗口右侧的滚动条来浏览窗口之外的页面内容。

实际上往往很少采用拖动窗口滚动条的方法来浏览页面，而是利用鼠标滚轮上下滚动来实现网页的滚动。另外有时网页上的图片也可以利用鼠标滚轮进行放大和缩小，一般来说，向上转动滚轮可以放大图片，向下转动滚轮可以缩小图片。

除此之外，在浏览窗口空白处单击，鼠标指针变成形状。这时若往下移动鼠标指针，鼠标指针会变成形状，同时网页自动徐徐向下滚动；若往上移动鼠标指针，则鼠标指针变成形状，同时网页自动徐徐向上滚动。

3）保存 Web 页

浏览的网页可以保存到计算机本地磁盘中。操作步骤描述如下：

① 打开要保存的 Web 页。

② 在 IE 窗口中选择“文件”→“另存为”命令，弹出“保存网页”对话框。

③ 在该对话框中选择保存的路径，输入保存的文件名，选择保存类型，然后单击“保存”按钮。

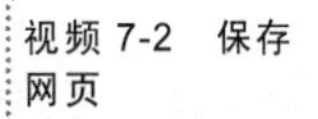

【例 7-2】把本校的学校概况网页以“学院概况”为文件名保存到本地磁盘“D:\Internet\”中。

操作步骤描述如下：

① 打开本校网站主页，地址为“www.jyc.edu.cn”，如图 7-20 所示。

图 7-20 揭阳职业技术学院网站主页

② 在网站主页上找到学校概况的超链接，单击进入该超链接的内容，打开“学院概况”网页，如图 7-21 所示。

图 7-21　学院概况网页

③ 在该网页 IE 窗口上，选择“文件”→“另存为”命令，弹出“保存网页”对话框，如图 7-22 所示。在该对话框中选择保存路径“D:\Internet\”，输入保存的文件名为“学院概况”（保存类型为默认“网页，全部”即可），然后单击“保存”按钮，完成该页面的保存。

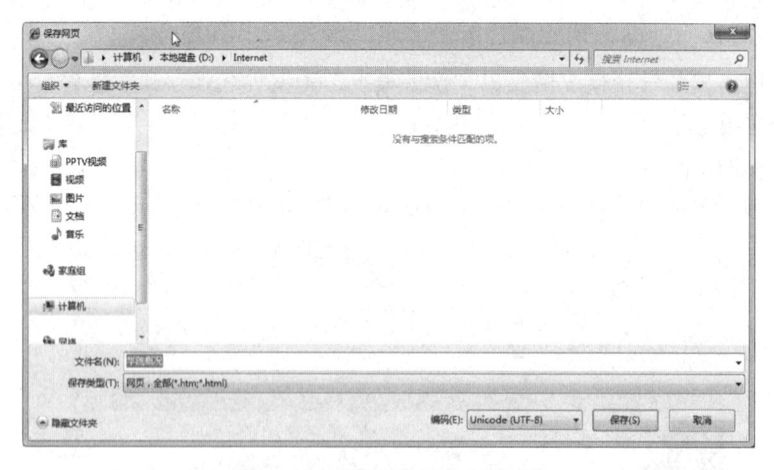

图 7-22　“保存网页”对话框

④ 保存网页中的文本信息。有时用户只需要网页上的部分文本信息，这时无须保存整张网页，仅仅保存所需的文本信息即可。保存文本有两种情况：

- 与在 Word 中用鼠标拖动的方法选择文本一样，在 Web 页上用鼠标拖动选择需要保存的文本，在选定区上右击，在弹出的快捷菜单中选择“复制”命令，然后在 Word 或记事本等文字编辑应用程序中，选择右键菜单中的“粘贴”命令，然后保存该文档，即可将刚才选定的文本保存在本地磁盘中。

- 在要保存文本信息的网页 IE 窗口上，选择“文件”→“另存为”命令，弹出“保存网页”对话框（见图 7-22），在该对话框中选择保存路径，输入保存的文件名，选择“保存类型”为“文本文件（*.txt）”，然后单击“保存”按钮，即可把该页面的文本信息以记事本文件形式保存在本地磁盘中。

⑤ 保存网页上的图片。右击网页上需要保存的图片，在弹出的快捷菜单中选择“图片另存为”命令，在弹出的“保存图片”对话框中，选择保存图片的位置、文件名和保存类型，最后单击“保存”按钮，即可把网页上的图片保存在本地磁盘中。

5. 收藏夹的使用

收藏夹是 IE 提供给用户保存常用网址的文件夹。若要访问保存在收藏夹中的某一网址，只需单击收藏夹中该网址的名称即可打开该网页。在收藏夹中，保存的网址像磁盘中的文件一样，用户可以对这些网址文件进行删除、移动、重命名、建立文件夹等分类存放操作。

（1）添加到收藏夹

一个经常要访问的网址，为了方便每一次的打开，常常把它添加到收藏夹中。操作过程描述如下：

① 打开要添加到收藏夹中的网页。

② 在 IE 窗口中选择“收藏夹”→“添加到收藏夹”命令。

③ 在弹出的“添加收藏”对话框中，输入该网页的名称（可以自己命名，也可以按照默认标题栏中的名称），最后单击“确定”按钮完成添加操作。

视频 7-3　收藏夹的使用

【例 7-3】把中山大学网站的主页添加到收藏夹中，名称为“中山大学”。

① 在 IE 地址栏中输入中山大学的网址：www.sysu.edu.cn ，打开该主页。

② 选择“收藏夹”→“添加到收藏夹”命令，弹出“添加收藏”对话框，如图 7-23 所示。

③ 在该对话框中，输入网页的名称“中山大学”，最后单击“添加”按钮。

说明：在“添加到收藏夹”对话框中，还可以通过单击创建位置右边的下拉按钮，弹出收藏夹文件夹的选择，也可以单击“新建文件夹”按钮在收藏夹中新建一个文件夹。

（2）整理收藏夹

选择“收藏夹”→“整理收藏夹”命令，弹出“整理收藏夹”对话框，如图 7-24 所示。在该对话框中，可以像整理磁盘文件/文件夹一样，对收藏的网址文件进行删除、移动、重命名操作，还可以创建文件夹进行分类存放等。

（3）利用收藏夹打开 Web 页

启动 IE，选择“收藏夹”命令，在下拉菜单中单击想要打开的 Web 页的名称，即可打开该 Web 页。

6. 历史记录

选择“查看”→“浏览器栏”→“历史记录”命令，这时 IE 浏览窗口左侧会出现一个“历史记录”窗格，该窗格列出了“History”文件夹中包含的已访问网页的链接，单击想要访问的某一历史记录网页链接，即可打开该 Web 页。

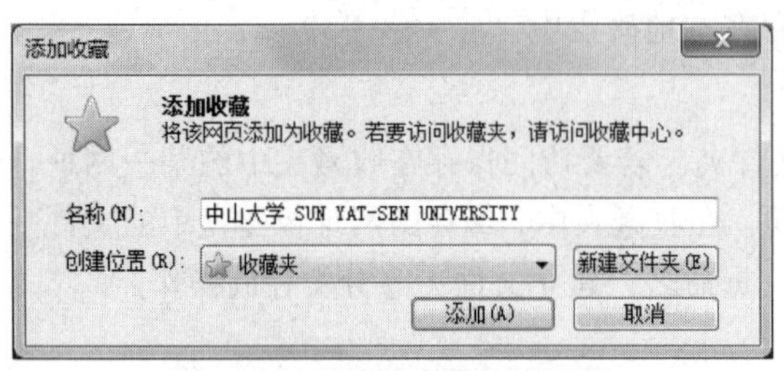

图 7-23 “添加收藏”对话框

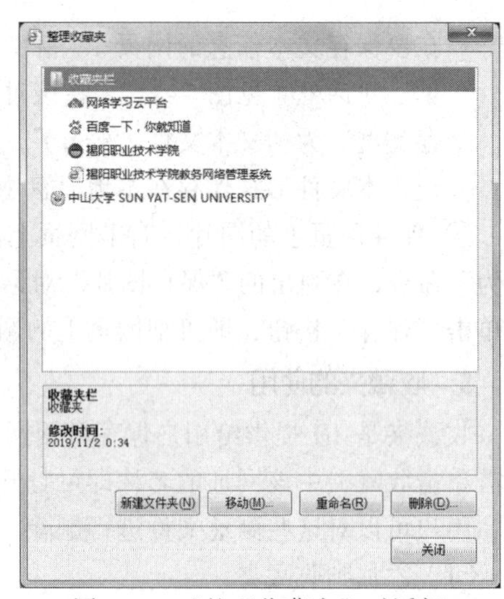

图 7-24 “整理收藏夹”对话框

7.3.2 Internet 信息资源的搜索

Internet 的规模如此之大，网上的信息资源更是浩瀚无比，想在 Internet 上搜索所需的资料，简直如同大海捞针。为了满足用户方便地在 Internet 上进行信息资源的搜索，各种专业的搜索网站应运而生。这些专门提供 Internet 信息资源搜索功能的网站，称为“搜索引擎”。

1. 搜索引擎

搜索引擎的工作过程：用户输入要搜索资料的关键词，搜索引擎就在其数据库中进行匹配搜寻；如果找到与关键词相匹配的网站，则根据网页中关键词的匹配程度、出现的频率次数等信息，通过特殊的算法计算出各网页信息的关联程度，然后按关联程度的高低顺序将这些网页链接返回给用户列表；否则显示找不到匹配网站等提示信息。

因为 Internet 上的资源日新月异，所以搜索引擎必须不断更新其数据库，以满足用户搜索的需求。

下面介绍几个常用的搜索引擎。

1）百度

百度是全球最大的中文搜索引擎、最大的中文网站。2000 年 1 月创立于北京中关村，它一直致力于让网民更便捷地获取信息，找到所求。用户通过百度主页，可以瞬间找到相关的搜索结果，这些结果来自于百度超过数百亿的中文网页数据库。百度还提供 MP3、图片、视频、地图等多样化的搜索服务，给用户提供更加完善的搜索体验，满足多样化的搜索需求。

百度的网站地址是 https://www.baidu.com，它的中文版主页如图 7-25 所示。

百度搜索集多种功能于一身，是为数不多的功能齐全的搜索引擎之一，其中的“百度快照”“百度地图”更是堪称一绝。

（1）百度快照

每个被收录的网页，在百度上都存有一个纯文本的备份，称为“百度快照”。这是一种全新的浏览方式，解决了因网络问题、网页服务器问题及病毒问题导致无法浏览的问题。当网速较慢时，可以通过“百度快照”快速浏览页面内容。但如果无法连接原网页，那么快照上的图片等非文本内容，会无法显示。

图 7-25　百度主页

（2）百度地图

百度地图是百度提供的一项网络地图搜索服务，覆盖了国内近 400 个城市、数千个区县。在百度地图中，用户可以查询街道、商场、楼盘的地理位置，也可以找到离自己最近的所有餐馆、学校、银行、公园等。

在百度主页上，单击浏览窗口右上角的“地图”超链接，打开“百度地图”IE 窗口，如图 7-26 所示。

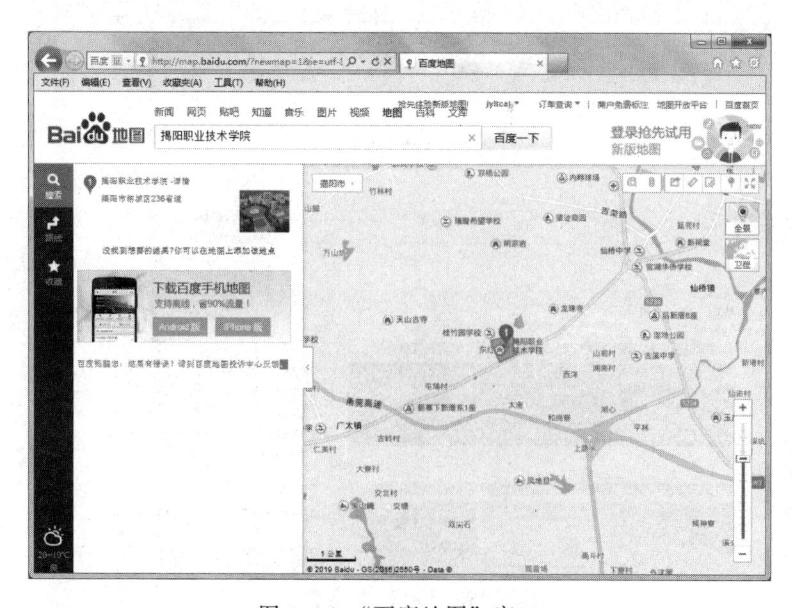

图 7-26　“百度地图”窗口

百度地图提供了丰富的公交换乘、驾车导航的查询功能，为用户提供最适合的路线规划。不仅知道要找的地点在哪，还可以知道如何前往。同时，百度地图还为用户提供了完备的地图功能（如搜索提示、视野内检索、全屏、测距等），便于更好地使用地图，便捷地找到所求。

2）其他搜索引擎

（1）必应 Bing（http://cn.bing.com）

Bing 的首页（见图 7-27）图片唯美，画质清晰，页面非常的简洁舒适，让人产生即视美感，导航也很方便。

图 7-27　必应 Bing 主页

（2）360 搜索（www.so.com）

2012 年 8 月诞生，目前市场份额占有率 30%以上。360 搜索和 360 浏览器深度融合，品牌价值整体提升，使用较方便。360 搜索主页如图 7-28 所示。

图 7-28　360 搜索主页

（3）搜狗（www.sogou.com）

2004 年成立，2013 年后被腾讯收购，占有市场份额 7%左右。搜索服务门类众多，与腾讯产品服务结合。搜狗主页如图 7–29 所示。

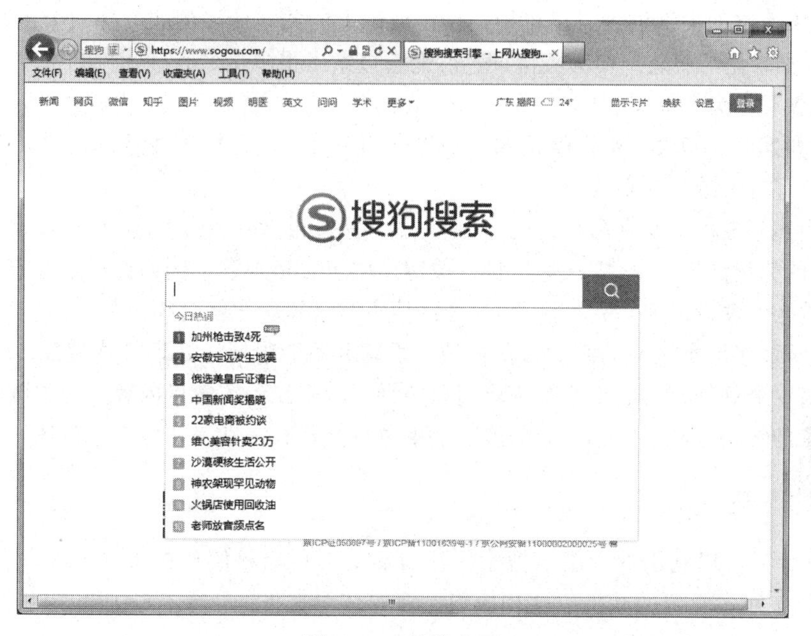

图 7–29　搜狗主页

（4）搜百度盘（www.sobaidupan.com）

搜百度盘是基于百度云搜索，最大的百度云盘资源搜索中心，具有千万级大数据量。搜百度盘主页如图 7–30 所示。

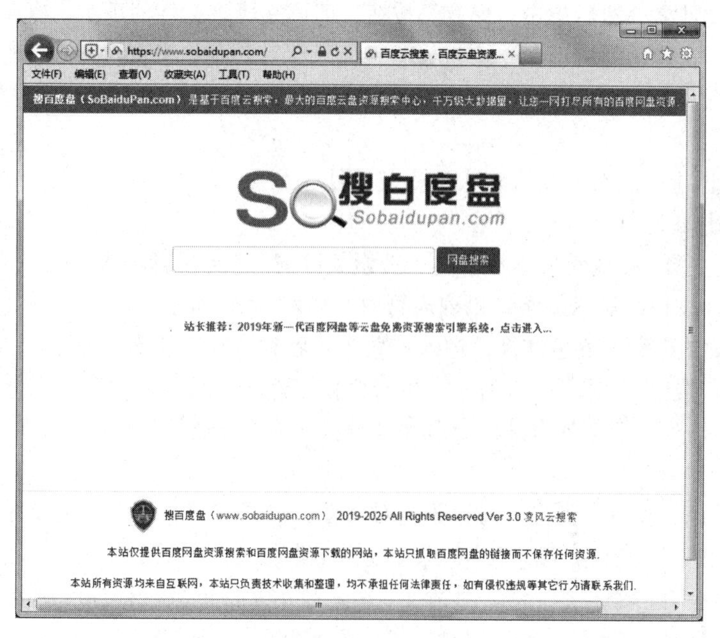

图 7–30　搜百度盘主页

2. **搜索技巧**

最基本同时也是最有效的搜索技巧，就是选择合适的关键词。虽然说关键词的选择是一种经验积累，但在一定程度上也有章可循。

① 避免大而空的关键词，且尽量使用两个或以上的关键词。例如要搜索今年春季服装新款式样信息，如果用“服装”作为关键词，可能会搜索出很多莫名其妙无用的信息。这里适宜用“春装 新款”作为关键词。

② 表述要准确。搜索引擎严格按照用户提交的关键词进行精确搜索，因此，关键词表述准确是获得良好搜索结果的必要前提。

关键词表述不准确主要有两种情况：一种是意思差不多，但字面不同，例如要搜索某条“新闻”，而输入的关键词为“事件”；另一种是关键词中包含错别字，例如要搜索有关“狄仁杰”的介绍，而输入的关键词为“狄仁洁”，这样的搜索结果和质量就会相差甚远。

③ 关键词的主题关联与简练。目前的搜索引擎并不能很好地处理自然语言，因此，在提交搜索请求时，最好把自己的想法提炼成简单的且与希望找到的信息内容主题关联的关键词。

有关搜索的技巧还有很多，不同的搜索引擎也可能稍有区别，这里不再赘述。

7.3.3 文件下载

Internet 除了可以利用搜索引擎搜索用户所需的网页资料信息并将页面保存到本地磁盘之外，还提供了很多免费的软件、文档资料、多媒体等文件的下载。下面介绍几种常用的下载方法。

1. **普通下载**

在网页上，有些超链接可以提供给用户下载它所指定的文件。单击该超链接，就会弹出“文件下载”对话框，单击对话框中的“保存”按钮，即弹出“另存为”对话框，在该对话框中选择保存的路径、文件名，然后单击“保存”按钮，即可完成该文件的下载。有些超链接需要通过在链接上右击，在弹出的快捷菜单中选择“目标另存为”命令来实现下载。若是要下载网页上的图片，则在图片上右击，在弹出的快捷菜单中选择“图片另存为”命令，把该图片保存到本地磁盘中。

视频 7-4 软件下载

【例 7-4】从网上下载紫光拼音输入法安装软件。

操作步骤描述如下：

① 打开百度主页，在搜索文本框中输入搜索关键词“紫光拼音输入法”，单击“百度一下”按钮，显示搜索结果列表页面，如图 7-31 所示。

② 单击列表中的第二条超链接，进入“紫光拼音输入法”下载页面，单击“下载地址”按钮，如图 7-32 所示，单击该按钮进入下载地址列表。

③ 在下载地址列表中选择合适的下载地址链接，单击该链接，弹出“文件下载”对话框，如图 7-33 所示。

④ 单击“保存”按钮，弹出“另存为”对话框，如图 7-34 所示。选择保存在“D:\输入法\”中，文件名为“紫光拼音输入法”，保存类型为默认类型，然后单击“保存”按钮。

⑤ 保存过程会有一个“已完成”对话框，用来显示文件下载过程进度情况，如图 7-35 所示。当文件下载完毕后，该对话框即自动关闭，完成整个下载过程。

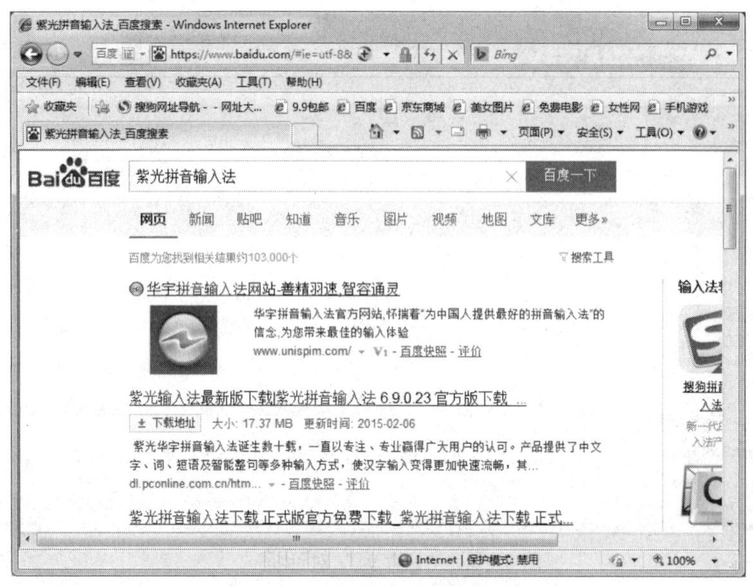

图 7-31　利用百度搜索结果

图 7-32　“紫光拼音输入法”下载页面

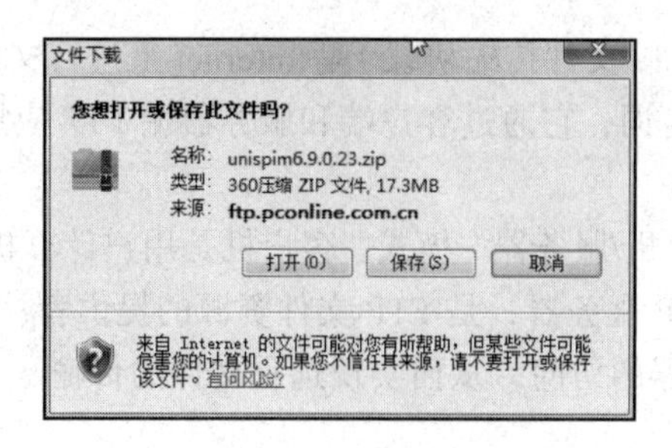

图 7-33　“文件下载”对话框

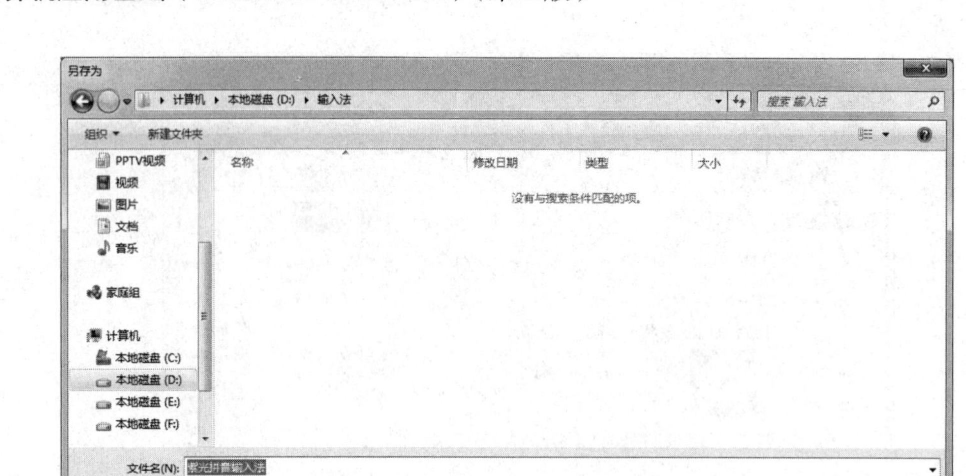

图 7-34 “另存为”对话框

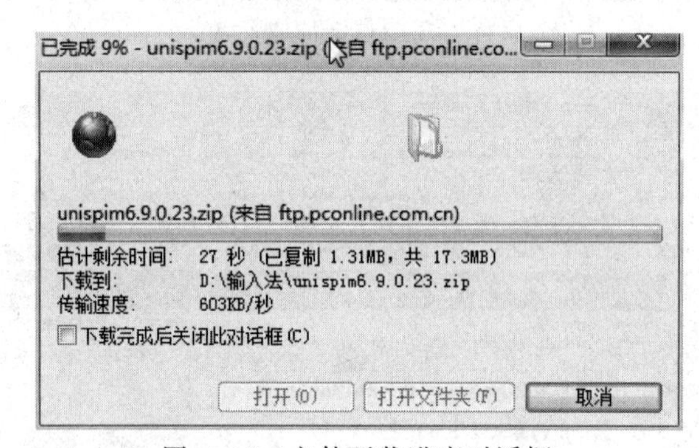

图 7-35 文件下载进度对话框

2. 工具下载

有时会发现，当在网页上下载所需的资源时，下载速度很慢，一些大的资源有时甚至要数小时才能下载完成。这种情况下，可以借助一些网络下载工具加快下载速度，节省时间。常用的网络下载工具有迅雷、FlashGet、网络蚂蚁、网际快车、BT 等。其具体的使用方法在后面章节会讲到，这里不再赘述。

3. FTP 的使用

（1）什么是 FTP

FTP（File Transfer Protocol，文件传输协议）是 Internet 上进行文件传输所必须遵循的协议。FTP 也是文件传输服务的代名词，它通过客户端和服务器端 FTP 应用程序，在 Internet 上实现远程文件的传输。

FTP 的工作方式是“客户机/服务器”模式。客户机是用户计算机，用来访问服务器文件数据的工作站；服务器也称 FTP 服务器，是 FTP 文件资源的提供者；客户机通过客户端 FTP 应用程序实现对远程 FTP 服务器的访问，从而实现远程文件的传输。

（2）FTP 服务器的访问

访问 FTP 服务器时，客户机通过 FTP 客户端程序登录 FTP 服务器地址（IP 地址或域名地址均可），通过输入正确的用户名和密码之后，才能取得该用户所对应的访问权限，根据访问权限再对服务器进行相关操作。访问权限主要有对文件的读取、写入、追加、删除、执行等，对目录的列表、创建、移除等，对目录的继承等。

有些 FTP 服务器也提供匿名访问，使任何用户都可以通过匿名账号登录到服务器上，匿名账户名统一为“anonymous”。匿名用户通常无须密码登录，且一般只允许用户从服务器上“下载”文件。

（3）用 IE 浏览器访问 FTP 服务器

IE 浏览器不仅能够访问 WWW 服务，进行网页浏览，也可以访问 FTP 服务、进行远程文件传输。其操作过程可以描述如下：

① 启动 IE 浏览器，在地址栏中输入 FTP 服务器地址，如 ftp://219.222.113.20 ，然后按【Enter】键（此处“ftp://”不能省略，它表示采用 FTP 方式进行访问）。

② 选择“文件”→“登录”命令，弹出“登录身份”对话框，在对话框中输入登录到该 FTP 服务器的用户名和密码，然后单击“登录”按钮登录到 FTP 服务器（匿名访问无须输入用户名和密码，即可连接到 FTP 服务器）。

③ 连接到 FTP 服务器后，在 IE 浏览窗口中显示的是 FTP 服务器该用户名所对应的文件和目录，与资源管理器管理文件/文件夹的方法类似，对 FTP 服务器上的文件和目录进行打开、浏览、复制等操作，从而实现远程文件到本地磁盘的传输。

视频 7-5　FTP 下载应用

【例 7-5】从 FTP 服务器上下载一首 MP3 音乐。

操作步骤描述如下：

① 启动 IE，在地址栏中输入地址 ftp://219.222.113.20 并按【Enter】键，连接到 FTP 服务器，如图 7-36 所示。

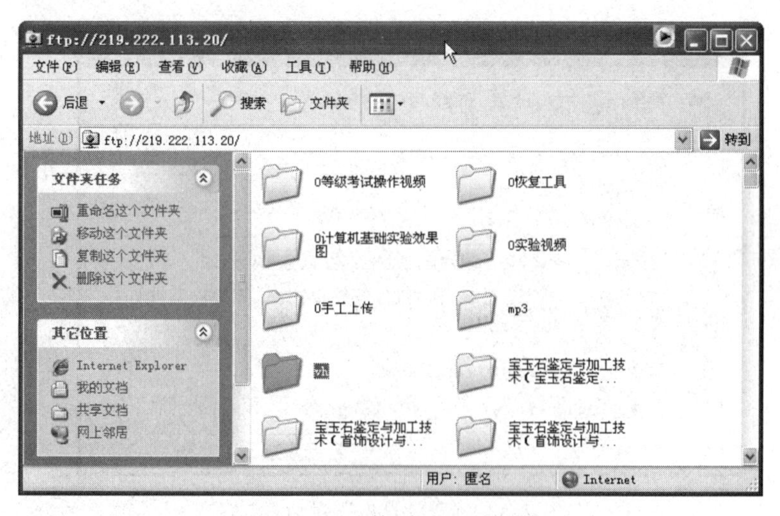

图 7-36　连接到 FTP 服务器

② 打开“mp3”目录，找到要下载的音乐“北京欢迎你.mp3”，右击该文件，在弹出的快捷菜单中选择“复制”命令，如图 7-37 所示。

③ 在本地磁盘合适位置执行“粘贴”命令，把该文件下载到本地磁盘中。

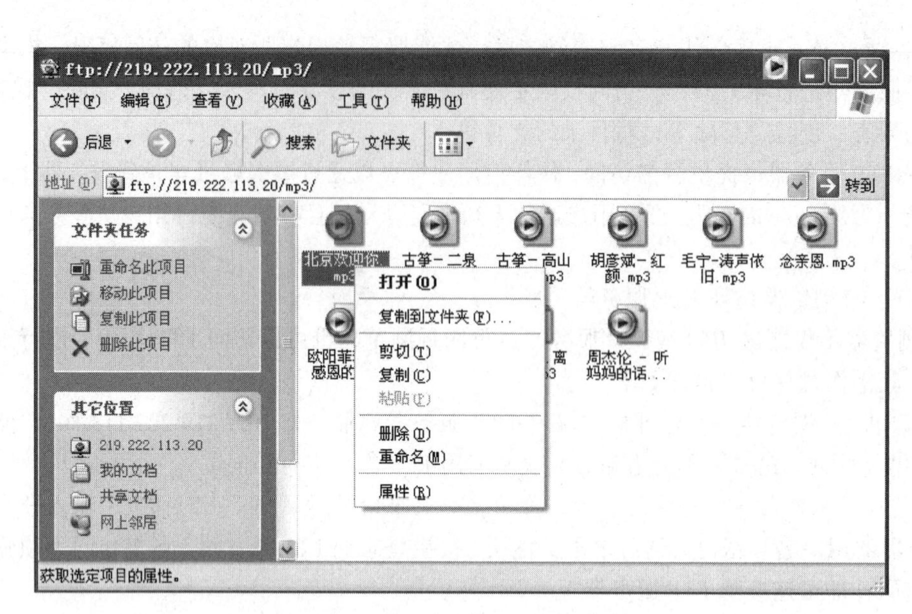

图 7-37　下载 FTP 服务器上的文件

【例 7-6】把本地磁盘中的一张图片上传到 FTP 服务器上。

视频 7-6　FTP 上传应用

操作步骤描述如下：

① 连接到“ftp://219.222.113.20”FTP 服务器，选择“文件”→“登录”命令，弹出“登录身份”对话框，如图 7-38 所示。

② 在对话框中输入登录到该 FTP 服务器的用户名和密码，然后单击“登录”按钮，登录到用户“xsm”的 FTP 服务器目录，如图 7-39 所示。

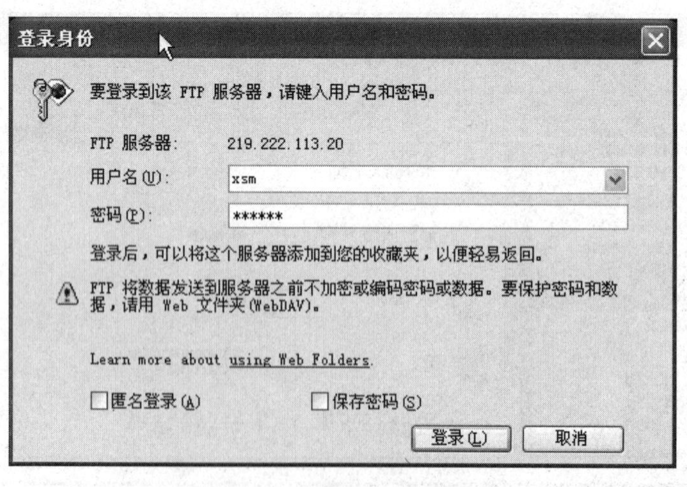

图 7-38　“登录身份”对话框

③ 在本地磁盘中，复制要进行上传的图片。

④ 在图 7-39 所示窗口的空白处执行“粘贴”命令，把该图片上传到 FTP 服务器上。

图 7-39　使用用户名和密码登录到 FTP 服务器

7.3.4　电子邮件 E-mail

1. 电子邮件概述

电子邮件(E-mail)是 Internet 提供的一项最基本的服务，它模仿普通的邮政业务，在 Internet 的服务器上（如 ISP 的邮件服务器）建立一个“邮局”，用户在该“邮局”上申请一个“电子邮箱”，有了“电子邮箱”就可以进行电子邮件的发送和接收。

（1）电子邮件协议

电子邮件在发送和接收过程中，也要遵循一些协议，这样才能保证电子邮件能够在不同的系统之间进行正确传输。常见的电子邮件协议有电子邮件发送协议 SMTP，电子邮件接收协议 POP3 和 IMAP4 等。

目前，ISP 的邮件服务器基本都安装了 SMTP 和 POP3 协议，大多数电子邮件客户端软件也都支持这两项协议。

（2）E-mail 地址

用户要使用 Internet 提供的电子邮件服务，首先要向邮件服务器申请一个电子邮箱。每一个用户的电子邮箱都有一个唯一的标识，称为电子邮件地址，通常称为 E-mail 地址。E-mail 地址有一个统一的格式，它的一般格式如下：

用户名@域名

其中，“用户名”是用户向邮件服务器申请时使用的账号；“域名”是邮件服务器的域名；“@”读音跟英文单词“at”一样，表示“在……”的意思。这样，一个 E-mail 地址就可以理解为“某用户在某服务器上”。例如，it@jyc.edu.cn、jsj@163.com。

2. 免费 E-mail 的申请和使用

（1）申请 E-mail 邮箱

很多网站都提供免费 E-mail 邮箱的申请，如网易 163 免费邮、网易 126 免费邮、网易

Yeah.net 邮箱、新浪通行证、MSN Hotmail 等。下面以网易 Yeah.net 邮箱为例，简单介绍 E-mail 邮箱的申请过程。

① 打开网易 126 网站，网址为 http://www.126.com，单击页面上的“注册”按钮，打开“注册网易免费邮箱”页面，如图 7-40 所示，在页面中可以选择注册字母邮箱、手机号码邮箱或 VIP 邮箱（这里以注册字母邮箱为例），在邮件地址中输入申请邮箱的用户名（用户名是用户自己起的一个名字，其命名方法通常在此页面上会有提示，这里以“x_shaoman”为例，如果输入的用户名已经被注册，系统会要求重新输入用户名，直到输入一个没有人用过的用户名为止），设置密码，输入验证码，然后单击“立即注册”按钮。

图 7-40　填写资料

② 信息提交成功后，即成功申请了一个网易 126 的免费电子邮箱，其 E-mail 地址为 x_shaoman@126.com。

（2）E-mail 邮箱的使用

打开网易 126 网站，输入登录邮箱的用户名和密码，如图 7-41 所示，然后单击“登录”按钮，即可登录到电子邮箱中。登录后的页面如图 7-42 所示。

根据图 7-42 所示的页面，可以进行“收信”“写信”操作，也可对邮件文件进行查看和管理操作。此外，还可以填写通讯录，保存经常联系的 E-mail 地址；可以对邮箱的选项进行设置等。

图 7-41 登录电子邮箱页面

图 7-42 登录到电子邮箱后的页面

【例 7-7】发一封 E-mail 给老师，写出对本课程教学的一些意见和建议。

视频 7-7　E-mail 应用

操作步骤如下：

① 用上面的用户名登录到网易 126 电子邮箱中。

② 在登录后的邮箱页面上，单击“写信”按钮，在“写信”页面上填写以下信息。

- “收件人”的 E-mail 地址，如 lxh@jyc.edu.cn。
- “主题”文本框：输入“课程教学意见和建议”，主题内容将会显示在收件人邮件列表主题中，以方便收件人通过主题就能了解邮件的大概内容。
- “附件”：本地磁盘的文件（如文档、图片等）可作为附件进行发送，发送时单击“添加附件”超链接，在弹出的“选择文件”对话框中选择要发送的文件。
- 在信件内容文本框中输入信件内容。

③ 以上信息填写完毕后，单击“发送”按钮，即可将此信件发送到 lxh@jyc.edu.cn 中，如图 7-43 所示。

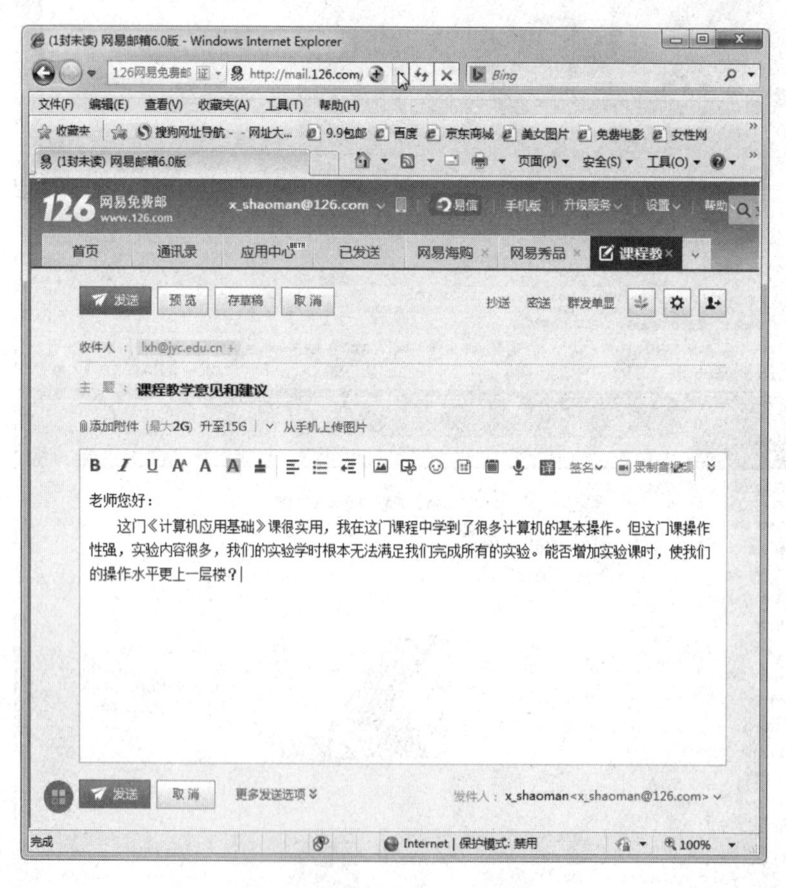

图 7-43　发送 E-mail 的页面

7.3.5　网络存储

网络上的信息资源非常丰富，以前经常会遇到这样的情形：在网络上找到了一些非常有用的资料，但却苦于 U 盘容量不够，身边也没有其他存储设备，难以把资料存储起来。现在却完全不用担心此类问题，网络上有许多免费的存储空间，通过注册，即在这样的平台上拥有一定的存储空间，可以随时把一些有用的资料存储到这些空间上去，有需要时再把这些资料下载下来。有些甚至通过登录手机端平台，可以直接浏览里面的内容。这样的网络存储空间很多，如百度云、微云等，下面简单介绍几种比较常用的网络存储空间。

1. 百度云

百度云（Baidu Cloud）是百度推出的一项云存储服务，已覆盖主流 PC 和手机操作系统，包含 Web 版、Windows 版、Mac 版、Android 版、iPhone 版和 Windows Phone 版，用户可以轻松地将自己的文件上传到网盘上，并可跨终端随时随地查看和分享。

百度云的使用非常简单，只需从网络上下载“百度云管家”，安装后进行注册，即可获得大容量存储空间。注册后每次登录时使用自己的账号、密码进行登录即可，登录后的界面如图 7-44 所示。

图 7-44　登录后的界面

- “我的网盘”：可以上传、下载文件，也可自由管理网盘中存储的文件。
- “分享”：可与别人分享文件；也可与好友进行一对一、一对多或多对多的直接对话，这是百度云推出的多人群组功能，这也是国内首个能够进行云存储社交的云服务平台。
- “隐藏空间”：这是百度云专为用户打造的私人文件存储空间，可保护用户的私密文件。
- “功能宝箱”：百度云提供了更多功能，如手机忘带、数据线、自动备份、回收站、锁定云管家。

此外，通过登录手机端百度云管家，可以轻松地浏览网盘中的文件（包括图片、音频、视频、文档等），无须下载文件到本地。

2. 微云

微云是腾讯公司为用户精心打造的一项智能云服务，可以通过微云方便地在手机和计算机之间同步文件、推送照片和传输数据。

① 网盘：文件可以自动同步到云端，省时省心。微云中的网盘是一个集合了文件同步、备份和分享功能的云存储应用，让手机和计算机自动同步文件，使手机与计算机之间实现无线、无缝连接。

② 相册：自动汇集照片。微云是一个智能云服务，替用户自动汇集不同设备中拍摄的照片，并按照拍摄时间和来源设备进行编排整理。

③ 传输：把文件极速传到用户附近的设备中。通过微云传输，用户可以寻找在同一个 Wi-Fi 热点下的其他设备，向它们高速发送文件。本功能只在 Wi-Fi 热点下传输文件，不经云端服务器，方便快捷。

习　题

1. 计算机网络按逻辑功能可分为资源子网和（　　）两部分。
   A. 通信子网　　B. 联络子网　　C. 连接子网　　D. 信息子网
2. 就计算机网络按规模分类而言，下列说法中规范的是（　　）。
   A. 网络可分为光缆网、无线网、局域网
   B. 网络可分为公用网、专用网、远程网
   C. 网络可分为数字网、模拟网、通用网
   D. 网络可分为局域网、广域网、城域网
3. 计算机网络的（　　）形式称为网络的物理拓扑结构。
   A. 通信连接　　B. 变相连接　　C. 物理连接　　D. 相互连接
4. 以下不属于大数据 4V 特性的是（　　）。
   A. Very（非常）　　B. Velocity（高速）　　C. Variety（多样）　　D. Value（价值）
5. 以下（　　）IP 地址是错误的。
   A. 1.127.0.4　　B. 62.2.240.24　　C. 168.215.49.1　　D. 219.16.266.7
6. 以下（　　）URL 地址格式有误。
   A. http://thinking.job.org　　B. http://www.jyc.edu.cn
   C. ftp://ftp.doking.cn　　D. http:\\www.163.com
7. ADSL 也称（　　）用户线，是用户高速上网的一种手段。
   A. 非对称数字　　B. 对称数字　　C. 非对称协议　　D. 对称协议
8. 以下不属于 WWW 浏览器的是（　　）。
   A. Internet Explorer　　B. Maxthon
   C. Outlook Express　　D. Firefox
9. FTP 的工作方式是采用（　　）模式。
   A. 客户机／客户机　　B. 客户机／服务器

C. 服务器／客户机　　D. 服务器／服务器

10. HTTP 指的是（　　）。

A. 超文本标记语言　　B. 超文本传输协议
C. 超文本文件　　D. 超媒体文体

11. 使用匿名 FTP 服务，用户登录时常常使用（　　）作为用户名。

A. 自己的 E-mail 地址　　B. 主机的 IP 地址
C. anonymous　　D. 结点的 IP 地址

12. Outlook Express 是（　　）软件。

A. 电子邮件客户端　　B. WWW 浏览器
C. 文件传输　　D. 上网拨号

13. 匿名 FTP 服务的含义是（　　）。

A. 只能上传，不能下载
B. 有账户的用户才能登录服务器
C. 免费提供 Internet 服务
D. 允许没有账户的用户登录服务器，并下载文件

14. 域名是 Internet 服务提供商（ISP）的计算机名，域名中的后缀.gov 表示机构所属类型为（　　）。

A. 商业组织　　B. 军事部门　　C. 教育机构　　D. 政府机构

15. 当前 IPv4 地址是一个 4 字节的（　　）位二进制数。

A. 64　　B. 32　　C. 8　　D. 16

16. Internet 实现了分布在世界各地的各类网络的互连，其最基础和核心的协议是（　　）。

A. FTP　　B. TCP/IP　　C. HTML　　D. HTTP

17. 电子邮件地址的一般格式为（　　）。

A. IP 地址@域名　　B. 域名@IP 地址
C. 用户名@域名　　D. 域名@用户名

18. 应用软件“酷狗”是一类（　　）软件。

A. 新闻播报　　B. 购物　　C. 音乐　　D. 程序开发

19. 以下不属于物联网的关键技术的是（　　）。

A. 传感器技术　　B. RFID 标签　　C. 嵌入式系统技术　　D. 程序开发技术

20. 以下属于云计算服务层次的是（　　）。

A. 基础设施即服务（IaaS）　　B. 平台即服务（PaaS）
C. 软件即服务（SaaS）　　D. 以上都是

在前面的章节中介绍了计算机的基本操作和几种常见办公软件的使用，在实际操作中，除了这几种办公软件外，还有多种工具软件可供用户选择。根据特定的需求，选择一款合适的工具软件，不仅使工作变得轻松愉快，还可以大大提高工作效率，更能体现计算机的多重作用。本章主要介绍几种常用工具软件的使用方法。

8.1　压缩软件 WinRAR

WinRAR 是一款功能强大的压缩软件，全面支持 RAR 和 ZIP 压缩，并为其他压缩工具所创建的 CAB、ARJ、LZH、TAR、GZ、ACE、UUE、JAR 和 ISO 文件提供基本操作，如查看内容、解压缩文件、显示注释和压缩包信息等。WinRAR 可以创建固定压缩、分卷压缩、自释放压缩等多种方式，也可以选择不同的压缩比例，最大程度地减少占用体积。本节以 WinRAR 5.21 中文版为例，介绍具体的用法。

8.1.1　WinRAR 的下载和安装

1. 下载 WinRAR

WinRAR 的安装文件，可以从 Internet 网络上下载，也可以通过光盘读取。若要从网络下载，建议用户从正规的软件测试与下载站点下载，如华军软件园、新浪软件下载等。若要通过光盘获取该软件，建议购买一些专门的工具软件光盘或提供 WinRAR 工具的其他应用软件安装盘。

2. 安装 WinRAR

双击下载后的压缩包（见图 8-1），打开“WinRAR 简体中文版”的安装窗口，如图 8-2 所示。

图 8-1　WinRAR 压缩包

在此窗口中单击“浏览”按钮选择安装软件的位置，或在地址栏中直接输入地址，然后单击“安装”按钮，按提示要求完成软件安装。

最后出现图 8-3 所示的软件设置窗口。

各选项功能如下：

① WinRAR 关联文件：将相应格式的文件与 WinRAR 创建联系，如果经常使用 WinRAR，可以与所有格式的文件创建联系，也可以根据实际选择。

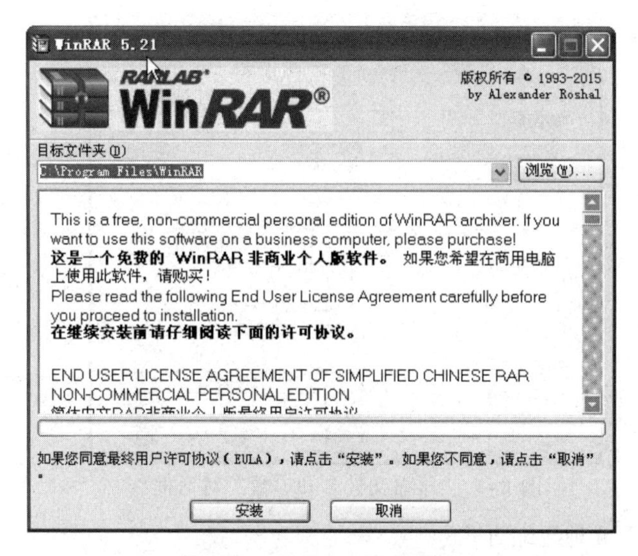

图 8-2　WinRAR 安装窗口

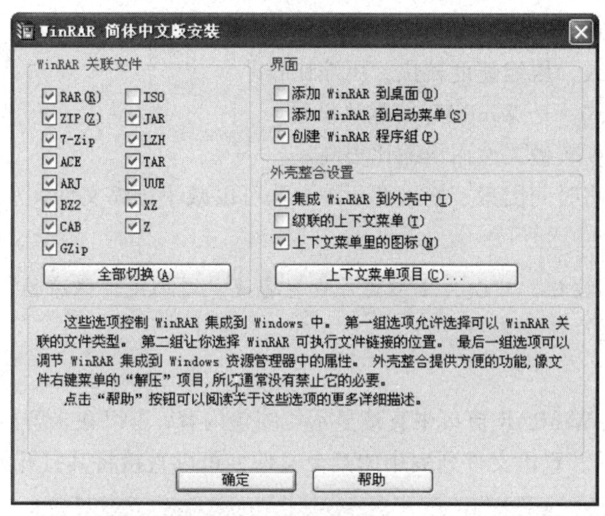

图 8-3　软件设置窗口

② 界面：设置 WinRAR 的快捷方式所在位置。

③ 外壳整合设置：设置右键菜单等处的快捷方式。

8.1.2　WinRAR 的应用

1. 制作压缩文件

WinRAR 支持在右键菜单中快速压缩文件，操作步骤如下：

① 打开文件所在的位置。

② 选中该文件夹中的文件。

③ 右击选中的文件，在弹出的快捷菜单中选择"添加到压缩文件"命令。

④ 弹出"压缩文件名和参数"对话框，如图 8-4 所示。输入压缩文件名，选择压缩文件格式（可以是 RAR、RARS 或 ZIP3 种格式），单击"确定"按钮，完成压缩文件的操作。

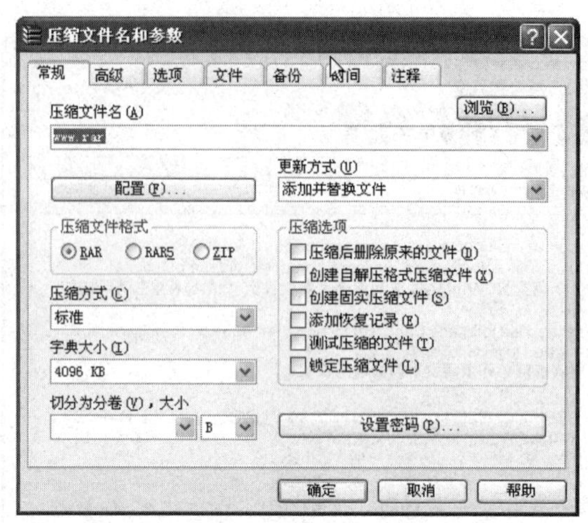

图 8-4 “压缩文件名和参数”对话框

WinRAR 提供以下 6 种压缩方式：

① 存储：保存模式，压缩比为 1 : 1，不做任何压缩将文件合并成一个压缩文件。

② 最快：高速模式，压缩速度最快，压缩比最差。

③ 较快：快速模式，压缩速度较快，压缩比较差。

④ 标准：普通模式，是 WinRAR 的默认设置。

⑤ 较好：压缩速度较慢，然而压缩比很高。

⑥ 最好：如果忽略时间因素，使用此压缩方法可以减小压缩文件大小，压缩比最佳。

技巧：

单击“设置密码”按钮，可以为压缩文件设置密码，增加文件保密性；使用“高级”选项卡可以对压缩文件设置“压缩参数”。

2. 查看压缩文件

双击压缩文件，在 WinRAR 窗口中直接显示压缩包内容，可以在未解压前预览压缩文件中的信息，如图 8-5 所示。双击文件列表中的某个文件，可以直接将其打开或者运行。

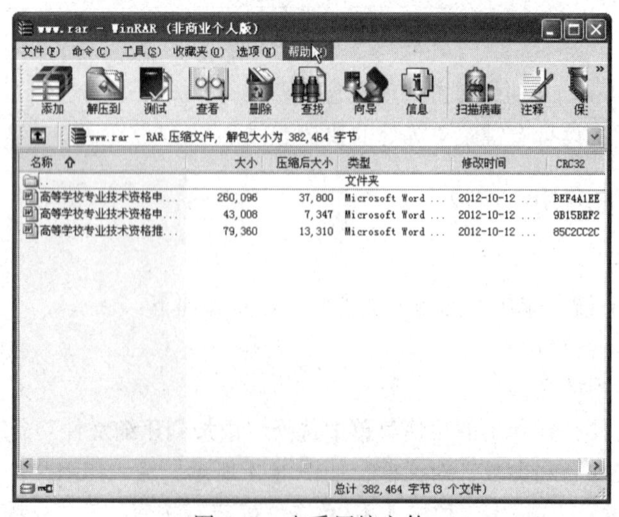

图 8-5 查看压缩文件

3. **解压缩文件**

查看压缩文件内容后，可将压缩文件和文件夹解压。单击 WinRAR 窗口中的“解压到”按钮，或选择“命令”→“解压到指定文件夹”命令，弹出“解压路径和选项”对话框，设置目标路径和其他选项，然后单击“确定”按钮，即可将文件解压到指定目标位置，如图 8-6 所示。默认路径为该压缩文件所在的目录。

图 8-6　设置解压路径

技巧：

解压过程也可以在资源管理器或“计算机”窗口中完成，选中要解压的一个或若干个压缩文件，然后右击，在弹出的快捷菜单中选择所需的命令即可，如图 8-7 所示。

- 解压文件：打开“解压路径和选项”对话框。
- 解压到当前文件夹：直接将文件解压到当前的文件夹中。
- 解压到 www：先创建与压缩包同名的文件夹，再将压缩文件解压到其中。

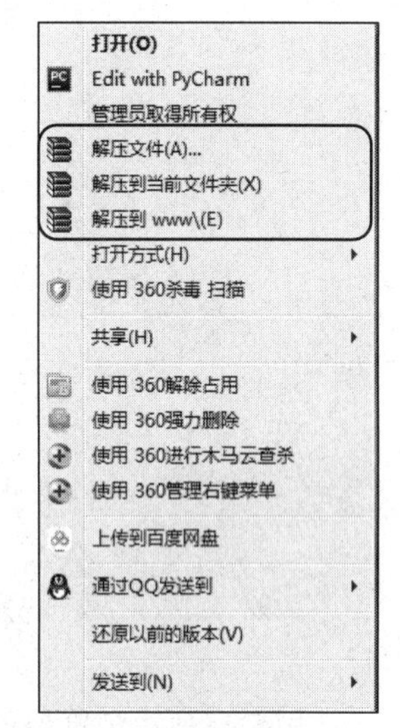

图 8-7　右键菜单解压文件

如果压缩文件在压缩时设置了密码，解压时则会提示输入密码，密码正确方可解压文件。

8.1.3　WinRAR 的特殊功能

1. **修复受损的压缩文件**

如果打开一个压缩文件，却发现它发生损坏，那么可以启动 WinRAR，定位到这个受损压缩文件夹下，选中这个文件，选择“工具”→“修复压缩文件”命令，使用 WinRAR 修复该文件，确定修复的压缩文件保存位置后，单击“确定”按钮进行修复操作，如图 8-8 所示。

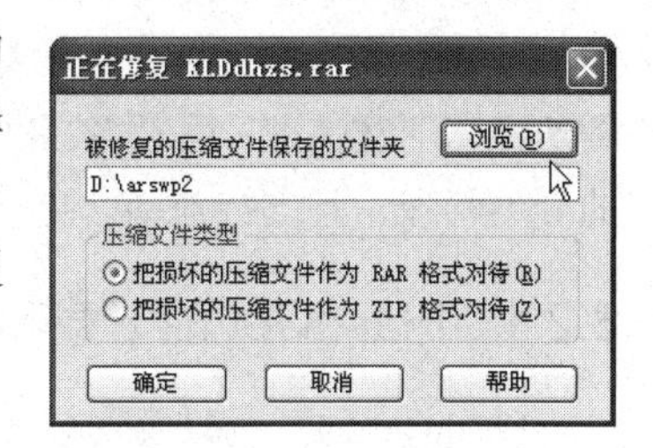

图 8-8　修复压缩文件

2. **分卷压缩**

可以将一些较大的文件快速发送出去，具体操作如下：当按上面介绍的方法制作压缩文件并弹出图 8-4 所示的对话框时，在“切分为分卷，大小”下拉列表框中选择分卷压缩文件的大小（这里可根据压缩文件的实际需求来选择分卷文件的大小），单击“确定”按钮，即可分卷压缩文件。

3. 提前知晓文件压缩大小

可以在压缩开始前了解文件在压缩之后的大小等相关信息，具体操作如下：

① 打开 WinRAR 窗口。

② 选择要压缩的文件夹或文件。

③ 单击工具栏上的“信息”按钮，在打开的窗口中，单击“估计压缩率”栏中的“估计”按钮。

WinRAR 会给出压缩率、压缩包大小和压缩估计时间等数据，如图 8-9 所示。这对于压缩比较大的文件或文件夹非常有用。如果希望每次单击“信息”按钮以后，WinRAR 都能自动对文件进行评估，还可以勾选“自动开始”复选框。

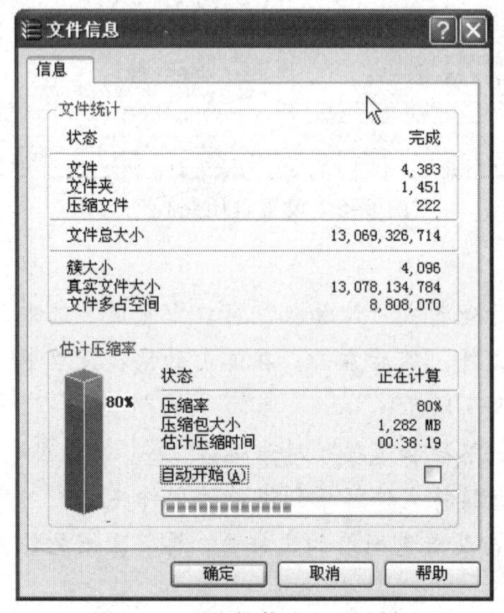

图 8-9 “文件信息”对话框

8.2 文件下载软件 FlashGet

用户在使用浏览器下载文件的过程中有时会遇到意外的中断，所下载的部分文件也全部消失。而且浏览器单线程下载不能充分利用带宽，无形中造成了浪费。以 FlashGet（网际快车）网络下载工具为例，FlashGet 采用多线程技术，把一个文件分割成几个部分同时下载，从而成倍地提高下载速度；同时 FlashGet 可以为下载文件创建不同的类别及目录，从而实现下载文件的分类管理，且支持拖动、更名、查找等功能，让用户管理文件更加得心应手。

8.2.1 FlashGet 的下载和安装

FlashGet 的下载以及安装方法与前面介绍的 WinRaR 类似，这里不再赘述。

8.2.2 FlashGet 的应用

安装该软件后，将有若干种操作方式使用 FlashGet 下载软件，至于使用哪种方式，完全取决于用户的操作习惯。

1. 快捷菜单启动

每当通过浏览器下载文件时，可以右击该下载链接，弹出图 8-10 所示的快捷菜单：选择“使用快车下载”命令可启动 FlashGet 开始下载。使用这种方法下载的最大便利之处在于 FlashGet 可以监视浏览器中的每个单击动作，一旦它判断出单击符合下载要求，便会自动拦截该链接，并自动添加至下载任务列表中，如图 8-11 所示，设置下载文件的保存路径及文件名，接着单击“下载”按钮，屏幕右上角就会出现下载进度条。双击该进度条，弹出图 8-12 所示的窗口，显示下载的速度、进度及当前所下载文件的相关信息。

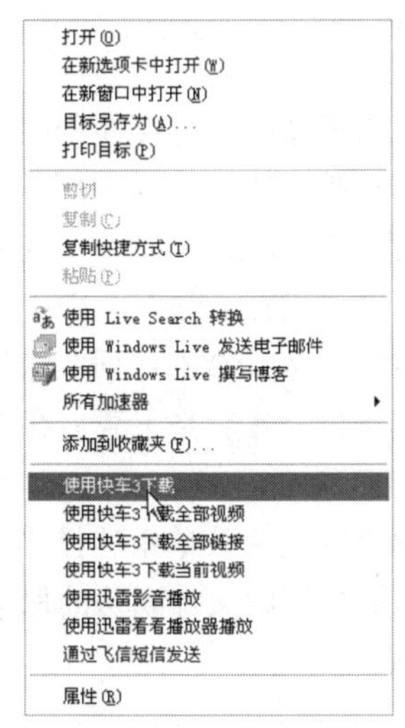

图 8-10 利用快捷菜单启动 FlashGet

图 8-11 “新建任务”对话框

图 8-12 下载信息窗口

2. 浏览器图标快速启动

也可以用拖动的方式进行下载。在安装 FlashGet 完毕后，在工具栏中多了的图标，双击该图标也可启动 FlashGet 应用程序。这时可选择“文件”→“新建”命令，在弹出的“添加下载任务”对话框中手工输入提供下载的 URL。

8.2.3 FlashGet 的特殊功能

1. 批量下载

FlashGet 可以建立一个成批下载的任务。这样，当用户要下载文件类型相似的多个文件时，就可以使用这项功能。实现的方法很简单，选择“文件”→“新建批量下载”命令，在弹出的“新建批量任务”对话框的 URL 栏中输入一个带有“*”通配符的下载链接地址即可，就像 Windows 资源管理器中的操作一样。

2. 文件管理

如果下载的文件全部保存在一个目录下，那么大量的、不同类型的文件存放于同一目录下就会对文件的管理带来困难。FlashGet 通过对下载文件进行归类整理来解决这一问题。

在 FlashGet 中应用了“类别”的概念来管理已下载的文件，FlashGet 默认有“正在下载”“下载完成”“回收站”3 个类别，所有未完成的下载任务均放在“正在下载”类别中，所有完成的下载任务均放在“下载完成”类别中，从其他类别中删除的任务均放在“回收站”中。每种类别可指定一个磁盘目录，即对将要下载的文件首先指定其类别，然后是下载后存放的磁盘目录，文件下载后就依据下载时指定的类别存放到相应的磁盘目录中。

选择“下载完成”→“音乐”类别，在对象上右击并在弹出的快捷菜单中选择“属性”命令，弹出图 8-13 所示的对话框，在此对话框中可看出，“音乐”类别的文件默认的保存路径为 C:\Downloads\Music，单击“浏览”按钮，可重新设定保存路径。

图 8-13 “分类属性”对话框

用户也可创建自己所需的类别或子类别。在“下载完成”中右击，在弹出的快捷菜单中选中“新建分类”命令，再在弹出对话框中输入要建立的类别名及其对应的磁盘目录。然后单击“确定”按钮，即可创建用户自定义的类别。

8.3　网络聊天软件

8.3.1　网络聊天软件概述

随着互联网的发展，出现了各种各样的网络通信工具。网络通信工具的出现，为更多具有同样兴趣爱好的人提供了平台，让更多不能见面的人成为朋友。当前，比较常用的网络通信软件有腾讯 QQ、微信、微博、YY 聊天等，下面着重介绍两种较为常用的软件。

8.3.2　腾讯 QQ

腾讯 QQ 是深圳市腾讯计算机系统有限公司开发的一款基于 Internet 的即时通信软件。腾讯 QQ 支持在线聊天、视频电话、点对点断点续传文件、共享文件、网络硬盘、自定义面板、QQ 邮箱等多种功能。并可与移动通信终端等多种通信方式相连。用户可以使用 QQ 方便、实用、高效地和朋友联系。

1. QQ 的安装

QQ 是一款免费软件，可登录腾讯公司的网站 www.qq.com 下载最新版本的安装文件，或者单击 http://im.qq.com/qq 页面中的“下载”按钮获得最新发布的 QQ 正式版本。下载完成后，可运行安装程序，根据提示把软件安装到硬盘上。

2. QQ 的注册

在安装完成后，QQ 会自动启动，弹出登录窗口，如果已经拥有 QQ 号码，只需在登录框中输入 QQ 账号及密码即可。如果还没有申请 QQ 号码，则可在登录界面中单击“申请账号”按钮，系统自动跳转到腾讯网站的“申请账号”页面，在该页面中可选择申请“免费 QQ 号码”、“QQ 行号码”或者“靓号地带号码”等的号码服务。单击相应链接之后，进入申请 QQ 号码的步骤，可根据页面的提示，确认服务条款，填写“必填基本信息”，选填或留空“高级信息”，单击“下一步”按钮，完成申请程序后，即可获得免费的 QQ 号码。接下来就可以按照申请成功的 QQ 账号及密码登录 QQ。

注意： *应尽量保存初次申请成功该号码时所填写的资料，以备出现 QQ 被盗号或忘记密码等情况时的处理工作。*

3. QQ 的应用

1）查找添加 QQ 好友

新号码首次登录时，好友名单是空的，要想和其他人联系，必须先添加好友。成功查找添加好友后，即可体验 QQ 的各种特色功能。

在主面板上单击“查找”按钮，打开“查找”窗口，如图 8-14 所示，QQ 提供了多种方式查找好友。

图 8–14 “查找”窗口

①“找人”中可直接根据对方的 QQ 号码、昵称、手机号或电子邮件地址进行“精确查找”；也可设置一个或多个查询条件来查询用户或根据好友推荐直接进行添加好友。

②“找群”中可以查找校友录和群用户。

③ 在新版中还可以实现“课程”“服务”和“直播”的查询。

找到希望添加的好友，选中该好友并单击“加为好友”按钮。对设置了身份验证的好友输入验证信息。若对方通过验证，则添加好友成功。

2）发送即时消息

双击好友头像，在聊天窗口中输入消息，单击“发送”按钮，即可向好友发送即时消息，如图 8–15 所示。

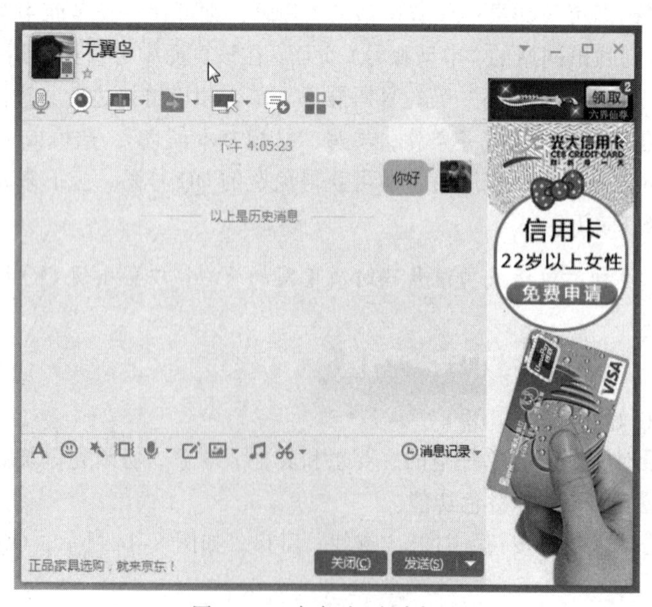

图 8–15 与好友对话窗口

输入消息后按快捷键【Ctrl+Enter】或者【Alt+S】，也可以发送信息。如果好友不在线，则所发送的消息在该好友登录后被接收。

① 在聊天窗口的工具栏中点击按钮，在打开的“添加联系人”窗口中选择想加入讨论的好友，单击“确定”按钮即可实现“邀请好友加入聊天”功能，进入多人对话模式。

② 单击窗口工具栏中的A按钮，可以设置所输入信息的字体、字号及加粗、斜体等效果，单击按钮则打开图 8-16 所示的窗口，可从中选取各种表情，与信息一并发送，用户也可自定义其他表情图片。

③ 单击“消息记录”按钮，可显示用户与该好友的聊天记录。

图 8-16　添加表情窗口

3）QQ 与手机同步

新版的 QQ 能与手机实现同步，同步后，在手机上也能及时查看 QQ 上的消息或进行文件的传送，这为用户提供了极大的方便。其操作方法如下：

（1）手机端 QQ 消息同步到计算机端

打开计算机 QQ 主面板，单击主界面中的“设置”按钮，在打开的“系统设置”窗口中，切换至“安全设置”选项卡，在消息记录项中，勾选“登录 QQ 时同步最近聊天记录”复选框，如图 8-17 所示。经过以上设置后，之前通过手机 QQ 所接收的聊天记录，待登录计算机 QQ 后，会自动实现同步。

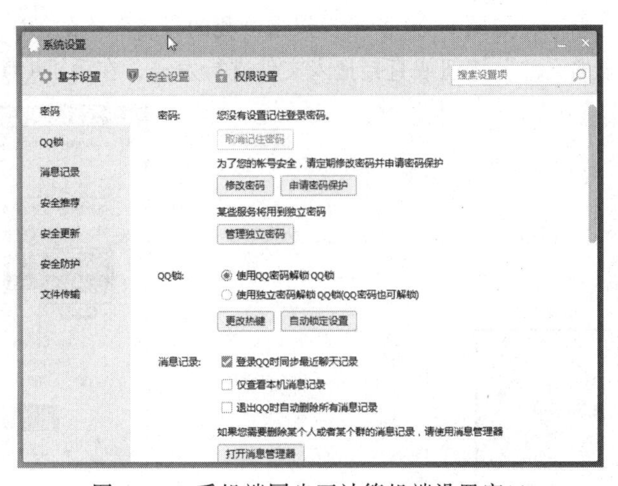

图 8-17　手机端同步至计算机端设置窗口

（2）计算机端 QQ 消息同步至手机端

打开手机 QQ，切换至账号主界面，单击“设置”按钮，如图 8-18 所示；在打开的“设置”界面中单击“聊天记录”项，在打开的“聊天记录”界面中，如图 8-19 所示，开启“同步最近聊天消息至本机”。经过以上设置，最近一段时间在计算机端 QQ 上的聊天记录会自动同步至手机端。

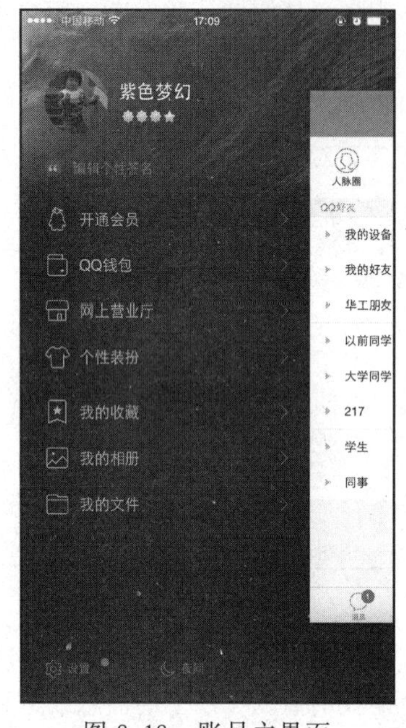

图 8-18　账号主界面

图 8-19　“聊天记录”界面

4）手机端 QQ 与计算机端 QQ 互传文件

只要手机以及计算机同时登录了 QQ，无须数据线，就可以在手机端与计算机端互传文件。具体操作方法如下：

（1）通过 QQ 把计算机文件传送到手机上

同时登录手机 QQ 和计算机 QQ，在计算机 QQ 界面会出现一个“我的设备”（不同的手机型号可能会是“我的终端”），如图 8-20 所示；双击“我的设备”下的 QQ 头像，弹出图 8-21 所示的界面，单击“添加文件”按钮或直接拖入文件进行发送，在手机 QQ 上进行接收。

图 8-20　“我的设备”界面

图 8-21　传送文件界面

（2）通过 QQ 把手机文件传送到计算机上

打开手机端 QQ，找到“我的设备”下的“我的电脑”，如图 8-22 所示；打开“我的电脑”界面，点击右下角的按钮，可选择文件（可以是图片、文件、视频等）进行发送，如图 8-23 所示；打开计算机端 QQ，接收手机端发送的文件，将其保存到计算机上。

图 8-22　“我的设备”界面

图 8-23　选择上传文件的类型

5）其他应用

腾讯 QQ 除了上面介绍的应用外，还有很多其他应用，如向好友发送文件、与好友进行语音、视频聊天、截图等。操作方法非常简单，当打开图 8-15 所示的对话窗口时，单击 按钮可给好友发送文件（若好友不在线，也可发送离线文件）；单击 按钮，可与好友进行语音通话；单击 按钮，可与好友进行视频聊天；单击 按钮，可随时抓取屏幕上任意位置的图像。

注意： 要实现语音视频即时通信，首先要求计算机装有声卡、耳机及麦克风，且好友双方安装了摄像头，才能实现面对面的交流。

8.3.3　腾讯微信

微信是腾讯公司于 2011 年 1 月 21 日推出的一个为智能终端提供即时通信服务的免费应用程序，微信支持跨通信运营商、跨操作系统平台通过网络快速发送免费（需消耗少量网络流量）语音短信、视频、图片和文字，同时，也可以使用通过共享流媒体内容的资料和基于位置的社交插件“摇一摇”“漂流瓶”“朋友圈”“公众平台”“语音记事本”等服务插件。

2014 年，腾讯推出了微信电脑版，它是微信官方推出的微信网页版客户端，使得微信不仅可以在手机上使用，也可以在计算机上使用，让聊天变得更加方便快捷。下面着重介绍微信电脑版的使用方法。

1. 微信的安装

微信是一款免费软件，可在微信官网上下载官方安装包，双击下载后的安装包图标，单击“开始安装”进行安装，安装完成后单击“开始使用”按钮打开微信。

2. 微信的使用方法

（1）微信的登录

双击桌面上的微信图标，运行微信。如果是第一次登录，会出现二维码，如图 8-24 所示；打开手机微信的扫一扫，扫码登录；扫描后，在手机上打开微信，出现登录确认界面，如图 8-25 所示，单击“登录”按钮，即可开始使用。如果不是第一次登录，运行微信后，直接单击“登录”按钮，然后在手机上确认，即可登录使用。

图 8-24　二维码登录方式

图 8-25　手机确认登录界面

（2）微信的使用

登录微信电脑版，在主界面左侧聊天列表中选中聊天对象，然后在输入框中输入内容，即可开始聊天（其具体操作方法与腾讯 QQ 的操作方法一样），如图 8-26 所示。

图 8-26　微信聊天窗口

在聊天窗口中单击按钮，可以向对方发送文件；单击按钮，可以与对方进行视频通话；单击按钮，可以与对方进行语音通话。

注意：在聊天窗口中，还可截图或发送文件。

8.4　PDF 阅读软件

8.4.1　PDF 概述

PDF 意为“便携式文档格式”，是由 Adobe Systems 用于与应用程序、操作系统、硬件无关的方式进行文件交换所发展出的文件格式。这种文件格式与操作系统平台无关，也就是说，PDF 文件无论是在 Windows、UNIX，还是在苹果公司的 Mac OS 操作系统中，都是通用的，这也使得它成为在 Internet 上进行电子文档发行和数字化信息传播的理想文档格式。

PDF 文件格式可以将文字、字形、格式、颜色及独立于设备和分辨率的图形图像等封装在一个文件中。该格式文件还可以包含超文本链接、声音和动态影像等电子信息，支持特长文件，集成度和安全可靠性都较高。

8.4.2　PDF 阅读软件的下载和安装

PDF 阅读器有很多种，如小新 PDF 阅读器、福昕 PDF 阅读器、Adobe Reader 等。下面以常用的 Adobe Reader（PDF 阅读器）为例进行介绍。

Adobe Reader（PDF 阅读器）可从百度软件中心或太平洋网站等进行下载，下载完后，可双击该安装文件，根据提示把 PDF 阅读器安装到硬盘上。

8.4.3 PDF 软件的使用方法

打开该软件，出现图 8-27 所示的界面，单击“我的计算机”按钮，选择要打开的 PDF 文件，开始进行阅读。在阅读的过程中，有时需要对文档做一些批注或注释，在这里也是可以实现的。单击 Adobe Reader 窗口右上角的“注释”按钮，将弹出图 8-28 所示的界面。

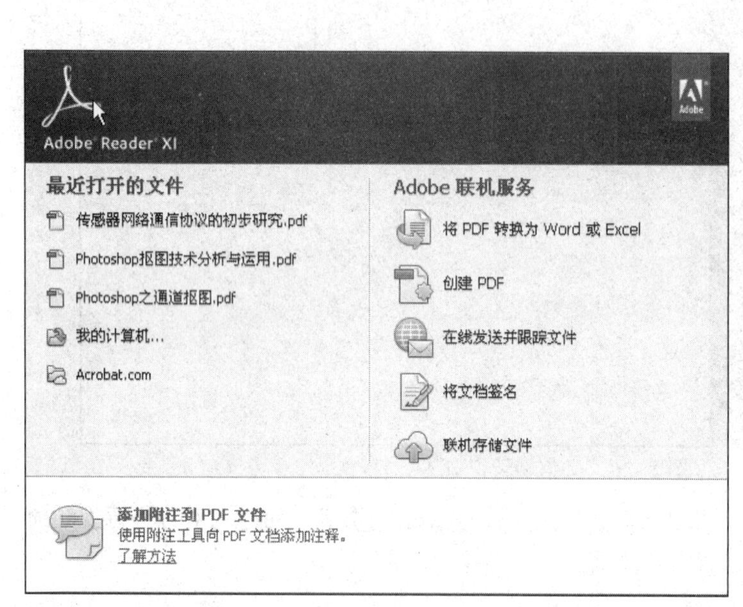

图 8-27 打开 PDF 文件界面

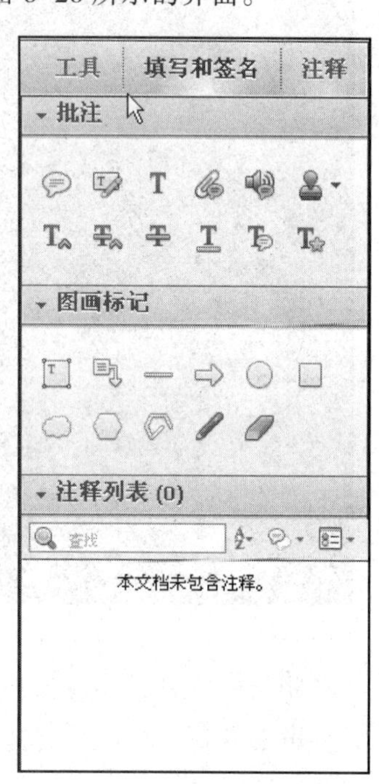

图 8-28 添加注释主界面

① 在“批注”区域中单击按钮，可在文档中添加批注，在需要添加批注的地方单击，在弹出的对话框中输入批注内容，添加后的效果如图 8-29 所示，在“注释列表”中也会出现刚刚所添加的批注记录。

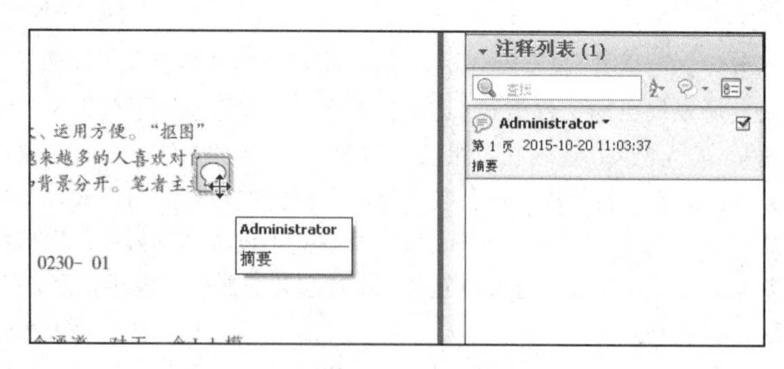

图 8-29 添加批注

② 单击按钮，可使选中的文本变成高亮文本。

③ 单击按钮，可在文档中添加注释，在弹出的注释属性栏中（见图 8-30）可设置所添加注释文本的字体、文字大小、颜色等。

图 8-30　添加文本注释属性栏

④ 单击其他图标，还可以为文本添加删除线、下画线、图章等。

在“图画标记”选项中单击相应的图标，可在文档中添加相应的图形标记。

提示： Adobe Reader 这个软件不仅有添加批注、注释的功能，还有其他更强大的功能，如创建 PDF 文件、编辑 PDF 文件、联机将 PDF 文件转换为 Word 或 Excel 等，这些有待用户自己去摸索。

8.5　360 安全软件

8.5.1　360 安全卫士概述

360 安全卫士是一款由奇虎 360 公司推出的安全杀毒软件。它可以实现查杀木马、清理插件、修复漏洞、电脑体检、电脑救援、保护隐私、电脑专家、清理垃圾、清理痕迹等多种操作，并独创了“木马防火墙”“360 密盘”等功能，依靠抢先侦测和云端鉴别，可全面、智能地拦截各类木马，保护用户的账号、隐私等重要信息。

360 安全卫士可在 http://www.360.cn 官网进行下载。

360 安全卫士能对计算机进行体检、查杀病毒，还能优化计算机、对计算机中的软件进行管理。其操作方法也很方便，在图 8-31 所示的 360 安全卫士主界面中，都可以找到相应的功能。

图 8-31　360 安全卫士主界面

（1）电脑体检

可对计算机进行全方位、详细的检查，在图 8-31 所示的界面中单击“立即体检”按钮，即可对计算机进行详细的检测，包括故障检测、垃圾检测、安全检测等，最后由用户对检测出来的漏洞进行修复。

（2）查杀修复

360 安全卫士提供了 3 种木马查杀的方式：快速扫描、全盘扫描和自定义扫描；并与常规修复、漏洞修复合并，可对系统进行常规或漏洞修复。在图 8-32 所示的界面中，单击相应的按钮，即可进行相应的操作。其具体的操作方法与 360 杀毒的方法是一样的。

图 8-32　查杀修复主界面

（3）电脑清理

可对计算机中的垃圾文件、插件、浏览器使用痕迹、无效的注册表项目、上网等记录、不常用的软件等进行清理。

（4）优化加速

可对开机、系统、网络、硬盘等项目进行优化，从而加快其速度。

8.5.2　360 杀毒

360 杀毒是 360 安全中心出品的一款免费的云安全杀毒软件。它创新性地整合了五大领先查杀引擎，包括国际知名的 BitDefender 病毒查杀引擎、小红伞病毒查杀引擎、360 云查杀引擎、360 主动防御引擎以及 360 第二代 QVM 人工智能引擎，为用户带来安全、专业、有效、新颖的查杀防护体验。其具有查杀率高、资源占用少、升级迅速等优点。

360 杀毒也是 360 公司的产品，其下载和安装方法与 360 安全卫士类似。下面主要介绍 360 杀毒的功能。

1. 病毒查杀

360 杀毒提供了 4 种手动病毒扫描方式：快速扫描、全盘扫描、自定义扫描及宏病毒扫描。

① 快速扫描：扫描 Windows 系统目录及 Program Files 目录。

② 全盘扫描：扫描所有磁盘。

③ 自定义扫描：用户可以指定磁盘中的任意位置进行病毒扫描，完全自主操作，有针对性地进行扫描查杀。

④ 宏病毒扫描：对办公族和学生计算机用户来说，最头疼的莫过于 Office 文档感染宏病毒，轻则辛苦编辑的文档全部报废，重则私密文档被病毒窃取。对此，360 杀毒自从 3.1 正式版开始，就推出了宏病毒扫描查杀功能，可全面处理寄生在 Excel、Word 等文档中的 Office 宏病毒，查杀能力处于行业领先地位。

启动扫描之后，会显示扫描进度窗口，如图 8-33 所示，在这个窗口中用户可看到正在扫描的文件、总体进度以及发现问题的文件。如果用户希望 360 杀毒在扫描完计算机后自动关闭计算机，可以勾选“扫描完成后自动处理并关机”复选框。这样在扫描结束之后，360 杀毒会自动处理病毒并关闭计算机。

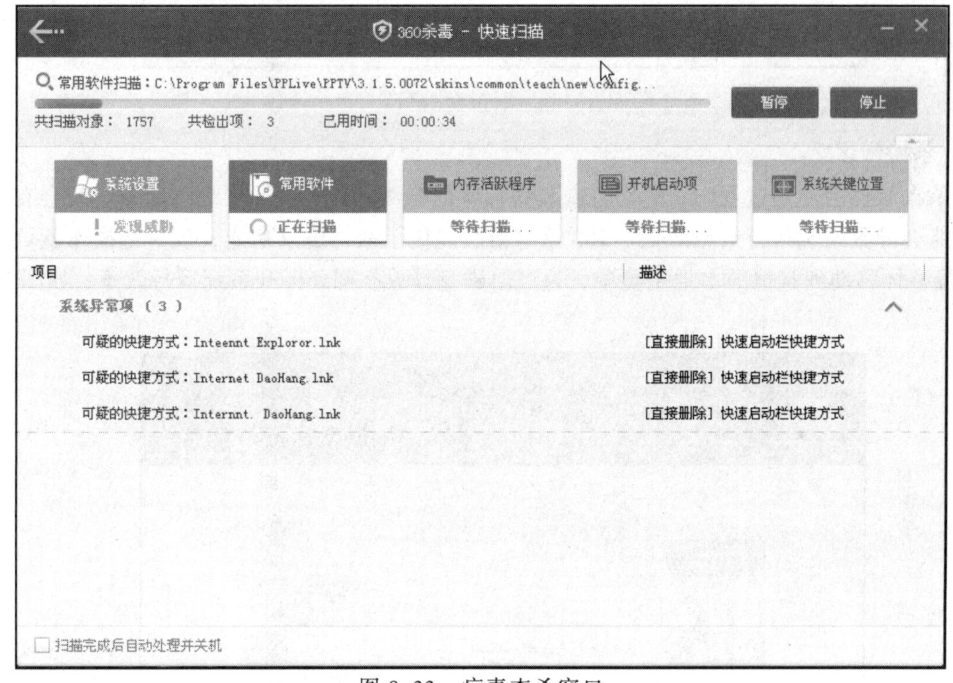

图 8-33　病毒查杀窗口

2. 实时防护

实时防护在文件被访问时对文件进行扫描，及时拦截活动的病毒，对病毒进行免疫，防止系统敏感区域被病毒利用。在发现病毒时会及时通过提示窗口警告用户，迅速处理。

3. 上网加速

通过优化计算机的上网参数、内存占用、CPU 占用、磁盘读写、网络流量，清理 IE 插件等全方位的优化清理工作，快速提升计算机上网卡、上网慢的症结，带来更好的上网体验。

4. 软件净化

在平时安装软件时，会遇到各种各样的捆绑软件，甚至一些软件会在不经意间安装到计算机中，通过新版杀毒内嵌的捆绑软件净化器，如图 8-34 所示，可以精准监控，对软件安装包进行扫描，及时报告捆绑的软件并进行拦截，同时用户也可以自定义选择安装。

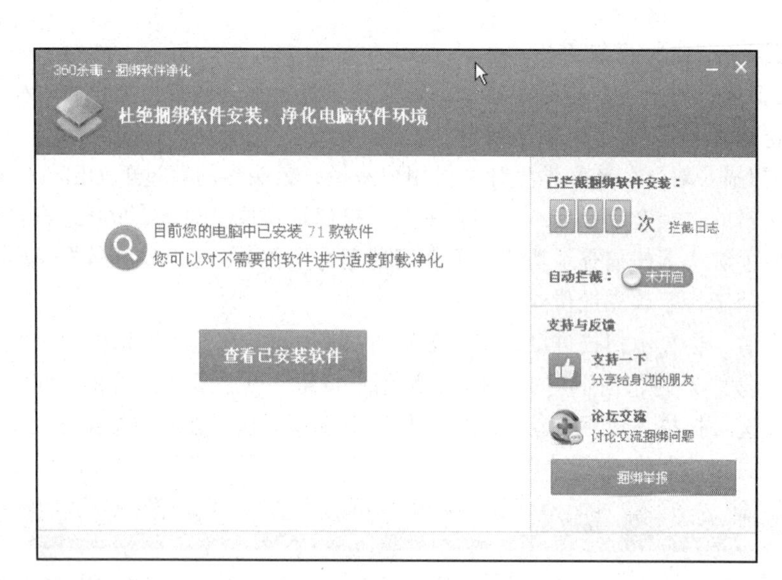

图 8-34　软件净化窗口

5. 杀毒搬家

在杀毒软件的使用过程中，随着引擎和病毒库的升级，其安装目录所占磁盘空间会有所增加，可能会导致系统运行效率降低。360 杀毒新版提供了杀毒搬家功能，仅一键操作就可以将 360 杀毒整体移动到其他的本地磁盘中，为当前磁盘释放空间，提升系统运行效率，如图 8-35 所示。

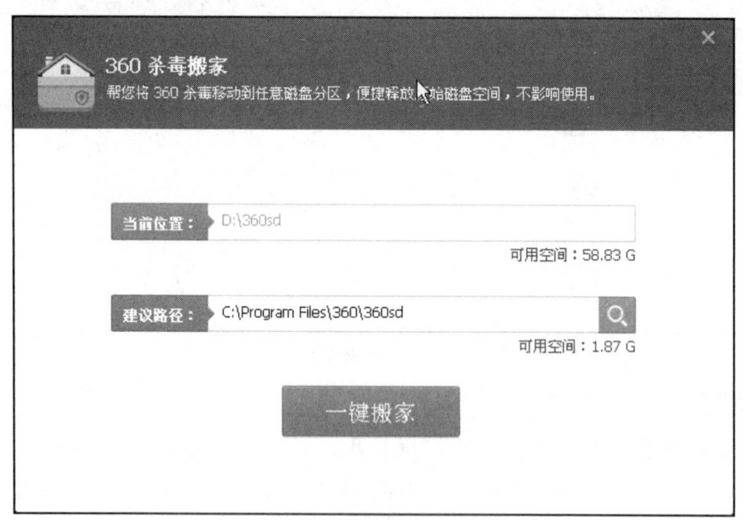

图 8-35　杀毒搬家设置窗口

提示：上网加速、软件净化、杀毒搬家等功能都可在 360 杀毒主界面“功能大全”模块中找到。

8.5.3　360 软件管家

360 软件管家是 360 安全卫士中提供的一个集软件下载、更新、卸载、优化于一体的工具。由软件厂商主动向 360 安全中心提交的软件，经 360 工作人员审核后公布，这些软件更新时 360

用户能在第一时间内更新到最新版本。

360 软件管家也是 360 公司的产品，其下载可在 360 安全卫士主界面上方找到，也可通过搜索引擎单独下载。下面主要介绍 360 软件管家的功能。

1. **软件安装**

360 软件管家提供了很多常用软件，在这里可以搜索任何一种想要的软件，并进行安装。并且具有一键安装功能，用户设定目录后可自动安装，适合多个软件无人值守安装。与此同时，安装软件时还能自动进行净化安装，可以免去以往安装软件捆绑很多其他无用的小软件的烦恼。

2. **软件净化**

平时在安装软件时，有时不经意间会安装一些捆绑软件、捆绑组件或带有一些不必要的软件设置（如静默启动、弹窗广告、开机自启、任务栏图标等）。360 软件管家提供了软件净化功能，如图 8-36 所示，可对计算机进行全面净化或对已安装软件进行软件权限管理。

图 8-36　软件净化窗口

3. **软件升级**

360 软件管家提供了软件升级功能，对计算机中已经安装的软件可以进行一键升级，将当前计算机的软件升级到最新版本。

4. **软件卸载**

通过 360 软件管家的“卸载”功能，可轻松实现计算机应用程序的卸载操作。

8.6　美图秀秀

8.6.1　美图秀秀概述

美图秀秀是 2008 年 10 月 8 日由厦门美图科技有限公司研发、推出的一款免费图片处理的软件，有 iPhone 版、Android 版、PC 版、Windows Phone 版、iPad 版及网页版，致力于为全球用户提供专业智能的拍照、修图服务。

美图秀秀拥有图片特效、美容、拼图、场景、边框、饰品等功能，可以 1 min 做出影楼级照片，还能一键分享到新浪微博、人人网、QQ 空间等。

2018 年 4 月推出美图社交圈，鼓励年轻人秀真我，让社交更好看，美图秀秀也从影像工具升级为社区平台。

美图秀秀是一款免费软件，可通过其官网或 360 软件管家等进行下载安装。

8.6.2 美图秀秀的应用

美图秀秀是一款很好用的免费图片处理软件，简单易用，功能强大，可以帮助用户轻松修改出专业级水准的照片。利用美图秀秀，可以对图片进行美化（调整亮度、对比度等），也能对人物进行美容，还能添加饰品、文字、边框，对图片做场景设置、拼图等，总之，利用此软件使用户无须掌握 Photoshop，就能制作出精美的照片。

1. 去除水印

平时，我们有时会从网上下载一些图片素材，很多时候，这些图片素材上都有一些水印（标明图片的出处或其他图案），在对这些图片素材加以利用时，我们总想把这些水印去除掉。使用美图秀秀，可以快速消除水印。

首先，打开美图秀秀，在主界面单击最上面的“美化”，打开“美化”界面，然后，单击“打开一张图片”按钮，选择要编辑的图片，如图 8-37 所示。

图 8-37 “美化”窗口

打开图片后，单击“消除笔”按钮，进入消除笔窗口，如图 8-38 所示。在此窗口中，单击鼠标左键不放涂抹需要消除的区域，涂抹后的效果如图 8-39 所示，完成后单击窗口下方的

“应用”按钮，返回“美化”窗口，再单击窗口右上方的“保存与分享”按钮，对处理后的图片进行保存。

图 8-38　“消除笔”窗口

图 8-39　去除水印后的效果图

技巧：使用“消除笔”涂抹时，尽量不要超过需要消除的区域，并且进行多次涂抹效果会更好。

2. **添加水印**

制作或处理图片时，为了防止自己制作或处理过的图片被别人随意使用，可以给图片添加水印。利用美图秀秀软件，可以很轻松地实现这一目的。

在添加水印之前，必须先准备好要添加水印的图片和水印图片，水印图片可以是自己制作的静态或动态图片，也可以是美图秀秀自带的素材。在下面的例子中，选用的水印图片是美图秀秀自带的“美图秀秀”文字。

首先，启动美图秀秀，打开想要添加水印的图片，如图 8-40 所示。其次，选择美图秀秀的“饰品”选项卡，然后单击左侧的“其他饰品”按钮，在窗口右侧中选择“已下载”按钮，单击其中的一个“美图秀秀”水印，如图 8-41 所示，调整水印的位置，并可在弹出的“素材编辑框”对话框中设置其透明度、旋转角度和素材大小等参数（右击该水印也可以弹出此编辑框），设置完毕后右击水印，选择“正片叠底（融合）”，水印添加完成，如图 8-42 所示，最后对图片进行保存就可以。

图 8-40　打开要添加水印的图片

图 8-41　设置水印图片

图 8-42　添加水印完成

注意：如果使用的水印图片是自己制作的，则可单击“导入饰品”按钮，在弹出的对话框中选择要导入的分类，单击“导入”按钮，选择相应的水印图片，导入后可在右侧的“已下载”中找到。

3. **拼图**

日常处理图片中，拼图可以说是用得最多，最广泛的。在美图秀秀中，提供了 4 种拼图方式：自由拼图、模板拼图、海报拼图和图片拼接。拼图的操作方法也比较简单，可在美图秀秀主界面单击“拼图”按钮，把要进行拼图的图片添加进来，选择一种拼图模式，再选择喜欢的样式，并调整好图片的位置，最后进行保存即可。

8.7　爱　剪　辑

8.7.1　爱剪辑概述

爱剪辑是根据国内用户的使用习惯、功能需求与审美特点进行设计的，用户无须具备视频剪辑基础，也无须理解“时间线”“非编”等各种专业词汇，就能轻松成为出色的剪辑师。

爱剪辑是一款免费软件，可通过爱剪辑官网进行下载。

8.7.2　爱剪辑功能

爱剪辑的功能非常强大，既可以对视频进行简单的剪辑处理，又能添加字幕、转场、画面风格等特效，还能制作 MTV、卡拉 OK 等。

1. **截取视音频**

在爱剪辑的主界面上，点击分类导航中的“视频”或“音频”，可添加视音频，还能根据时间点截取想要的视音频片段。

2. **字幕特效**

爱剪辑里提供了三种类型的字幕特效：出现特效、停留特效和消失特效，如图 8-43 所示。用户可以制作很多常见的字幕特效以及沙砾飞舞、火焰喷射、缤纷秋叶、水珠撞击、气泡飘过、墨迹扩散等大量颇具特色的好莱坞高级特效。可以根据需要给视频中的文字添加相应的字幕特效。在界面的中间，还能对字幕特效进行特效参数的设置，同时也能对文字进行字体设置。

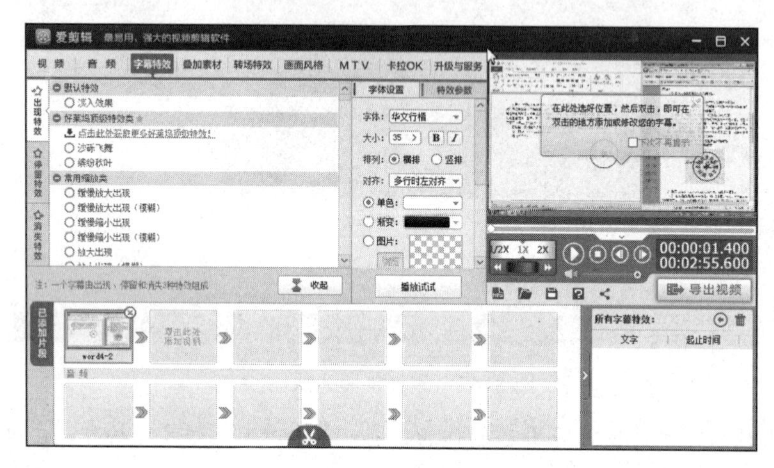

图 8-43　字幕特效

3. **叠加素材**

爱剪辑给视频提供了加贴图、加相框、去水印 3 种叠加素材的方式，如图 8-44 所示，用户可以选择自己所需的方式，给视频添加贴图、相框，或去除水印，还能在界面中间对贴图、相框或水印进行相应的设置。

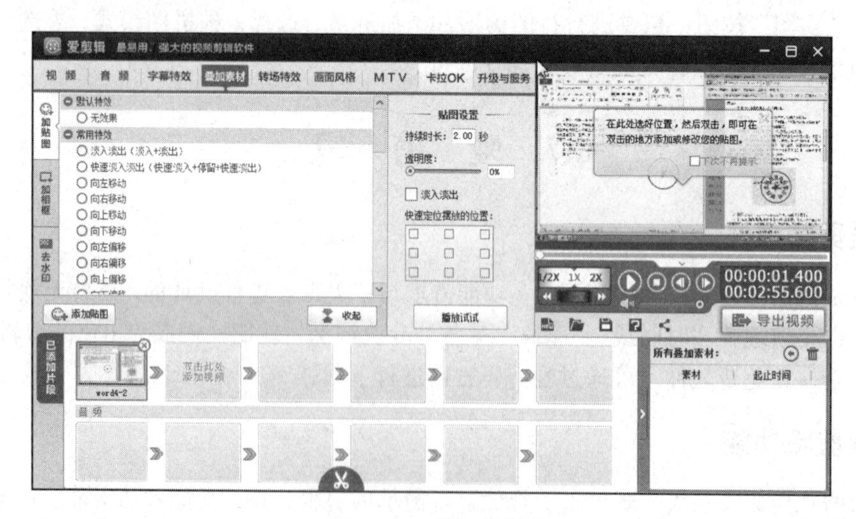

图 8-44　叠加素材

4. **转场特效**

当你需要拼接多个视频时，爱剪辑里提供了很多种类型的转场特效：无效果类、淡入淡出效果类、3D 或专业效果类、打斜旋转效果类、反弹效果类、四面八方效果类、特殊翻转效果类等，如图 8-45 所示，选择你想要的转场效果，即可进行转场设置，这可使多个视频之间自然过渡。

图 8-45 转场特效

5. 画面风格

爱剪辑提供了“画面”“美化”“滤镜”“动景”4 种类型的画面风格，如图 8-46 所示，用户在这里可以为视频一键施加或梦幻或绚丽的炫光特效，花瓣飘落、羽毛飞舞、光之律动等浪漫场景，为视频快速调色、放大缩小视频、旋转视频以及通过水彩画、铅笔画等功能使视频作品具有独特的画面风格。

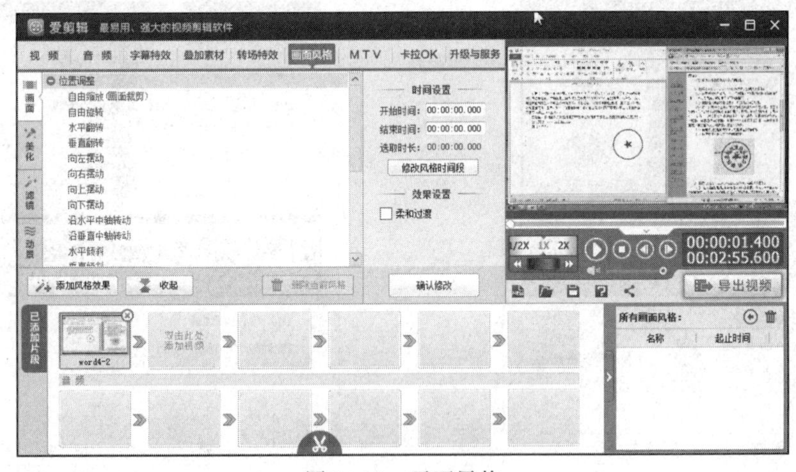

图 8-46 画面风格

8.7.3 爱剪辑的应用

1. 截取视频片段

打开爱剪辑软件，在主界面上添加想要截取的视频，如图 8-47 所示，在右侧的预览框中，可以播放视频进行预览，点击界面中间的“预览/截取原片”，弹出“预览/截取”对话框，如图 8-48 所示，用户可以直接输入要截取视频片段的开始时间和结束时间进行截取。也可以通过拖动时间线，播放到要截取的视频起点，在“开始时间”右边单击“快速获取当前播放时间”按钮；同样道理，拖动时间线，播放到要截取的视频终点，在“结束时间”右边单击“快速获取当前播放时间”按钮，再单击“播放截取的片段”可以预览截取的视频片段的效果，最后单击“确定”按钮，视频片段就截取完成。

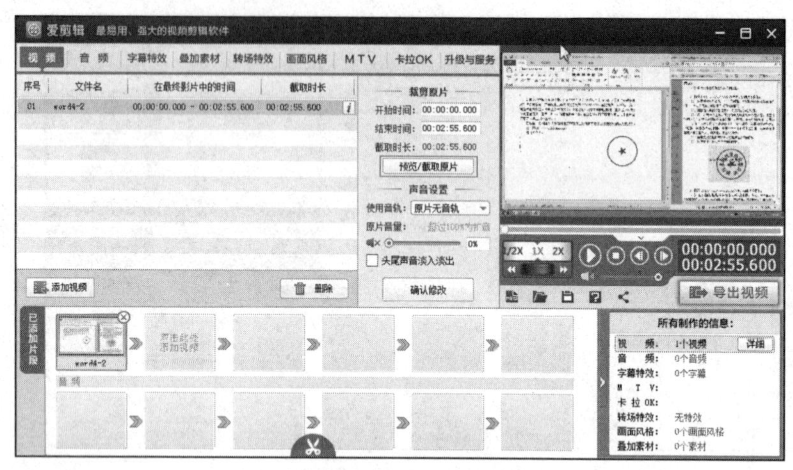

图 8-47　添加视频

2. 调节视频速度

在添加视频时，在图 8-48 所示的“已添加片段”列表双击要对其调节速度的视频，会弹出“预览/截取”对话框，选择“魔术功能”选项卡，如图 8-49 所示。

图 8-48 “预览/截取”对话框

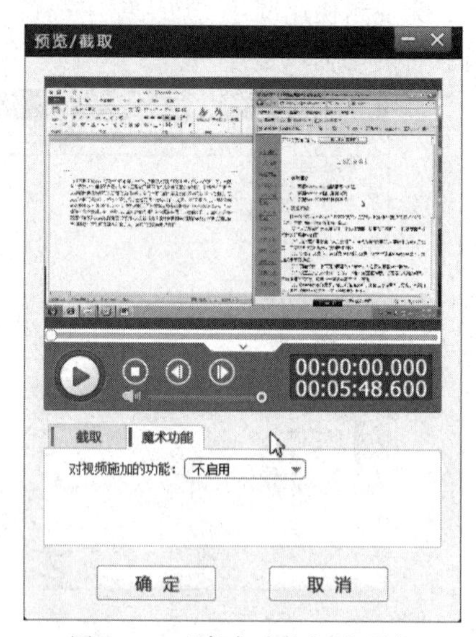

图 8-49 “魔术功能”选项卡

在“对视频施加的功能”下拉列表框中，选择“快进效果”，如图 8-50 所示，可通过调节“加速速率”对视频进行加速处理，数值越大，调节后视频的速度越快。

在“对视频施加的功能”下拉列表框中，如果选择“慢动作效果”，如图 8-51 所示，则可通过调节“减速速率”对视频进行减速处理，数值越大，调节后的视频速度越慢。

3. 添加片头特效

剪辑好视频后，在主界面右侧预览框下方单击“导出视频”按钮，弹出“导出设置”对话框，如图 8-52 所示，在“片头特效”下拉列表框中，选择自己喜欢的片头特效（也可以单击旁边的“下载更多片头特效”超链接下载其他片头特效或直接上官网下载），还可以给视频添加“片名”“制作者”，这样在片头特效上会显示相关信息。

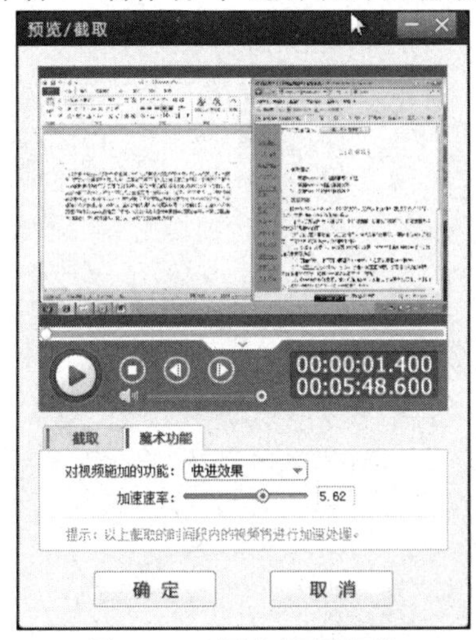

图 8-50　调节视频快进

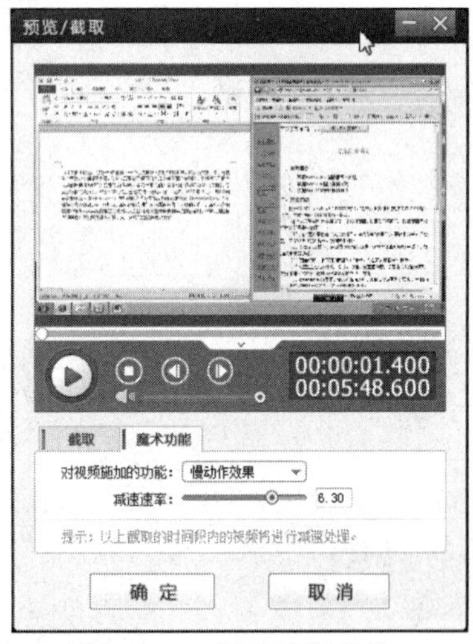

图 8-51　调节视频慢进

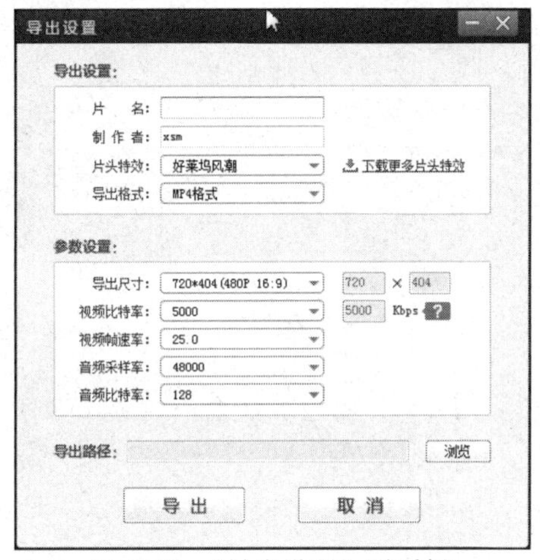

图 8-52　“导出设置”对话框

注意：

爱剪辑的应用还有很多，单击软件主界面中间的按钮，可以打开爱剪辑自带的很多操作教程，用户可自行学习。

习　　题

1. 简述压缩软件 WinRAR 的功能及常用应用。
2. 熟悉常用 PDF 阅读软件及使用方法。
3. 了解 360 软件套装管理计算机的方法。
4. 熟悉美图秀秀、爱剪辑软件及使用方法。

实训篇

实训 1 操作系统 Windows 7

1.1 Windows 7 的基本操作

视频 Windows 1
Windows 的基本操作

1. 目的

（1）了解 Windows 7 的桌面组成。

（2）掌握任务栏的设置方法。

（3）熟悉“开始”菜单的构成，掌握程序的启动方法。

（4）掌握“个性化”桌面的设置。

（5）掌握系统属性及任务管理器的应用。

2. 内容

（1）桌面图标的查看及排列：使用大图标、中等图标、小图标查看桌面图标；分别按“名称”、“大小”、“项目类型”和“修改时间”等方式重新排列桌面图标，观察异同。

（2）“任务栏”属性的应用：

① 更改“任务栏”位置。

② 设置“任务栏”的隐藏、时钟、任务栏按钮等属性的应用。

（3）系统日期时间的调整。

（4）利用“个性化”对话框更改设置：

① 主题：更改当前系统的应用主题，查看效果。

② 桌面背景：选取自己喜欢的图片作为背景，查看填充、适应、居中、平铺和拉伸的效果。

③ 屏幕保护程序：三维文字，等待时间为 1 min，在屏幕上出现滚动字幕“本机未经许可，勿动!”，单击“预览”查看效果。停止键盘和鼠标操作，等待屏保起作用，查看屏保效果。

④ 更改桌面图标：隐藏“网络”和“回收站”图标，显示“控制面板”图标，更改“计算机”图标内容。

（5）屏幕分辨率：查看当前屏幕的显示分辨率，更改分辨率大小，查看更改后的效果。

（6）“计算机”属性应用：

① 常规：了解操作系统版本、CPU、内存、计算机名等信息。

② 硬件：打开“设备管理器”了解详细的硬件信息，如处理器、磁盘驱动器、网络适配器等。

（7）任务管理器：使用【Ctrl+Alt+Delete】组合键打开“任务管理器”对话框，了解应用程序、进程、性能等信息。

（8）小工具：在桌面显示“时钟”和“CPU 仪表盘”信息。

（9）访问 FTP 服务器（ftp://10.10.10.20），下载“鲁大师.zip”，解压并安装软件“鲁大师”，并利用该软件了解本机的硬件信息及系统运行状态。

1.2　文件管理操作

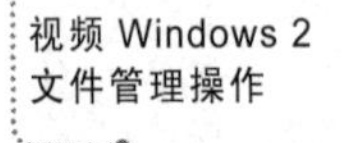

1. 目的

（1）掌握资源管理器窗口、“计算机”窗口对文件管理的基本操作。

（2）掌握文件和文件夹的新建、复制、移动、删除、重命名等操作。

（3）掌握查找文件和文件夹的方法。

（4）掌握各种创建快捷方式的方法，能够根据不同的使用场合采用不同的方法创建快捷方式。

（5）掌握回收站的操作。

2. 内容

（1）在 D:\EX\WIN2 目录下创建文件夹 win，并在 win 文件夹中创建两个文件夹 exam 和 home。

（2）在桌面创建“画图”程序的快捷方式，把该快捷方式改名为“绘图”，并把该快捷方式复制到 win 文件夹中；删除桌面上的“绘图”快捷方式。

（3）在 D:\EX\WIN2 下搜索所有扩展名为.doc 的文件，并把所搜索到的文件全部复制到 D:\EX\WIN2\OLD 中。（提示：共有 3 个文件）

（4）利用资源管理器打开 D:\EX\WIN2\search 文件夹，并分别用“大图标”“平铺”“内容”“列表”“详细信息”等方式显示该文件夹下的所有文件，了解各种显示方法的异同。

（5）“回收站”属性：了解回收站属性，修改 D 盘的“自定义大小”数值。

（6）将 D:\EX\WIN2\my 文件夹中的文件 WORK.asm 更名为 PLAY.asm。

（7）在 D:\EX\WIN2 文件夹下创建文件夹 GOOD，并设置属性为隐藏。

（8）将 D:\EX\WIN2\DAY 文件夹中的文件 WORK.doc 移动到 D:\EX\WIN2\MONTH 中，并重命名为 REST.doc。

（9）将 D:\EX\WIN2 \STUDY 中的文件 SKY.txt 设置为只读、去掉存档属性。

（10）删除 D:\EX\WIN2\STUDY 中的文件 dele.exe 及 remain.txt。

（11）打开回收站，恢复被删除的 remain.txt，再清空回收站。

（12）为 D:\EX\WIN2\old 文件夹中的文件“计算机.txt”创建快捷方式并命名为 computer，存放于文件夹 win2 中，尝试用该快捷方式打开文件“计算机.txt”。

（13）在桌面创建 D:\EX 文件夹的快捷方式，使用该快捷方式打开该文件夹。

1.3　常用软件应用

1．目的

（1）掌握记事本、计算器、画图、剪贴板、写字板、截图工具的使用。

（2）了解应用软件的安装方法。

（3）了解应用软件的卸载方法。

2．内容

（1）打开“记事本”窗口，输入以下内容后，以“08 北京奥运.txt”为文件名保存到 D：\EX\WIN3 文件夹中：北京 2008 年奥运会主题口号：同一个世界同一个梦想（One world One dream）。

（2）制作“计算器”图片：

① 打开“计算器”应用程序。

② 使用【Alt+Print Screen】组合键将该窗口复制到剪贴板上。

③ 打开“画图”应用程序，粘贴复制内容。

④ 适当调整画布大小，输入文字“计算器”。

⑤ 以“计算器.bmp”为文件名保存到 win3 文件夹中，再使用“另存为”命令改变图片的存储类型为 jpg ，以“计算器.jpg”保存。

⑥ 查看比较两个图片文件的大小，分析其差异。

⑦ 使用系统的“截图工具”应用程序制作“计算器”图片。

（3）使用“画图”软件制作下面的图片，并以“winter.jpg”为文件名保存到 D:\EX\WIN3 文件夹中。

1.4 综合练习

视频 Windows 4 综合练习

1．目的

（1）熟练掌握 Windows 文件的管理方法。

（2）掌握 Windows 常用附件应用程序的使用。

2．内容

（1）将位于 D:\EX\WIN4\WIN\DO\DO1 中的文件 qie.doc 移动到 D:\EX\WIN4\WIN\DO\DO2 中。

（2）请在 D:\EX\WIN4\WIN 目录下搜索（查找）文件 guangdong.txt，并把该文件的属性改为“隐藏”，取消存档属性。

（3）请在 D:\EX\WIN4\WIN\COMPRESSION 目录下执行以下操作，将文件 young.txt 和 myfile.doc 用压缩软件压缩为 my.rar 并放于该目录下，压缩完成后删除文件 young.txt。

（4）请在 D:\EX\WIN4\WIN 目录下搜索（查找）文件夹 GREEN 并改名为 BLUE。

（5）请用 Windows 的“记事本”创建文件 YOURFILE，存放于 D:\EX\WIN4\文件夹中，文件类型为 TXT，文件内容如下（内容不含空格或空行）：

梦中的波希米亚风情

（6）请将位于 D:\EX\WIN4\WIN\DO\中的所有 DOC 文件复制到目录 D:\EX\WIN4\WIN\DOC 中。

（7）在 D:\EX\WIN4\目录下，建立一个新文件夹 TEXT。使用“写字板”应用程序输入一段自我介绍，40 字以内，将其字体定义为宋体 10 磅，以“自我介绍.rtf”为文件名，保存在 TEXT 文件夹中。

（8）在 D:\EX\WIN4\目录下，创建“计算器”的快捷方式，并把该快捷方式命名为“计算”。

实训 2 文字处理软件 Word 2010

2.1 Word 文档的基本操作

视频 Word 1-1
Word 文档的基本操作

1．目的

（1）掌握 Word 程序的启动与退出，熟悉 Word 的窗口组成。

（2）掌握 Word 文档的创建、打开、保存与关闭的操作。

（3）掌握 Word 信息输入、选定、复制、移动、删除等基本操作。

（4）熟悉查找/替换的功能及应用。

2．内容

（1）新建 Word 文档，将文档以文件名“背影.docx”保存在 D:\EX\word1 下，并完成以下操作：

① 在文档第一行输入“背影”二字。

② 新起一个段落，将“文字素材.txt”中所有的文字内容复制到“背影.docx”文档中（文本中每一个回车符作为一个段落）。

③ 设置标题段落居中，并在文字左、右各插入一个“★”符号（字符代码：2605）。

④ 文本的移动：将“背影.docx”中文档的最后一段（那年冬天，……）移动到第 2、3 段之间。

⑤ 文本的删除：将“背影.docx”最后一段中的“我读到此处，在晶莹的泪光中，又看见那肥胖的、青布棉袍黑布马褂的背影”删除。

⑥ 将打开文档权限的密码设置为“123”。

⑦ 设置标题段落居中，字体为华文隶书，字号为小二，颜色为标准色紫色。

⑧ 设置文档正文字号为小四号，段落首行缩进 2 字符，段落行距 1.5 倍，添加页面艺术边框、页码、页面颜色。

（2）打开 D:\EX\Word1\W1–2. docx 文档，完成以下操作以原文件名保存：

① 将文档中所有“学院”一词替换成“我院”（提示：共 20 处替换）。

② 为文档中所有的“教学管理”设置格式：字体颜色为标准色蓝色，加标准色黄色的双波浪线，字符间距加宽 1 磅（提示：使用查找替换功能快速格式化所有对象，共 22 处替换）。

③ 删除文本中的空格（不区分全/半角）。

④ 用查找替换功能删除文档中的所有空行。

2.2 文档的格式化

1. 目的

（1）掌握 Word 文档的字符格式和段落格式设置方法。

（2）掌握首字下沉、分栏、项目符号和编号、分页等格式设置方法。

（3）掌握格式刷的应用方法。

（4）熟悉 Word 文档的页面设置、打印预览与打印设置的操作。

2. 内容

（1）请打开 D:\EX\word2\w2-1.docx 文件，完成以下操作（文本中每一个回车符作为一段落，没有要求操作的项目请不要更改）：

视频 Word 2-1
文档格式化

① 设置标题段落（“风筝”二字）的格式：黑体、二号、标准色紫色、着重号、水平居中。并为该段落设置宽度为 2.25 磅、标准色蓝色、实线边框；浅绿色底纹。

② 设置文章其他段落（除标题段落外）的格式：首行缩进 2 字符，行距为固定值 20 磅，段前段后间距都为 0.2 行，并将字号设置为小四。

③ 为第 3 段落 “传说曹雪芹所著的……”中的“从主观愿望上讲，……，供今人继承和发展。”一句话添加波浪线下画线，下画线颜色为标准色蓝色。

④ 将第 3 段落字体缩放设置为 150%，间距紧缩 1 磅，字号为四号，首字下沉：下沉 2 行，字体为楷体_GB2312。

⑤ 为第 4 段的段落“虽然这些谱式各有局限……”应用分栏效果：两栏，栏宽相等，栏间距为 1.5，显示分隔线。

⑥ 按原文件名保存该文档并关闭。

（2）请打开 D:\EX\word2\w2-2.docx 文件，完成以下操作（文本中每一个回车符作为一个段落，没有要求操作的项目请不要更改）：

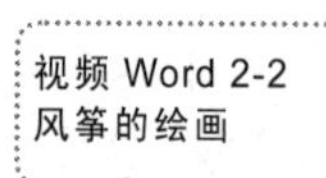

① 在“风筝的绘画”标题段落后加入分页符。

② 设置小标题“1. 风筝的轮廓造型”的字体格式为：华文新魏，小四，标准色蓝色，加粗。并利用格式刷将该格式分别应用于小标题“2. 3. 4. 5.”。

③ 在页面底端插入“普通数字 2”格式的页码。设置文档页眉为“空白”格式，奇数页页眉内容为“计算机应用基础”，左对齐；偶数页页眉内容“风筝介绍”，右对齐。

④ 设置该文档纸张大小为 16 开，装订线位置在左边，距页边距为 1 cm，上下边距为 2.5 cm，左右边距为 2 cm。

⑤ 用不同的视图方式查看文档。

⑥ 为文档插入文字水印背景：文字内容为“风筝介绍”、楷体、标准色橙色，其他默认项无须修改。

⑦ 按原文件名保存文件。

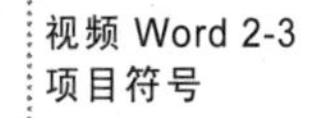

（3）请打开 D:\EX\word2\w2–1.docx 文档，完成以下操作：（注：文本中每一个回车符作为一个段落，没有要求操作的项目请不要更改）：

① 为文档最后四个段落插入项目符号，符号字体为 Wingdings 2，字符代码为 63，增加缩进量一次。

② 将项目编号样式为 A、B、C…项的起始编号值设置为 E。

③ 按原文件名保存文件。

2.3　表 格 应 用

1．目的

（1）掌握 Word 文档中表格的制作与编辑方法。

（2）掌握 Word 文档中表格格式的设置方法。

（3）掌握 Word 文档中表格与文字之间的转换过程。

（4）了解表格中公式和排序等的应用。

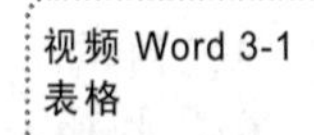

2．内容

（1）在 D:\EX\word3\文件夹中新建一个文档 w3–1. docx，完成以下操作：

① 按例图创建表格并输入除表格左上角单元格外相应的内容。

② 设置表格宽 8 cm，每行高 1 cm，整个表格水平居中对齐，设置表格底纹为浅黄色（R:255,G:255,B:153），内边框线粗为 1 磅实线，外边框使用下图所示的线型。

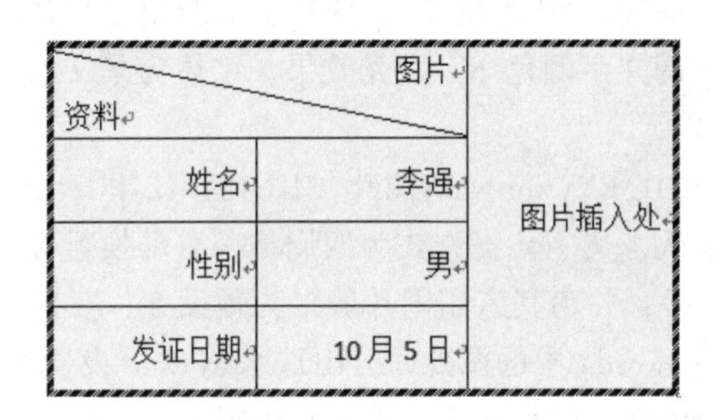

③ 设置表格中的文字水平方向为右对齐，垂直方向为居中对齐。

④ 按图所示在表格左上角单元格绘制斜线表头及填充内容。

⑤ 保存文件。

（2）打开 D:\EX\word3\w3–2. docx 文档，完成以下操作后按原文件名保存：

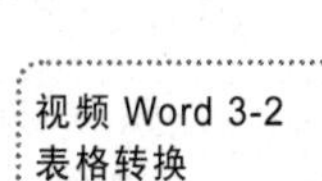

① 利用表格的转换功能，将文档中的文字转换成一个表格，设置表格的宽度为 13 cm。

② 选做：利用函数分别计算表格中的“平均分”和“总分”两列（须用 fx 公式 命令来计算；先计算平均分“=average(left)”，余下单元格用【F4】键粘贴公式；再计算总分“=sum(left)”，余下单元格用【F4】键粘贴公式）。

③ 自动套用格式：在“设计”选项卡“表格样式”列表中选择“彩色型 3”，清除姓名与成绩区域的底纹图案，效果如下图所示。

④ 按原文件名保存并关闭文档。

学号	姓名	语文	数学	英语	总分	平均分
31049	蔡阳瑜	100	83	59	242	80.67
31050	吴瑞玲	100	66	64	230	76.67
31051	左绪生	33	66	67	166	55.33
31052	周晓义	66	66	71	203	67.67
31053	陈丽敏	66	66	45	177	59
31055	霍燕南	33	100	61	194	64.67
31056	何德明	83	100	62	245	81.67
31057	罗晓东	83	50	57	190	63.33

2.4 插入图片、艺术字及自选图形

1. 目的

（1）掌握在文档中插入图片或图像等对象的方法。

（2）掌握图片的编辑方法和图文混排的技巧。

（3）掌握艺术字的创建和编辑。

2. 内容

（1）请打开 D:\EX\word4\w4-1.DOCX 文档，完成以下操作以原文件名保存：

视频 Word 4-1
图片、艺术字

① 在第 1 段插入艺术字标题“珠水夜韵”，使用第 6 行第 3 列样式，并添加“橙色，18pt 发光，强调文字颜色 6”发光效果，字体为华文新魏，自动换行为嵌入型。

② 在第 2 段任意处插入 D:\EX\ word4\的图片 ZHUJIANG.JPG，设置图片大小为高度 2.5 cm、宽度默认，文字环绕方式为四周型，自动换行方式为两边，水平位置为相对于栏居中，并为其应用图片效果为预设 2，艺术效果为十字图案蚀刻。

③ 在第 3 段插入 D:\EX\ word4\中的图片“云山珠水.JPG”，设置图片大小为高度 4 cm、宽度默认，自动换行为紧密型环绕，图片样式为映像圆角矩形。

④ 为文档设置页面背景，填充效果为“信纸”纹理。

（2）打开 D:\EX\ word4\w4-2.DOCX 文档，完成以下操作：

① 在文档的顶部居中位置插入横排文本框，输入文字“自选图形的应用”；设置文本框的边框格式为宽 8 cm、高 1 cm；边框线条为 2 磅，实线，蓝色；文本框填充为浅黄色。

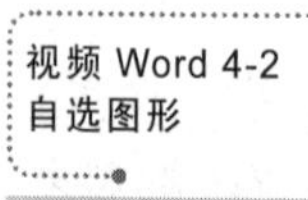

② 在文本框下方居中位置绘制流程图并输入相应的文字；为圆角矩形和矩形应用阴影样式：外部-向右偏移；选择所有图形，组合所有图形为一个图形，效果如下图所示。

③ 按原文件名保存文件并关闭文档。

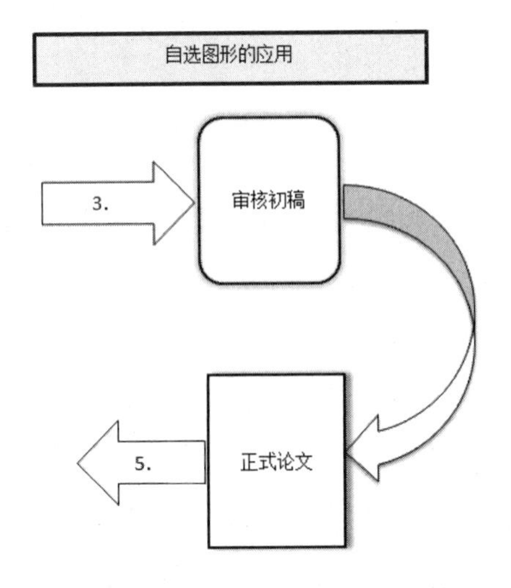

（3）打开 D:\EX\ word4\w4-3.DOCX 文档，完成以下操作：

通过插入 SmartArt 形状为某公司制作如下图所示的组织结构图，布局：标记的层次结构图，样式：三维-嵌入，颜色：彩色范围-强调文字颜色 2 至 3。

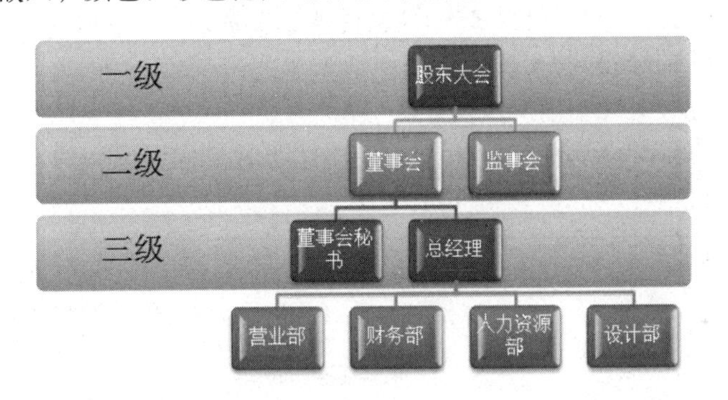

视频 Word 4-3
制作 SmartArt 图形

2.5　样式及目录应用

1. 目的

（1）掌握样式的创建、编辑、删除和应用。

（2）掌握目录的创建和编辑方法。

视频 Word 5-1
样式应用

2. 内容

（1）打开 D:\EX\ word 5\w5-1.DOCX 文档，完成以下操作（注：文本中每一个回车符作为一个段落，没有要求操作的项目请不要更改）：

① 新增一样式，名称为"字符段落格式_自定义"；该样式的格式为：字符间距加宽 3 磅，段落文字加粗，文字颜色为标准色橙色，段前、段后间距为 8 磅，行距为固定值 18 磅。并将该新建的样式应用到文档第二和第四段。

② 为第一段应用样式"文档标题"，并修改该样式，将该样式"添加到快速样式列表"（该操作可把自定义的样式添加到默认模板，供新建文档时使用。可新建一个空白文档，在样式和格式任务窗格，可查看到"文档标题"样式）。

③ 修改样式“页脚”，把字体颜色设置为标准色蓝色，字形加粗、倾斜，观察页脚文字内容格式的变化。

④ 删除样式“页眉”，观察页眉文字内容格式的变化。

⑤ 保存文件并关闭。

（2）打开 D:\EX\ word 5\w5-2.DOCX 文档，完成以下操作后以原文件名保存：

视频 Word 5-2
目录应用

① 在文档前端空出两行，分别输入“目录 1”“目录 2”，并设置水平居中对齐。

② 为长文档的各级标题应用样式：文档标题应用样式 A1；“一、二、三、……”的标题应用样式 A2；“1、2、3，4、……”的标题应用样式 A3；“（1）、（2）、（3）……”的标题应用样式 A4。

③ 修改样式：设置样式 A1 的大纲级别为 1 级，样式 A2 的大纲级别为 2 级，样式 A3 的大纲级别为 3 级，样式 A4 的大纲级别为 4 级。

④ 以目录选项的方式创建“目录 1”：设置目录格式为默认模式、显示页码、页码右对齐，制表符前导符“……”。

⑤ 以大纲级别的方式创建“目录 2”：设置目录格式为优雅、显示页码、页码右对齐，显示级别为 3 级，制表符前导符“______”。

目录的设置过程和效果如下图所示。

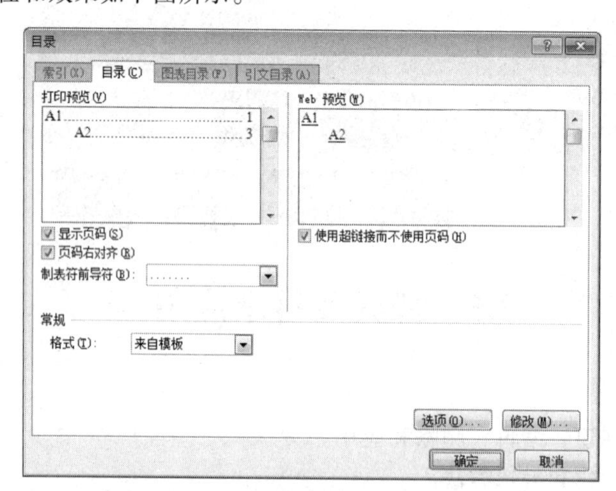

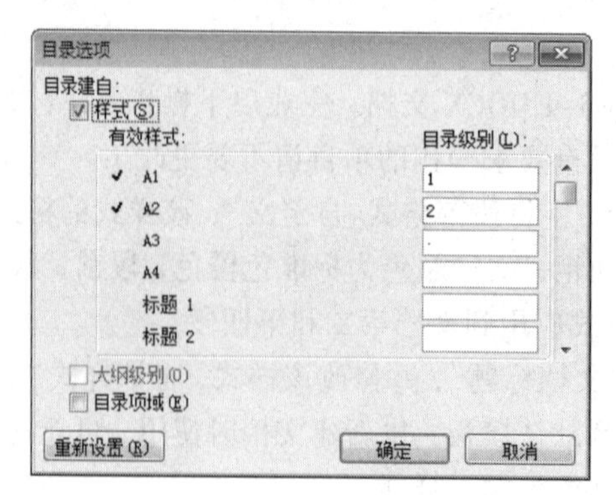

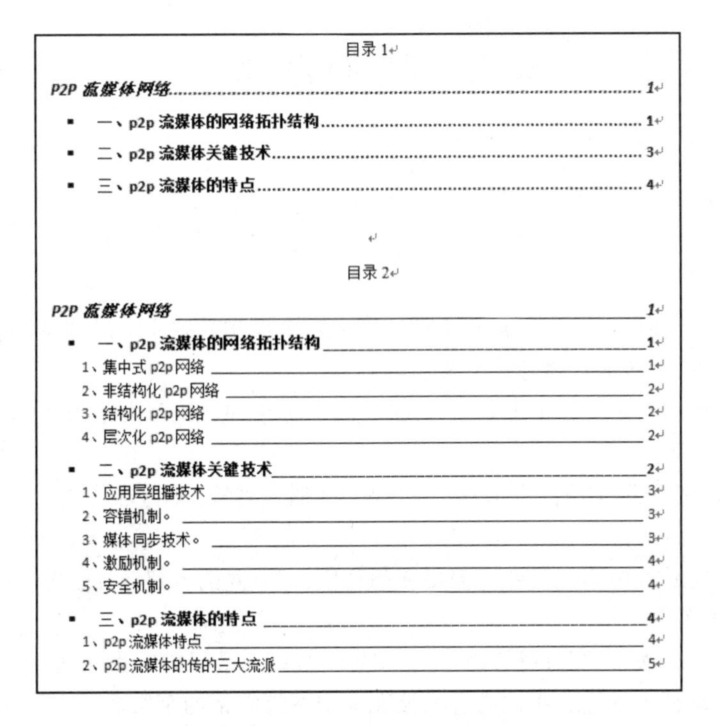

目录 1

P2P 流媒体网络 1

- 一、p2p 流媒体的网络拓扑结构 1
- 二、p2p 流媒体关键技术 3
- 三、p2p 流媒体的特点 4

目录 2

P2P 流媒体网络 ____ 1

- 一、p2p 流媒体的网络拓扑结构 ____ 1
  1、集中式 p2p 网络 ____ 1
  2、非结构化 p2p 网络 ____ 2
  3、结构化 p2p 网络 ____ 2
  4、层次化 p2p 网络 ____ 2
- 二、p2p 流媒体关键技术 ____ 2
  1、应用层组播技术 ____ 3
  2、容错机制。 ____ 3
  3、媒体同步技术。 ____ 3
  4、激励机制。 ____ 4
  5、安全机制。 ____ 4
- 三、p2p 流媒体的特点 ____ 4
  1、p2p 流媒体特点 ____ 4
  2、p2p 流媒体的传的三大流派 ____ 5

2.6　邮件合并及公式应用

1. 目的

（1）掌握邮件合并的原理和操作方法。

（2）了解数学公式的创建和编辑方法。

2. 内容

视频 Word 6-1
邮件合并

（1）使用邮件合并功能制作校运会奖状：

① 打开文档 D:\EX\word6\w6-1.docx，以该文档为主文档，以 D:\EX\word6\w6-2.docx 作为邮件合并数据源进行邮件合并（不要打开 w6-2.docx 文档），制作奖状文档，将邮件合并结果保存到 D:\EX\word6 文件夹下，文件名为“奖状.DOCX”。

② 保存文件并关闭文档。

视频 Word 6-2
公式编辑器

（2）在 D:\EX\ word6 中新建一个 Word 文档 w6-3. docx，在文档中创建如下公式：

① 插入泰勒展开式：

$$e^x = 1 + \frac{x}{1!} + \frac{x^2}{2!} + \frac{x^3}{3!} + \ldots \frac{x^n}{n!}, \quad -\infty < x < \infty$$

② 编辑如下公式：

$$p(a \leqslant x \leqslant b) = \int_a^b f(x)\mathrm{d}x$$

2.7 文档修订应用

1. 目的

（1）掌握脚注/尾注、书签、批注的操作方法。

（2）掌握文档修订功能的使用。

2. 内容

（1）打开 D:\EX\word7\w7-1.DOCX 文档，完成以下操作后按原文件名保存（注：文本中每一个回车符作为一个段落）：

视频 Word 7
文档修订应用

① 修改页面设置：页边距上下均为 1 cm；方向为横向；纸张大小为宽 25 cm、高 16 cm。

② 插入书签：选中第十段的文本“电路装置”并插入书签，书签名为“工具准备”。

③ 插入超链接：选中第三段的“需要准备些什么”，并插入超链接，链接到书签“工具准备”。

④ 在标题“电磁铁教学”后插入脚注，位置为页面底端，内容为“理论教学教案”。

⑤ 给标题段落插入批注，批注内容为该文本中不计空格的字符数（字符数统计通过“审阅”选项卡“校对”组中的“字数统计”按钮实现）。

⑥ 打开修订功能，将第十六段文字“养成勤勤恳恳、合作进行探究的品质。”中的“勤勤恳恳”四字改为“认真细致”，并设置“原始：显示标记”，查看修订内容的变化。关闭修订功能。

⑦ 保存文件并关闭文档。

2.8 综合实训

1. 目的

能熟练运用艺术字、图片、表格、格式编辑等 Word 技巧制作宣传海报。

2. 内容

（1）打开 D:\EX\word8\w8-1.DOCX 文档，完成以下操作后按原文件名保存（注：文本中每一个回车符作为一个段落）：

视频 Word 8
综合实训

以“人工智能”为主题设计一个板报页面，板报页面具体设计的任务要求如下：

① 插入艺术字标题“人工智能”，样式为第 5 行第 2 列，字体小四号；并设置：文字效果-转换-桥形，顶端居中对齐。

② 纸张：B5 横向，在页面顶端插入页眉“大学生计算机等级考试”，并加艺术页面边框。

③ 页面设置：上下页边距各为 1.5 cm，左右页边距各为 2.5 cm。

④ 设置正文文本格式：小四，行距：固定值 20 磅，段前段后间距为 0 磅，首行缩进 2 个字符，对最后一句话添加标准红色波浪线。

⑤ 参考提供的效果图，插入和编辑表格，表格宽度设置为 13 cm，并利用公式进行对两列“总评”计算（按提供的比例）。

⑥ 设置页面颜色为“水绿色，强调文字颜色 5，淡色 80%”。

⑦ 在页面中插入剪贴画图片和标注自选图形，并按下图所示的效果进行综合的图文排版。

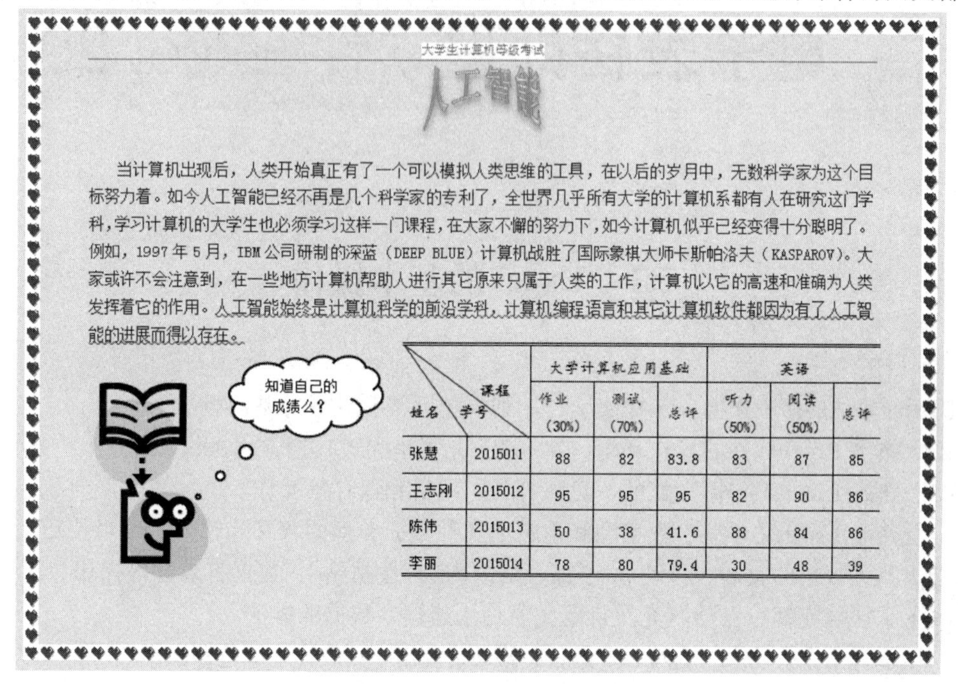

大学生计算机等级考试

人工智能

当计算机出现后，人类开始真正有了一个可以模拟人类思维的工具，在以后的岁月中，无数科学家为这个目标努力着。如今人工智能已经不再是几个科学家的专利了，全世界几乎所有大学的计算机系都有人在研究这门学科，学习计算机的大学生也必须学习这样一门课程，在大家不懈的努力下，如今计算机似乎已经变得十分聪明了。例如，1997 年 5 月，IBM 公司研制的深蓝（DEEP BLUE）计算机战胜了国际象棋大师卡斯帕洛夫（KASPAROV）。大家或许不会注意到，在一些地方计算机帮助人进行其它原来只属于人类的工作，计算机以它的高速和准确为人类发挥着它的作用。人工智能始终是计算机科学的前沿学科，计算机编程语言和其它计算机软件都因为有了人工智能的进展而得以存在。

姓名	学号 / 课程	大学计算机应用基础			英语		
		作业（30%）	测试（70%）	总评	听力（50%）	阅读（50%）	总评
张慧	2015011	88	82	83.8	83	87	85
王志刚	2015012	95	95	95	82	90	86
陈伟	2015013	50	38	41.6	88	84	86
李丽	2015014	78	80	79.4	30	48	39

实训 3　电子表格处理软件 Excel 2010

3.1　Excel 的基本操作

1. 目的

（1）了解 Excel 工作簿、工作表、行、列、单元格和区域的基本概念。

（2）熟悉 Excel 软件的操作环境，掌握 Excel 菜单和工具栏常用操作。

（3）熟悉 Excel 工作簿文档的新建、打开、编辑和保存等操作。

（4）熟悉 Excel 文本型、数字型和逻辑型 3 种数据类型的含义和输入、编辑技巧。

（5）熟悉数据的复制、移动、删除、粘贴（选择性粘贴）、数据有效性等操作。

（6）掌握填充柄、自动填充及自定义序列快速输入数据的方法。

（7）掌握工作表插入、删除、重命名、移动、复制、更改标签颜色等操作。

2. 内容

（1）新建 Excel 工作簿文件，按下图在工作表 Sheet1 中输入数据，以“学生信息情况表.xlsx”为文件名，保存到 D:\EX\excel1 中。

	A	B	C	D	E	F	G	H	I	J
1	序号	学号	姓名	性别	出生日期	专业	籍贯	数学	语文	英语
2	1	05114112	雷永存	男	1978/5/11	会计	南京	59	86	89
3	2	05114113	张婷婷	男	1980/6/10	计算机应用	北京	63	96	88
4	3	05114114	张仿威	女	1979/12/28	计算机应用	南京	99	87	74
5	4	05114115	黄亮华	女	1980/12/25	数学教育	广州	99	56	69
6	5	05114116	唐春宇	女	1980/5/3	数学教育	广州	88	77	87
7	6	05114117	马冰奎	男	1978/5/2	数学教育	上海	58	100	88
8	7	05114118	黄少伟	男	1977/11/29	计算机应用	北京	86	86	76
9	8	05114119	廖运腾	男	1980/11/8		京	87	88	81
10	9	05114120	余鹏飞	男	1978/1/14	会计 计算机应用	海	94	95	100
11	10	05114121	陈耿	女	1977/8/29	数学教育 语文教育	州	69	78	88
12	11	05114122	吴梓波	男	1977/9/26		北京	36	98	79
13	12	05114123	唐滔	女	1980/5/2		广州	99	57	86
14	13	05114124	曾韵琳	女	1977/9/1		南京	100	85	89

视频 Excel 1
Excel 的基本操作

① 使用“序列”对话框中的“等差数列”功能在单元格区域 A2:A14 中自动填充“序号”数据。

② 使用填充柄快速输入学号数据：05114112，05114113，…，05114124。

（2）设置“专业”区域 F2:F14 的数据有效性：自动弹出下拉列表，内容为“会计,计算机应用,数学教育,语文教育”，并完成该列数据输入。

（3）设置“数学”“语文”和“英语”3 科成绩区域 H2:J14 的数据有效性，将成绩限定在 0～100，当输入错误时，弹出“停止”出错警告对话框，对话框标题信息“成绩录入错误”，错误信息“成绩有效范围：0～100”。在成绩区域 H2:J14 中输入成绩，并观察输入成绩在 0～100 以外的情况。

（4）将“学号”“姓名”“数学”“语文”和“英语”5 项数据复制到工作表 Sheet2 中以 A1 为左上角的单元格区域中，再将工作表 Sheet2 的工作表标签改名为“成绩表”；删除工作表 Sheet3。

（5）将工作表 Sheet1 的工作表标签改名为“学生信息表”。

（6）将“学生信息表”的工作表标签颜色改为标准色橙色，“成绩表”的工作表标签颜色改为标准色紫色。

3.2　工作表的格式化

1. 目的

（1）熟悉单元格格式（数字、对齐、字体、边框和图案等格式）的设置和编辑技巧。

（2）掌握行高和列宽的设置方法。

（3）熟悉条件格式和自动套用格式的应用。

（4）熟悉查找和替换的应用方法。

（5）掌握单元格数据的插入、删除、合并、复制、移动、清除、插入批注等操作。

2. 内容

（1）打开工作簿 xls2-1.xlsx，完成下列操作后以原文件名保存：

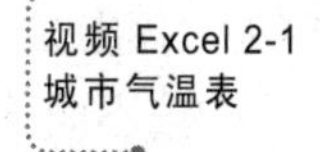

① 将 Sheet1 工作表改名为“城市气温”。

② 在数据区域前面插入 1 行,并在 A1 单元格中输入“世界城市气温表”。

③ 将标题行合并居中（A1:J1），字体为仿宋，字号为 18，粗体，为标题行填充“白色，背景 1，深色 25%”底纹，“细 逆对角线 条纹”图案，图案颜色为“紫色，强调文字颜色 4，淡色 40%”。行高为 40，垂直对齐方式为“居中”。

④ 将“纽约”三列与“伦敦”三列互换位置。

⑤ 利用填充功能在单元格区域 A4:A15 中填入“一月～十二月”的月份序列数据。

⑥ 设置单元格区域 B4:J15 的数值格式：保留 1 位小数，水平对齐方式为右对齐，垂直对齐方式为居中。

⑦ 设置“城市”一行中各城市名分别合并居中。

⑧ 设置表格第一列水平居中；“温度”一行（第 3 行）文字水平和垂直居中，其行高为 40；第 4 行～15 行的行高为 22。将 B 列～J 列的列宽设置为 7。

⑨ 将“城市”一列（A2:A15）底纹设置为浅黄色（R:255, G:255, B:153），其他各列（B2:J15）为标准色浅绿色。

⑩ 设置区域 A1:J15 内边框为单线边框，外边框为粗实线，颜色为标准色蓝色。

⑪ 在单元格 A3 中输入“温度月份”数据，在“温度”和“月份”之间按【Alt+Enter】组合键插入换行符。对单元格 A3 加斜对角线，制作斜线表头。

操作效果图如下图所示。

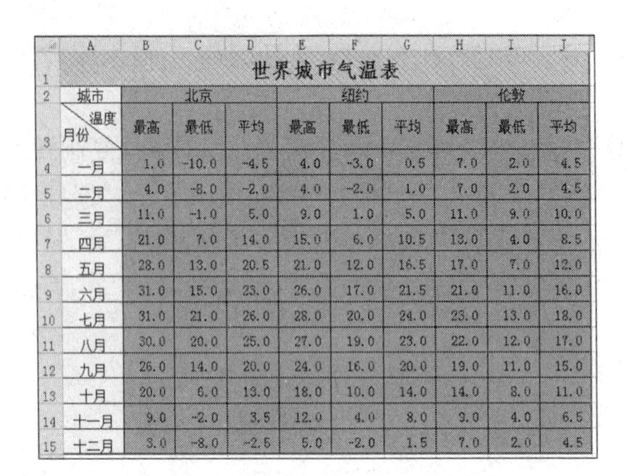

世界城市气温表

城市	北京			纽约			伦敦		
温度 / 月份	最高	最低	平均	最高	最低	平均	最高	最低	平均
一月	1.0	-10.0	-4.5	4.0	-3.0	0.5	7.0	2.0	4.5
二月	4.0	-8.0	-2.0	4.0	-2.0	1.0	7.0	2.0	4.5
三月	11.0	-1.0	5.0	9.0	1.0	5.0	11.0	9.0	10.0
四月	21.0	7.0	14.0	15.0	6.0	10.5	13.0	4.0	8.5
五月	28.0	13.0	20.5	21.0	12.0	16.5	17.0	7.0	12.0
六月	31.0	15.0	23.0	26.0	17.0	21.5	21.0	11.0	16.0
七月	31.0	21.0	26.0	28.0	20.0	24.0	23.0	13.0	18.0
八月	30.0	20.0	25.0	27.0	19.0	23.0	22.0	12.0	17.0
九月	26.0	14.0	20.0	24.0	16.0	20.0	19.0	11.0	15.0
十月	20.0	6.0	13.0	18.0	10.0	14.0	14.0	8.0	11.0
十一月	9.0	-2.0	3.5	12.0	4.0	8.0	9.0	4.0	6.5
十二月	3.0	-8.0	-2.5	5.0	-2.0	1.5	7.0	2.0	4.5

（2）打开工作簿 xls2-2.xlsx，完成下列操作后以原文件名保存：

视频 Excel 2-2
成绩表格式化

① 设置单元格区域 A1:H1 水平跨列居中，字体为华文新魏，字号为 20，粗体，底纹为标准色浅绿。

② 清除单元格区域 A2:D2 格式。

③ 在单元格区域 B7:H7 前面插入一个数据区域，输入学生本人的数据信息。

④ 将工作表“学生成绩表”中的出生日期数据（D3:D30）设置为日期“2001 年 3 月 14 日”格式，适当调整列宽，完整显示日期信息。

⑤ 查找科目成绩为“缺考”状态的单元格，将其值修改为“-1”，替换后加入批注，批注内容为“因参加比赛而缺考”。

⑥ 按不同条件突出显示数据：将科目成绩不及格的单元格用“蓝色、加粗、倾斜”字体格式显示；将科目成绩大于等于 90 分的单元格用“红色、加粗”字体格式和“黄色”底纹格式显示。

⑦ 为 A2:H30 区域套用表格格式：表格样式中等深浅 3。

效果图如下图所示。

成绩表

编号	姓名	性别	出生日期	专业	语文	数学	计算机
001	李剑荣	男	1978年5月11日	理科	90	74	74
002	翟奕峰	男	1980年6月10日	文科	73	64	64
003	刘颖仪	女	1979年12月28日	理科	81	61	61
004	黄艳妮	女	1980年12月25日	理科	92	60	60
005	张三	男	1988年12月26日	理科	80	58	88
006	苗苗	女	1980年5月23日	文科	56	87	-1
007	陈耿	男	1978年5月2日	理科	55	73	73
008	吴梓波	男	1977年11月29日	理科	61	-1	62
009	唐滔	男	1980年11月8日	文科	95	66	66
010	梁拓	男	1978年1月14日	文科	-1	49	78
011	雷永存	男	1980年9月5日	文科	96	86	94
012	张婷婷	女	1978年10月2日	理科	81	88	78
013	曾韵琳	女	1985年8月7日	理科	96	81	-1
014	戴静颖	男	1989年6月8日	文科	86	80	81
015	何小华	男	1979年10月19日	理科	93	100	80
016	张仿威	男	1982年6月4日	理科	82	82	89
017	黄亮华	男	1986年7月24日	文科	90	86	96
018	唐春宇	男	1983年12月1日	文科	-1	58	60
019	马冰奎	男	1978年5月29日	文科	90	77	95
020	黄少伟	男	1990年8月27日	文科	82	-1	77
021	廖运腾	男	1984年4月3日	理科	97	85	75
022	余鹏飞	男	1979年5月8日	理科	75	92	68
023	林锐松	男	1982年12月9日	文科	94	63	92
024	叶海翔	男	1978年4月9日	文科	50	58	60
025	周立史	男	1982年9月11日	文科	87	64	-1
026	谭舒	男	1986年4月17日	理科	100	75	77
027	刘剑文	男	1982年3月8日	理科	69	78	66
028	容志勇	男	1986年12月7日	文科	66	60	98

3.3 公式和函数的应用

1. 目的

（1）理解单元格相对地址、绝对地址和混合地址的含义及应用方法。

（2）了解公式中各种符号和表达式的应用。

（3）掌握公式的输入、编辑、复制和移动等操作。

（4）理解函数的意义和函数的基本构成。

（5）熟悉 Excel 函数的类别，熟练掌握常用的 Excel 函数。

2. 内容

（1）打开工作簿 xls3-1.xlsx，完成下列操作后以原文件名保存：

Excel 3-1.1
计算应发工资

Excel 3-1.2
计算实发工资

① 在工作表“工资表”的 J3:J16 区域中计算每个职工的应发工资，计算公式为“应发工资 = 基本工资+补贴+津贴−扣款”。

② 在工作表“职工表”的 H2:H15 区域中计算每个职工的实发工资，计算公式为“实发工资 = 应发工资+加班天数 × 加班奖金+请假天数 × 请假扣款”。

（2）打开工作簿 xls3-2.xlsx，在工作表“成绩表”中完成下列操作后以原文件名保存：

视频 Excel 3-2
用函数统计成绩

① 在单元格区域 H2:H17 中使用函数计算每个学生的总分。

② 在单元格区域 E19:G19 中使用函数统计各门课程的平均分。

③ 分别在单元格区域 E20:G20 和 E21:G21 中使用函数 MAX()和 MIN()统计各门课程的最高和最低分。

④ 在单元格区域 E22:G22 中使用函数 COUNTIF()统计各门课程的“>=90”人数。

⑤ 在单元格区域 E23:G23 中综合使用函数 COUNTIF()统计各门课程“80 分段”人数（提示：“>=80”人数减去“>89”人数。

⑥ 在单元格区域 E24:G24 中使用函数 COUNTIFS()统计各门课程“70 分段”人数。使用类似的方法计算“60 分段”人数。

⑦ 在单元格区域 E26:G26 中使用函数 COUNTIF()统计各门课程的不及格人数。

⑧ 在单元格区域 E27:G27 中统计各门课程的及格率，计算方法为“（总人数−不及格人数）/ 总人数”，并设置单元格格式为两位小数的百分比（提示：函数 COUNT()）。

视频 Excel 3-3
工资收入

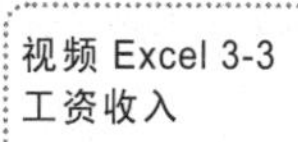

⑨ 在单元格区域 I2:I17 中用函数计算各人的平均成绩。在单元格区域 J2:J17 中使用函数 IF 根据“平均分”成绩统计每个学生的及格情况：若平均分小于 60，则显示“不及格”，否则显示“及格”。

⑩ 在单元格区域 K2:K17 中使用函数 RANK()根据“总分”成绩统计每个学生的名次。

（3）打开工作簿 xls3-3.xlsx，在工作表“工资表”中完成下列操作后以原文件名保存：

视频 Excel 3-4
财务函数 pmt

① 在单元格 B20、D20 中用函数分别计算出“工资收入”的最大值和最小值，在单元格 D21 中使用 VLOOKUP()函数计算出“工资收入”的最小值的“姓名”。

② 在单元格区域 D3:D18 中使用函数 YEAR()和 NOW()计算每个职工的年龄。

（4）打开工作簿 xls3-4.xlsx，利用 PMT()函数在 B5 单元格中计算为使 18 年后得到 5 万元的存款，现在每月应存多少钱，完成操作后以原文件名保存。

3.4　数据库管理

1．目的

（1）理解 Excel 数据清单的基本概念和基本结构，了解 Excel 的数据库管理功能。

（2）熟悉 Excel 数据清单的记录追加、修改、删除、查询等数据库操作。

（3）掌握数据的排序方法。

（4）掌握数据分类汇总的方法，熟悉分类汇总的应用技巧。

（5）掌握数据透视表的功能及操作方法。

2．内容

（1）打开工作簿 xls4-1.xlsx，完成下列操作后以原文件名保存：

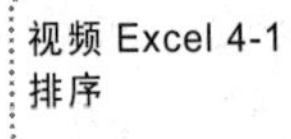

① 将工作表 Sheet1 中的数据清单进行排序：以“籍贯”（升序）为主要关键字，“性别”（升序）为次要关键字，“工龄”（降序）为第三关键字。

② 在工作表 Sheet2 中完成以下操作：删除“姓名”为“梁拓”的记录；将“陈耿”的“籍贯”修改为“南京”，“数学”成绩修改为“98”；并将数据清单按姓氏笔画进行升序排列。

（2）打开工作簿 xls4-2.xlsx，完成下列操作后以原文件名保存：

① 在工作表 Sheet1 中，以“系别”（升序）为分类字段，利用分类汇总统计各系“机试”和“笔试”的平均成绩。

视频 Excel 4-2
分类汇总

② 在工作表 Sheet2 中，以“部门”（降序）为分类字段，利用分类汇总统计各个部门不同季度的“销售总额”。

（3）打开工作簿 xls4-3.xlsx，根据工作表“成绩表”中的数据清单建立数据透视表，按不同系别、不同年级统计出“机试”和“笔试”的平均成绩，其中“系别”和“Σ数值”作为行标签，“年级”作为列标签，并设置成绩显示区域的数字格式为 1 位小数点，将数据透视表建在 Sheet3!B3 位置，并为数据透视表区域添加实线边框，完成操作后以原文件名保存。数据透视表的操作结果如下图所示。

	列标签		
行标签	01	02	总计
电子			
平均值项:机试	69.3	67.0	69.1
平均值项:笔试	77.9	69.0	77.0
化学			
平均值项:机试	55.6	26.0	49.7
平均值项:笔试	61.3	34.0	55.8
生物			
平均值项:机试	59.0	39.0	55.7
平均值项:笔试	44.6	12.0	39.2
数学			
平均值项:机试	64.3	58.0	62.8
平均值项:笔试	76.5	67.0	74.3
物理			
平均值项:机试	56.7	71.3	61.1
平均值项:笔试	71.1	78.3	73.3
平均值项:机试汇总	**61.6**	**54.6**	**60.2**
平均值项:笔试汇总	**68.6**	**58.5**	**66.6**

视频 Excel 4-3
数据透视表

3.5　数 据 分 析

1．目的

（1）掌握 Excel 自动筛选的操作方法和应用技巧。

（2）熟悉 Excel 高级筛选的操作过程，理解高级筛选条件区域的含义。

（3）掌握直方图分析工具和函数 FREQUENCY()进行频度分析的方法。

（4）熟悉数据库统计函数的基本结构，掌握常用的数据库统计函数的应用方法。

2．内容

视频 Excel 5-1
自动筛选

（1）打开工作簿 xls5-1.xlsx，完成下列操作后以“自动筛选.xlsx”为文件名保存：

① 在工作表“职工表”中利用自动筛选，筛选出“女教授”的记录。

② 在工作表“成绩表”中利用自动筛选，筛选出“语文>=85 和 数学>=85”的记录，并将结果复制到工作表 Sheet3 中以单元格 A1 为左上角的区域；恢复“成绩表”的数据，再次用自动筛选，筛选出“语文>=95 或 数学<60”的记录，并将结果复制到工作表 Sheet3 中以单元格 A15 为左上角的区域。

视频 Excel 5-2
高级筛选

（2）打开工作簿 xls5-1.xlsx，完成下列操作后以“高级筛选.xlsx”为文件名保存：

① 在工作表“职工表”中，用高级筛选功能筛选出“男博士”的职工记录，条件区域左上角单元格为 G5，筛选结果显示在原有区域中。

② 在工作表“成绩表”中，以 G4 为条件区域左上角、A41 为输出区域的开始位置，筛选出“80<=语文<90”的学生记录，并要求结果只输出“姓名”、“学科”、“语文”和“数学”4 列数据。

（3）打开工作簿 xls5-3.xlsx，在工作表“工资表”中，完成下列操作后以原文件名保存：

① 以单元格区域 L9:L12 作为接收区域，利用“直方图”数据分析工具对“基本工资”数据区域进行分析，统计各工资区间（1 000 以下、1 000～2 000、2 000～3 000 和 3 000 以上）的分布情况，以单元格 K18 为左上角输出区域和图表（提示：使用“文件”→“选项”→“加载项”命令，选择“分析工具库”）。

② 以 N9:N13 为统计区域，利用函数 FREQUENCY 完成以上工资区间的统计（提示：按【Ctrl+Shift+Enter】组合键才能得到统计结果）。

3.6　图表的应用

1．目的

（1）掌握 Excel 中利用图表向导创建图表的方法。

（2）掌握 Excel 图表的复制、移动、删除、缩放等操作。

（3）熟悉 Excel 图表的编辑方法。

视频 Excel 6-1
创建图表

2．内容

（1）打开工作簿 xls6-1.xlsx，完成下列操作后以原文件名保存：

① 以工作表 Sheet1 的数据区域 A2:D14 作为数据源，制作如下图所示的折线图。要求：图表类型为“带数据标记的折线图”，数据系列产生在列，并添加图表标题、分类轴和数值轴标题，将图表嵌入在 Sheet1 工作表中。

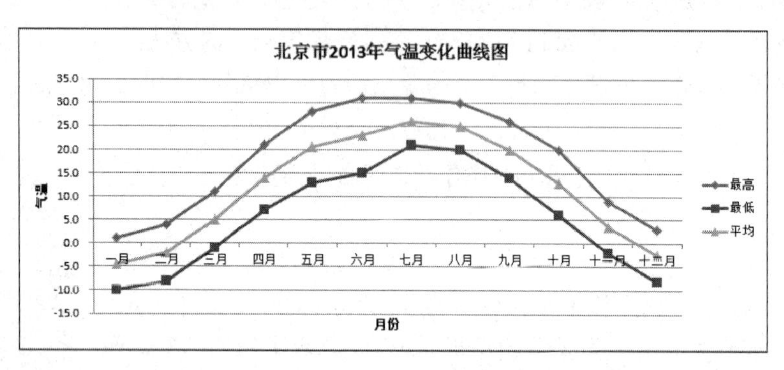

② 以工作表 Sheet2 的数据区域 B2:C7 作为数据源，制作三维饼图。要求：数据系列产生在列，图例位置在底部，显示数据标签的值和百分比，将图表嵌入在 Sheet2 工作表中，结果如下图所示。

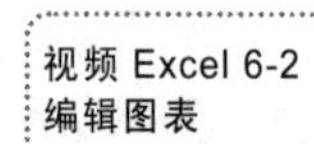

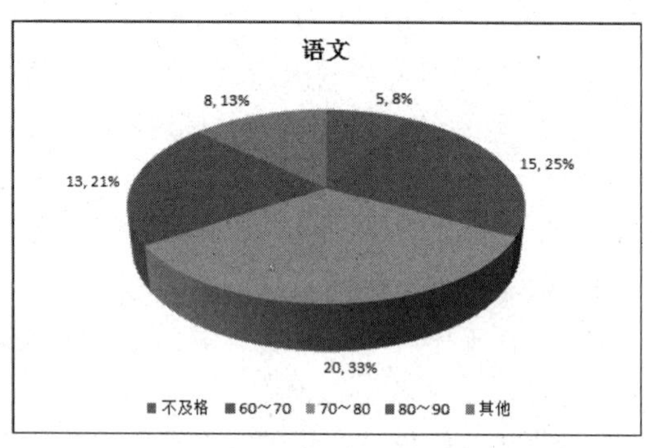

（2）打开工作簿 xls6-2.xlsx，将 Sheet1 中的图表编辑成如下图所示的效果后以原文件名保存。

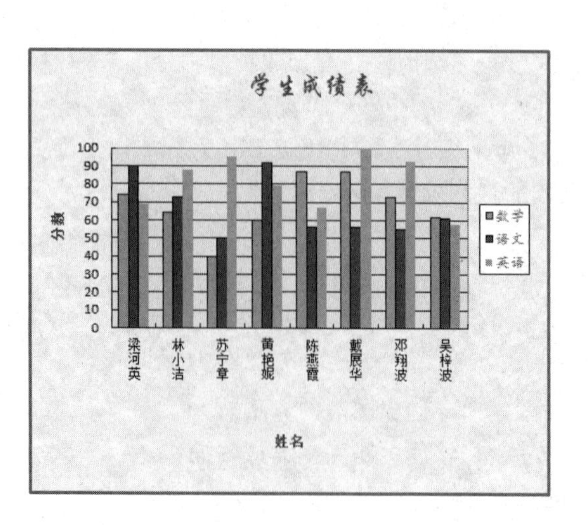

① 将单元格区域 F2:F10 中的英语数据系列添加到图表中。
② 将“图表标题”的字体格式修改为华文行楷、蓝色、16 号。
③ 将“分类轴”和“数值轴”标题的字体格式修改为宋体、紫色、12 号。
④ 设置“图例”对象的字体格式为楷体 GB_2312、绿色、12 号；图例位置靠右。
⑤ 将“图表区”的形状样式设为蓝色，形状填充为“羊皮纸”纹理。
⑥ 设置“绘图区”的背景图案为浅绿色（R：204，G：255，B：204）。
⑦ 设置“水平轴”字体格式为宋体，10 号；文字方向为竖排。
⑧ 设置“数值轴”的刻度最大值为 100，主要刻度单位为 10。

3.7　综 合 实 训

1. 目的

（1）掌握 Excel 的综合应用能力。
（2）熟悉常用数据和图表处理方法，能使用 Excel 解决实际问题。

2. 内容

（1）打开工作簿 xls7.xls，完成以下操作后以原文件名保存：

① 将单元格 A1 的水平对齐方式设置为“跨列居中”（跨 A～M 列），并设置字体为黑体，字号为 20。

② 将单元格区域 A2:M2 合并居中，输入内容“统计日期：2015.3.18”，水平对齐方式为右对齐。

③ 将 D 列出生日期的数据格式修改为“2001 年 3 月 14 日”，并适当调整列宽度，完整显示日期内容。

④ 使用公式在 J 列计算每个职工的“应发工资”，计算公式为“应发工资=基本工资+基本工资×加班天数/20”。

⑤ 使用 IF 函数在 K 列计算每位职工的“所得税”，计算标准为“所得税=(基本工资-1 600)×税率-扣除数”，税率及扣除数的计算标准请参看工作表区域 O3:Q6。

⑥ 使用公式在 L 列计算每个职工的“实发工资”，计算公式为“实发工资=应发工资-所得税”。

⑦ 按“实发工资”的高低在 M 列统计该月工资的排名情况（提示：rank()函数）。

⑧ 使用高级筛选统计公司的职务种类，结果填入单元格 B31 的下方（提示：选择不重复记录、复制到 B31）。

⑨ 在单元格 C31 下方统计各职务的人数（提示：countif()函数）。

⑩ 根据 B31:C36 的数据制作“分离型三维饼图”图表，图表标题为“旭日公司职工结构图”，图例在图表下方，并在数据标签外显示数据值。

⑪ 将单元格区域 A4:A5 的格式应用给单元格区域 A4:M21，并为单元格区域 A3:M21 添加实线边框。

⑫ 设置页面为横向，页边距为上、下 1.8，左、右 2，页脚信息为“第 1 页，共？页”。

打印效果如下图所示。

旭日公司工资表

统计日期：2015.3.18

员工编号	姓名	性别	出生日期	部门	职务	加班天数	请假天数	基本工资	应发工资	所得税	实发工资	排名
001	李新	男	29533	办公室	总经理	3	0	6820	7843	497	7346	1
002	王文辉	男	28504	销售部	经理	5	0	4530	5662.5	268	5394.5	3
003	孙英	女	29469	办公室	文员	0	1	1250	1250	0	1250	17
004	张在旭	男	28765	开发部	工程师	0	0	3800	3800	195	3605	8
005	金翔	男	31266	销售部	销售员	3	0	3281	3773.15	143.1	3630.05	7
006	郝心怡	女	32667	办公室	文员	0	0	780	780	0	780	18
007	扬帆	男	29147	销售部	销售员	0	0	2830	2830	98	2732	12
008	黄开芳	女	30106	客服部	文员	0	2	1860	1860	13	1847	14
009	张磊	男	31617	开发部	经理	6	0	4800	6240	295	5945	2
010	王春晓	女	30651	销售部	销售员	0	0	2855	2855	100.5	2754.5	10
011	陈松	男	28639	开发部	工程师	2	0	5200	5720	335	5385	4
012	姚玲	女	33112	客服部	工程师	0	0	3545	3545	169.5	3375.5	9
013	张雨涵	女	30775	销售部	销售员	0	0	2600	2600	75	2525	13
014	钱民	男	28983	开发部	工程师	0	0	4825	4825	297.5	4527.5	5
015	王力	男	30294	客服部	经理	1	2	3683	3867.15	183.3	3683.85	6
016	高晓东	男	28589	客服部	工程师	0	0	2832	2832	98.2	2733.8	11
017	张平	男	30205	销售部	销售员	0	0	1850	1850	12.5	1837.5	15
018	黄莉莉	女	31519	开发部	文员	2	3	1325	1457.5	0	1457.5	16

第 1 页，共 3 页

职务	人数
总经理	1
经理	3
文员	4
工程师	5
销售员	5

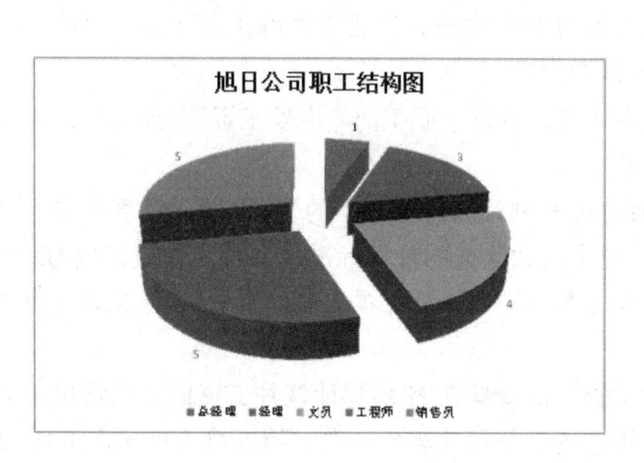

第 2 页，共 3 页

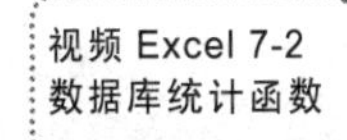

（2）打开工作簿“数据库统计函数.xlsx”，完成以下操作后以原文件名保存：

① 以 J1:K2 为条件区域，在单元格 L2 中计算出“籍贯为广州的理科生”的数学平均分。

② 以 J4:K5 为条件区域，在单元格 L5 中统计出“籍贯为广州的数学及格”人数。

（3）打开工作簿文件“九九乘法表.xlsx”，在单元格区域 B2:J10 中使用公式制作九九乘法表，效果如下图所示（提示：IF 函数，混合地址引用）。

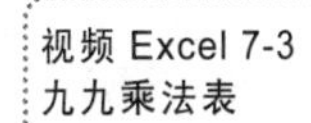

	A	B	C	D	E	F	G	H	I	J
1		1	2	3	4	5	6	7	8	9
2	1	1*1=1								
3	2	1*2=2	2*2=4							
4	3	1*3=3	2*3=6	3*3=9						
5	4	1*4=4	2*4=8	3*4=12	4*4=16					
6	5	1*5=5	2*5=10	3*5=15	4*5=20	5*5=25				
7	6	1*6=6	2*6=12	3*6=18	4*6=24	5*6=30	6*6=36			
8	7	1*7=7	2*7=14	3*7=21	4*7=28	5*7=35	6*7=42	7*7=49		
9	8	1*8=8	2*8=16	3*8=24	4*8=32	5*8=40	6*8=48	7*8=56	8*8=64	
10	9	1*9=9	2*9=18	3*9=27	4*9=36	5*9=45	6*9=54	7*9=63	8*9=72	9*9=81

实训 4 演示文稿制作软件 PowerPoint 2010

4.1 演示文稿的制作

1. 目的

（1）熟悉演示文稿的页面设置、主题和背景的设置。

（2）熟悉幻灯片的新建、复制、移动和删除操作，熟悉幻灯片版式的选择。

（3）熟练掌握幻灯片中各种对象的插入以及相应的设置操作。

（4）学会超链接和动作按钮的设计和设置操作。

2. 内容

打开演示文稿 D:\EX\ppt1\演示文稿制作.pptx，完成以下操作并按原文件名保存：

（1）为演示文稿设置主题“质朴”。

视频 PowerPoint 1 演示文稿的制作

（2）在第 1 张幻灯片上，插入图片 D:\EX\ppt1\校门.jpg，设置图片大小：高度 188%，宽度 188%；设置图片位置：水平 0，自左上角；垂直 0，自左上角。在标题框中输入文字“学院风光”，并设置字体“华文新魏”，字号 60，加粗，字体颜色“紫色”。在副标题框中输入你的学号、姓名，并自行设置一款字体格式。

（3）在第 2 张幻灯片上，在标题框中输入文字“目录”，并设置段落居中对齐。插入 SmartArt 图形“垂直曲形列表”。在列表 3 个文本框中，依次输入“学院简介”、“机构设置”和“校园风光”。

（4）在第 4 张幻灯片上，插入 SmartArt 图形“组织结构图”，在列表 5 个文本框中，依次输入“学院机构设置”、“党政办公室”、“行政部门”、“教学部门”和“教辅部门”，并调整好文本框的大小，以适应文字。

（5）在第 4 张幻灯片后面新建一张版式为“仅标题”的幻灯片。在标题框中输入文字“教学部门”。在幻灯片中插入一表格，5 行 2 列，设置该表格布局如下：表格尺寸高度 13.5 cm，宽度 22.8 cm；单元格大小高度 2.7 cm，第一列宽度 6.4 cm，第二列宽度 16.4 cm；对齐方式第一行水平居中、垂直居中，其他各行水平左对齐、垂直居中。表格各单元格的内容参考第 6 张幻灯片中文本框中的内容。删除第 6 张幻灯片。

（6）对第 6 张幻灯片进行复制幻灯片，复制 2 张。在第 6 至第 8 张幻灯片上，分别插入图片 D:\EX\ppt1\教学楼.jpg、D:\EX\ppt1\行政楼.jpg 和 D:\EX\ppt1\宿舍楼.jpg。

（7）在第 8 张幻灯片后面新建一张版式为“空白”的幻灯片，在该幻灯片上插入一个艺术字，艺术字样式为“强调文字颜色 1”，艺术字文字为“谢谢观赏!”。

（8）插入页脚“学院风光”，标题幻灯片中不显示，全部应用。

（9）在第 2 张幻灯片中，分别为文字“学院简介”、“机构设置”和“校园风光”设置超链接到本文档中的位置，分别为第 3 张、第 4 张和第 6 张幻灯片。

（10）在第 3 张幻灯片上，插入一形状动作按钮：自定义，在幻灯片右下角上，设置动作超链接到第 2 张幻灯片，并在按钮上编辑文字“返回”。在第 5 张、第 8 张幻灯片上，同样插入一个自定义动作按钮“返回”超链接到第 2 张幻灯片。

4.2　幻灯片切换和动画设置

1．目的

（1）熟悉幻灯片切换的设置方法。

（2）掌握幻灯片上各种对象的动画设置方法。

（3）熟悉幻灯片放映的各种设置和放映方法。

2．内容

打开演示文稿 D:\EX\ppt2\学院风光.pptx，完成以下操作并按原文件名保存：

（1）为第 1 张～第 5 张幻灯片设置切换为形状；效果为圆；无声音；持续时间设置为 00.80；换片方式为单击鼠标时。

视频 PowerPoint 2 幻灯片切换和动画设置

（2）为第 6 张～第 8 张幻灯片设置切换：闪耀；效果为从左侧闪耀的六边形；声音为风铃；持续时间设置为 03.00；换片方式为设置自动换片，时间设置为 00:04.00。

（3）为第 9 张幻灯片设置切换：翻转；效果为向右；声音为鼓掌；持续时间设置为 02.00；换片方式为单击鼠标时。

（4）在第 1 张幻灯片上，插入音频 D:\EX\ppt2\回家.mp3，设置音频选项为“放映时隐藏”，设置动画效果如下：开始播放“从头开始”，停止播放“在 8 张幻灯片后”，计时开始“与上一动画同时”。另外，设置该幻灯片标题文本框动画：进入“缩放”；设置副标题文本框动画：进入“浮入”，计时开始“上一动画之后”。

（5）在第 2 张幻灯片上，设置“垂直曲形列表”SmartArt 图形动画：进入“轮子”；效果：辐射状“1 轮辐图案”；SmartArt 动画：组合图形“逐个”。

（6）在第 9 张幻灯片上，设置艺术字“谢谢观赏!”动画：强调“陀螺旋”；计时开始：与上一动画同时。

（7）设置幻灯片放映方式：循环放映，按 ESC 键终止。

（8）新建一个自定义放映，名称：放映 1；“在自定义放映中的幻灯片”依次分别为“在演示文稿中的幻灯片”的第 1、2、4、3、5、9 张幻灯片。

实训 5 网络基础及 Internet 基本应用

5.1 网页浏览与 IE 浏览器的使用

1．目的

（1）掌握网页浏览和 IE 浏览器的使用方法。

（2）掌握 IE 默认主页的设置以及网页收藏夹的使用。

（3）掌握网页页面、文字、图片及其他资源的保存方法。

2．任务

视频 Internet 1
IE 浏览器的使用

（1）打开 IE 浏览器，访问“揭阳职业技术学院”主页（网址为 www.jyc.edu.cn）。

（2）设置 IE 的默认主页为“揭阳职业技术学院”。

（3）将该网站添加到收藏夹中，名称为“揭阳职业技术学院”，方便以后再次使用。

（4）进入“学院概况”页面，将该页面以“学院概况.htm”为名称保存在实验文件夹中。再将该页面以纯文本的模式保存在实验文件夹中，文件名为“学院概况.txt”。

（5）将“揭阳职业技术学院校训”的内容复制到 Word 文档中，并以“学院校训.docx”为文件名保存到实验文件夹中。

（6）将揭阳职业技术学院校徽图片以“学院校徽.jpg”保存到实验文件夹。

5.2 网络资源的搜索与下载

1．目的

（1）了解搜索引擎的工作过程及常用的搜索引擎。

（2）掌握常用的搜索引擎的使用方法。

（3）掌握常用下载软件的使用。

2．任务

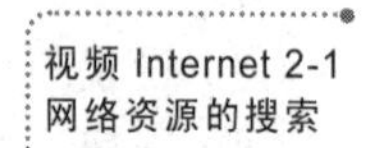

（1）用百度搜索引擎（http://www.baidu.com）搜索“2014 南京青奥会”吉祥物的图片，并将其中一张以“2014 青奥会吉祥物”为文件名保存在实验文件夹中。

（2）使用百度搜索并访问网站“我要自学网”，将其添加到收藏夹，了解该网站的资源结构，选取自己感兴趣的课程进行学习。利用“设计素材”链接查找并下载图片素材。

视频 Internet 2-2
网络资源的应用

（3）用百度地图找到“揭阳职业技术学院”的校址，并通过屏幕截图将该地址以图片的形式保存在实验文件夹中，图片名称为“揭阳学院.jpg”。

（4）用百度搜索“网络快车”，将该下载软件的安装文件下载到实验文件夹中，并进行安装。

（5）用网络快车搜索“搜狗输入法”，并下载、安装、使用。

（6）注册百度云账号，将图片“揭阳学院.jpg”上传到百度云账号上。

5.3　FTP 应用

1. 目的

（1）掌握登录 FTP 的方法。

（2）熟悉 FTP 服务器文件下载、上传的方法。

视频 Internet 3
FTP 应用

2. 任务

（1）匿名访问 FTP 服务器 ftp://10.10.10.20，从该服务器中下载歌曲“水面.jpg”到实验文件夹中。

（2）新建一个记事本文件，文件内容自定，以自己的学号姓名命名。

（3）以用户名 test、密码 test 登录 ftp://10.10.10.20，将刚才所建的记事本文件上传到 FTP 服务器。

5.4　电子邮件应用

1. 目的

（1）掌握电子邮箱的申请方法。

（2）掌握利用 Web 收发、撰写电子邮件的方法。

（3）了解利用 OutLook Express 进行电子邮件的收发、撰写的方法。

2. 任务

（1）申请一个免费 E-mail 邮箱，例如网易 163 免费邮、网易 126 免费邮、网易 Yeah.net 邮箱、新浪通行证、QQ 邮箱等。

视频 Internet 4
电子邮件应用

（2）用 Web 方式登录邮箱后，发一封电子邮件给你的老师，同时抄送给自己，邮件“主题”中必须包含班级、学号、姓名等信息，邮件内容写上你学习本课程的教学建议、学习体会或其他内容，并新建一个 Word 文件以 test 命名，里面是个人简介信息，将该文件在邮件的附件中一起发送。

（3）接收并查看自己所发的邮件。

（4）打开 OutLook Express 软件，根据自己的邮箱设置本机的 OutLook Express。

（5）使用 OutLook Express 软件发一封电子邮件给老师，同样在邮件中包含班级、学号、姓名等信息并说明是用 Outlook 发出的。同时将邮件抄送给同学并密送给自己。

5.5　常用网络工具的应用

1. 目的

（1）掌握实时通信软件腾讯 QQ 的使用。

（2）了解常用音乐播放软件的使用。

（3）了解常用视频软件的使用。

2. 任务

（1）下载并安装腾讯 QQ 软件，添加自己的同学为 QQ 好友。

（2）搜索腾讯 QQ 软件的使用方法，并保存到 Word 文件中，将该文件发给自己的 QQ 好友。熟悉 QQ 软件常用功能，如聊天、远程协助、微云、文件传输、QQ 群管理等。

视频 Internet 5　常用网络工具的应用

（3）下载并安装酷狗软件，使用该软件搜索、播放自己喜欢的歌曲，并下载到实验文件夹中。

（4）登录常用的视频网站，如腾讯视频、优酷等，观看自己喜欢的学习视频。

（5）下载安装爱剪辑（或快剪辑）软件，体验视频剪辑操作。

（6）下载安装美图秀秀软件，体验图片裁剪、组合、美化等编辑操作。

全国高等学校计算机等级考试一级——计算机应用考试大纲（Windows 7 + Office 2010 版试行）

一、考试目的与要求

计算机应用技能是大学生必须具备的实用技能之一。通过对“大学计算机基础”或“计算机应用基础”课程的学习，使学生初步掌握计算机系统的基础知识、文档的编辑、数据处理、网上信息的搜索和资源利用，以及幻灯片制作等基本计算机操作技能。“计算机应用”考试大纲是为了检查学生是否具备这些技能而提出的操作技能认定要点。操作考试要求尽量与实际应用相适应。其考试的基本要求如下：

1. 了解计算机系统的基本概念，具有使用微型计算机的基础知识。

2. 了解计算机网络及因特网（Internet）的基本概念。

3. 了解操作系统的基本功能，熟练掌握 Windows 7 的基本操作和应用。

4. 熟练掌握一种汉字输入方法和使用文字处理软件 Word 2007/2010 进行文档编辑及排版的方法。

5. 熟练掌握使用电子表格软件 Excel 2007/2010 进行数据处理的方法。

6. 熟练掌握使用演示文稿软件 PowerPoint 2007/2010 进行创建、编辑和美化演示文稿的方法。

7. 熟练掌握因特网（Internet）的基本操作和使用。

考试环境要求：操作系统 Windows 7，Office 系统为 Office 2007/Office 2010 环境。

由于考试保密的需要，要求考生端在考试期间必须断开外网（因特网）。因此，网络部分和邮件部分的操作题将在局域网环境下进行。

考试分为选择题和操作题两种类型。以下“考试要求”中列示的各种概念或操作，是选择题的基本构成；每道操作题包含一个或多个“操作考点”。

二、考试内容

（一）计算机系统和 Windows 的操作

【考试要求】

掌握计算机系统的基本构成与工作原理，计算机系统的硬件系统和软件系统的基本概念及应用，计算机系统的优化设置，病毒的概念和预防，Windows 7 窗口组成和窗口的基本操作，对话框、菜单和控制面板的使用，桌面、“计算机”窗口和资源管理器窗口的使用，文件和文件夹的管理与操作。

【操作考点】

1. 桌面图标、背景和显示属性设置

对 Windows 7 的桌面图标、背景和各项显示属性进行设置。

2. 文件、文件夹的基本操作

在“计算机”或资源管理器窗口中，进行文件和文件夹的操作：文件和文件夹的创建、移动、复制、删除、重命名、搜索，文件属性的修改，快捷方式的创建，利用写字板、记事本建立文档。WinRAR 压缩软件的使用。

（二）文档与文字处理软件 Word 2010

【考试要求】

掌握文档的建立、保存、编辑、排版、页面设置、对象的插入、打印输出设置（由于没有连接打印机，暂不考试，但要求学生掌握）。

【操作考点】

1. 文档的建立和保存

建立空白文档、使用模板建立各种文档；文档按一定的文字格式输入，标点、特殊符号的输入；以文档或多种其他文件格式保存在指定的文件夹下。

2. 文档的编辑

（1）文本内容的增加、删除、复制、移动、查找或替换（包括格式、特殊格式替换），文档字数统计，文档的纵横混排，合并字符、双行合一，拼写和语法。

（2）对象的插入与编辑：

① 表格的设置：表格的制作与表格内容的输入；表格属性的设置、斜线表头的制作，拆分、合并单元格；表格的格式化（字体、对齐方式、边框、底纹、文字方向、套用格式）；表格与文字互换；在表格中使用公式进行简单的求和、求平均值及计数等函数运算。

② 插入图片文件或剪贴画，改变图片格式：大小、文字环绕，图片下加注说明，并放置在指定位置。

③ 插入艺术字：艺术字内容的输入与格式设置。

④ 插入各种形状的自选图形并添加文字及设置格式。

⑤ 按要求插入“页眉与页脚”、页码、首页页眉和奇偶页页眉的设置；给指定字符制作批注、脚注/尾注、题注；插入书签和超链接。

⑥ 在指定位置插入（合并）其他文件。

⑦ 在指定位置插入“竖排”或“横排”文本框。

⑧ 插入 SmartArt 图形，如结构图的制作：在指定位置制作三至四层和列的组织或工作结构图。

⑨ 插入复杂的数学公式：使用数学符号库构建数学公式。

（3）样式的建立和应用：“样式”的新建、修改、应用。

（4）对文档修订的插入、删除和更改，格式设置。

（5）“计算”工具的应用（文档中求解简单四则运算和乘方数学公式运算结果）。

（6）域的添加和修改。

（7）宏的录制、编辑、删除与运行。

3. **文档的排版**

（1）字符格式的设置：中文/西文字体、字形、字号、字体颜色、底纹、下画线、下画线颜色、着重号、删除线、上、下标、字符间距、字符缩放。

（2）段落格式的设置：左右缩进、段前 / 段后间距、行距（注意度量单位：字符、厘米、行和磅）、特殊格式、对齐方式；首字下沉/悬挂（字体、行数、距离正文的位置）、段落分栏；设置项目符号和编号（编号格式、列表样式、多级符号、编号格式级别）。

（3）页面布局：页边距与纸张设置。

（4）边框与底纹，背景的填充和水印制作。

（5）大纲级别和目录的生成：能利用“索引和目录”功能，在指定的文档中制作目录。

（6）建立数据源，进行邮件合并。

（三）电子表格制作软件 Excel 2007/2010

【考试要求】

熟练掌握工作表的建立、编辑、格式化，图表的建立、分析，数据库的概念和应用，表达式和基础函数的应用。

【操作考点】

1. **数据库（工作表）的建立**

（1）理解数据库的概念，理解字段与记录的基本概念，掌握各种类型数据的输入。

（2）公式的定义和复制（相对地址、绝对地址、混合地址的使用；表达式中数学运算符、文本运算符和比较运算符、区域运算符的使用）。

（3）掌握单元格、工作表与工作簿之间数据的传递。

（4）创建、编辑和保存工作簿文件。

2. **工作表中单元格数据的修改，常用的编辑与格式化操作**

（1）数据/序列数据的录入、移动、复制、选择性（转置）粘贴，单元格/行/列的插入与删除、清除（对象包括全部、内容、格式、批注）。

（2）页面设置（页面方向、缩放、纸张大小，页边距、页眉/页脚）。

（3）工作表的复制、移动、重命名、插入、删除。

（4）单元格样式的套用、新建、修改、合并、删除（清除格式）和应用。

（5）单元格或区域格式化（数字、对齐、字体、边框、填充背景图案、设置行高/列宽）、自动套用格式、条件格式的设置。

（6）插入/删除/修改页眉、页脚、批注。

（7）插入/删除/修改自选图形、SmartArt 图形、屏幕截图。

3. **函数和公式应用**

掌握以下函数，按要求对工作表进行数据统计或分析：

（1）数学函数：ABS，INT，ROUND，TRUNC，RAND。

（2）统计函数：SUM，SUMIF，AVERAGE，COUNT，COUNTIF，COUNTA，MAX，MIN，RANK。

（3）日期函数：DATE，DAY，MONTH，YEAR，NOW，TODAY，TIME。

（4）条件函数：IF，AND，OR。

（5）财务函数：PMT，PV，FV。

（6）频率分布函数： FREQUENCY。

（7）数据库统计函数：DCOUNT，DCOUNTA，DMAX，DMIN，DSUM，DAVERAGE。

（8）查找函数：VLOOKUP。

4. **图表操作**

（1）图表类型、应用与分析。

（2）图表的创建与编辑：图表的创建，插入/编辑/删除/修改图表（包括图表布局、图表类型、图表标题、图表数据、图例格式等）。

（3）图表格式的设置。

（4）数据透视图的应用。

5. **数据库应用**

（1）数据的排序（包括自定义排序）。

（2）筛选（自动筛选，高级筛选）。

（3）分类汇总。

（4）数据有效性的应用。

（5）合并计算。

（6）模拟分析。

（7）数据透视表的应用。

（四）演示文稿制作软件 PowerPoint 2007/2010

【考试要求】

熟练掌握演示文稿的创建、保存、打开、制作、编辑和美化操作。

【操作考点】

1. **演示文稿的创建、保存与修改**

（1）幻灯片内容的输入、编辑、查找、替换与排版。

（2）演示文稿中幻灯片的插入、复制、移动、隐藏和删除。

（3）幻灯片格式设置（字体、项目符号和编号）、应用设计主题模板、幻灯片版式。

（4）对象元素的插入、编辑、删除（包括图片/音频/视频文件、自选图形、剪贴画、艺术字、SmartArt 图形、屏幕截图、文本框、表格、图表、批注）。

（5）幻灯片背景格式、超链接设置。

（6）幻灯片母版，讲义、备注母版的创建。

（7）演示文稿的保存和打印。

2. **文稿的播放**

（1）幻灯片动画的设置（包括幻灯片切换效果、动作按钮、自定义动画、动作路径、动画预览、声音/持续时间）。

（2）幻灯片放映方式、自定义放映设置。

（3）添加 Flash 动画。

（五）网络应用

【考试要求】

掌握 Internet 的基本概念（包括 IP 地址、域名、URL、TCP/IP 协议以及电子邮件协议等）、接入方式和网络应用交流技巧；熟悉 IE 浏览器和常用网络软件的使用；熟练掌握文件、图形的上传与下载，收发电子邮件，网络资源的查找与应用。

【操作考点】

1. 网站上电子邮箱的申请，电子邮件（含附件）的发送和接收。
2. 匿名或非匿名方式登录 FTP 文件服务器，上传和下载文件，创建、删除文件和文件夹。
3. 网页搜索引擎的应用、网页页面的保存，网页中文本和图片下载与保存。

三、考试方式

机试（考试时间：105 分钟）

考试试题题型（分值）：选择题 15 题（15 分），WIN 操作题 6 题（15 分），Word 操作题 6 题（26 分），Excel 操作题 5 题（22 分），PowerPoint 操作题 4 题（15 分），网络操作题 2 题（7 分）。

四、考试样题

（一）选择题

1.【单选题】如果要播放音频或视频光盘，不需要安装（　　）。

A. 声卡　　B. 显卡　　C. 播放软件　　D. 网卡

2.【单选题】计算机的应用领域可大致分为 6 个方面，下列选项中属于计算机应用领域的是（　　）。

A. 现代教育、操作系统、人工智能　　B. 科学计算、数据结构、文字处理

C. 过程控制、科学计算、信息处理　　D. 信息处理、人工智能、文字处理

3.【单选题】计算机病毒主要造成（　　）。

A. 磁盘片的损坏　　B. 磁盘驱动器的破坏

C. CPU 的破坏　　D. 程序和数据的破坏

4.【单选题】显示器主要参数之一是分辨率，其含义是（　　）。

A. 可显示的颜色总数

B. 显示屏幕光栅的列数和行数

C. 在同一幅画面上所显示的字符数

D. 显示器分辨率是指显示器水平方向和垂直方向显示的像素点数

5.【单选题】人们根据特定的需要，预先为计算机编制的指令序列称为（　　）。

A. 软件　　B. 文件　　C. 集合　　D. 程序

6.【单选题】下列关于 Windows 菜单的说法中，不正确的是（　　）。

A. 命令前有“·”记号的菜单选项，表示该项已经选用

B. 当鼠标指针指向带有向右黑色等边三角形符号的菜单选项时，弹出一个子菜单

C. 带省略号（...）的菜单选项执行后会打开一个对话框

D. 用灰色字符显示的菜单选项表示相应的程序被破坏

7.【单选题】在 Windows 中，下列不能进行文件夹重命名操作的是（　　）。

A. 选定文件后再按【F4】键

B. 选定文件后再单击文件名一次

C. 右击文件，在弹出的快捷菜单中选择“重命名”命令

D. 用“资源管理器”/“文件”下拉菜单中的“重命名”命令

8.【单选题】在 Word 中，如果要插入页眉和页脚，首先要切换到（　　）视图方式下。

A. 大纲　　B. 草稿　　C. 页面　　D. 阅读版式

9.【单选题】在 Word 中，（　　）的作用是能在屏幕上显示所有文本内容。

A. 滚动条　　B. 控制框　　C. 标尺　　D. 最大化按钮

10.【单选题】在 Word 中，关于打印预览，下列说法错误的是（　　）。

A. 在正常的页面视图下，可以调整视图的显示比例，也可以很清楚地看到该页中的文本排列情况

B. 单击自定义快速访问工具栏中的“打印预览”按钮，进入预览状态

C. 选择“文件”菜单中的“打印预览”命令，可以进入打印预览状态

D. 在打印预览时不可以确定预览的页数

11.【单选题】下列操作中，不能在 Excel 工作表的选定单元格中输入公式的是（　　）。

A. 单击编辑栏中的“插入函数”按钮

B. 单击“公式”选项卡中的“插入函数”按钮

C. 单击“插入”选项卡中的“对象”按钮

D. 直接在编辑栏中输入公式函数

12.【单选题】当向 Excel 工作表单元格输入公式时，使用单元格地址 D$2 引用 D 列 2 行单元格，该单元格的引用称为（　　）。

A. 交叉地址引用　　B. 混合地址引用

C. 相对地址引用　　D. 绝对地址引用

13.【单选题】如要终止幻灯片的放映，可直接按（　　）键。

A.【Ctrl+C】　　B.【Esc】　　C.【End】　　D.【Alt+F4】

14.【单选题】电子邮件地址的一般格式为（　　）。

A. 用户名@域名　　B. 域名@用户名　　C. IP 地址@域名　　D. 域名@IP 地址

15.【单选题】FTP 协议是一种用于（　　）的协议。

A. 网络互连　　B. 传输文件

C. 提高计算机速度　　D. 提高网络传输速度

（二）Windows 操作

1. 试用 Windows 的“记事本”创建文件：MY，存放于 C:\winks \Temp 文件夹中，文件类型为 TXT，文件内容如下（内容不含空格或空行）：

五月江南赏青青杨柳

2. 请在 C:\winks 目录下搜索文件 mybook3.txt，并把该文件的属性改为“隐藏”，其他属性全部取消。

3. 请在 C:\winks 目录下搜索快捷图标 funny 并删除。

4. 请将位于 C:\winks\Temp\red1 上的文件 biao.txt 复制到目录 C:\winks \Temp\red3 上。

5. 请将位于 C:\winks \Temp\red2 上的文件 tian.txt 移动到目录 C:\winks \Dian\read3 上。

6. 请将压缩文件 C:\ winks\computer.rar 里面被压缩的文件夹 test 解压到 C:\Winks\bbb 目录下，把压缩包里面被压缩的文件 paper.doc 解压到 c:\winks\eee\kaoshi 内。

（三）Word 操作

1. 请打开 c:\winks\word\530001005.docx 文档，完成以下操作（注：文本中每一个回车符作为一个段落，没有要求操作的项目请不要更改）：（4 分）

（1）设置该文档纸张的奇、偶页采用不同的页眉、页脚，首页也不同。

（2）页眉边距为 50 磅，页脚边距为 30 磅。

（3）页面垂直对齐方式为居中，添加起始编号为 2 的行号，设置页面边框为绿色（自定义颜色为红色 0、绿色 255、蓝色 0）双细实线的阴影边框。

（4）保存文件。

2. 请打开 c:\winks\word\530001002.docx 文档，完成以下操作（注：文本中每一个回车符作为一个段落，没有要求操作的项目请不要更改）：（4 分）

（1）在文档的标题“桑葚”文字后插入尾注，内容为“又名桑果、桑枣”，位置为“节的结尾”。

（2）在文档中正文第四段后插入批注：“南疆的情况”。

（3）保存文件。

3. 请打开 c:\winks\word\5300005002.docx 文档，完成以下操作（注：文本中每一个回车符作为一个段落，没有要求操作的项目请不要更改）：（4 分）

（1）对该文档的项目符号和编号格式进行设置（如下图所示）。自定义多级列表，编号格式级别 1 的编号样式：A,B,C,…，编号对齐位置：1 厘米，编号格式级别 2 的编号样式：1,2,3,…，编号对齐位置：1.75 厘米。

（2）保存文件。

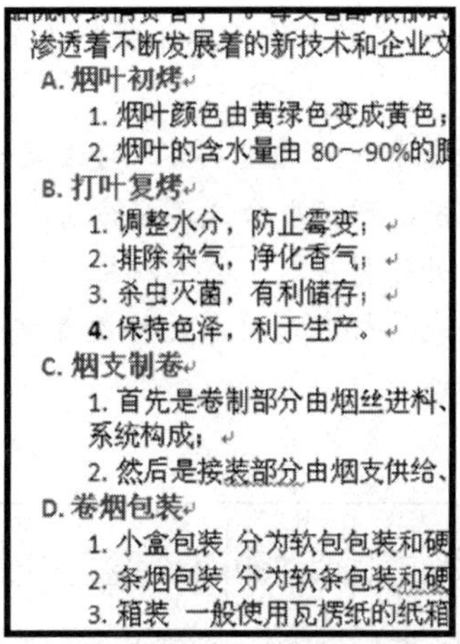

渗透着不断发展着的新技术和企业文
A. 烟叶初烤
1. 烟叶颜色由黄绿色变成黄色；
2. 烟叶的含水量由 80~90%的
B. 打叶复烤
1. 调整水分，防止霉变；
2. 排除杂气，净化香气；
3. 杀虫灭菌，有利储存；
4. 保持色泽，利于生产。
C. 烟支制卷
1. 首先是卷制部分由烟丝进料、
系统构成；
2. 然后是接装部分由烟支供给、
D. 卷烟包装
1. 小盒包装 分为软包包装和硬
2. 条烟包装 分为软条包装和硬
3. 箱装 一般使用瓦楞纸的纸箱

4. 请打开 c:\winks\word\5300014001.docx 文档，完成以下操作（注：文本中每一个回车符作为一个段落，没有要求操作的项目请不要更改）：（4 分）

（1）在文档最后一段插入下图所示的基本棱锥图，更改其颜色为“彩色-强调文字颜色”。

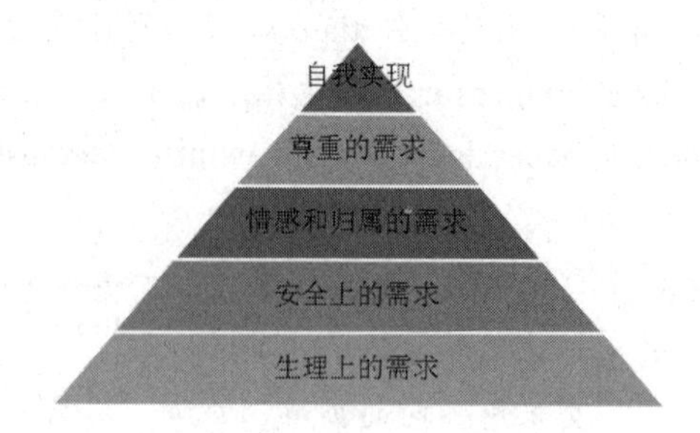

（2）保存文件。

5. 以下文档均保存到 C:\WINKS\word 目录内，并按指定要求进行操作：（5 分）

（1）5300026002.doc 文档有一表格，利用该表格作为数据源进行邮件合并；新创建一个 Word 主文档，输入：“同学，你的面试成绩为，我们的考核，感谢您的支持。”的内容，文字大小为：小四号，主文档采用信函类型，插入域合并到新文档后内容如下图所示，主文档先保存为 5300026001.xml 格式文件，所有记录合并到新文档后再保存为 5300026003.doc 文档，合并后第一页文档如下图所示。

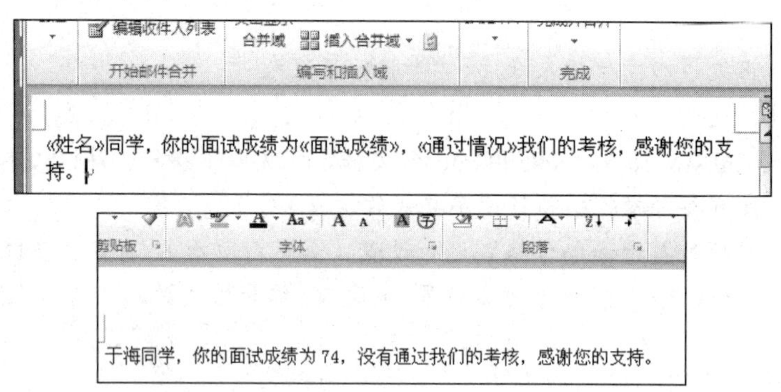

（2）保存文件。

6. 打开 c:\winks\5300008002.doc 文档，完成以下操作（没有要求的项目请不要更改）：（5 分）

（1）计算每位学生的总分以及每个科目的平均分（学生总分计算公式使用 LEFT 关键字；平均分计算公式使用 ABOVE 关键字，不使用公式不得分）。

（2）在班级列中按班级数值的升序排序。

（3）整个表格套用列表型 8 的表格样式，且单元格设置水平居中及垂直居中排列。

（4）保存文件。

效果如下图所示。

姓名	班级	语文	数学	总分
申国栋	一班	78	76	154
肖静	二班	76	58	134
李柱	二班	89	89	178
李光华	一班	96	78	174
陈昌兴	二班	77	88	165
吴浩权	一班	88	60	148
平均分		84	74.83	

（四）Excel 操作

1. 请打开工作簿文件 c:\winks\excel\430000606.xlsx，并按指定要求完成有关的操作：（4 分）

（1）请对“库存表”的“数量”列 C2:C26 单元格按不同的条件设置显示格式，其中数量在 10 以下的（含 10），采用粗体、单下画线、标准色红色字体，并加上标准色绿色外边框；对于数量在 11 到 50（含 11、50）之间的，采用自定义颜色为红色 255、绿色 102、蓝色 255 的文字，并加上“细 对角线 条纹”的图案。数量在 51（含）以上的采用双下画线、标准色蓝色字体。

（2）保存文件。

2. 请打开工作簿文件 c:\winks\excel\2005001.xlsx，并按指定要求完成有关的操作：（4 分）

（1）在单元格 F2 中用函数公式计算出党龄，复制到 F3:F19 区域中（提示使用日期与时间函数 YEAR 以及 NOW，另外需完成单元格的格式设置后才能查看到正确结果）。

（2）把 F 列的单元格式设置为数值，小数位数为 0。

（3）保存文件。

3. 请打开工作簿文件 c:\winks\excel\2005002.xlsx，并按指定要求完成有关的操作：（4 分）

（1）使用图表中数据 A2:A8 以及 D2:D8 插入图表，图表类型为三维柱形图，图表为布局 2，横坐标轴下方标题为学院名称，图表标题为各学院就业率，在左侧显示图例，显示模拟运算表。

（2）保存文件。

4. 请打开 c:\ winks\excel\07100801.xlsx 工作簿，并按指定要求完成有关的操作：（5 分）

（1）对工作表进行设置，当用户选中“职务”列的任一单元格时，在其右则显示一个下拉按钮，并提供“警监”、“警督”、“警司”和“警员”的选择项供用户选择。

（2）当选中“工龄”列的任一单元格时，显示“请输入 0 ~ 50 的有效工龄”，其标题为“工龄”，当用户输入某一工龄值时，即进行检查，如果所输入的工龄不在指定的范围内，错误信息提示“工龄必须在 0 ~ 50 之间”，“停止”样式，同时标题为“工龄非法”。以上单元格均忽略空值。

（3）保存文件。

效果如右图所示。

5. 请打开 c:\ winks\excel\07100802.xlsx 工作簿，并按指定要求完成有关的操作：（5 分）

（1）采用高级筛选从 Sheet1 工作表中筛选出所有生源地为汕头的女学生或者是考研的学生记录，条件区域由 G2 开始（依次为性别、生源地、是否考研）并把筛选出来的记录保存到 Sheet1 工作表从 G8 开始的区域中。

（2）保存文件。

（五）PowerPoint 操作

1. 请打开演示文稿 c:\ winks\ppt\2333003.pptx，按要求完成下列各项操作并保存（注意：演示文稿中的各对象不能随意删除和添加，艺术字中没有指定的选项请勿设置）：（3 分）

（1）在第 2 张幻灯片中增加艺术字，内容为“梅花大道”，艺术字样式为第 4 行第 1 列。

（2）完成以上操作后先保存原文档，然后将该演示文稿另存为 C:\ winks\plum.pptx。

2. 请打开演示文稿 c:\ winks\ppt\2333005.pptx，按要求完成下列各项操作并保存（注意：演示文稿中的各对象不能随意删除和添加）：（3 分）

（1）在第 1 张幻灯片添加副标题：第一单元，字体格式为 36 磅、添加快速样式为第 4 行第 2 列。

（2）将第 2 张幻灯片的含文字“问题”文本部分设置自定义动画，添加进入效果为菱形，方向为缩小。

（3）保存文件。

3. 请打开演示文稿 c:\ winks\ppt\2333004.pptx，按要求完成下列各项操作并保存（注意：演示文稿中的各对象不能随意删除和添加）:（4 分）

（1）将第 2 张幻灯片文字“朝鲜筝”的超链接位置修改为第 4 张幻灯片。

（2）在第 3 张幻灯片右下角插入一个无动作、无播放声音的“声音”动作按钮。

（3）将张幻灯片中的图片设置映像格式，使用预设类型为紧密映像、4pt 偏移量。

（4）设置所有幻灯片的切换效果为随机线条，持续时间为 5 s、声音为鼓声，自动换片时间为 2 s，取消单击鼠标换片。

（5）保存文件。

4. 请打开演示文稿 c:\winks\ppt\2333012.pptx，按要求完成下列各项操作并保存（注意：演示文稿中的各对象不能随意删除和添加）:（5 分）

（1）将第 3 张幻灯片的版式更换为“标题和竖排文字”。

（2）设置幻灯片方向为纵向。

（3）背景样式设置为样式 9。

（4）在第 1 张幻灯片插入 SmartArt 图形，图形布局为循环类型中的基本循环布局，如右图所示填入相应的文字，设置布局颜色为“彩色 - 强调文字颜色”。

（5）将放映选项设置为循环放映，按 ESC 键终止。

（6）保存文件。

（六）网络操作

1. “动物频道”网站中有一个免费的邮箱申请服务，该网站的地址是 202.116.44.67:80/406/main.htm，在该网站申请一个免费邮箱，申请时使用 sports 作为用户名，密码为 golf，身份证号为使用自己的考试证号。

2. 请登录上“地理频道”网站，地址是 202.116.44.67:80/404/main.htm，利用该网站的搜索引擎，搜索名称为“季风气候”的网页，将文章中标识为图 1 的图片下载到 C:\winks 文件夹中，保存文件名为 linfeng，格式为 jpg。

参 考 文 献

[1] 陈旭文. 计算机应用基础（Windows 7+Office 2010）[M]. 北京：中国铁道出版社，2016.

[2] 刘冬杰，郑德庆. 计算机应用基础（Windows 7+Office 2010）[M]. 2 版. 北京：中国铁道出版社，2018.

[3] 陈旭文. 计算机应用基础[M]. 北京：中国铁道出版社，2008.

[4] 黄英铭，陈旭文. 计算机应用基础实训指导书[M]. 北京：中国铁道出版社，2010.

[5] 刘文平. 大学计算机基础（Windows 7+Office 2010）[M]. 北京：中国铁道出版社，2012.

[6] 许晞. 计算机应用基础[M]. 北京：高等教育出版社，2007.